高等职业教育土建类专业“十三五”规划教材

建筑识图与房屋构造

主　编　张天俊　王华阳

副主编　郑　玲　张婷婷　李明娟

关小燕　金　芳　段　炼

方　丽　刘美霞　王芷淳

图书在版编目(CIP)数据

建筑识图与房屋构造/张天俊,王华阳主编 .—武汉:武汉大学出版社,2017.1(2019.7 重印)
高等职业教育土建类专业“十三五”规划教材
ISBN 978-7-307-18080-2

Ⅰ.建… Ⅱ.①张… ②王… Ⅲ.①建筑制图—识别—高等职业教育—教材 ②房屋结构—高等职业教育—教材 Ⅳ.TU2

中国版本图书馆 CIP 数据核字(2016)第 129272 号

责任编辑:邓 瑶 杜筱娜 责任校对:杨赛君 装帧设计:吴 极

出版发行:**武汉大学出版社** (430072 武昌 珞珈山)
(电子邮箱:whu_publish@163.com 网址:www.stmpress.cn)
印刷:武汉乐生印刷有限公司
开本:787×1092 1/16 印张:22.25 字数:525 千字
版次:2017 年 1 月第 1 版 2019 年 7 月第 2 次印刷
ISBN 978-7-307-18080-2 定价:45.00 元

前　言

工程图纸用于表达设计的主要内容，是投标报价、工程施工与监理、工程结算等工程建设各环节的依据，是工程界的“语言”。熟练识读建筑工程施工图是土建类专业学生必须具备的基本技能。依据土建类建筑工程技术、工程造价、工程监理等专业的教育标准和主干课程教学标准，结合教学改革和课程建设需要，编者在总结日常教学工作经验的基础上，依据最新行业规范和标准编写了本书。

本书分两部分：第一部分为建筑识图，编写时对投影基础知识力求简明、适用，重点在建筑施工图识读，详细讲解了建筑施工图、结构施工图所使用的制图标准以及各种施工图的形成方法、作用、图示内容、图示方法和识读方法。第二部分为房屋构造，主要介绍民用建筑与工业建筑的构造组成、构造要求和构造做法。

全书以最新工程项目作为专业识图案例，力求理论与工程实际相结合，与新技术、新材料、新规范同步，突出对建筑施工图识读能力的培养和相关职业素养的提高。书中的实际构造图片均来源于实际建筑物，直观、明了，便于教师教学和学生理解。

本书由张天俊、王华阳担任主编，郑玲、张婷婷、李明娟、关小燕、金芳、段炼、方丽、刘美霞、王芷淳担任副主编。具体编写分工为：湖北水利水电职业技术学院郑玲编写第 1、2 章；湖北水利水电职业技术学院金芳编写第 3 章；湖北水利水电职业技术学院段炼编写第 4 章；湖北水利水电职业技术学院张天俊编写绪论，第 5、6 章；嘉兴南洋职业技术学院李明娟编写第 7、8 章；九江职业大学王华阳编写第 9 章；嘉兴南洋职业技术学院方丽编写第 10 章；贵州建设职业技术学院王芷淳编写第 11 章；石家庄职业技术学院关小燕编写第 12 章；包头铁道职业技术学院刘美霞编写第 13 章；新疆建设职业技术学院张婷婷编写第 14 章。

由于编者水平有限，书中错误之处在所难免，恳请读者批评指正。

编　者

2016 年 11 月

目　录

第2篇 房屋构造

0　绪　　论

0.1　本课程的研究对象和任务

建筑是建筑物与构筑物的总称，是人们为了满足社会生活需要，利用所掌握的物质技术手段，并运用一定的科学规律和美学法则创造的人工环境。由于建筑的形式多样、构造复杂，很难用一般语言文字描述，只能用图示的方法才能形象、具体、简洁并完整地表达建筑的空间、形式、特征、构造等。

本课程研究建筑工程施工图的图示方法、识读方法和建筑各组成部分的组合原理、构造方法。本课程所介绍的内容是建筑工程预算、施工、监理等各类建设人员所必须具备的基本知识和基本技能，是学好后续专业课的基础。

全书包括建筑识图和房屋构造两部分内容。

第一部分为建筑识图：介绍建筑制图基本知识、正投影原理、建筑形体的表达方法，以及建筑制图标准，建筑施工的图示方法、图示内容和识读方法。

第二部分为房屋构造：介绍民用建筑与工业建筑各组成部分（如基础、墙或柱、楼地层、楼梯、屋顶和门窗）的构造原理和构造方法。

0.2　本课程与其他课程的关系及学习方法

本课程是一门专业基础课程。通过学习，学生应能认识建筑、了解建筑，更重要的是掌握建筑构造原理及识读施工图的技能。本课程与“建筑材料”“建筑施工”“建筑工程计量与计价”等课程关系密切，是学习后续课程的基础，也是学生参加工作后岗位技能必备的基础知识。学生只有掌握了课程的主要内容，并有机地运用其他专业基础知识，才能熟练地掌握工程语言和常用的构造方法，更加准确地理解设计意图，合理地进行施工、监理、预决算等相关工作。

在学习过程中应注意以下几点：

① 从工程实例入手，结合施工图，切实掌握国家制图标准和规范，初步认识和正确识读施工图。

② 牢固掌握房屋各组成部分的常用构造方法，通过对房屋各组成部分构造方法的理

解和运用，再反馈到建筑识图中，从而更加灵活、系统地掌握本课程的内容。

③ 紧密联系工程实践，经常参观已经建成的和正在施工的房屋，在实践中检验学过的内容，以加深理解，并对还没学过的内容建立感性认识。

④ 多想、多看、多绘，通过绘图技能训练，提高绘图和识读施工图的能力。

⑤ 经常阅读有关行业规范、图集等资料，了解房屋建筑发展的动态，特别是建筑构造方面的新材料、新工艺、新技术，并尽量将这些新内容体现在课程作业和课程设计中。

第 1 篇

建筑识图

1　建筑制图基本知识与技能

学习目标

通过学习建筑制图的基本知识，学生能理解及遵守国家制图标准的有关规定，了解与掌握制图工具的性能及使用方法，初步掌握建筑制图的基本技能。

1.1　建筑制图标准

工程图纸是工程施工、生产、管理等环节最重要的技术文件，是工程师的技术语言。为便于技术交流，保证制图质量，提高制图效率，符合设计、施工、存档等要求，以适应工程建设的需要，制图时必须严格遵守国家颁布的制图标准（简称国标，代号“GB”）。本章介绍《房屋建筑制图统一标准》（GB/T 50001—2010）、《总图制图标准》（GB/T 50103—2010）、《建筑制图标准》（GB/T 50104—2010）等标准中有关图纸幅面、图线、字体、比例及尺寸标注等内容。

1.1.1　图纸幅面

（1）幅面尺寸

图纸幅面的基本尺寸有五种，其代号分别为 A0、A1、A2、A3 和 A4。各号图纸幅面尺寸和图框形式、图框尺寸都有明确规定，具体规定见表 1.1、图 1.1、图 1.2。

表 1.1　**幅面及图框尺寸**　（单位：mm）

幅面代号 / 尺寸代号	A0	A1	A2	A3	A4
$b \times l$	841×1189	594×841	420×594	297×420	210×297
c	10			5	
a	25				

图纸中应有标题栏、图框线、幅面线、装订边线和对中标志。图纸以短边作为垂直边称为横式，见图 1.1；以短边作为水平边称为立式，见图 1.2。一般 A0～A3 图纸宜横式使用，必要时也可立式使用。

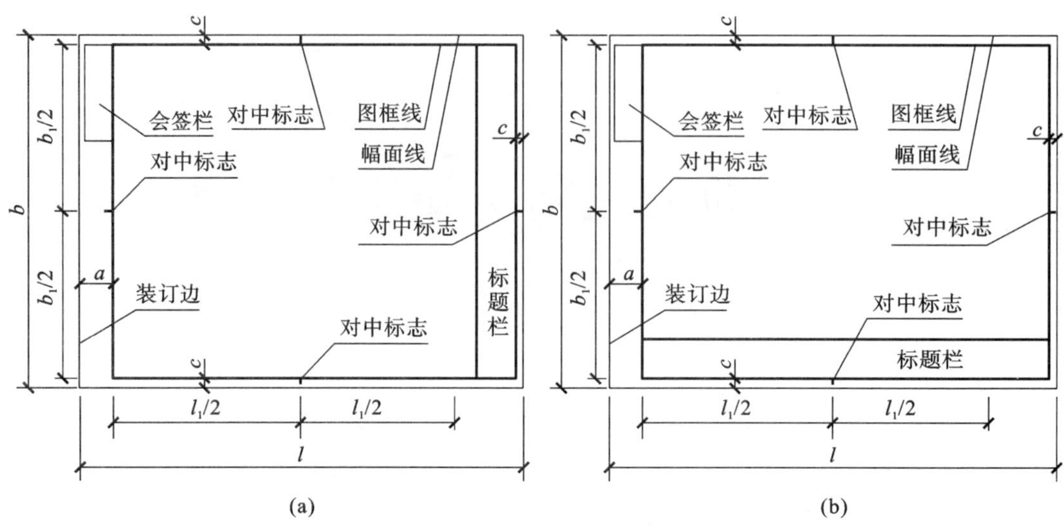

图 1.1　A0～A3 横式幅面

(a) A0～A3 横式幅面(一);(b) A0～A3 横式幅面(二)

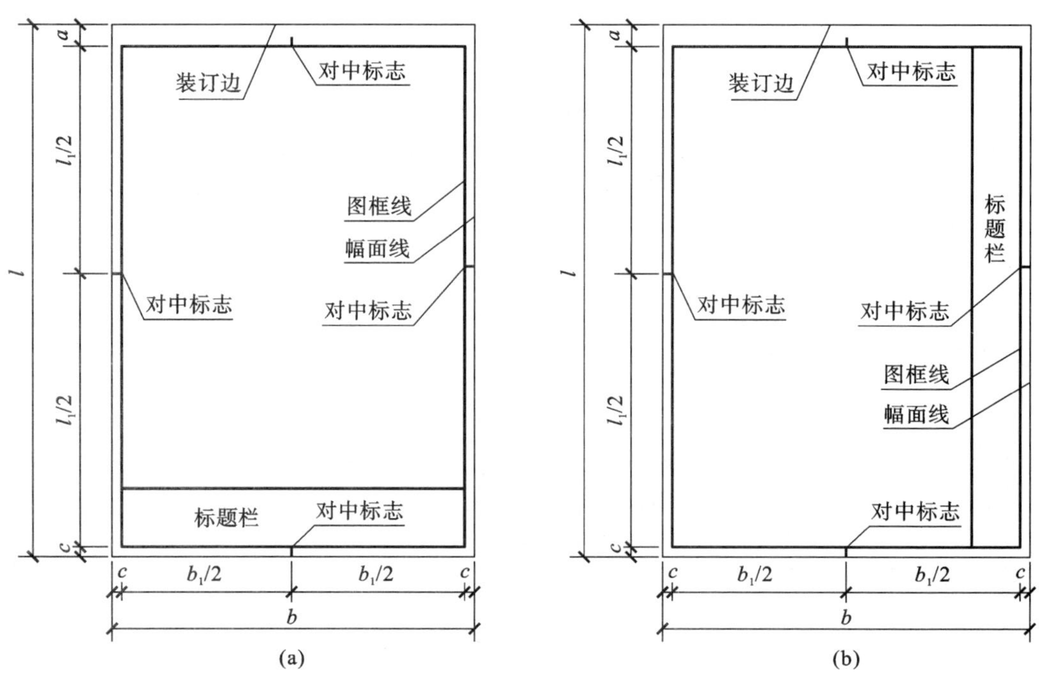

图 1.2　A0～A4 立式幅面

(a) A0～A4 立式幅面(一);(b) A0～A4 立式幅面(二)

图纸幅面尺寸相当于$\sqrt{2}$系列,即 $l=\sqrt{2}b$,l 为图纸长边长度,b 为图纸短边长度。图纸幅面的长边可按表 1.2 加长。

表 1.2 **图纸长边加长尺寸** (单位:mm)

幅面代号	长边尺寸	长边加长后的尺寸
A0	1189	1486、1635、1783、1932、2080、2230、2378
A1	841	1051、1261、1471、1682、1892、2102
A2	594	743、891、1041、1189、1338、1486、1635、1783、1932、2080
A3	420	630、841、1051、1261、1471、1682、1892

注:有特殊需要的图纸,可采用 $b \times l$ 为 841 mm×891 mm 与 1189 mm×1261 mm 的幅面。

(2) 标题栏

在每张施工图中,为了方便查阅图纸,在图纸右边或下边设有标题栏,简称图标。图 1.3所示为设置在图纸下方的标题栏样式,也可将其放在图纸右边。根据工程需要确定标题栏的尺寸、格式及分区。签字区应包含实名列和签名列。涉外工程的标题栏内,各项主要内容的中文下方应附有译文,设计单位的上方或左方应加"中华人民共和国"字样。

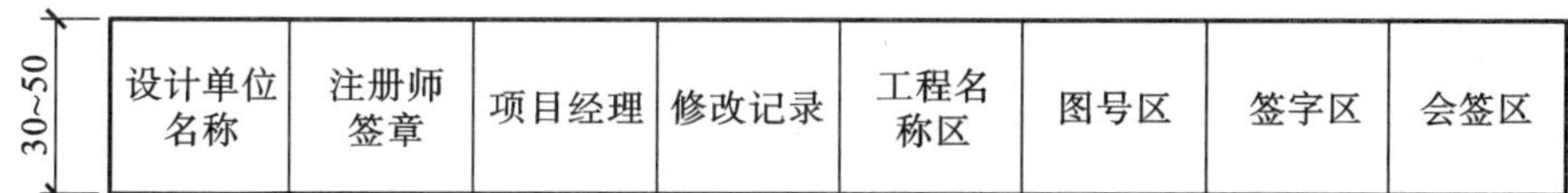

图 1.3 标题栏样式(单位:mm)

学生制图作业用标题栏,可选用图 1.4 所示格式。

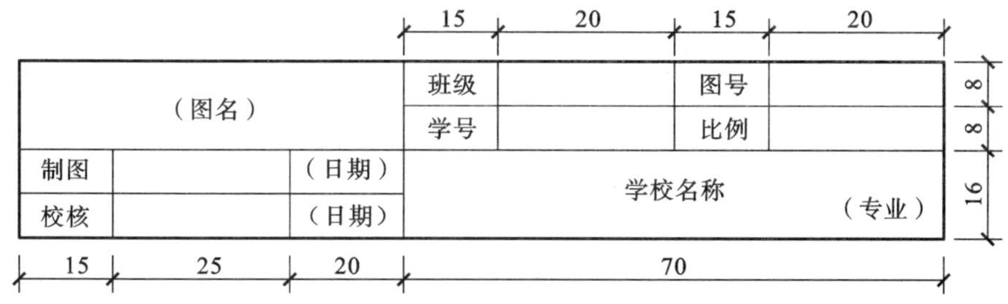

图 1.4 学生制图作业标题栏(单位:mm)

(3) 会签栏

会签栏是各专业工种负责人的签字区,应按图 1.5 所示的格式绘制,其尺寸应为 100 mm×20 mm,栏内应填写会签人员的专业、姓名及会签日期(年、月、日);一个会签栏不够时,可另加一个,两个会签栏应并列;不需会签的图纸可不设会签栏。

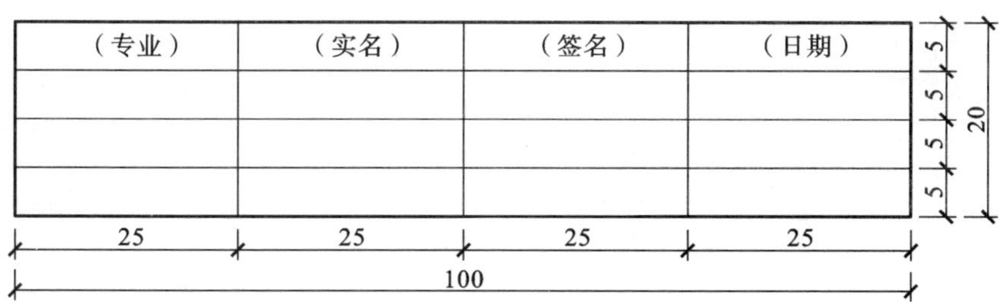

图 1.5 会签栏(单位:mm)

1.1.2 图线

为了在工程图样上表示出图中的不同内容，并能够分清主次，绘图时必须选用不同的线型和不同线宽。

(1) 线型

线型有实线、虚线、单点长画线、双点长画线、折断线和波浪线等，其中有些线型还分粗、中、细三种。

各种图线的名称、线型、线宽及一般用途详见表 1.3。几种常用图线的应用实例如图 1.6所示。

表 1.3　图线的名称、线型、线宽及一般用途

名称		线型	线宽	一般用途
实线	粗		b	主要可见轮廓线
	中粗		$0.7b$	可见轮廓线
	中		$0.5b$	可见轮廓线、尺寸线、变更云线
	细		$0.25b$	图例填充线、家具线
虚线	粗		b	见各有关专业制图标准
	中粗		$0.7b$	不可见轮廓线
	中		$0.5b$	不可见轮廓线、图例线
	细		$0.25b$	图例填充线、家具线
单点长画线	粗		b	见各有关专业制图标准
	中		$0.5b$	见各有关专业制图标准
	细		$0.25b$	中心线、对称线、轴线等
双点长画线	粗		b	见各有关专业制图标准
	中		$0.5b$	见各有关专业制图标准
	细		$0.25b$	假想轮廓线、成型前原始轮廓线

续表

名称	线型	线宽	一般用途
波浪线		0.25b	断开界线
折断线		0.25b	断开界线

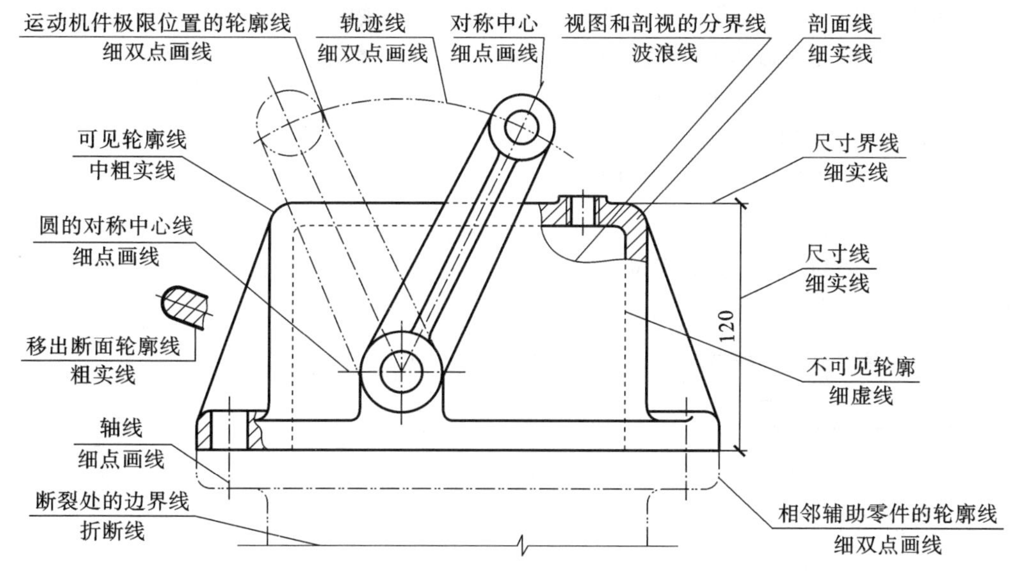

图 1.6 图线应用实例

(2) 线宽

图线的宽度 b 宜从 1.4 mm、1.0 mm、0.7 mm、0.5 mm、0.35 mm、0.25 mm、0.18 mm、0.13 mm 线宽系列中选取。图线宽度不应小于 0.1 mm。每个图样应根据其复杂程度与比例大小，先选定基本线宽 b，再选用表 1.4 中列出的相应线宽组(粗、中、细线形成一组)。

表 1.4 **线宽组** (单位:mm)

线宽比	线宽组			
b	1.4	1.0	0.7	0.5
0.7b	1.0	0.7	0.5	0.35
0.5b	0.7	0.5	0.35	0.25
0.25b	0.35	0.25	0.18	0.13

注:1. 需要微缩的图纸,不宜采用 0.18 mm 及比 0.18 mm 更细的线。

2. 同一张图纸内,各不同线宽中的细线可统一采用较细的线宽组的细线。

图框线、标题栏线的宽度如表 1.5 所示。

表 1.5　　图框线、标题栏线的宽度　　(单位:mm)

幅面代号	图框线	标题栏外框线	标题栏分格线、会签栏线
A0、A1	b	0.5b	0.25b
A2、A3、A4	b	0.7b	0.35b

(3) 图线的画法

① 相互平行的图线,其间隙不宜小于其中的粗线宽度,且不宜小于 0.7 mm。

② 虚线、单点长画线或双点长画线的线段长度和间隔宜各自相等。

③ 单点长画线或双点长画线,当在较小图形中绘制有困难时,可用实线代替。

④ 单点长画线或双点长画线的两端不应是点。点画线与点画线交接或点画线与其他图线交接时,应是线段交接。

⑤ 虚线与虚线交接或虚线与其他图线交接时,应是线段交接。虚线为实线的延长线时,不得与实线连接。

⑥ 图线不得与文字、数字或符号重叠、混淆,不可避免时,应首先保证文字等的清晰。

以上各画法示例如图 1.7 所示。

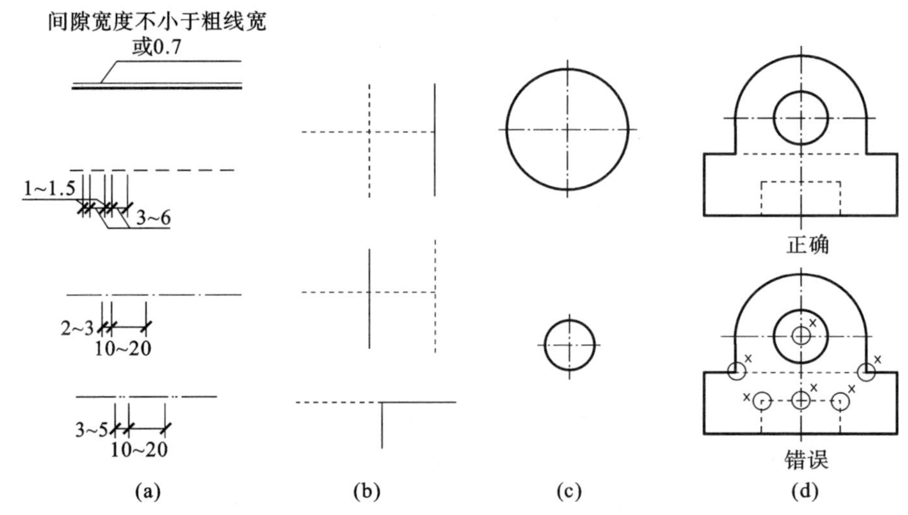

图 1.7　图线的画法(单位:mm)

(a) 线的画法;(b) 交接;(c) 圆的中心线画法;(d) 示例

1.1.3　字体

(1) 汉字

① 字体的书写要求:笔画清晰、字体端正、排列整齐。

② 字高系列有 3.5 mm、5 mm、7 mm、10 mm、14 mm、20 mm 等,字高也称字号,如 5 号字的字高为 5 mm。当需要写更大的字体时,其字高应按$\sqrt{2}$的比值递增。

③ 图纸上的汉字宜采用长仿宋体,字高与字宽的关系应符合表 1.6 的规定。

表 1.6　　**长仿宋体字高与字宽关系表**　　(单位:mm)

字高	20	14	10	7	5	3.5
字宽	14	10	7	5	3.5	2.5

④ 在实际应用中,汉字的字高应不小于 3.5 mm,长仿宋体字的示例如图 1.8 所示。

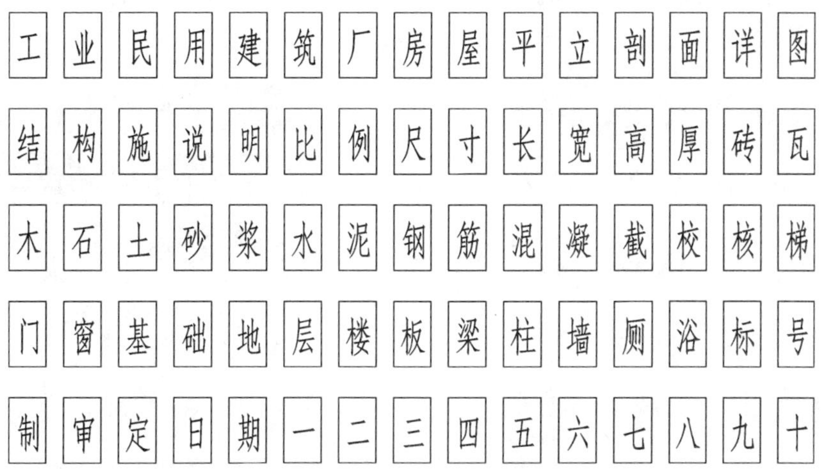

图 1.8　长仿宋体字的示例

⑤ 长仿宋体字的书写要领是:横平竖直、注意起落、结构匀称、填满方格。

横平竖直,横笔基本要平,可顺运笔方向稍向上倾斜 1°～5°。

注意起落,横、竖的起笔和收笔,撇、钩的起笔,钩折的转角等,都要顿一下笔,形成小三角和字肩。长仿宋体字几种基本笔画的写法如表 1.7 所示。

表 1.7　　**长仿宋体字基本笔画的写法**

名称	横	竖	撇	捺	挑	点	钩
形状							
写法							

长仿宋体字的结构要匀称,笔画布局要均匀,字体构架要中正疏朗、疏密有致。长仿宋体字的布局如图 1.9 所示。

图 1.9　长仿宋体字的布局

(2) 数字和字母

① 图纸中表示数量的数字应用阿拉伯数字书写。

② 阿拉伯数字、罗马数字或拉丁字母的字高应不小于 2.5 mm。

③ 数字和字母有正体和斜体两种写法,但同一张图纸上必须统一。

④ 阿拉伯数字、罗马数字和拉丁字母的书写有一般字体和窄体字两种,其字体如图 1.10所示。

(a) (b)

图 1.10 字母、数字的写法

(a) 一般字体(笔画宽度为字高的 1/10);(b) 窄体字(笔画宽度为字高的 1/14)

1.1.4 比例

① 图样的比例,应为图形与实物相对应的线性尺寸之比。比例的大小,是指其比值的大小。比例的符号为"∶",比例应以阿拉伯数字表示,如 1∶1、1∶2、1∶100 等。比值大于 1 的比例,称为放大的比例;比值小于 1 的比例,称为缩小的比例。

平面图 1:100 ⑦ 1:25

图 1.11 比例的注写

② 比例宜注写在图名的右侧,字的基准线应取平,比例的字高宜比图名的字高小一号或两号, 如图 1.11 所示。

③ 建筑工程图上常采用缩小的比例。绘图所用的比例,应根据图样的用途与被绘对象的复杂程度从表 1.8 中选用,并优先选用表中常用比例。

表 1.8 **建筑工程图选用比例**

常用比例	1∶1,1∶2,1∶5,1∶10,1∶20,1∶50,1∶100,1∶200,1∶500,1∶1000
可用比例	1∶3,1∶4,1∶6,1∶15,1∶25,1∶30,1∶40,1∶60,1∶80,1∶250,1∶300,1∶400,1∶600

图 1.12 是同一扇门用不同比例绘制的立面图。

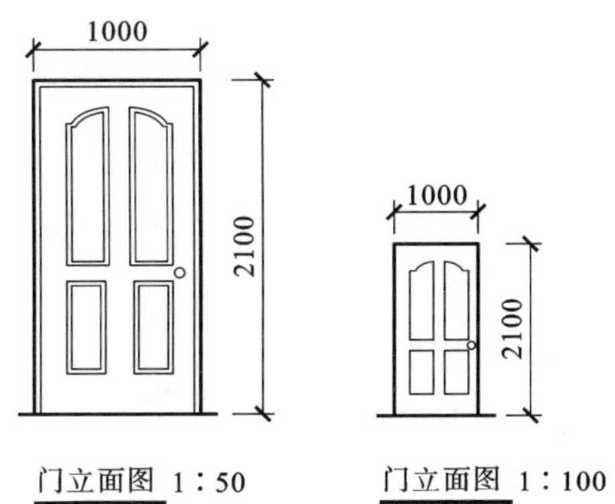

图 1.12 用不同比例绘制的门立面图(单位:mm)

1.1.5 尺寸标注

(1) 图样上的尺寸

① 图样上的尺寸由尺寸线、尺寸界线、尺寸起止符号和尺寸数字四部分组成,如图 1.13 所示。

② 尺寸界线应用细实线绘制,一般应与被注长度垂直,其一端距图样轮廓线的距离应不小于 2 mm,另一端宜超出尺寸线 2~3 mm。图样轮廓线可用作尺寸界线,如图 1.14 所示。

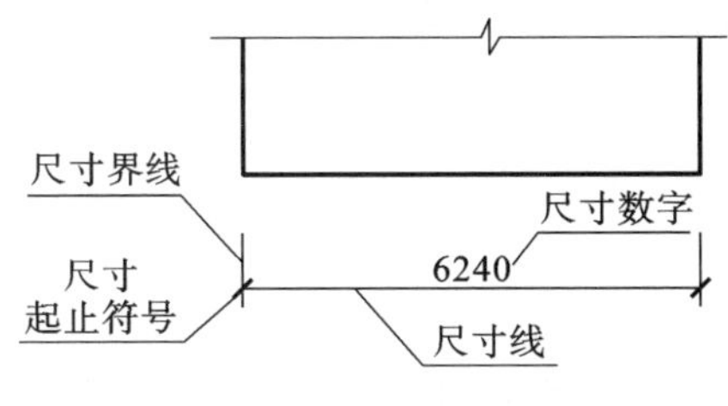

图 1.13 尺寸的组成

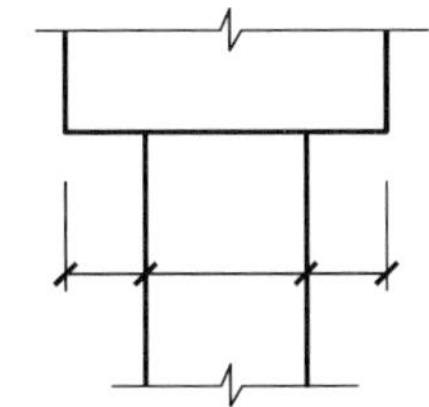

图 1.14 尺寸界线

③ 尺寸线应用细实线绘制,尺寸线应与被注长度平行。尺寸线与图样最外轮廓线的间距不宜小于 10 mm,平行排列的尺寸线的间距宜为 7~10 mm,如图 1.15 所示。

④ 尺寸起止符号一般用中粗斜短线绘制,其倾斜方向应与尺寸界线成顺时针 45°角,长度宜为 2~3 mm。半径、直径、角度与弧长的尺寸起止符号,用箭头表示。

⑤ 尺寸数字一般应依据其方向注写在靠近尺寸线的上方中部。如没有足够的注写位置,最外边的尺寸数字可注写在尺寸界线的外侧,中间相邻的尺寸数字可错开注写或用引出线引出后再标注,如图 1.16 所示。

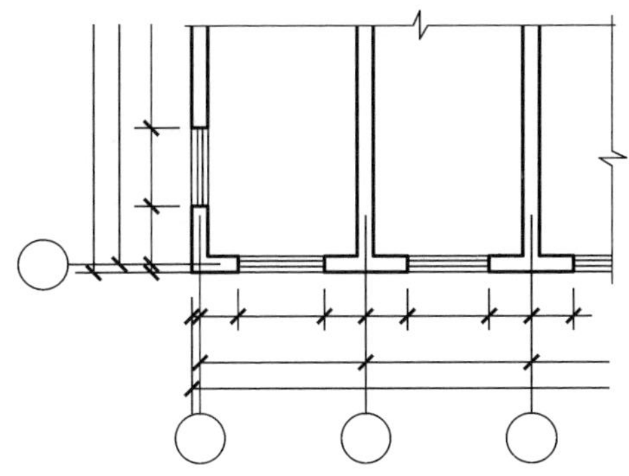

图 1.15 平行排列的尺寸标注

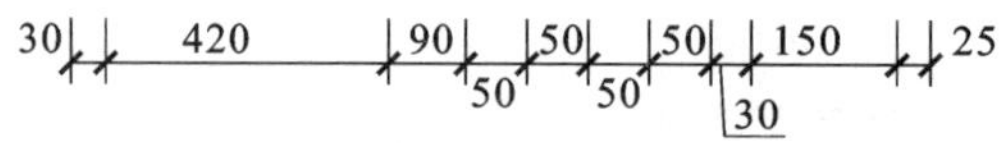

图 1.16　尺寸数字注写位置

⑥ 图样上的尺寸，应以尺寸数字为准，不得从图上直接量取；图样上的尺寸单位，除标高及总平面以“m”为单位外，其他必须以“mm”为单位。

(2) 圆、圆弧、球及角度等的尺寸标注

① 圆或大于半圆的圆弧，一般标注直径，尺寸线通过圆心，两端指向圆弧，用箭头作为尺寸的起止符号，并在直径数字前加注直径代号“ϕ”。较小圆的尺寸可标注在圆外。

② 半圆或小于半圆的圆弧，一般标注半径尺寸，尺寸线的一端从圆心开始，另一端用箭头指向圆弧，在半径数字前加注半径代号“R”，较小圆弧的半径数字可引出标注；较大圆弧的尺寸线，可画成折断线。

③ 球体的尺寸标注应在其直径或半径前加注字母“S”。

圆、圆弧、球的尺寸标注如图 1.17 所示。

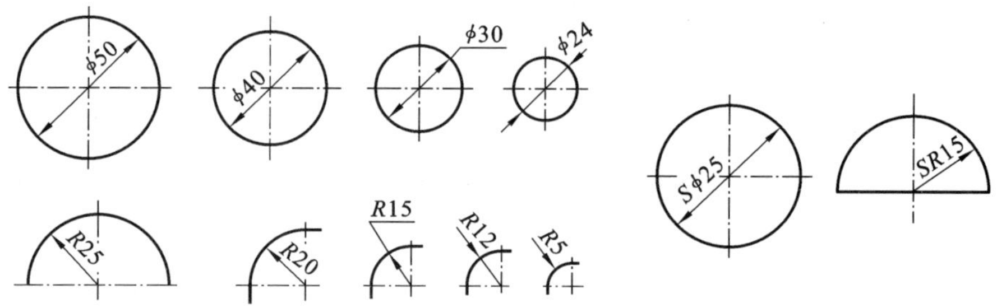

图 1.17　圆、圆弧、球的尺寸标注

(3) 角度、弧长、弦长及坡度的标注

① 角度的尺寸线用圆弧表示，其圆心为角的顶点，角的两边为尺寸界线，如图 1.18(a)所示。

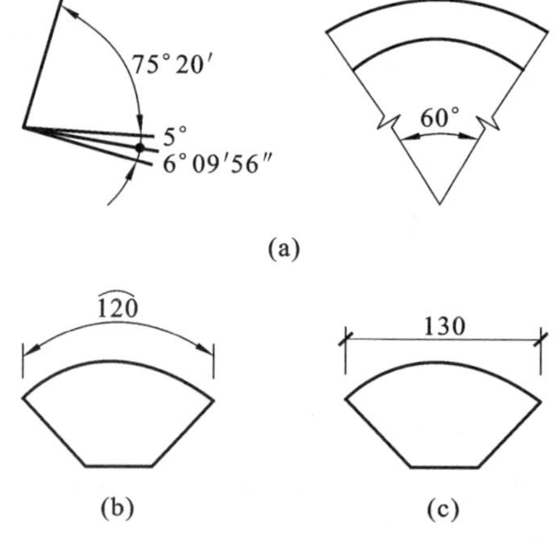

图 1.18　角度、弧长、弦长的标注

(a) 角度的标注；(b) 弧长的标注；(c) 弦长的标注

② 弧长的尺寸线应采用与圆弧同心的圆弧线表示，尺寸数字上方应加注符号“⌒”，如图 1.18(b)所示。

③ 标注弦长时，尺寸线应与弦长方向平行，如图 1.18(c)所示。

④ 斜边需标注坡度时，坡度平缓时可以标注坡度的百分数，并加注单箭头的坡度符号；坡度较大时，一般由斜边构成的直角三角形的对边与底边之比来表示，如图 1.19 所示。

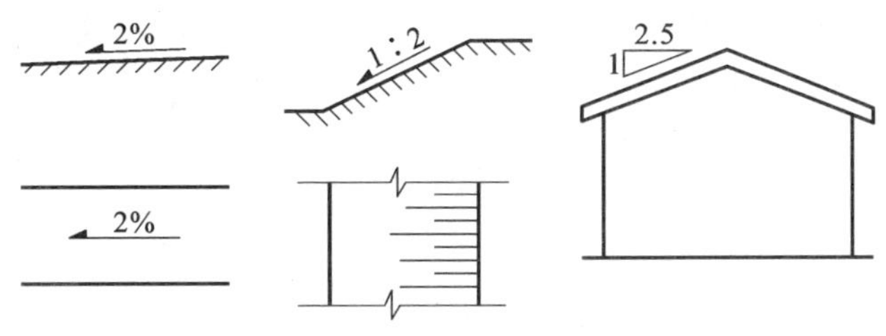

图 1.19 坡度标注

(4) 尺寸标注的注意事项

① 轮廓线、中心线可用作尺寸界线，但不能用作尺寸线，如图 1.20 所示；

② 不能用尺寸界线当作尺寸线，如图 1.21 所示；

③ 应将大尺寸标在外侧，小尺寸标在内侧，如图 1.22 所示；

④ 水平方向和竖直方向的尺寸注写如图 1.23 所示；

⑤ 尽量避免在图 1.24 所示的 30°角阴影范围内标注尺寸。

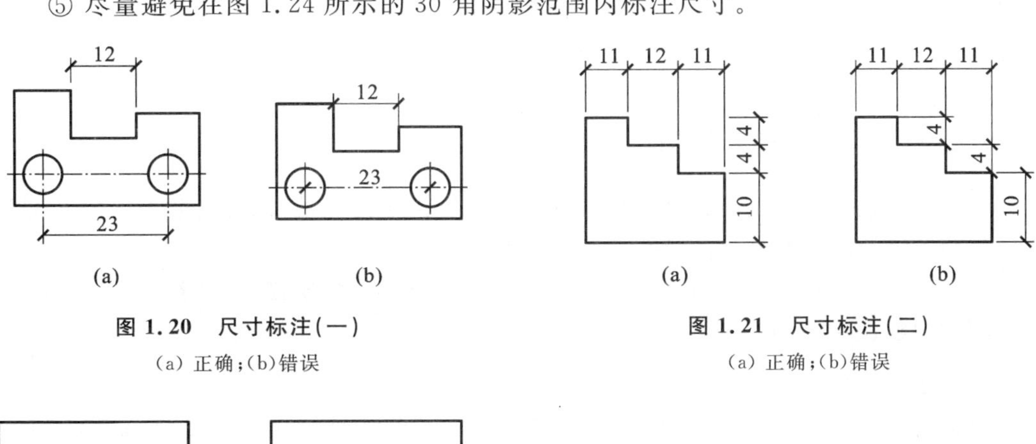

图 1.20 尺寸标注(一)

(a) 正确；(b)错误

图 1.21 尺寸标注(二)

(a) 正确；(b)错误

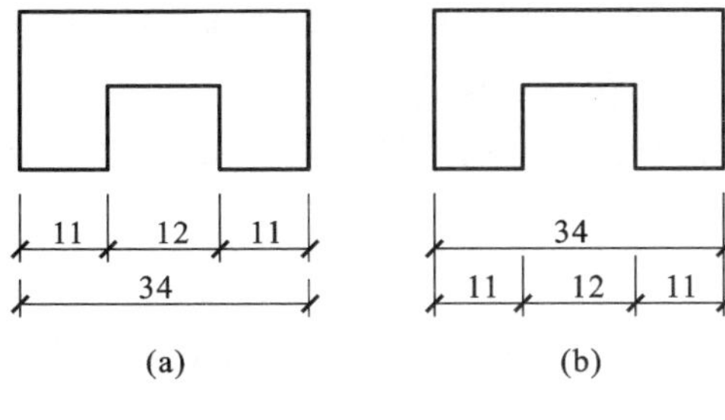

图 1.22 尺寸标注(三)

(a) 正确；(b)错误

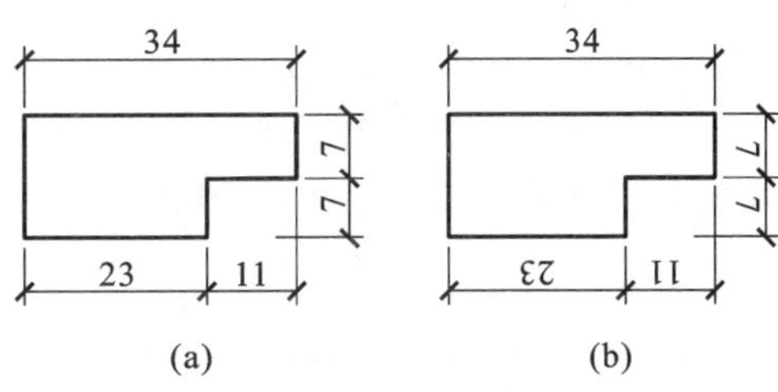

图 1.23 尺寸标注(四)

(a) 正确；(b)错误

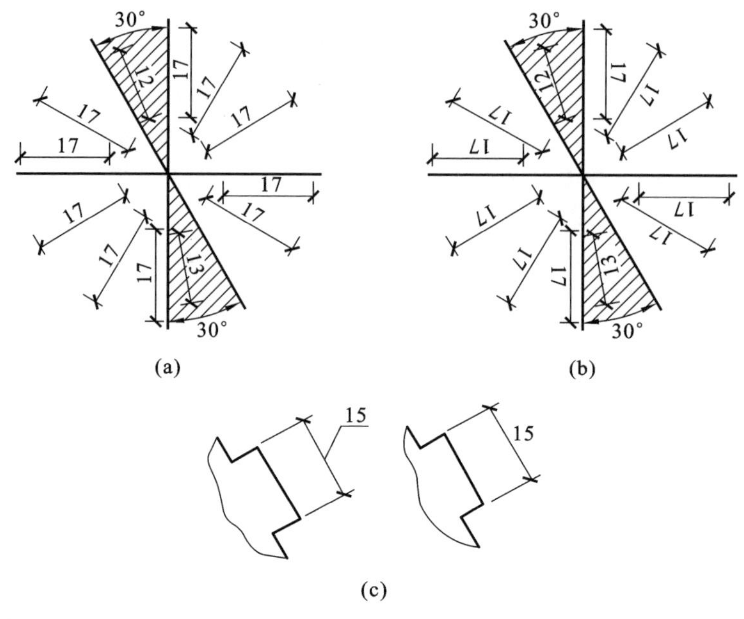

图 1.24　尺寸标注(五)

(a) 正确;(b) 错误;(c) 正确的斜向标注

1.2　建筑制图基本技能

1.2.1　手工绘图工具和仪器

绘图方式包括手工绘图和计算机辅助绘图。手工绘图是传统的绘图方式,它可通过正确使用各种绘图仪器来提高绘图的准确度和效率。

手工绘图工具和仪器有图板、丁字尺、三角板、比例尺、建筑模板、曲线板、绘图机、圆规、分规、图纸、绘图铅笔、擦图片等。

(1) 图板与丁字尺

图板用来固定图纸,见图 1.25。图板的规格尺寸有 0 号(900 mm×1200 mm)、1 号(600 mm×900 mm)、2 号(450 mm×600 mm)等几种,根据需要选用。

丁字尺是与图板配合画水平线的长尺,由尺头和尺身构成,见图 1.26。使用时丁字尺的尺头工作边(内侧面)与图板工作边应靠紧。

(2) 三角板

绘图用的三角板是两块直角三角板,一块 45°×45°×90°,另一块 30°×60°×90°,由于尺寸不同,分为各种规格。三角板与丁字尺配合,可以画垂直线,也可以画从 0°开始间隔 15°的倾斜线,见图 1.27。

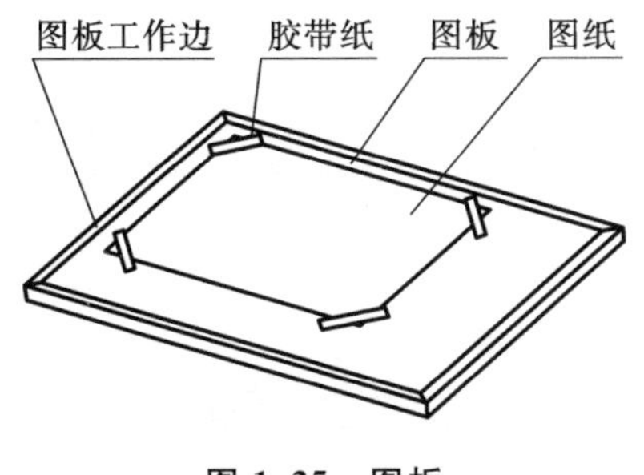

图 1.25 图板

图 1.26 丁字尺

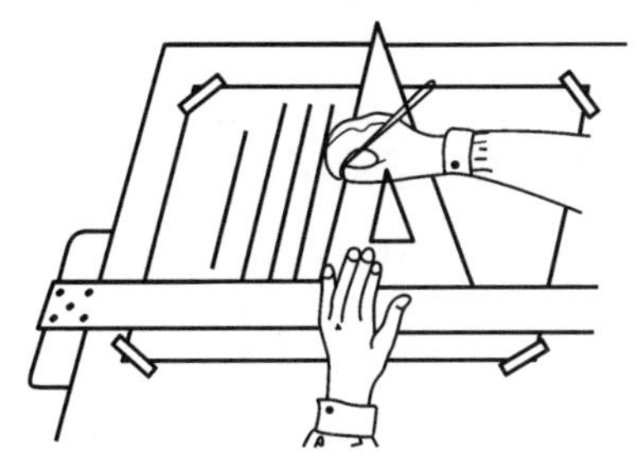

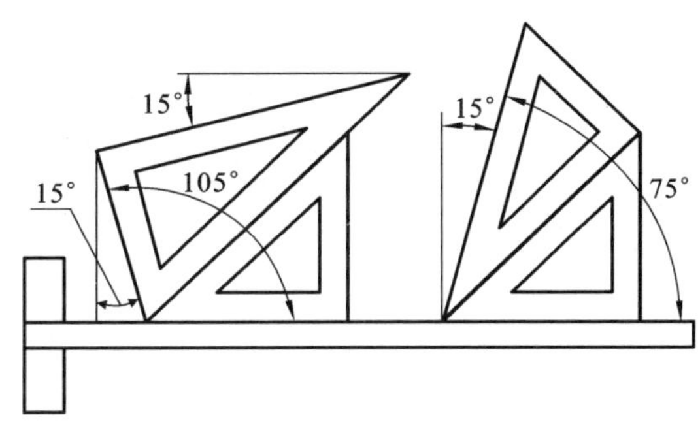

图 1.27 三角板和丁字尺的配合使用

(3) 比例尺

比例尺又称三棱尺，见图 1.28。尺上刻有几种不同比例的刻度，可直接用它在图纸上绘出物体按该比例的实际尺寸，无须计算。常用的比例尺一般刻有六种不同的比例刻度，可根据需要选用。绘图时千万不要把比例尺当作三角板用来画线。

(4) 建筑模板

建筑模板上刻有多种方形孔、圆形孔、建筑图例、轴线号、详图索引号等，见图 1.29，可直接绘出模板上的各种图样和符号。

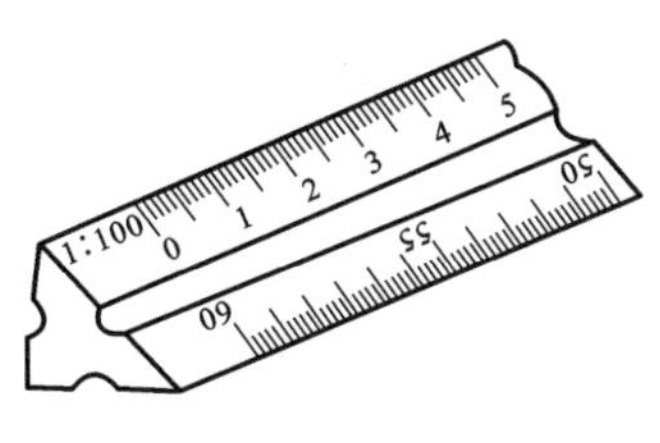

图 1.28 比例尺

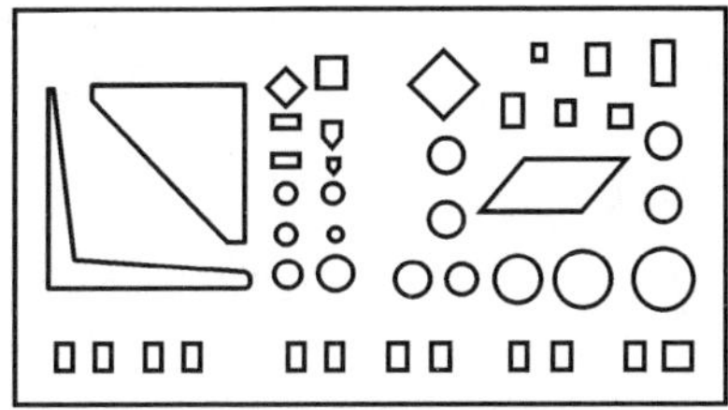

图 1.29 建筑模板

(5) 曲线板

曲线板用来画非圆曲线。描绘曲线时，先徒手将已求出的各点按顺序轻轻地连成曲线，再根据曲线曲率的大小和弯曲的方向，从曲线板上选取与所绘曲线相吻合的一段与其贴合，每次至少对准四个点，并且只描中间一段，前面一段为上次所画，后面一段留下次连接，以保证连接光滑、流畅，见图 1.30。

(6) 绘图机

绘图机是一种综合性的绘图设备,可完成丁字尺、三角板和量角器等绘图工具的工作,绘图效率较高。绘图机按构造不同分多种类型,图 1.31 所示为平行连杆机构绘图机。自动绘图机由计算机控制,是先进的电子绘图设备。

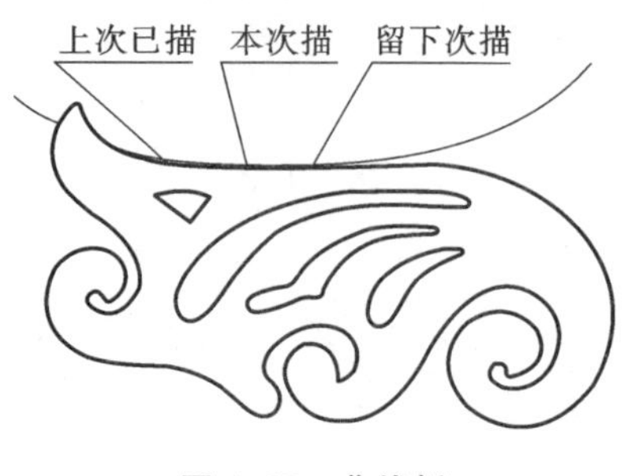

图 1.30　曲线板

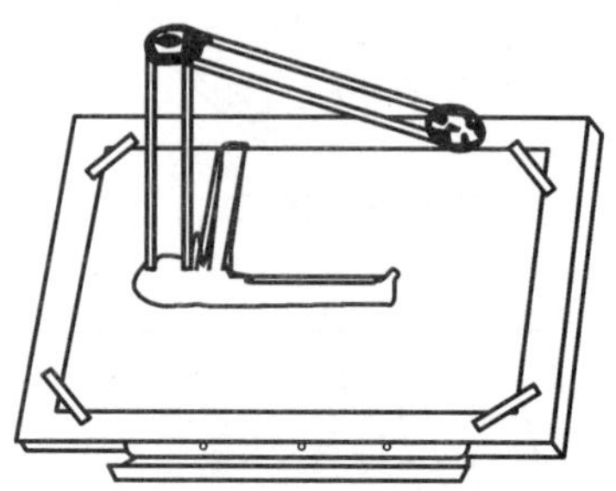

图 1.31　平行连杆机构绘图机

(7) 圆规及其附件

圆规是绘图仪器中的主要工具,用来画圆及圆弧。它有三种插腿:铅芯插腿、墨线笔插腿、钢针插腿,分别用于画铅笔线、墨线及代替分规使用。使用圆规时,应先调整针尖和插腿的长度,使针尖略长于铅芯,见图 1.32(a);取好半径,以右手握住圆规头部,左手食指协助将针尖对准圆心,见图 1.32(b);然后匀速顺时针转动圆规画圆,见图 1.32(c)。

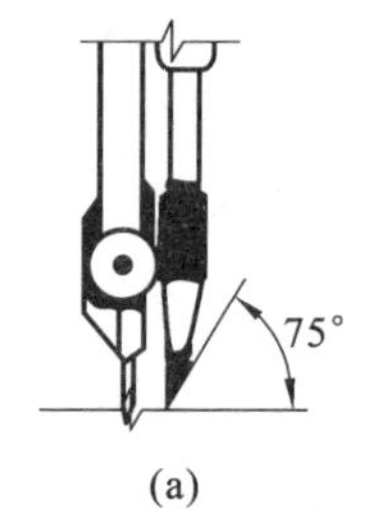

(a)

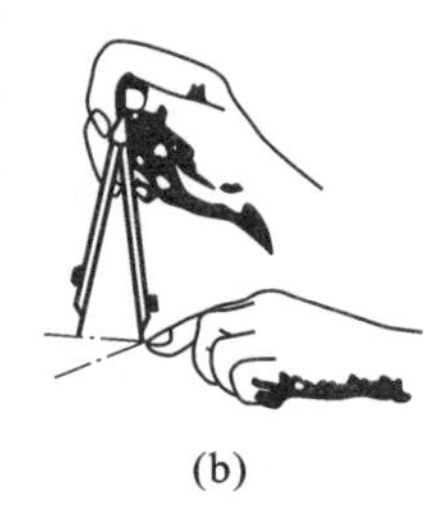

(b)

(c)

图 1.32　圆规的用法

(a) 调整;(b) 对准圆心;(c) 画圆

(8) 分规

分规是量取长度和等分线段的工具,其用法见图 1.33。

(9) 图纸

图纸分为绘图纸和描图纸两种。绘图纸要求纸面洁白、质地坚实,橡皮擦拭不易起毛,画墨线时不洇透。绘图时应鉴别正反面,使用正面。描图纸用于描绘复制蓝图的墨线图。描图纸要求纸面洁白、透明度好。描图纸薄而脆,使用时应避免将其折皱及使其受潮。贴图纸时,用丁字尺校正底边,位置参照图 1.34。

(10) 绘图铅笔

绘图铅笔的铅芯有软硬之分,分别用字母 B 和 H 表示。B 前的数字越大表示铅芯越软;H 前的数字越大,表示铅芯越硬;HB 表示软硬适中。

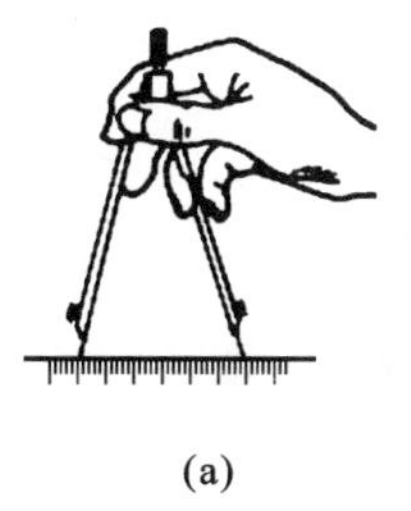

(a)

(b)

图 1.33 分规的用法

(a) 量取长度；(b)等分线段

图板

丁字尺

图纸

图 1.34 图纸贴法

铅笔应从没有标志的一端开始使用，以便保留标记，供使用时辨认。铅笔应削成圆锥形，削去约 30 mm，铅芯露出 6～8 mm。HB 铅笔的铅芯可在砂纸上磨成圆锥形，B 铅笔的铅芯磨成四棱锥形，见图 1.35。前者用来画底稿、加深细线和写字，后者用来描粗线。

(11) 擦图片

擦图片是用来修改图线的，见图 1.36。使用时只要将该擦去的图线对准擦图片上相应的孔洞，用橡皮轻轻擦拭即可。

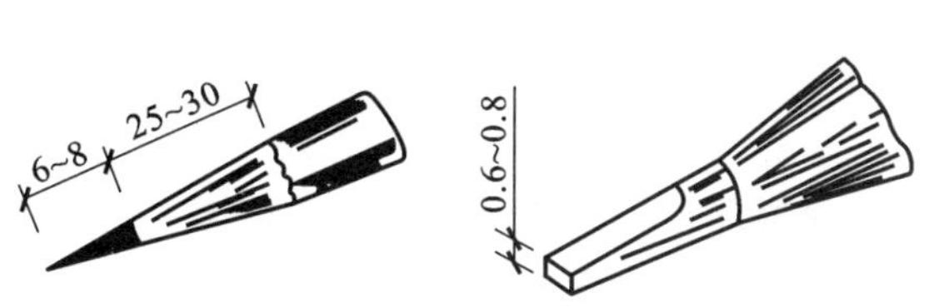

图 1.35 绘图铅笔及铅芯(单位:mm)

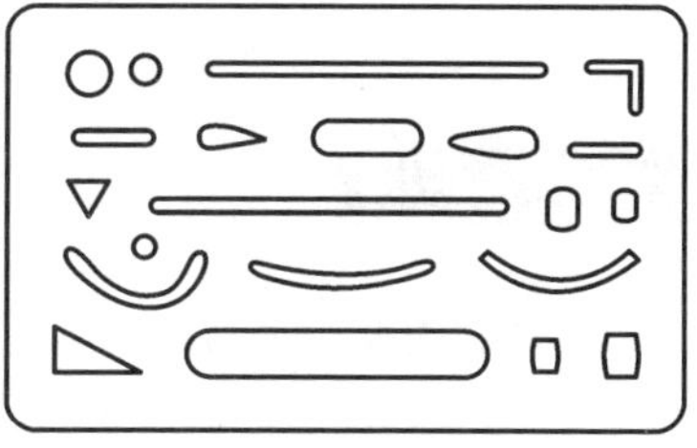

图 1.36 擦图片

(12) 其他用品

① 胶带纸，用于固定图纸；

② 橡皮，用于擦去不需要的图线等，应选用软橡皮擦铅笔图线，用硬橡皮擦墨线；

③ 小刀，削铅笔用；

④ 刀片，用于修整图纸上的墨线；

⑤ 软毛刷，用于清扫橡皮屑，保持图面清洁；

⑥ 砂皮纸，用于修磨铅笔芯。

1.2.2 绘图方法与步骤

(1) 准备工作

① 对所绘图样进行阅读、了解，在绘图前尽量做到心中有数。

② 准备好必需的绘图仪器、工具，并把图板、丁字尺、三角板、比例尺等擦洗干净，把绘图工具放在桌子的右边，但不能影响丁字尺的上下移动。

③ 选好图纸，将图纸用胶带纸固定在图板的适当位置，此时必须使图纸的上边对准丁字尺的上边缘，然后下移，使丁字尺的上边缘对准图纸的下边。

（2）画底稿

① 根据制图标准的要求，首先把图框线及标题栏的位置画好。

② 依据所画图形的大小、多少及复杂程度选择好比例，然后安排各个图形的位置，定好图形的中心线，图面布置要适中、匀称，以便获得良好的图面效果。

③ 首先画图形的主要轮廓线，其次由大到小、由外到里、由整体到局部，画出图形的所有轮廓线。

④ 画出尺寸线及尺寸界线等。

⑤ 最后检查、修正底稿，改正错误，补全遗漏，擦去多余线条。

（3）铅笔加深

① 加深图线时，必须先曲线，其次直线，最后斜线，各类线型的加深顺序为：细单点长画线、细实线、中实线、粗实线、粗虚线。

② 同类图线要保持粗细、深浅一致，按照水平线从上到下、垂直线从左到右的顺序一次完成。

③ 最后画出起止符，注写尺寸数字、说明，填写标题栏，加深图框线。

本章小结

《建筑制图标准》(GB/T 50104—2010)是绘制建筑工程图纸必须遵守的统一规定，本章主要介绍了《房屋建筑制图统一标准》(GB/T 50001—2010)中有关图纸幅面、图线、字体、比例及尺寸标注等内容，并做出以下规定：

① 在一套施工图中，图纸的幅面应该一致，通常使用 A1、A2 两种幅面。图纸在使用时尽量横向放置，必要时可竖向放置。

② 建筑工程施工图中的基本图线有 6 种，分别是实线、虚线、单点长画线、双点长画线、折断线和波浪线。为了更进一步细化图线的作用，对前 4 种图线又进行了分类，各自表达的内容都不相同。学生应重点掌握各类图线的用途。

③ 图样中的文字是对图样中未能表达清楚的内容加以必要说明的文字，所有文字书写应清晰、明了、整齐。汉字宜写成长仿宋体，字号大部分为 5 号、7 号、10 号字三种。阿拉伯数字大部分用在尺寸标注上，宜用 3 号字。

④ 建筑工程的图样基本上是缩小比例的图样，使用时尽量采用常用比例。比例应该注写在图名的右方，字号比图名小一号或两号。

⑤ 尺寸标注是施工图的重要组成部分，是施工过程中的施工依据，它由尺寸线、尺寸界线、尺寸起止符号和尺寸数字四部分组成，应注意其标注要求。尺寸数字除总平面图和标高这两种特殊情况以“m”为单位外，其他一律以“mm”为单位。

思考题

1-1　图纸的幅面有哪几种规格？标题栏、会签栏画在图纸的什么位置？

1-2　线型有哪几种？每种线型的宽度和用途是什么？

1-3　图样上的尺寸由哪几部分组成？尺寸排列与布置有什么要求？

1-4　尺寸标注的注意事项有哪些？

1-5　常用的制图工具和仪器有哪些？应如何使用？

2 投影的基本知识

通过学习投影的基本知识，学生应了解投影的概念和分类；掌握平行投影的基本性质，三面投影的投影关系，点、直线、平面、基本体的投影规律；能够识读组合体的投影图。

2.1 投影的基本概念与类型

常见的房屋透视图，虽然形象逼真、立体感强，但不能把房屋各部分的真实形状和大小准确地表达出来，所以它不能作为房屋施工图用。要想建造房屋，工程上要求必须绘制建筑的平、立、剖面图等建筑施工图图样。

建筑工程所用的施工图，都是用投影法绘制的，所以识读建筑工程图，必须学习投影理论，具备必要的投影知识，这是识图的基础。

2.1.1 投影的概念

在制图中，把光源称为投影中心，光线称为投射线，光线的射向称为投射方向，落影的平面（如地面、墙面等）称为投影面，影子的轮廓称为投影。用投影表示物体的形状和大小的方法称为投影法，用投影法画出的物体图形称为投影图，如图 2.1 所示。

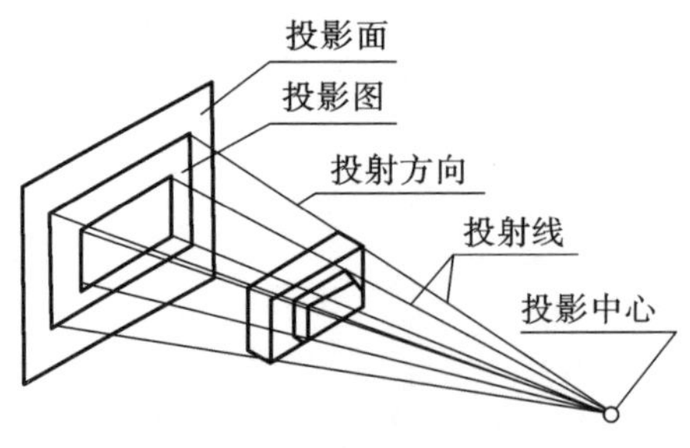

图 2.1 投影图的形成

2.1.2 投影的类型

投影分为中心投影和平行投影两大类。

(1) 中心投影

由一点放射的投射线所产生的投影称为中心投影，如图 2.2(a)所示。

(2) 平行投射

由相互平行的投射线所产生的投影称为平行投影，平行投影又可分为斜投影和正投影：平行投射线倾斜于投影面所形成的投影称为斜投影，如图 2.2(b)所示；平行投射线垂直于投影面所形成的投影称为正投影，如图 2.2(c)所示。

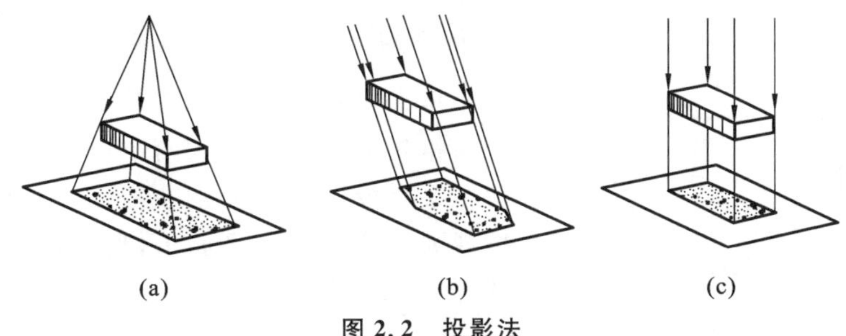

图 2.2 投影法

(a) 中心投影；(b) 斜投影；(c) 正投影

用正投影法绘制出的图形称为正投影图，如图 2.3 所示。

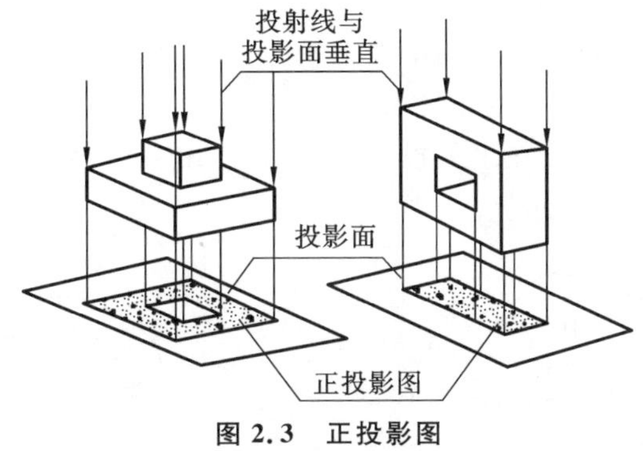

图 2.3 正投影图

2.1.3 工程中常用的四种图示法

(1) 透视投影图

图 2.4 是按中心投影法画出的透视投影图，只需一个投影面。

优点：图形逼真，直观性强。

缺点：作图复杂，形体的尺寸不能直接在图中度量，故不能作为工程施工依据，仅用于建筑设计方案的比较及工艺美术作品和宣传广告画等。

(2) 轴测投影图

图 2.5 所示是轴测投影图(也称立体图)，是平行投影的一种，画图时只需一个投影面。

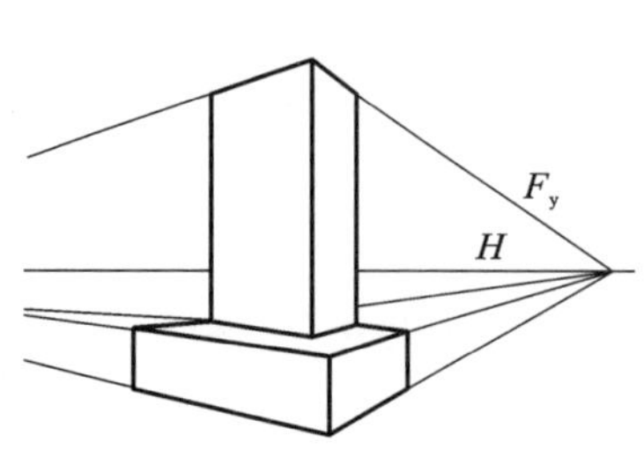

图 2.4　透视投影图

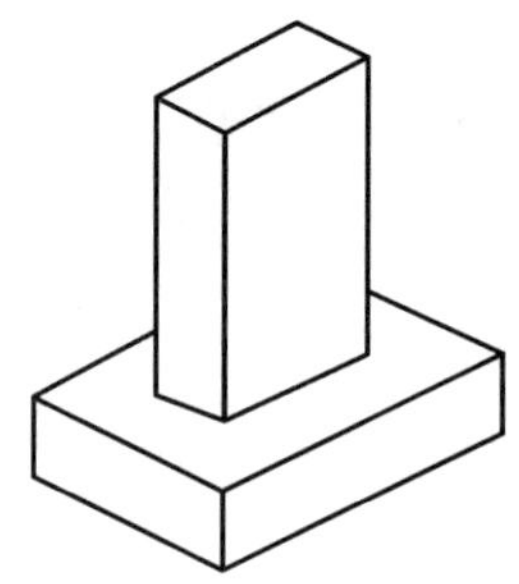

图 2.5　轴测投影图

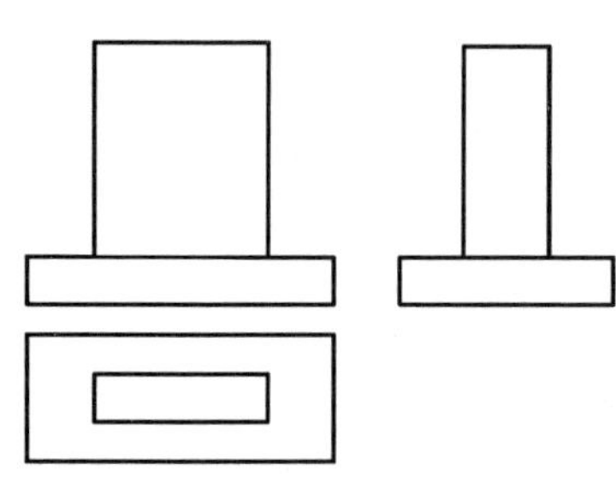

图 2.6　正投影图

优点：立体感强，非常直观。

缺点：作图较复杂，表面形状在图中往往失真，度量性差，只能作为工程上的辅助图样。

(3) 正投影图

采用相互垂直的两个或两个以上的投影面，按正投影法在每个投影面上分别获得同一物体的正投影，然后按规则展开在一个平面上，便得到物体的多面正投影图，如图 2.6 所示。

优点：其作图较其他图示法简单，便于度量，工程上应用最广。

缺点：缺乏立体感。

(4) 标高投影图

标高投影是一种带有数字标记的单面正投影。在建筑工程上，它常用来表示地面的形状与起伏。作图时，用一组等距离的水平面切割地面，其交线为等高线。

将不同高程的等高线投影在水平投影面上，并注出各等高线的高程，即为等高线图，也称标高投影图，如图 2.7 所示。

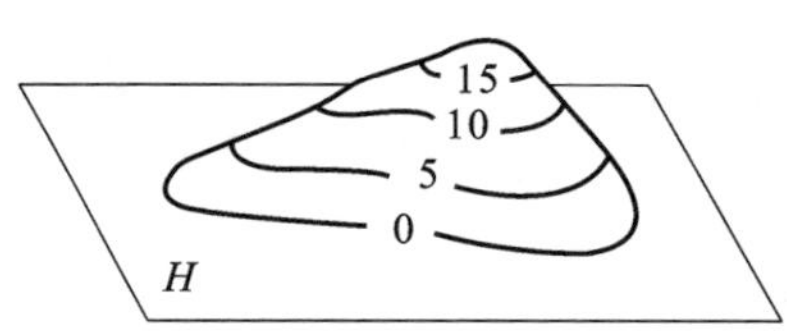

图 2.7　标高投影图

2.2　三面正投影图

2.2.1　三面正投影图的建立

物体在一个投影面上的投影称为单面视图，物体在两个互相垂直的投影面上的投影称为两面视图。上述两种视图都不能确定出空间物体的唯一准确形状，如图 2.8(a)中有四个在空间上形状不同的物体，它们在同一个投影面上的正投影却是相同的；图 2.8(b)中增加一个投影面仍不能从投影图中区别出四棱柱、三棱柱和半圆柱。

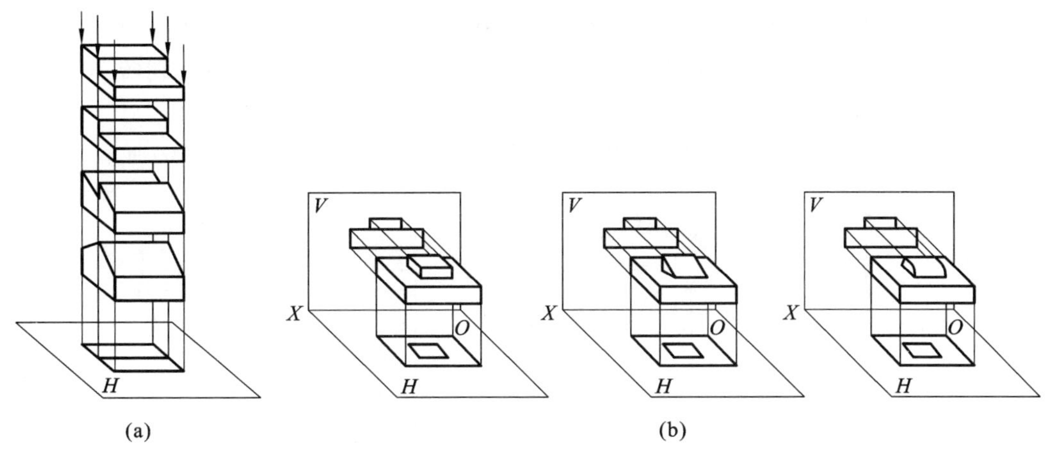

图 2.8 单面、两面投影的不确定性

(a) 单面投影；(b) 两面投影

为准确表达物体形状，通常采用三个相互垂直的平面作为投影面，构成三投影面体系，如图 2.9所示。水平位置的平面称作水平投影面，用 H 表示；与水平投影面垂直相交的呈正立位置的平面称为正立投影面，用 V 表示；位于右侧的与 H、V 面均垂直相交的平面称为侧立投影面，用 W 表示。

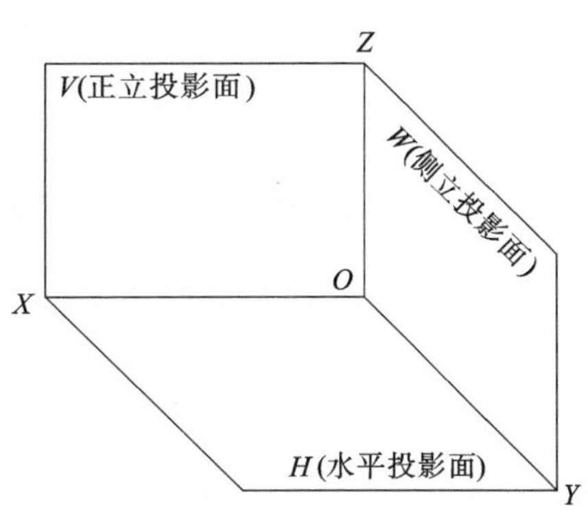

图 2.9 三投影面体系

三投影面相互垂直相交，交线称作投影轴，水平投影面与正立投影面的交线用 OX 轴表示，水平投影面与侧立投影面的交线用 OY 轴表示，正立投影面与侧立投影面的交线用 OZ 轴表示。

2.2.2 三面正投影的形成

将物体置于 H 面之上、V 面之前、W 面之左的空间，如图 2.10 所示，按箭头所指的投影方向分别向三个投影面做正投影。

① 由上往下在 H 面上得到的投影称作水平投影图(简称平面图)；

② 由前往后在 V 面上得到的投影称作正立投影图(简称正面图)；

③ 由左往右在 W 面上得到的投影称作侧立投影图(简称侧面图)。

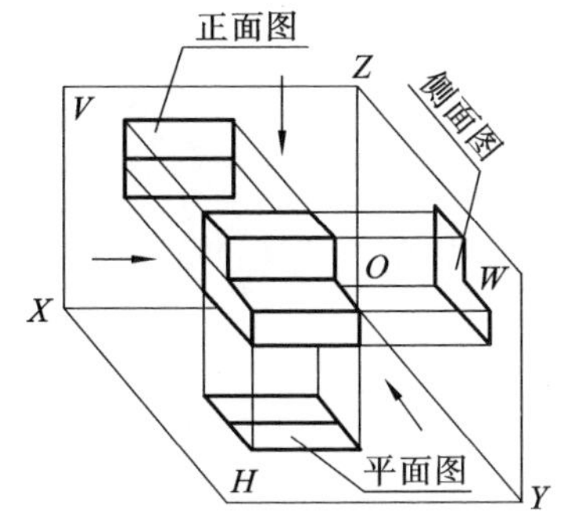

图 2.10 投影图的形成

2.2.3 三面正投影图的展开

为了把空间三个投影面上所得到的投影画在一个平面上，需将三个相互垂直的投影面展开摊平成为一个平面，方法是：将 V 面保持不动，H 面绕 OX 轴向下翻转 90°，W 面绕 OZ 轴向右翻转 90°，使它们与 V 面处在同一平面上，如图 2.11(a)所示。

在初学投影作图时，最好将投影轴保留，并用细实线画出，如图 2.11(b)所示。

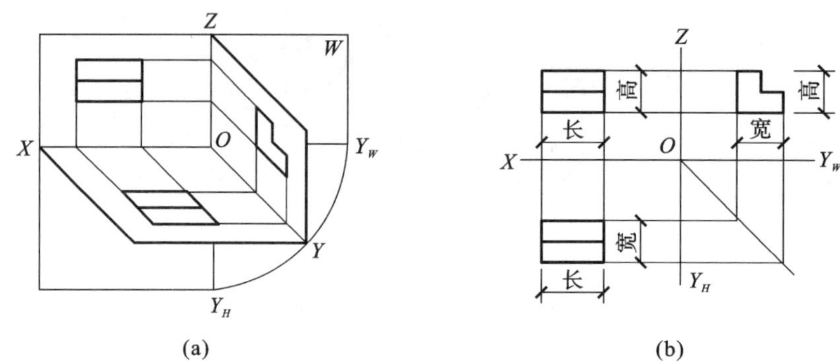

图 2.11 三面投影体系的展开

(a) 展开；(b) 投影图

2.2.4 三面正投影图的投影规律

空间形体都有长、宽、高三个方向的尺度。如一个四棱柱，当它的正面确定后，其左、右两个侧面之间的垂直距离称为长度；前、后两个侧面之间的垂直距离称为宽度；上、下两个平面之间的垂直距离称为高度，如图 2.12 所示。

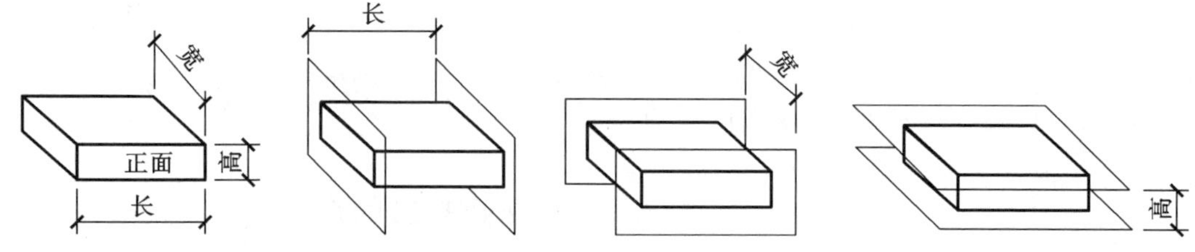

图 2.12 空间形体的长、宽、高

三面正投影图具有以下投影规律。

(1) 投影对应规律

投影对应规律是指各投影图之间在量度方向上相互对应，如图 2.13(a)所示：

① 正面投影、水平投影——长对正(等长)；

② 正面投影、侧面投影——高平齐(等高)；

③ 水平投影、侧面投影——宽相等(等宽)。

(2) 方位对应规律

方位对应规律是指各投影图之间在方向位置上相互对应。在三面投影图中，每个投

影图各反映如图 2.13(b)所示四个方位的情况如下：

① 平面图反映物体的左右和前后；

② 正面图反映物体的左右和上下；

③ 侧面图反映物体的前后和上下。

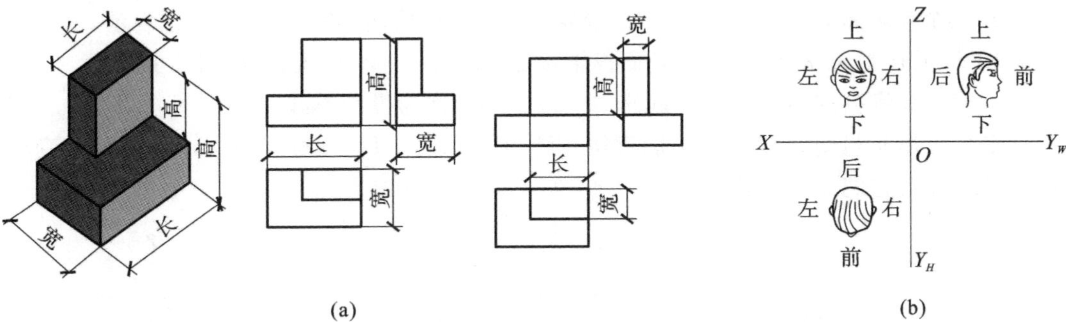

图 2.13 投影图规律

(a) 投影对应规律；(b) 方位对应规律

2.2.5 三面正投影图的画法

三面正投影图的作图方法与步骤：

① 先画出水平和垂直十字相交线表示投影轴，如图 2.14(a)所示；

② 根据“三等”关系，正面图和平面图的各个相应部分用铅垂线对正(等长)，正面图和侧面图的各个相应部分用水平线拉齐(等高)，如图 2.14(b)所示；

③ 利用平面图和侧面图的等宽关系，从 O 点作一条向右下斜的 45°线，然后在平面图上向右引水平线，与 45°线相交后再向上引铅垂线，把平面图中的宽度反映到侧面投影中去，如图 2.14(c)所示。

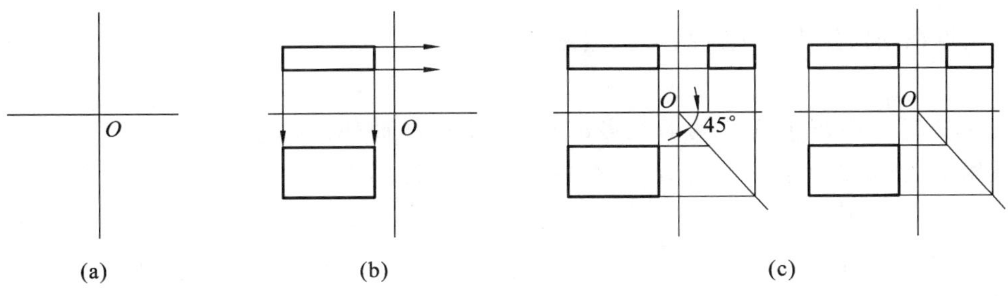

图 2.14 三面正投影图的作图步骤

2.3 建筑形体基本元素的投影

任何形体都可视为由点、线、面组成。要正确地绘制和识读建筑形体投影图，必须先掌握组成建筑形体基本元素的投影特性和作图方法。

2.3.1 点的投影

点是形体最基本的几何元素。点的投影是线、面、体投影的基础。

将空间点 A 置于三投影面体系中，自 A 点分别向三个投影面作投影线，三个垂足就是点 A 在三个投影面上的投影，标注方法分别用空间点的同名小写字母 a、a'、a''表示。a 表示点 A 的 H 面投影，a'表示点 A 的 V 面投影，a''表示点 A 的 W 面投影，如图 2.15 所示。

用细实线将点的相邻投影连起来，如 aa'、$a'a''$，称为投影连线。

水平投影 a 与侧面投影 a''不能直接相连，作图时常以图 2.15(c)所示的借助斜角线或圆弧来实现它们之间的联系。

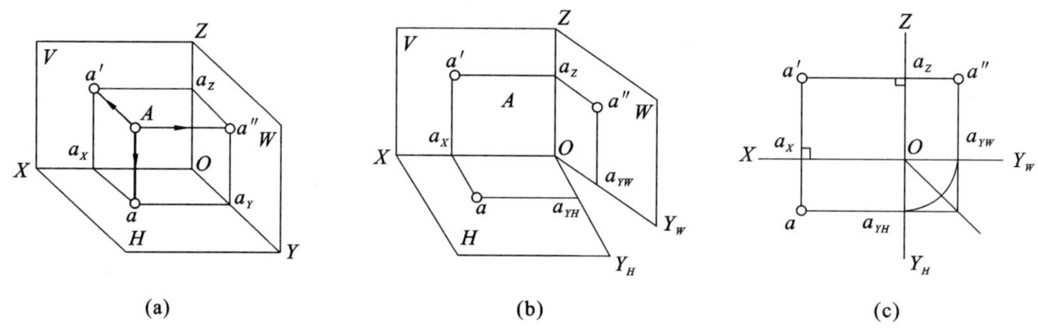

图 2.15 点的三面投影

(1) 点的投影规律

① 点 A 的正面投影 a'和水平投影 a 的连线必垂直于 OX 轴，即 $aa' \perp OX$；

② 点 A 的正面投影 a'与侧面投影 a''的连线必垂直于 OZ 轴，即 $a'a'' \perp OZ$；

③ 点 A 的水平投影 a 到 OX 轴的距离等于其侧面投影 a''到 OZ 轴的距离，即 $aa_X = a''a_Z$；

④ 点在任何投影面上的投影仍然是点。

【例 2-1】 已知点 A 的两面投影 a'、a，求作点 A 的侧面投影 a''。

【解】 根据点的投影规律，a''的求作方法如图 2.16 所示。

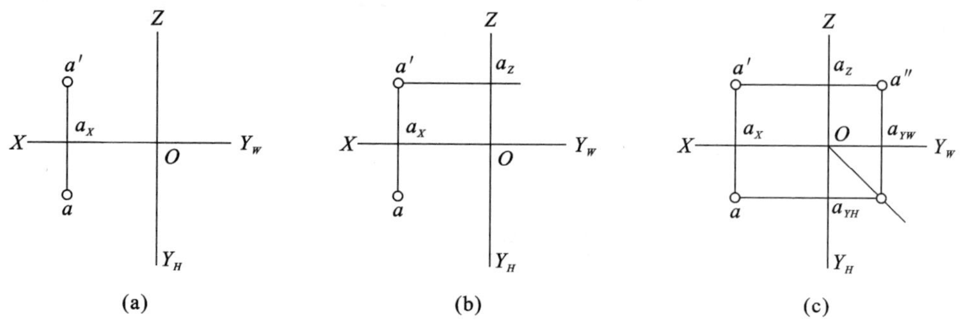

图 2.16 已知点的两面投影作第三面投影

(a) 已知点 A 的两投影 a、a'；(b) 过 a'作 OZ 轴的垂直线 $a'a_Z$；(c) 在 $a'a_Z$ 的延长线上截取 $a''a_Z = aa_X$，a''即为所求

(2) 点的坐标

把三投影面体系看作空间直角坐标系，投影轴 OX、OY、OZ 相当于坐标轴 X、Y、Z 轴，投影面 H、V、W 相当于坐标平面，投影轴原点 O 相当于坐标系原点。

如图 2.17(a)所示，空间一点到三投影面的距离就是该点的三个坐标(用小写字母 x、y、z 表示)。利用点的坐标就能较容易地求作点的投影及确定空间点的位置，如图 2.17(b)所示。

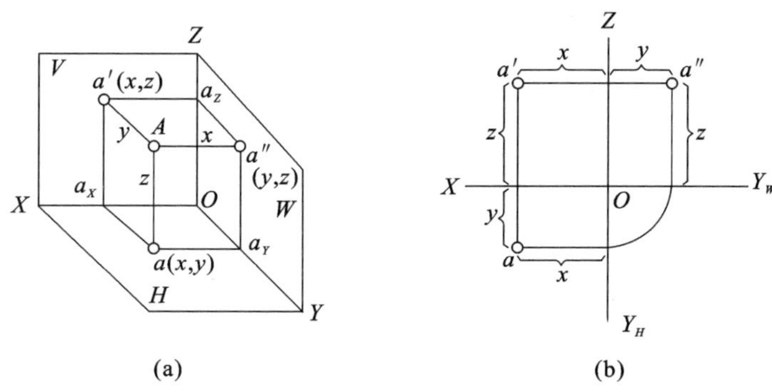

图 2.17　点的坐标

特殊位置的点：

① 当点在某一投影面上时，它的坐标必有一个为零，三个投影中必有两个投影位于投影轴上；

② 当点在某一投影轴上时，它的坐标必有两个为零，三个投影中必有两个投影位于投影轴上，另一个投影则与坐标原点重合；

③ 当点在坐标系原点上时，它的三个坐标均为零。

【例 2-2】　已知点 A 的坐标 $x=18$ mm，$y=10$ mm，$z=15$ mm，即 $A(18,10,15)$，求作点 A 的三面投影图。

【解】　作法见图 2.18。

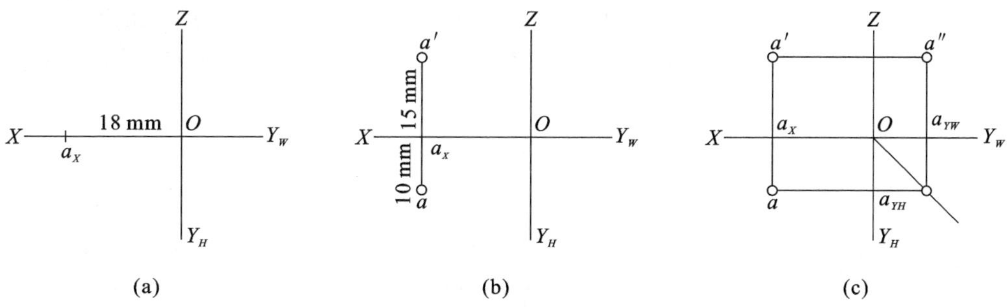

图 2.18　根据点的坐标作投影图

(a) 在 OX 轴上取 $Oa_X=18$ mm；(b) 过 a_X 作 OX 轴的垂直线，使 $aa_X=10$ mm，$a'a_X=15$ mm，得 a 和 a'；(c) 根据 a 和 a' 求出 a''

【例 2-3】 已知点 B 的坐标 $x=20$ mm，$y=0$，$z=10$ mm，即 $B(20,0,10)$，求作点 B 的三面投影图。

【解】 作法见图 2.19。

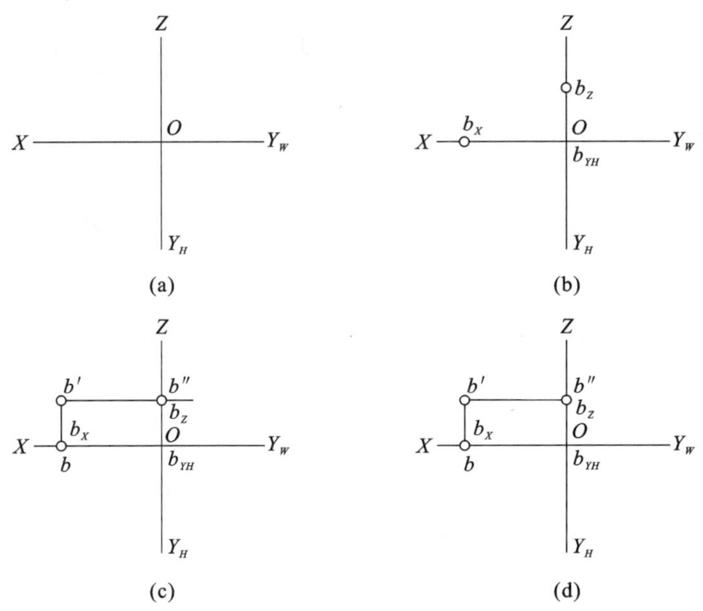

图 2.19 根据坐标求点的三面投影

(a) 画出投影轴；(b) 量取 $Ob_X=x=20$ mm，$Ob_Z=z=10$ mm，$Ob_{YW}=y=0$；

(c) 过 b_X 作 OX 轴垂直线，过 b_Z 作 OZ 轴垂直线，得交点 b、b'；(d) 因 $Ob_{YH}=Ob_{YW}=0$，所以 b'' 与 b_Z 重合

(3) 两点的相对位置

空间两点的相对位置可以用三面正投影图来标定；反之，根据点的投影也可以判断出空间两点的相对位置。

三面投影中规定：OX 轴向左、OY 轴向前、OZ 轴向上为三条轴的正方向。

在投影图中，x 坐标可确定点在三投影面体系中的左右位置，y 坐标可确定点的前后位置，z 坐标可确定点的上下位置。

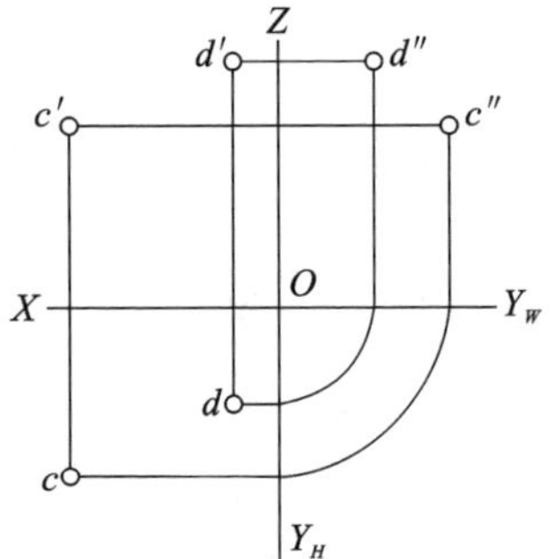

图 2.20 判别两点的相对位置

如图 2.20 所示，从水平投影可知点 C 在点 D 的左前方，从正面投影可知点 C 在点 D 的左下方，因此点 C 在点 D 的左前下方。

(4) 重影点及可见性

如果两点位于同一投射线上，则此两点在相应投影面上的投影必重叠，重叠的投影称为重影，重影的空间两点称为重影点。两点投影重合时，可见点注写在前，不可见点注写在后，并加括号。

【例 2-4】 已知点 C 的三面投影如图 2.21(a)所示，且点 D 在点 C 的正右方 5 mm，点 B 在点 C 的正下方 10 mm，求作 D、B 两点的投影，并判别重影点的可见性。

【解】 ① d''与c''重合,如图 2.21(b)所示。

② 两点的水平投影 b、c 重合,如图 2.21(c)所示。

③ c''可见,d''不可见,d''加上括号以示区别。从上向下投影时,c 可见,b 不可见,不可见的投影 b 加括号以示区别。

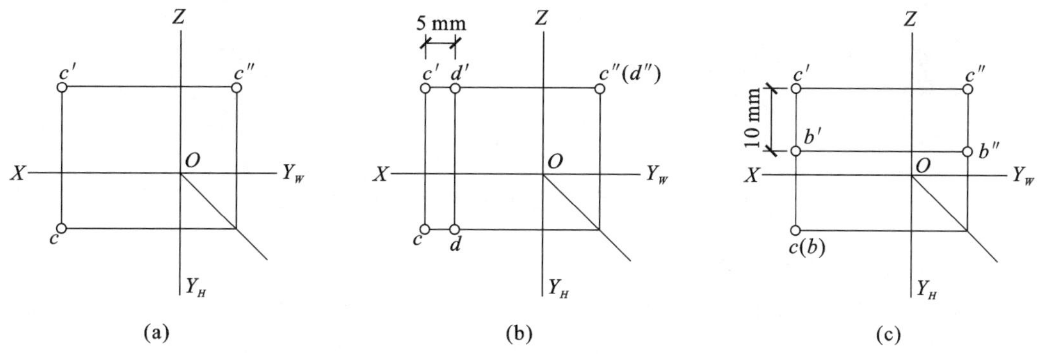

图 2.21　求作点的投影并判别可见性

2.3.2　直线的投影

在画法几何中,直线通常用线段表示,在不强调线段的长度时,常把线段称为直线。由几何学可知,直线由直线上任意两个点的位置确定,因此,直线的投影也可以由直线上两点的投影来确定。求直线的投影,只要作出直线上两个点的投影,再将同一投影面上两点的投影连起来,即是直线的投影。

(1) 直线的投影规律

① 真实性:直线平行于投影面时,其投影仍为直线,并且反映实长,这种性质称为真实性,如图 2.22(a)所示。

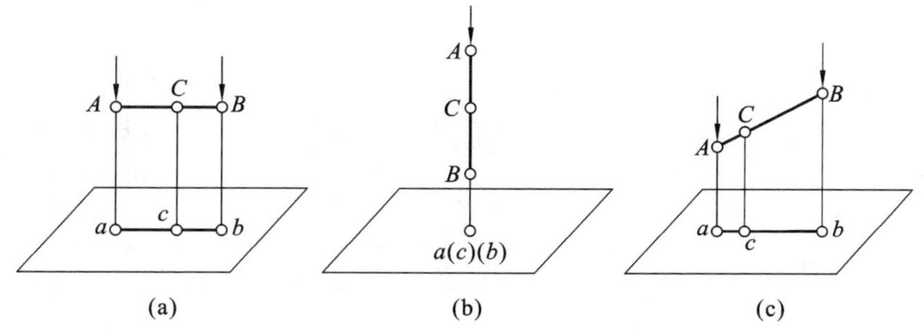

图 2.22　直线的投影

② 积聚性:直线垂直于投影面时,其投影积聚为一点,这种性质称为积聚性,如图 2.22(b)所示。

③ 收缩性:直线倾斜于投影面时,其投影仍是直线,但长度缩短,不反映实长,这种性质称为收缩性,如图 2.22(c)所示。

(2) 直线的三面投影

首先作出直线上两端点在三个投影面上的投影,然后分别连接这两个端点的同面投影，即为该直线的投影，如图 2.23 所示。

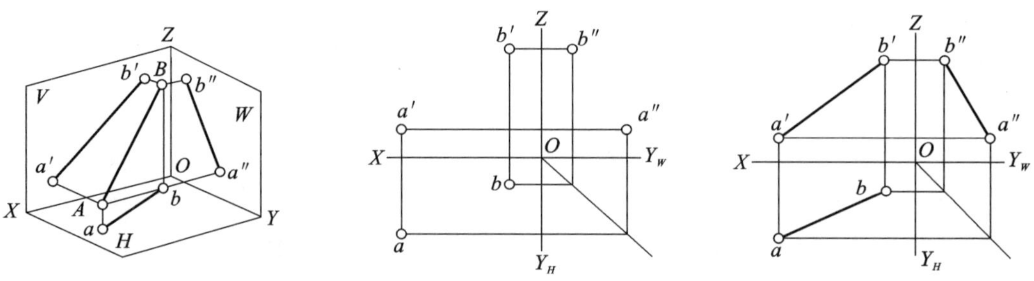

图 2.23　作直线的三面正投影图（投影面的倾斜线）

(3) 各种位置直线及其投影特性

空间直线按其相对于三个投影面的不同位置可分为三种：投影面平行线、投影面垂直线和投影面倾斜线。前两种称为特殊位置直线，后一种称为一般位置直线。

① 投影面平行线。

平行于一个投影面，而倾斜于另外两个投影面的直线称为投影面平行线。

投影面平行线可分为：

a. 平行于 H 面而倾斜于 V、W 面的直线，称为水平线。

b. 平行于 V 面而倾斜于 H、W 面的直线，称为正平线。

c. 平行于 W 面而倾斜于 H、V 面的直线，称为侧平线。

直线与 H 面的倾角用 α 表示，与 V 面的倾角用 β 表示，与 W 面的倾角用 γ 表示。三种投影面平行线的投影图如表 2.1 所示。

表 2.1　**投影面平行线**

名称	水平线	正平线	侧平线
直观图	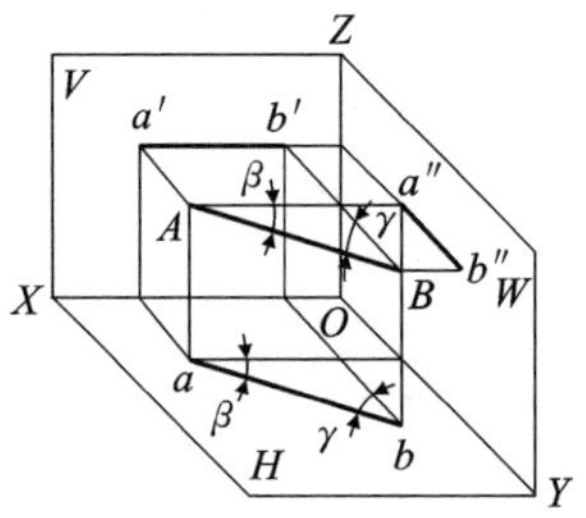	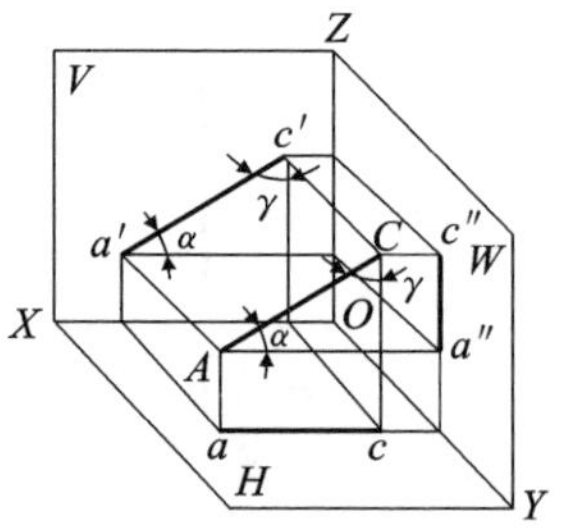	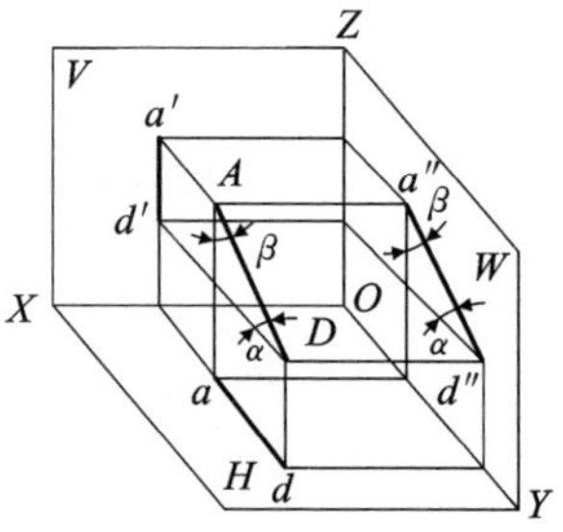
投影图	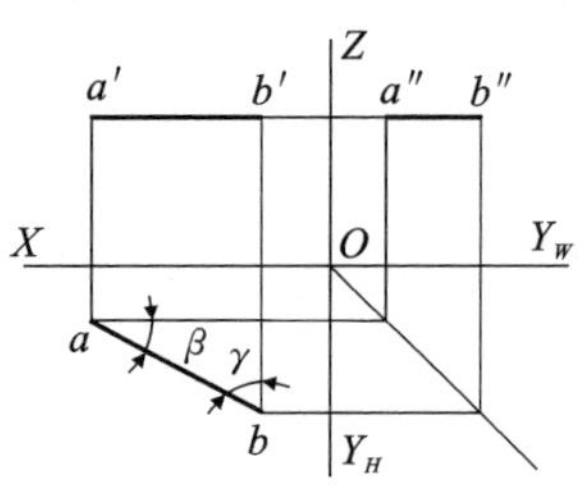	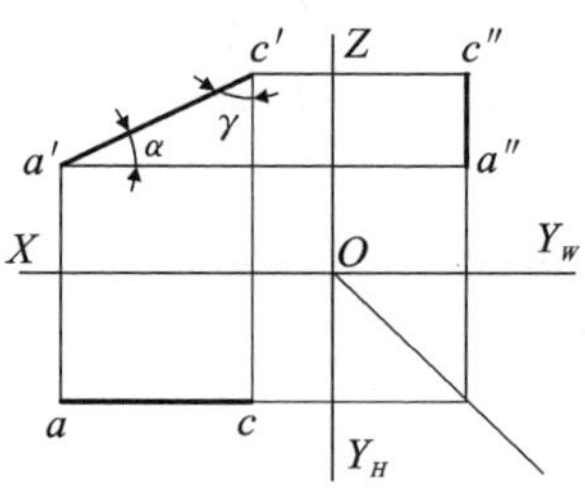	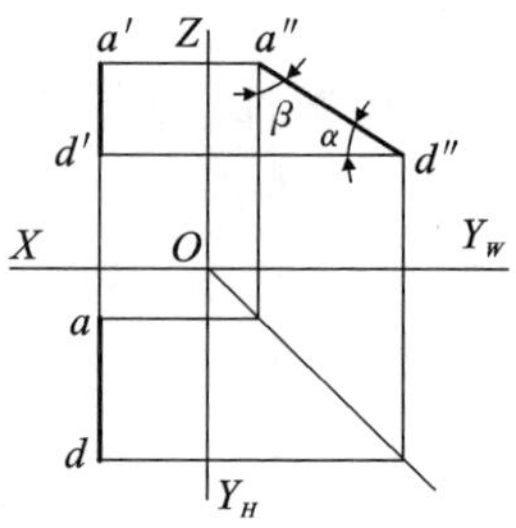

由表 2.1 可知，投影面平行线有如下投影特性：

a. 直线在与其平行的投影面上的投影反映实长，并且该投影与投影轴间的夹角（α、β、γ）等于直线对其他两个投影面的倾角。

b. 直线在另外两个投影面上的投影分别平行于相应的投影轴，但其投影长度缩短。

投影面平行线空间位置的判别：一斜两直线，定是平行线；斜线在哪面，平行哪个面。

② 投影面垂直线。

垂直于一个投影面，而平行于另外两个投影面的直线称为投影面垂直线。

投影面垂直线可分为：

a. 铅垂线，垂直于 H 面而平行于 V、W 面的直线。

b. 正垂线，垂直于 V 面而平行于 H、W 面的直线。

c. 侧垂线，垂直于 W 面而平行于 H、V 面的直线。

这三种投影面垂直线的投影图如表 2.2 所示。

表 2.2　　**投影面垂直线**

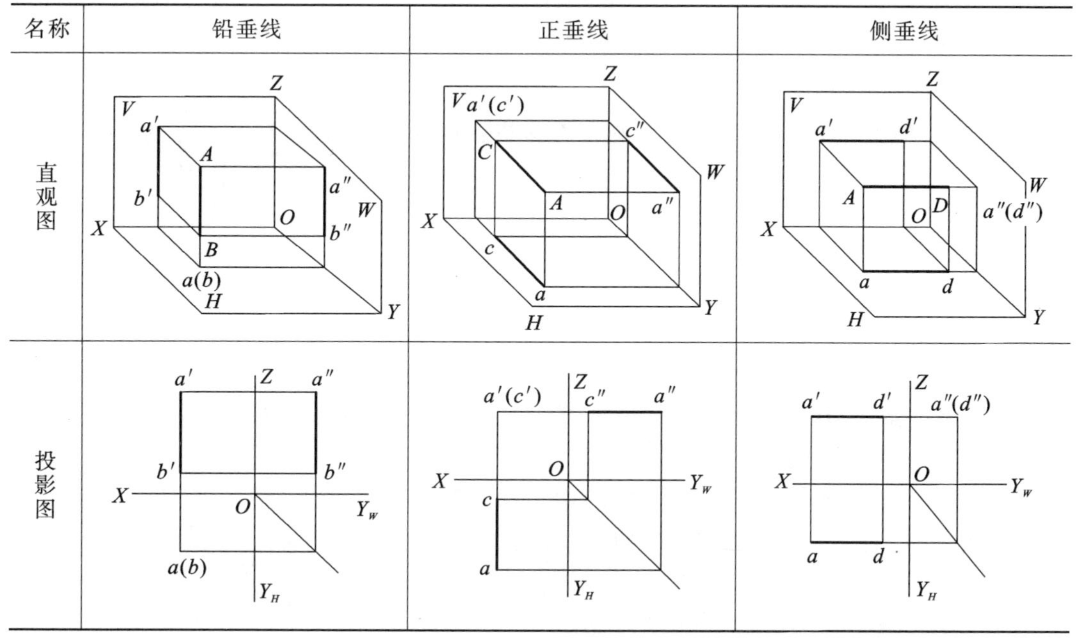

名称	铅垂线	正垂线	侧垂线
直观图			
投影图			

由表 2.2 可知，投影面垂直线有如下投影特性：

a. 直线在与其垂直的投影面上的投影积聚成一点。

b. 直线在另外两个投影面上的投影同时平行于一条相应的投影轴且均反映实长。

投影面垂直线空间位置的判别：一点两直线，定是垂直线；点在哪个面，垂直哪个面。

③ 一般位置直线。

与三个投影面均倾斜的直线，称为一般位置直线。一般位置直线在 H、V、W 三个投影面上的投影如图 2.24 所示。

一般位置直线有如下投影特性：

a. 直线的三个投影仍为直线，但不反映实长。

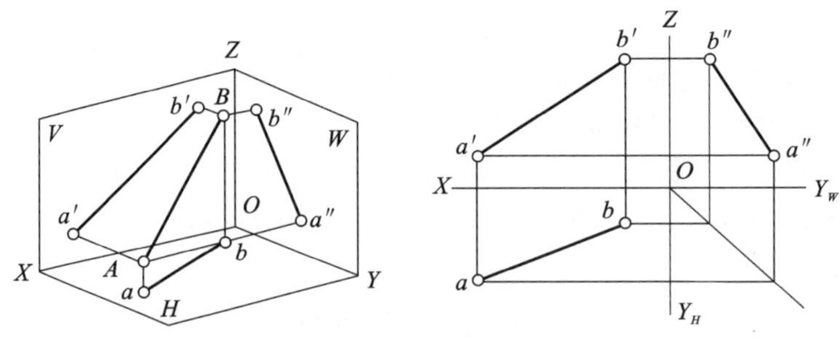

图 2.24　一般位置直线的投影

b. 直线的各个投影都倾斜于投影轴。

一般位置直线的判别：三个投影三个斜，一定是一般位置直线。

④ 两直线的相对位置。

a. 空间两直线有三种不同的相对位置，即相交、平行和交叉。

b. 两相交直线或两平行直线都在同一平面上，所以它们都称为共面线。

c. 两交叉直线不在同一平面上，所以称为异面线。

(4) 直线上的点

① 点在直线上，则点的各个投影必定在该直线的同面投影上，且符合点的投影规律。

② 直线上的点分线段成比例，则该点的各投影也相应分线段的同面投影成相同的比例。

2.3.3　平面的投影

(1) 平面的表示法

平面是广阔无边的，它在空间的位置可用下列几何元素来确定和表示：

① 不在一直线上的三个点，如图 2.25(a)中的 a、b、c。

② 直线和直线外一点，如图 2.25(b)中的点 b 和直线 ac。

③ 相交两直线，如图 2.25(c)中的 ab 和 ac。

④ 平行两直线，如图 2.25(d)中的 ac 和 bd。

⑤ 平面图形，如图 2.25(e)中的△abc。

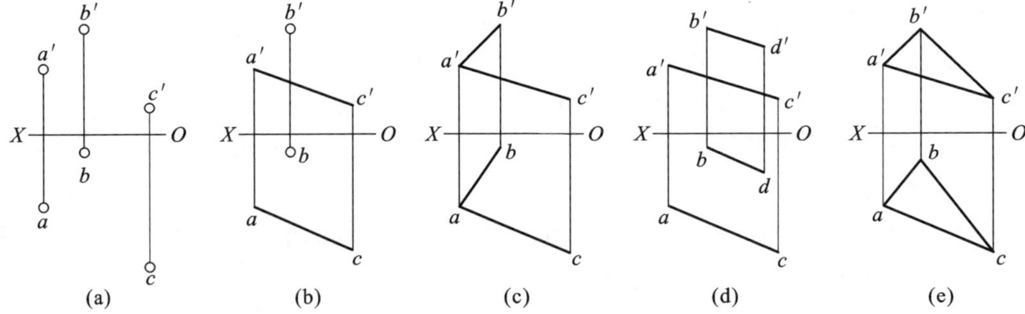

图 2.25　平面的表示法

(2) 平面的投影规律

① 真实性。

平面平行于投影面时,其投影仍为一个平面,且反映该平面的实际形状,这种性质称为真实性,如图 2.26(a)所示。

② 积聚性。

平面垂直于投影面时,其投影积聚为一条直线,这种性质称为积聚性,如图 2.26(b)所示。

③ 收缩性。

平面倾斜于投影面时,其投影为不反映实形且缩小了的类似形线框,这种性质称为收缩性,如图 2.26(c)所示。

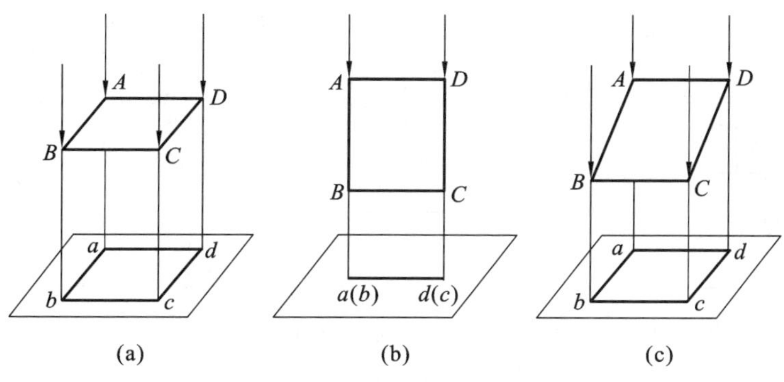

图 2.26 平面的投影

(3) 各种位置平面及其投影特性

空间平面按其相对三个投影面的不同位置可分为三种,即投影面平行面、投影面垂直面和投影面倾斜面。前两种称为特殊位置平面,后一种称为一般位置平面。

① 投影面平行面。

平行于一个投影面,同时垂直于另外两个投影面的平面称为投影面平行面。

投影面平行面可分为:

a. 水平面,平行于 H 面而垂直于 V、W 面的平面。

b. 正平面,平行于 V 面而垂直于 H、W 面的平面。

c. 侧平面,平行于 W 面而垂直于 H、V 面的平面。

这三种投影面平行面的投影图如表 2.3 所示。从表中可知,投影面平行面有如下投影特性:

a. 平面在与其平行的投影面上的投影反映实形;

b. 平面在另外两个投影面上的投影积聚成直线,且分别平行于相应的投影轴。

投影面平行面空间位置的判别:一框两直线,定是平行面;框在哪个面,平行哪个面。

② 投影面垂直面。

垂直于一个投影面,同时倾斜于另外两个投影面的平面称为投影面垂直面。

投影面垂直面可分为:

表 2.3　　**投影面平行面**

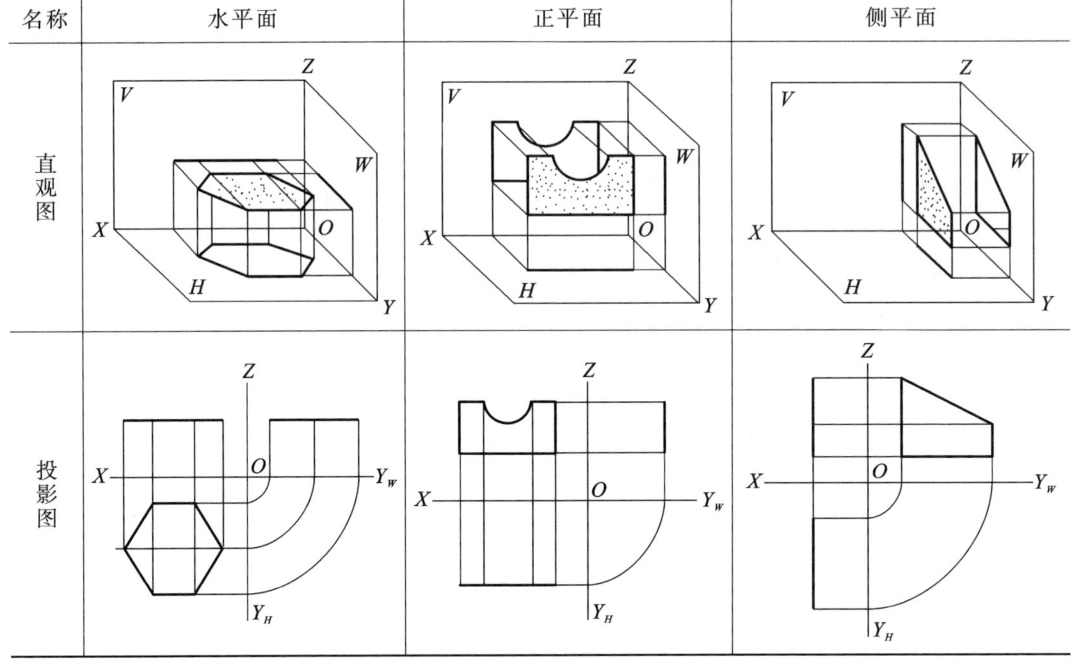

a. 铅垂面，垂直于 H 面而倾斜于 V、W 面的平面。

b. 正垂面，垂直于 V 面而倾斜于 H、W 面的平面。

c. 侧垂面，垂直于 W 面而倾斜于 H、V 面的平面。

这三种投影面垂直面的投影图如表 2.4 所示。从表中可知，投影面垂直面有如下投影特性：

a. 平面在与其垂直的投影面上的投影积聚成一条倾斜于投影轴的直线，且此直线与投影轴之间的夹角等于空间平面对另外两个投影面的倾角。

b. 平面在与它倾斜的两个投影面上的投影为缩小了的类似线框。

投影面垂直面空间位置的判别：两框一斜线，定是垂直面；斜线在哪面，垂直哪个面。

③ 一般位置平面。

与三个投影面均倾斜的平面，称为一般位置平面。

表 2.4　　**投影面垂直面**

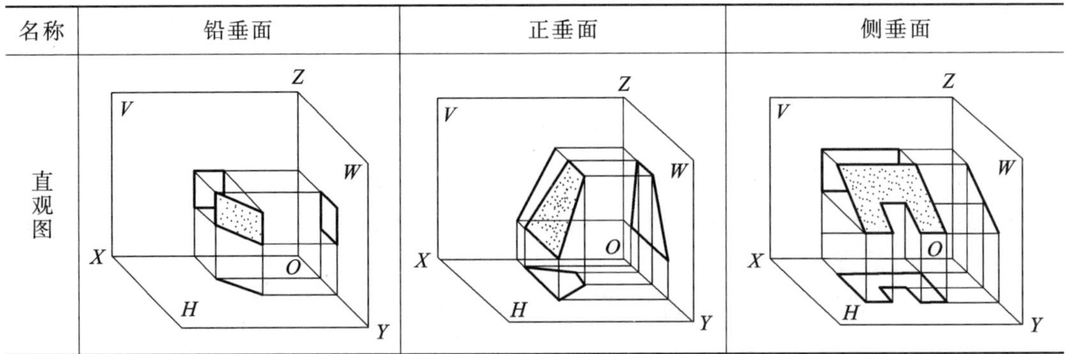

续表

名称	铅垂面	正垂面	侧垂面
投影图	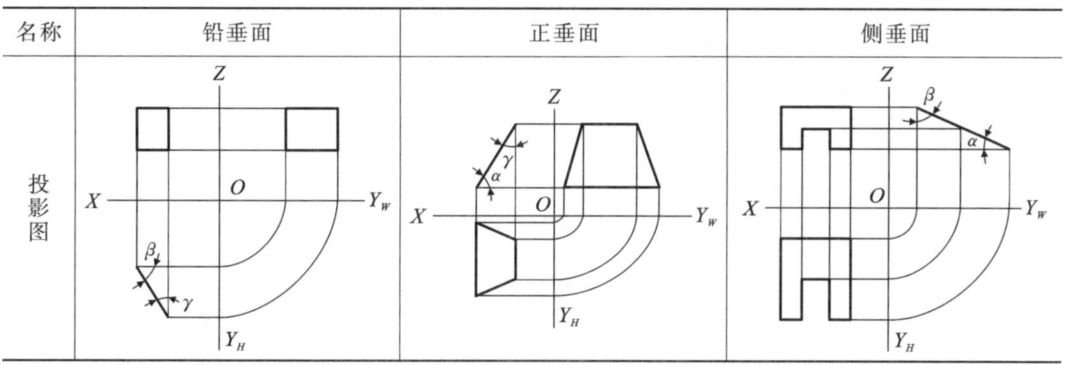		

一般位置平面的三个投影都呈倾斜状，三个投影既没有积聚性，也不反映实形，而是原平面图形的类似形。

一般位置平面的判别：三个投影三个框，定是一般位置平面。

2.4　建筑形体的投影

对于各式各样的建筑物、构筑物及其配件，虽然形状各异，但只要细加分析就可看出，它们都是由一些基本形体（简单几何体）组成。图 2.27(a)所示的水塔，它可以看成由圆台、圆柱、圆锥等组成；图 2.27(b)所示的房屋，它由棱柱、棱锥等组成。所以，识读建筑形体的投影图之前，应先掌握基本形体投影图的读法。

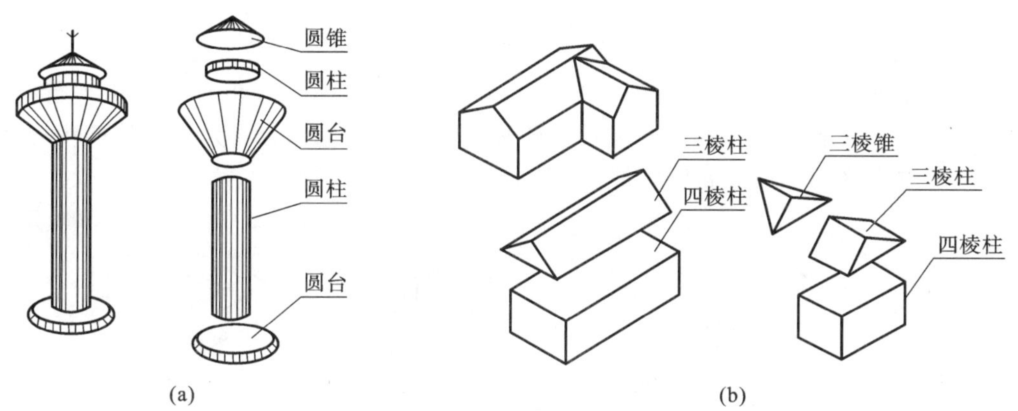

图 2.27　建筑形体分析

(a) 水塔；(b) 房屋

基本形体按其表面的几何性质，可分为平面体和曲面体两类。表面由平面组成的几何体称为平面体。基本的平面体有正方体、长方体（正方体和长方体统称为长方体）及棱柱（四棱柱除外）、棱锥、棱台（棱柱、棱锥、棱台统称为斜面体）等，如图 2.28 所示。表面由曲面或由平面和曲面围成的形体称为曲面体。基本的曲面体有圆柱、圆锥、圆台、球等，如图 2.29 所示。

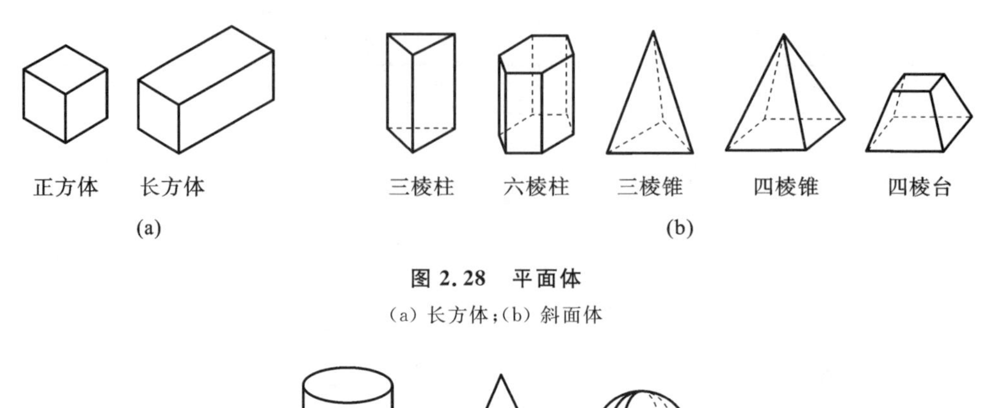

图 2.28 平面体

(a) 长方体;(b) 斜面体

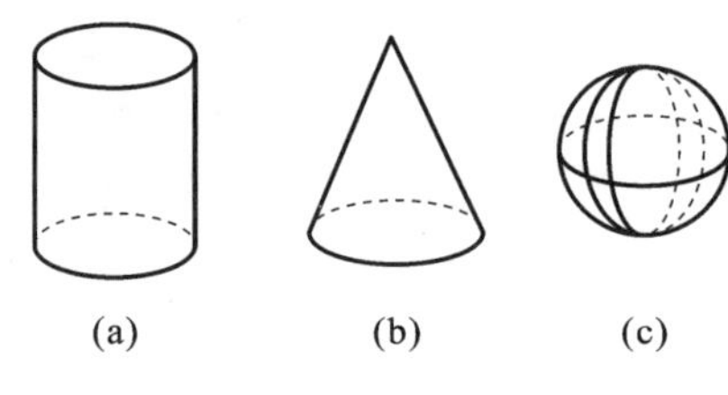

图 2.29 曲面体

(a) 圆柱;(b) 圆锥;(c) 球

2.4.1 平面体的投影

建筑工程图中绝大部分的形体都属于平面体类型。作平面体的投影,其关键在于作出平面体上的点(棱角)、线(棱线)和平面的投影。

(1) 长方体的投影

① 长方体。

长方体是房屋最基本的组成形体。长方体的表面是由六个长方形(包括正方形)平面组成的,它的棱线之间都互相垂直或平行(相邻的互相垂直,相对的互相平行)的。图 2.30 中的标准砖是最典型的长方体。各种梁、板、柱等大部分都是长方体的组合体,如图 2.30 中的梁、柱基础、台阶等都是长方体的组合体。

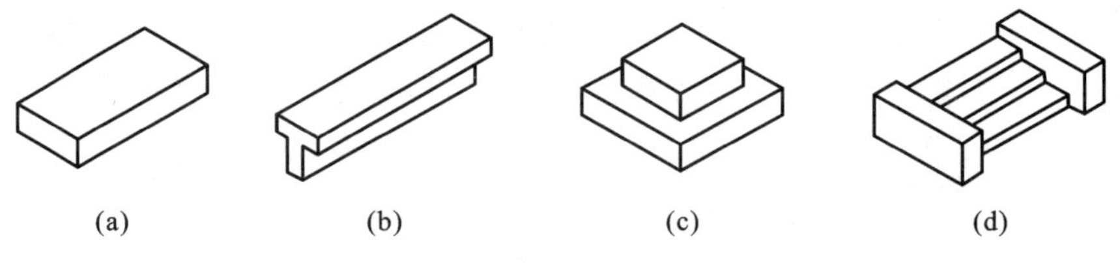

图 2.30 建筑形体的立体图

(a) 标准砖;(b) T 形梁;(c) 柱基础;(d) 台阶

② 长方体投影的绘制。

把长方体放在三投影面体系中,使长方体的各个面分别和各投影面平行或垂直,如使长方体的前、后面与 V 面平行,左、右面与 W 面平行,上、下面与 H 面平行。凡平行于一个投影面的平面,必定在该投影面上反映出其实际形状和大小,而与另外两个投影面是垂直关系,它们的投影都积聚成一条直线。这样所得到的长方体的三面正投影,就反映了长方体的三个方向的实际形状和大小，如图 2.31 所示。

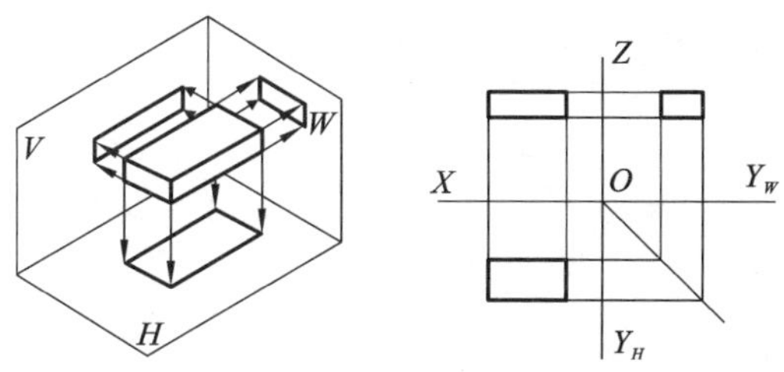

图 2.31 长方体的三面正投影

③ 长方体上点、线、面的投影分析。

a. 点的投影分析。

长方体上的每一个棱角都可以看作是一个点，每个点在三个投影面上都有与它对应的三个投影。如图 2.32 中标准砖上的棱角 A 点，有与它对应的三个投影 a、a'、a''。

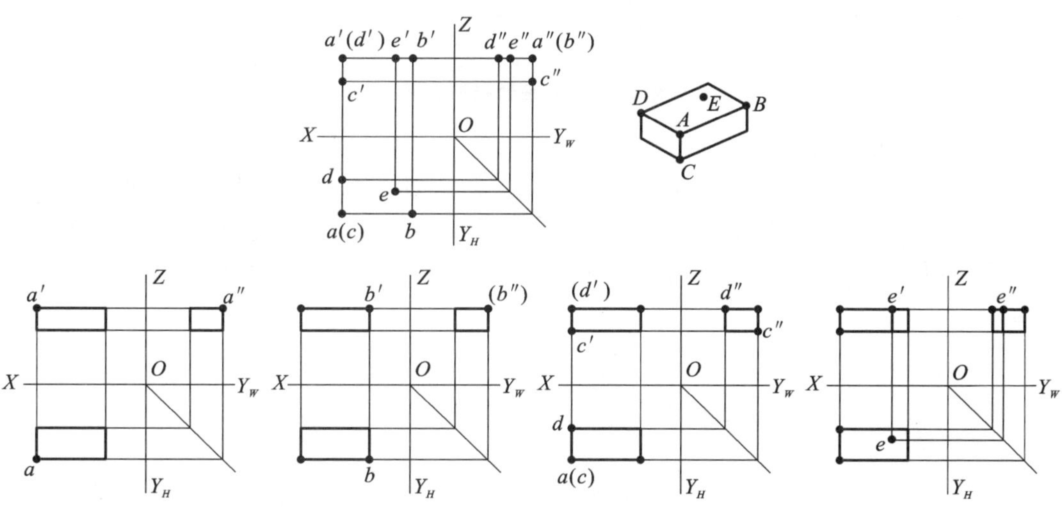

图 2.32 点的投影分析

A 点的 V 面投影 a' 和 H 面投影 a，它们共同反映 A 点在形体上的左、右位置，以及 A 点到 W 面的垂直距离(即 X 轴坐标)，所以 a' 与 a 必在同一条铅垂线上。

A 点的 V 面投影 a' 和 W 面投影 a''，它们共同反映 A 点在形体上的上、下位置，以及 A 点到 H 面的垂直距离(即 Z 轴坐标)，所以 a' 和 a'' 必在同一条水平线上。

A 点的 H 面投影 a 和 W 面投影 a''，它们共同反映 A 点在形体上的前、后位置，以及 A 点到 V 面的垂直距离(即 Y 轴坐标)，所以 a 与 a'' 必定互相对应。

b. 直线的投影分析。

当长方体在三投影面体系中所放位置如图 2.33 所示时，它的每条棱线都垂直于一个投影面，而平行于另外两个投影面。如图 2.33 中标准砖上的棱线 AB，它平行于 V 面和 H 面而垂直于 W 面，所以这条棱的 V 面投影和 H 面投影都反映了 AB 的实长，即 $ab=a'b'=AB$，它的 W 面投影则积聚为一点 $a''(b'')$。

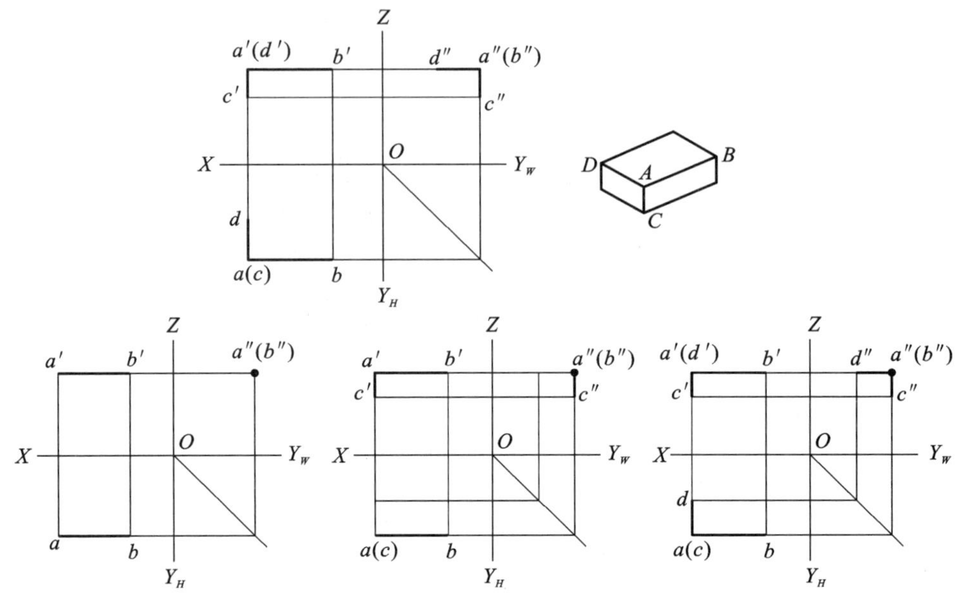

图 2.33　直线的投影分析

c. 平面的投影分析。

当长方体在三投影面体系中所放位置如图 2.34 所示时，它的两个面都平行于一个投影面而垂直于另外两个投影面。如图 2.34 中标准砖上的 P 面，它平行于 V 面而垂直于 H 面和 W 面，所以其 V 面投影 p' 反映 P 面的实形，其 H 面和 W 面投影都积聚为一条直线。

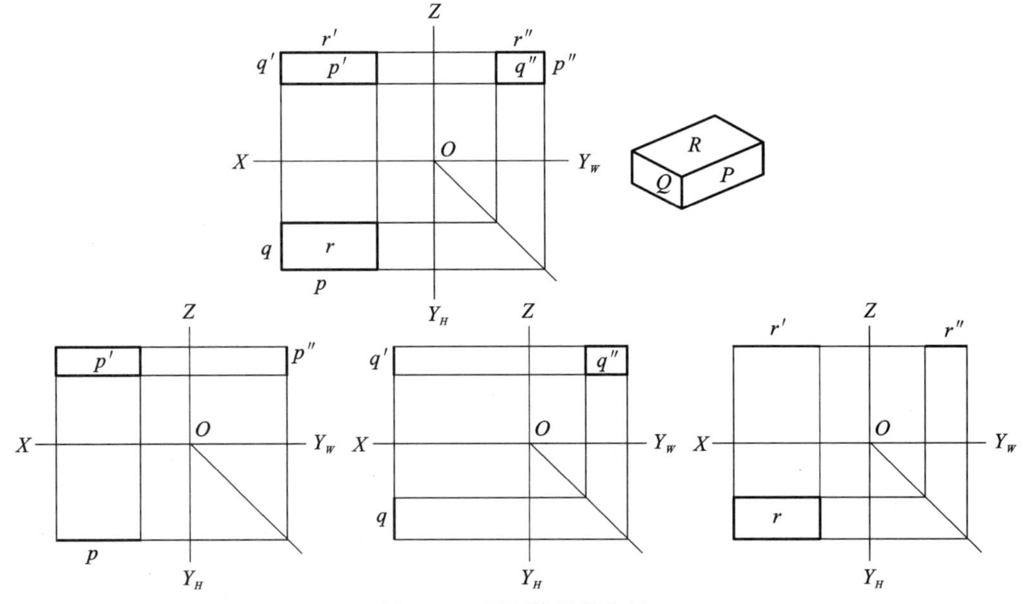

图 2.34　平面的投影分析

(2) 长方体组合体的投影

由两个或两个以上的基本几何体所组成的形体，可统称为组合体。建筑工程中经常遇到的形体多是长方体的组合体，且其构成方式一般为几个简单几何体的叠加。下面从画图和识图两个方面来分析长方体组合体的投影。

① 根据实物(或形体的立体图)画形体的三面正投影图。

画长方体组合体的三面正投影图时，首先要分析两个问题：

a. 形体上各个面和投影面的关系。

b. 把形状比较复杂的形体(整体)分解成若干个简单的几何体(局部)，然后分析局部与整体、局部与局部之间的相互关系。画图时，只要把各个简单几何体的正投影图按它们相互之间的位置连接起来，就能得到组合体的正投影图，如图 2.35 所示。

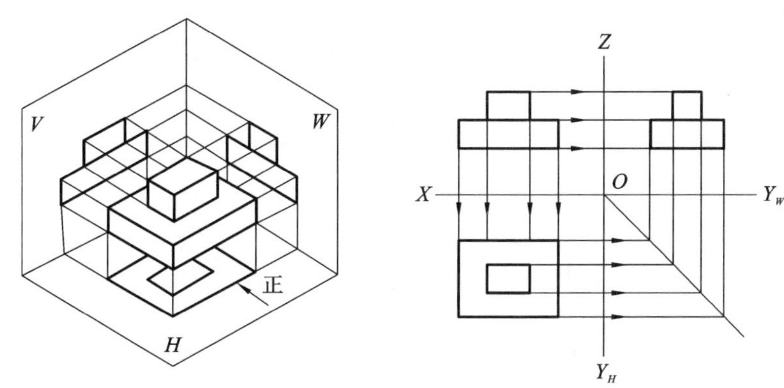

图 2.35　组合体的正投影图

长方体组合体画图步骤如下：

a. 首先画 V 面投影图。形体上与 V 面平行的面，在 V 面上的投影反映实形。形体上平行于 H 面和 W 面的面，在 V 面上的投影均积聚成直线。

b. 根据 V 面投影和 H 面投影"长对正"关系，以及底面平行于 H 面，其 H 面投影反映底面的实形，即可知投影图上的宽就是形体宽的实长，因此可画出其 H 面投影图。

c. 再根据三面投影之间的相互关系，画出 W 面投影图。

② 从三面投影图想象形体的形状。

我们学习制图，不仅要学会用三面投影图来表示形体，还要能够从三面投影图想象出形体的立体形状，这就是识图。识图时应注意以下几点：

a. 必须将三个投影图综合起来分析，根据投影规律和特性找出它们的内在联系。

b. 先看整体，再看局部。

c. 在平面体投影图中的点，一种是棱线交点的投影，另一种是棱线的积聚投影。投影图中的线，一种是面与面的交线，即棱线的投影；另一种是面的积聚投影。凡投影图中用实线表示的线是形体上可见线的投影或可见面的积聚投影，用虚线表示的线是不可见线的投影或不可见面的积聚投影，但用实线表示的线也可能是形体上可见线与不可见线投影的重合。投影图中每个封闭的线框在一般情况下表示一个面的投影，但也可能是几个面投影的重合或孔洞的投影，要对照其他几个投影图分析后才能确定。

识图步骤如下：

a. 首先从 V 面投影图开始(一般 V 面投影图能反映形体的特征)，根据 V 面投影图中的封闭线框，对照其他投影图，将组合体分解成几部分。

b. 将分解后的局部按投影规律联系起来，了解各个局部形体的特征和它们的相对位置。

c. 最后综合起来想象出组合体的形状。

例如，在识读独立柱基础图 2.36 时，其识图步骤如下：

a. 从 V 面投影上看，投影由大、中、小三个封闭线框组成，且分成上、中、下三部分。

b. 按投影规律，V 面投影中最下面的大封闭线框和 H 面投影中大正方形线框及 W 面投影中最下面的大封闭线框相对应。由此可以得出，这个组合体的底层是一个底面为正方形的长方体，且 H 面投影上的大正方形反映此长方体底面正方形的实形。

同样，V 面投影中间的封闭线框分别和 H 面投影中间的正方形线框及 W 面投影中间的封闭线框相对应；V 面投影上面的小封闭线框分别和 H 面投影最小的正方形线框及 W 面投影上面的小封闭线框相对应。所以这个组合体中间和上部也都是一个底面为正方形的长方体。

c. 综合上面的投影分析，可以知道这个组合体由大、中、小三个底面为正方形的长方体组合而成，且最大的长方体在底层，最小的长方体在上层。

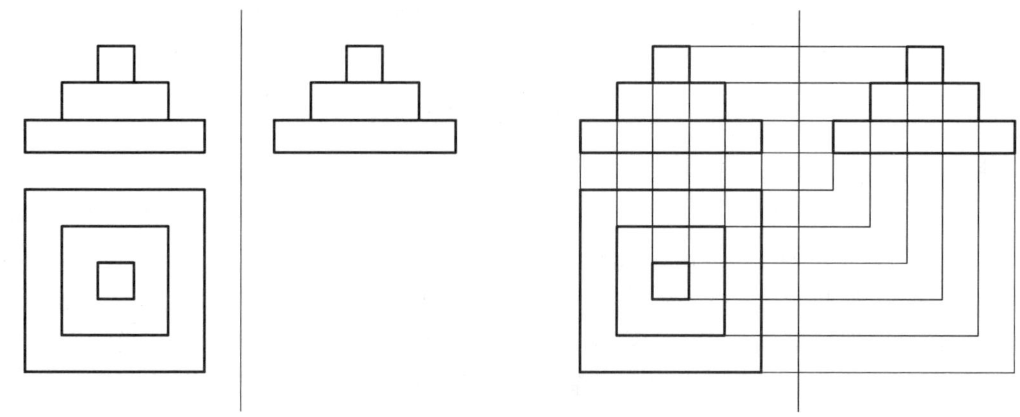

图 2.36　独立柱基础

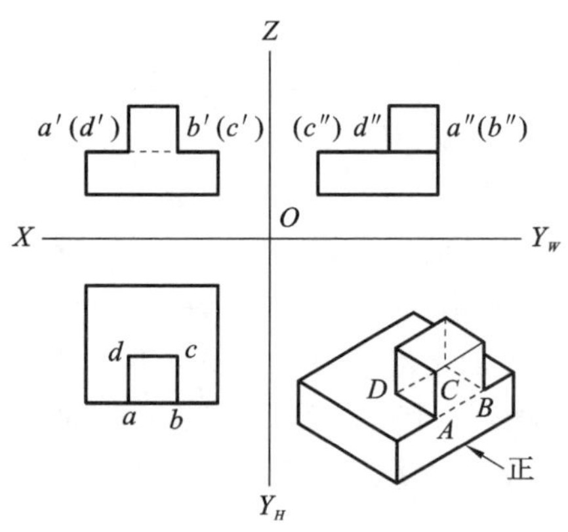

图 2.37　交线与不可见线

③ 交线与不可见线。

分析组合体的投影时要注意交线和不可见线。

a. 两个基本的几何体连接在一起，它们之间就可能产生交线。交线是两个几何体表面上共有的线。但当两个简单几何体连接，有某两个面位于同一平面时，这两个面之间没有交线。如图 2.37 所示的立体图中，大、小两个长方体叠加在一起，它们的正面在同一个平面内，就只产生 BC、CD、DA 三条交线，而 A、B 之间不存在交线。

b. 被遮挡的线称为不可见线，在投影图中用虚线表示。图 2.37 所示的 V 面投影图中就有不可见

线 $d'c'$，它是被前面的平面遮挡的交线 DC 的投影。虽然在 W 面投影图中 BC 也是不可见线，但是它与可见线 AD 重合，所以仍画成实线。

(3) 斜面体的投影

① 斜面体。

凡是带有斜面的平面体，统称为斜面体。棱柱(长方体除外)、棱锥、棱台等都是斜面体的基本形体。

建筑工程中的坡屋面、杯形基础、有斜面的构件等都可以看作是斜面体或斜面体的组合体，如图 2.38 所示的形体。

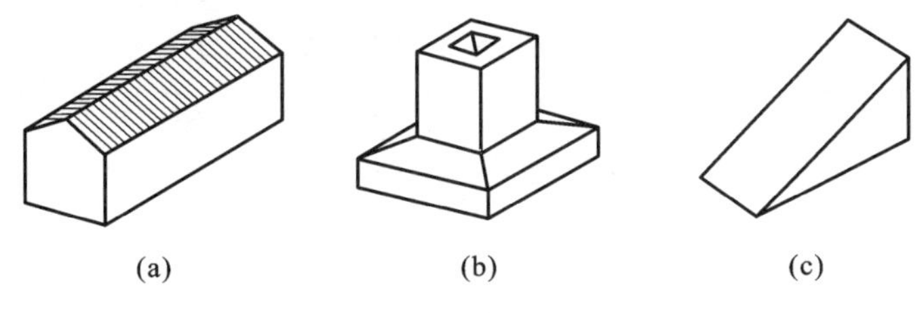

(a) (b) (c)

图 2.38 斜面体实例

(a) 两坡顶屋面；(b) 杯形基础；(c) 木楔

② 斜面和斜线。

斜面体中的斜面和斜线都是对一定的方向而言的。在制图中，斜面、斜线是指形体上与投影面倾斜的面和线。分析一个斜面体，首先要明确形体在三个投影面之间的位置和方向，才能判断哪些面是斜面，哪些线是斜线。例如同一个木楔子，按图 2.39(a)所示的位置摆放，就只有一个斜面(P 面)、两条斜线(BC 与 EF)；按图 2.39(b)所示的位置摆放，就有两个斜面(R、Q 面)、四条斜线(AB、DE、AC、DF)。

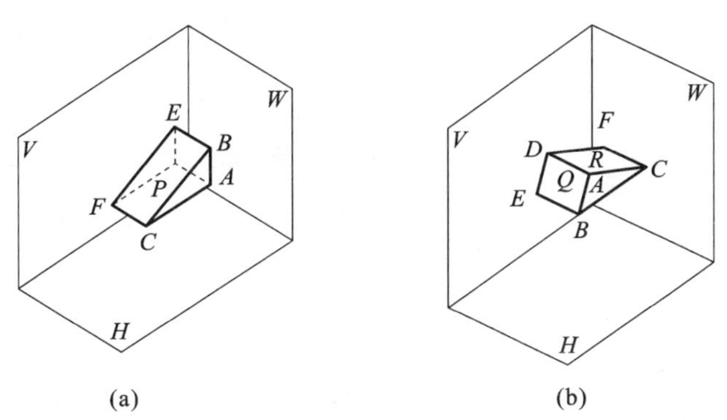

(a) (b)

图 2.39 斜面体的不同摆放位置

斜面的形状及倾斜方向、角度虽然有不同的情况，但按其与投影面的关系可归纳为两种：一种是与两个投影面倾斜而与第三个投影面垂直，另一种是与三个投影面都倾斜。

斜线也可以归纳为两种：一种是与两个投影面倾斜而与第三个投影面平行，另一种是与三个投影面都倾斜。

③ 斜面体投影的绘制。

绘制斜面体投影图时，应该先绘制最有特征的那个投影图，然后绘制其他投影图。

识图时，也是先识读最有特征的投影图，再对照识读其他投影图。如图 2.40 中斜面体的正投影，应先识读 V 面投影图，再识读 W 面投影图，最后才对照识读 H 面投影图，因为在这组投影中 H 面投影最不能反映该形体的特征。

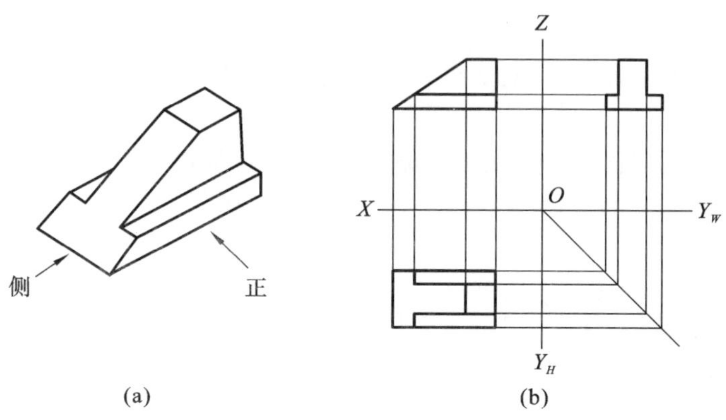

图 2.40　斜面体的正投影

(a) 立体图；(b) 投影图

【例 2-5】 试分析图 2.41 中五棱锥的正投影。

【解】 设在三投影面体系中，五棱锥的底面平行于 H 面，五个侧面中除侧面$\triangle SCD$垂直于 W 面并与 H 面和 V 面倾斜外，其余四个侧面与三个投影面都倾斜。所以，五棱锥的底面五边形 $ABCDE$ 在 H 面上的投影反映实形；顶点 S 的 H 面投影 s 在正五边形的中心，它与五个点的连线 sa、sb、sc、sd、se 是五条侧棱的投影，正五棱锥的五个侧面在 H 面上的投影为五个与侧面三角形类似的图形，且比原形小，即分别是$\triangle sab$、$\triangle sbc$、$\triangle scd$、$\triangle sde$ 和$\triangle sea$。五个侧面在 V 面上的投影亦为五个与侧面三角形类似的图形，且比原形小，即分别为$\triangle s'a'b'$、$\triangle s'b'c'$、$\triangle s'c'd'$、$\triangle s'd'e'$和$\triangle s'e'a'$。侧面$\triangle SCD$ 在 W 面的投影积聚为一条直线 $s''c''(s''d'')$，另外四个侧面在 W 面上的投影则为与侧面三角形类似的图形，且比原形小，分别为$\triangle s''a''b''$、$\triangle s''b''c''$、$\triangle s''d''e''$和$\triangle s''e''a''$。

五条棱线 SA、SB、SC、SD、SE 在三个投影面的投影都仍为直线，但都不反映实长，且比实长短。

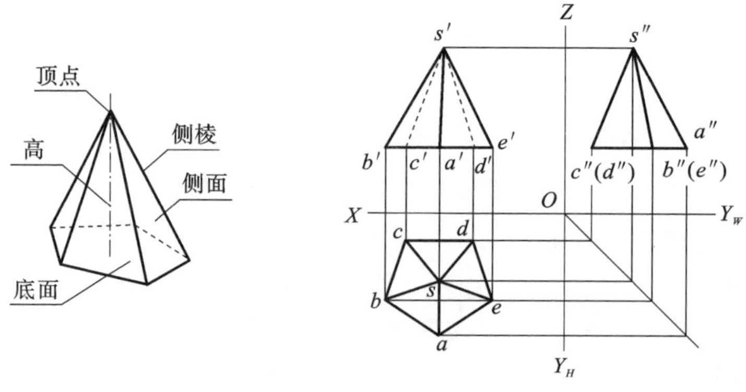

图 2.41　五棱锥的正投影

【例 2-6】 试分析图 2.42 中四棱台的正投影。

【解】 设在三投影面体系中，四棱台的上、下底面都与 H 面平行，其在 H 面上的投影为反映实形的四边形，在 V 面、W 面上的投影则积聚为一直线。前、后、左、右四个侧面都是斜面。前、后两个侧面与 W 面垂直，其 W 面上的投影积聚为一直线；它们与 H 面和 V 面倾斜，其 H 面、V 面的投影为与前、后两个侧面类似的四边形，且比原形小。左、右两个侧面与 V 面垂直，其 V 面投影积聚为一直线；它们与 H 面和 W 面倾斜，其 H 面、W 面的投影为与左、右两个侧面类似的四边形，且比原形小。

四条棱线都是与三个投影面倾斜的线，它们的投影都仍是直线，但都比实长短。

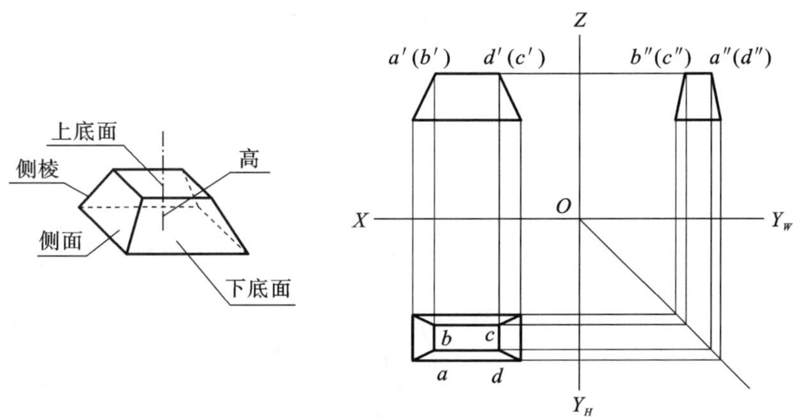

图 2.42　四棱台的正投影

(4) 斜面体的组合体投影

多数形状复杂的斜面体的组合体，都可以看作是几个简单几何体叠加在一起的一个整体。因此只要画出构成斜面体组合体的各简单几何体的正投影图，按它们相互之间的位置叠加起来，即成为斜面体组合体的正投影图，如图 2.43 所示。

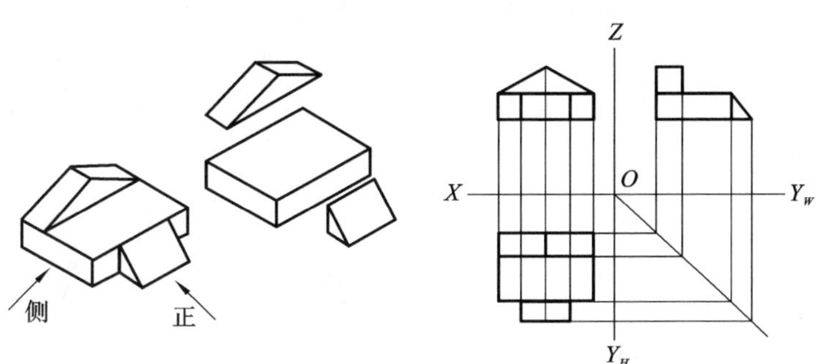

图 2.43　斜面体组合体的三面正投影

2.4.2　基本曲面体的投影

建筑工程中的圆柱、圆锥形顶面、壳体屋盖、隧道的拱顶及常见的设备管道等都是曲面体。基本曲面体有圆柱、圆锥、圆台和球体等。

(1) 母线、素线、轮廓线

① 母线。

当曲面是由直线或曲线在空间按一定规律运动而形成的轨迹时,运动的线叫作母线。母线绕一条固定的直线旋转,所形成的曲面叫作回转曲面,如圆柱面、圆锥面、球面等,这条固定的直线叫作回转曲面的轴。圆柱面、圆锥面等曲面的母线是直线,球面等曲面的母线是曲线。母线和回转轴是确定回转曲面的要素,如图 2.44 所示。

② 素线。

形成回转曲面的母线在曲面上的任何位置都叫作素线,圆柱的素线都是互相平行的直线,如图 2.44(a)所示;圆锥的素线是汇集在圆锥顶点的倾斜线,如图 2.44(b)所示;圆球的素线是通过球体上、下顶点的半圆弧线,如图 2.44(c)所示。在圆柱和圆锥面上,除了素线是直线外,其他线都不是直线。

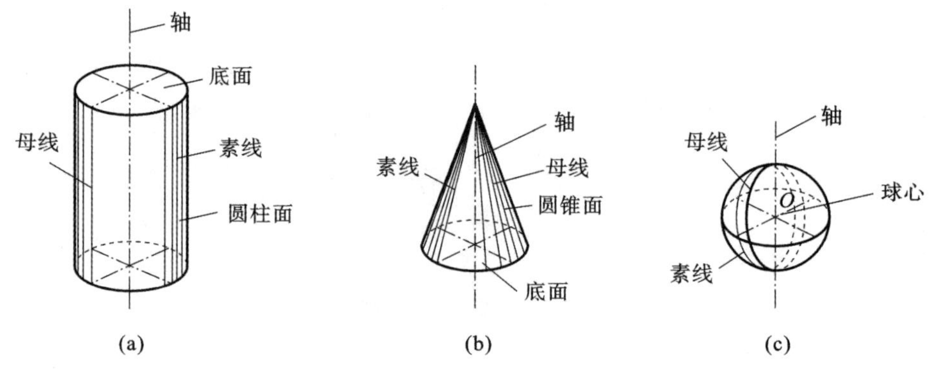

图 2.44 回转面的形成

③ 轮廓线。

曲面的轮廓线是指在投影图中确定曲面范围的外形线。对平面体的投影实质上就是对其棱线等进行投影,并依此表明平面体的形状,如图 2.45(a)所示。而曲面体由于不存在棱线,因此其投影就用它的轮廓线来表示,如图 2.45(b)所示。曲面轮廓线不仅可以反映曲面的范围和外形,同时还可以反映曲面在按某一个方向投影时的可见部分和不可见部分的分界线。

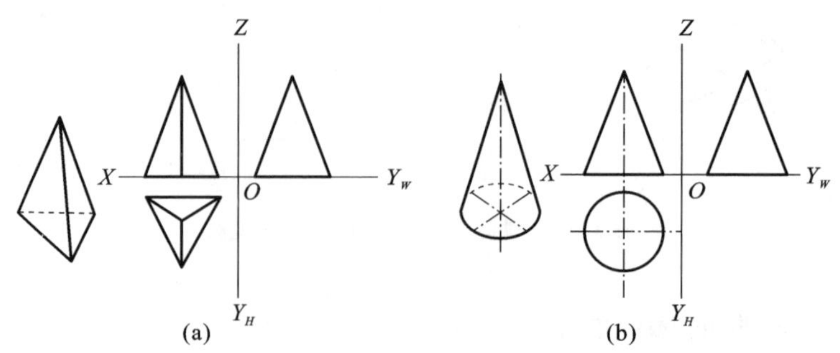

图 2.45 平面体投影图与曲面体投影图

(a) 平面体投影图;(b) 曲面体投影图

(2) 圆柱体的投影

以矩形的一条边为轴,其余的边绕轴旋转而成的回转体称为圆柱体。

圆柱体的投影特性如下。

① 两个底面的投影。

在与其平行的投影面上的投影是两个重合的反映实形的一个圆,而在另外两个投影面上的投影则积聚成一直线。

② 圆柱面的投影。

轴线垂直于投影面时圆柱面的投影积聚成一个圆,该圆与底面在该投影面上的投影圆重合,而在另外两个投影面上的投影是处在不同位置的两条素线的投影与两底面投影的直线围成的矩形线框。

现以图 2.46 中圆柱轴线垂直于 H 面的圆柱体为例,说明这些特性:

a. 圆柱两底面在 H 面上的投影反映实形,是两个重合的圆;两底面在 V 面和 W 面的投影分别积聚成一条直线,其长度等于底面圆的直径,如图 2.46 中的 $a'c'$、$b'd'$、$e''g''$、$f''h''$。

b. 圆柱面在 V 面和 W 面上的投影是它的轮廓素线(轮廓素线就是确定曲面外形范围的素线)的投影和两底面投影所围成的矩形 $a'b'd'c'$ 和矩形 $g''h''f''e''$。

c. 圆柱面上的所有素线都垂直于 H 面,因此整个柱面也垂直于 H 面,其投影积聚为一个圆,且与圆柱体的上、下底面的投影相重合。由圆柱面投影的积聚性可知,柱面上任何点和线的投影也都积聚在圆周上。

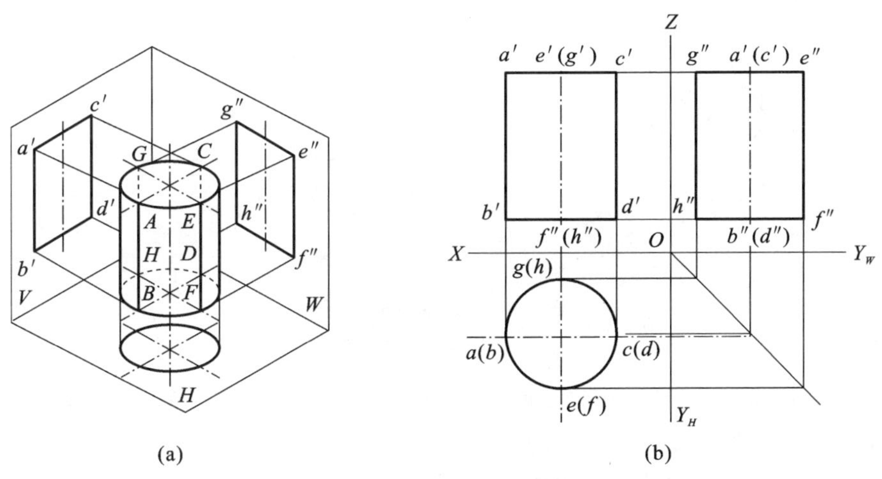

图 2.46 圆柱体的投影

(a) 立体图;(b) 投影图

(3) 圆锥体的投影

以直角三角形的一条直角边为轴,其余边绕轴旋转而成的回转体称为圆锥体。

圆锥体的投影特性如下:

① 底面的投影在与其平行的投影面上反映实形，是一个圆；在另外两个投影面上的投影则积聚成一直线。

② 圆锥曲面的投影在其回转轴所垂直的投影面上是一个圆，它与底面圆的投影重合，圆锥顶的投影与底面投影圆的圆心重合；圆锥曲面在另外两个投影面的投影，是处在不同位置的两条素线与圆锥底面的投影（直线）围成的三角形。

现以图 2.47 中圆锥轴线垂直于 H 面的正圆锥体为例，说明这些特点：

a. 圆锥底面平行于 H 面，它在 H 面上的投影反映实形，是一个圆；它的 V 面和 W 面投影都积聚成一直线，其长度等于底面圆的直径，如图 2.47 中的 $a'c'$ 和 $b''d''$。

b. 圆锥顶点的投影比较容易求得，其 H 面投影 s 与底面圆的投影的圆心重合；其 V 面投影为从底面的 V 面投影（积聚为一直线）的中点向上作垂线，并在垂线上量取圆锥的高度所得点 s'；根据点的投影规律，由 s 和 s' 可得锥顶的 W 面投影 s''。

c. 圆锥面在 V 面和 W 面上的投影是它的轮廓线的投影和圆锥底面在 V 面、W 面上的投影所围成的三角形，如图 2.47 所示。

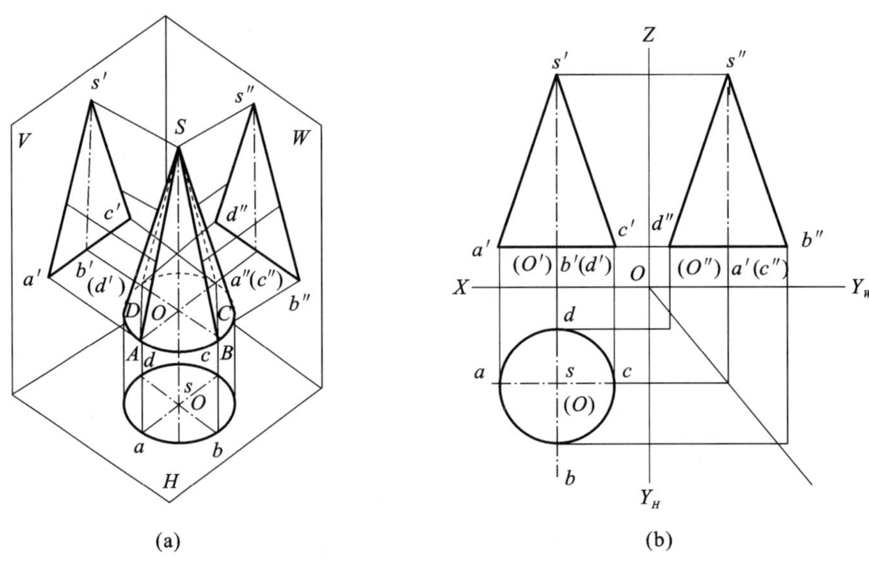

图 2.47　圆锥体的投影

(a) 立体图；(b) 投影图

圆锥面在 V 面上的投影是由锥面上最左和最右的两条素线 SA、SC 的投影 $s'a'$、$s'c'$ 和底面在 V 面上的投影 $a'c'$ 所围成的 $\triangle s'a'c'$。

圆锥面在 W 面上的投影是由锥面上最前和最后的两条素线 SB、SD 的投影 $s''b''$、$s''d''$ 和底面在 W 面上的投影 $b''d''$ 所围成的 $\triangle s''b''d''$。

由此，$\triangle s'a'c'$ 和 $\triangle s''b''d''$ 分别为圆锥体在 V 面和 W 面上的投影。

d. 圆锥面在 H 面上的投影与圆锥面底面在 H 面上的投影重合。

(4) 球体的投影

以半圆的直径为轴，半圆绕轴旋转而成的回转体称为球体，见图 2.48(a)。球体的投影特性是：各个投影都是圆，它们分别是与三个投影面平行并通过球心，与球等直径的三个圆的投影，见图 2.48(b)、(c)。

如将球面沿水平方向切成许多圆(即纬圆)，球面上任意一点必在与其高度相同的某一纬圆上，因此只要求出过该点的纬圆的投影，即可求得球面上该点的投影。

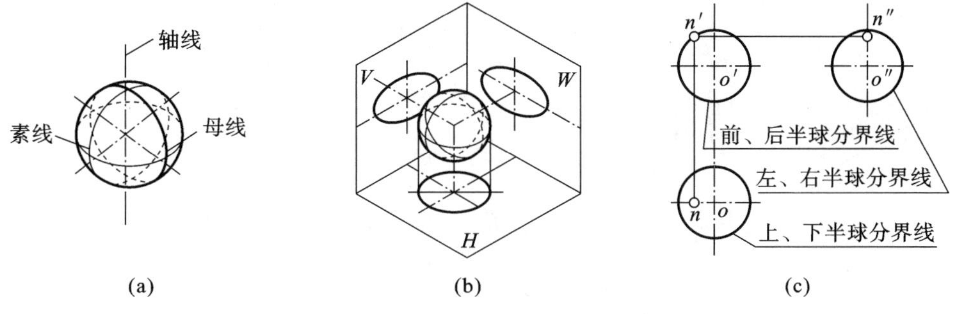

图 2.48 球的投影

(a) 球的形成；(b) 直观图；(c) 投影图

2.4.3 组合体投影图的尺寸标注

(1) 组合体尺寸的组成

① 定形尺寸：用于确定组合体中各基本体自身大小的尺寸。

② 定位尺寸：用于确定组合体中各基本形体之间相互位置的尺寸。

③ 总体尺寸：确定组合体总长、总宽、总高的外包尺寸。

(2) 组合体尺寸的标注原则

① 组合体尺寸标注前需进行形体分析，弄清反映在投影图上的有哪些基本形体，然后注意这些基本形体的尺寸标注要求，做到简洁、合理。

② 基本形体之间的定位尺寸要先选好定位基准，再行标注，做到心中有数，不遗漏。

③ 由于组合体形状变化多，定形、定位和总体尺寸有时可以相互兼代。

④ 组合体各项尺寸一般只标注一次。

(3) 尺寸标注中的注意事项

① 尺寸一般应布置在图形外，以免影响图形清晰。

② 尺寸排列要注意大尺寸在外、小尺寸在内，并在不出现尺寸重复的前提下使尺寸构成封闭的尺寸链。

③ 反映某一形体的尺寸，最好集中标在反映这一基本形体特征轮廓的投影图上。

④ 与两投影图相关的尺寸，应尽量标注在两图之间，以便对照识读。

⑤ 尽量不在虚线图形上标注尺寸。

盥洗台的三面投影及尺寸标注如图 2.49 所示。

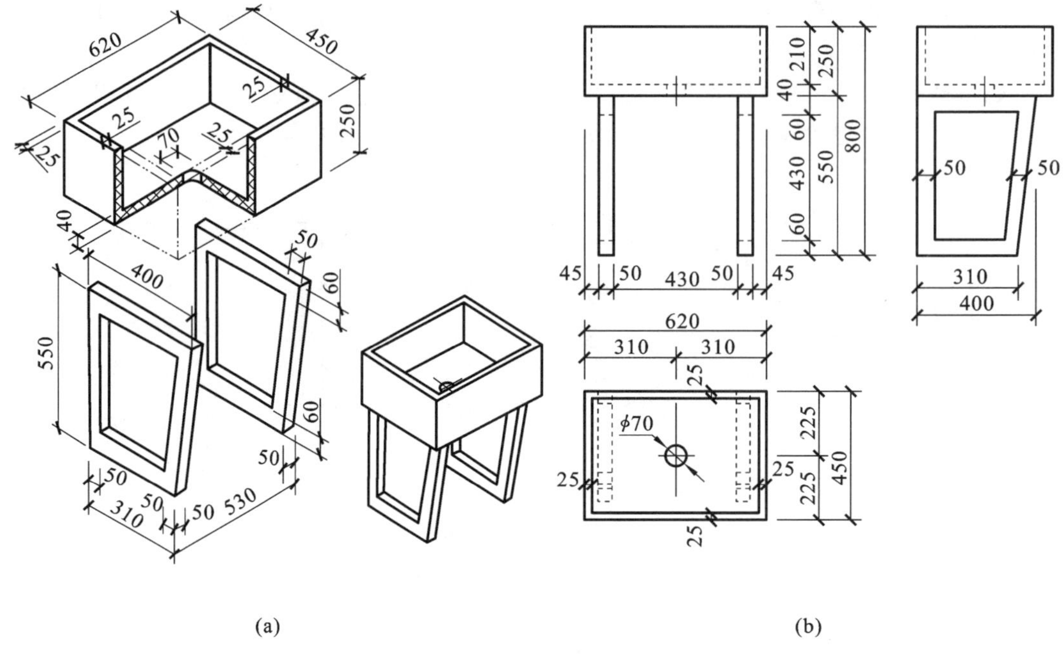

图 2.49　盥洗台施工图的识读

(a) 盥洗台形体及尺寸;(b) 盥洗台施工图

本章小结

(1) 投影分为中心投影和平行投影两大类,平行投影又可分为斜投影和正投影。平行投射线垂直于投影面的投影称为正投影。正投影作图简便,便于度量,工程上应用最广。

形体的三投影面体系由水平投影面、正立投影面和侧立投影面组成。形体在三投影面体系中的投影规律是"长对正、高平齐、宽相等"。

(2) 点、线、面是组成建筑形体的最基本元素。

① 点的投影规律是线、面、体投影的基础。点的投影仍为点,其三面投影用空间点的同名小写字母表示。

② 直线在投影中可分为三种:第一种是"垂"字的铅垂线、正垂线、侧垂线,第二种是"平"字的水平线、正平线、侧平线,第三种是斜线。

投影面的垂直线在与其垂直的投影面上的投影积聚为一点,另两个投影反映实长,并且垂直有关投影轴。投影面的平行线与其平行的投影面上的投影反映实长,另两个投影不反映实长,并且平行有关投影轴。斜线(一般线)的三个投影均不反映实长,其投影均与投影面倾斜。

③ 平面的投影与直线的投影类似,也分为三种:投影面为垂直面时投影成"一线两面",即在与其垂直的投影面的投影积聚成直线,另两个投影是类似形;投影面为平行面时投影成"二线一面",即在与其平行的投影面上的投影反映实形,另两个投影积聚成一

直线；一般位置平面的投影成“三个面”，都是不反映实形的类似形。

(3) 任何建筑物都是由基本形体组成的，基本形体按其表面的几何性质，可分为平面体和曲面体两类。平面体有正方体、长方体、棱柱、棱锥、棱台等，曲面体有圆柱、圆锥、圆台、球等。建筑形体投影图的尺寸标注是投影图的一个重要组成部分，其尺寸包括定形尺寸、定位尺寸、总体尺寸。

思考题

2-1 什么是投影？投影的类别有哪几种？

2-2 三面正投影图是如何建立的？

2-3 三面正投影图的投影规律是什么？

2-4 点的投影规律有哪些？

2-5 如何根据点的投影判别空间两点的相对位置？

2-6 什么是重影点？如何表示重影点？

2-7 直线的投影规律有哪些？

2-8 什么是投影面平行线？有哪几种？各自的投影特性是怎样的？

2-9 什么是投影面垂直线？有哪几种？各自的投影特性是怎样的？

2-10 什么是一般位置直线？其投影特性是怎样的？

2-11 平面的投影规律有哪些？

2-12 什么是投影面平行面？有哪几种？各自的投影特性是怎样的？

2-13 什么是投影面垂直面？有哪几种？各自的投影特性是怎样的？

2-14 什么是一般位置平面？其投影特性是怎样的？

2-15 平面体与曲面体的定义是什么？常见的基本平面体与曲面体有哪些？

2-16 棱柱、棱锥、棱台、圆柱、圆锥、圆台、球的投影各有哪些特性？

2-17 组合体尺寸由哪几部分组成？

3 剖面图与断面图

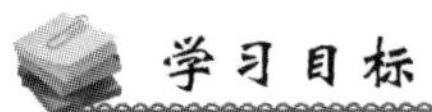

学习目标

通过学习剖面图与断面图，学生应了解剖面图与断面图的形式、图示内容与图示方法，剖面图与断面图的区别与联系；掌握各种类型剖面图与断面图的适用对象与图示方法。

3.1 剖 面 图

3.1.1 剖面图的形成

一个形体用三面投影画出的投影图，只能表明形体的外部形状。对于内部构造复杂的形体，仅用外形投影图是无法表达清楚的。例如，一栋房屋，内部有各种房间，还有楼梯、门窗、地下基础等，如果都用虚线来表示这些看不见的部分，必然造成图形中虚实线重叠、交错，混乱不清，无法清楚表示房屋内部构造，也不利于标注尺寸和读图。为了能清晰表达出形体内部构造形状，比较理想的图示方法就是形体的剖面图。

假想用一个剖切面将形体剖开，移去剖切面与观察者之间的部分，作出剩下那部分形体的投影，所得的投影图称为剖面图，简称剖面。

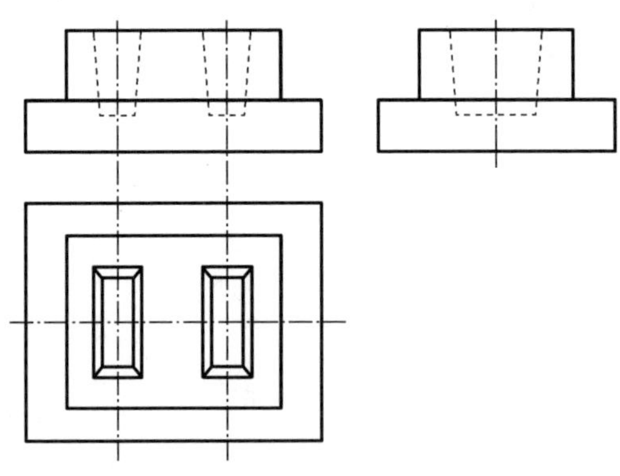

图 3.1 双柱杯形基础投影图

图 3.1 所示是钢筋混凝土双柱杯形基础投影图。这个基础有安装柱子用的杯口，它在正面和侧面投影中都是虚线。为了清楚地表示内部，假想用一个剖切平面 P，通过基础的前后对称面，将基础剖开，移去剖切面与观察者之间的前半个基础，将留下的后半个基础向正面投影面上作投影，所得的投影图就是基础的剖面图，如图 3.2 所示。

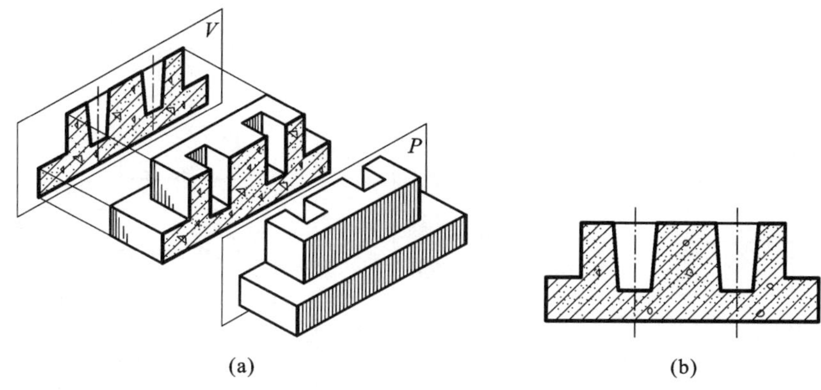

(a) (b)

图 3.2 V 向剖面图的产生

(a) 假想用剖切平面 P 剖开基础并向 V 面进行投影;(b) 基础的 V 向剖面图

3.1.2 剖面图的画法

(1) 确定剖切平面的位置和数量

画剖面图时,应选择适当的剖切平面位置,使剖切后画出的图形能确切、全面地反映所要表达部分的真实形状。

选择的剖切平面应平行于投影面,并应通过形体的对称面或孔的轴线。

一个形体,有时需画几个剖面图,但应根据形体的复杂程度而定。

(2) 画剖面图

剖面图除应画出剖切面剖切到部分的图形外,还应画出沿投射方向看到的部分,被剖切面切到部分的轮廓线用粗实线绘制;剖切面没有切到,但沿投射方向可以看到的部分的轮廓线,用中实线绘制。在制图基础阶段常用粗实线画剖切到的和沿投射方向可见的轮廓线。

(3) 画材料图例

为区分形体的空腔和实体,剖切平面与物体接触部分应画出材料图例,同时表明建筑物是用什么材料建成的。常用建筑材料图例见表 3.1。

表 3.1 **常用建筑材料图例**

名称	图例	说明	名称	图例	说明
自然土壤		包括各种自然土壤	混凝土		
夯实土壤			钢筋混凝土		断面图形小,不易画出图例线时可涂黑
砂、灰土		靠近轮廓线绘较密的点	玻璃		

续表

名称	图例	说明	名称	图例	说明
毛石			金属		包括各种金属。图形小时，可涂黑
普通砖		包括砌体、砌块，断面较窄不易画图例时可涂红	防水材料		构造层次多或比例较大时，采用上面图例
空心砖		指非承重砖砌体	胶合板		应注明胶合板层数
木材		上图为横断面，下图为纵断面	液体		注明液体名称

如未注明该形体的材料，应在相应位置画出同向、同间距并与水平线成45°的细实线，也叫剖面线。

(4) 省略不必要的虚线

为了使图形更加清晰，剖面图中应省略不必要的虚线。

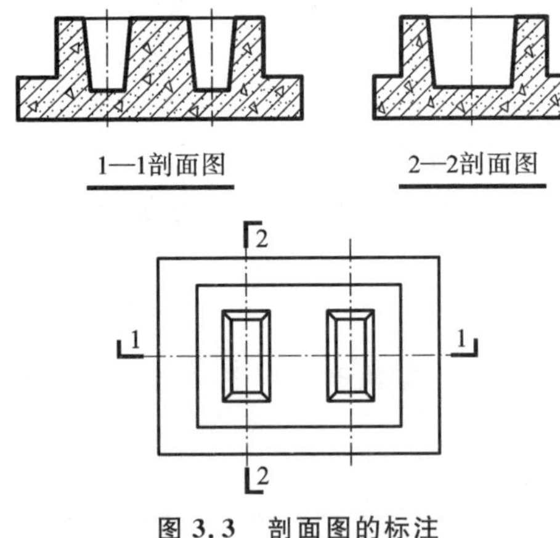

图3.3 剖面图的标注

(5) 剖面图的标注

剖切位置及投影方向用剖切符号表示，剖切符号由剖切位置线及剖视方向线组成。剖切位置线的长度宜为6～10 mm；剖视方向线应垂直于剖切位置线，长度应短于剖切位置线，宜为4～6 mm。剖切符号不应与其他图线相接触。剖切符号的编号宜采用粗阿拉伯数字，按剖切顺序由左至右、由下向上连续编排，并应注写在剖视方向线的端部，如图3.3所示。

3.1.3 画剖面图时应注意的问题

画剖面图时应注意的问题如下：

① 由于剖面图的剖切是假想的，因此除剖面图外，其他投影图仍应完整画出。

② 当剖切平面通过肋、支撑板时，该部分按不剖绘制。如图3.4所示，正投影图改画剖面图时，肋部按不剖画出。

③ 剖切平面应避免与形体表面重合，不能避免时，重合表面按不剖画出，如图3.5所示。

④ 需要转折的剖切位置线，应在转角的外侧加注与该符号相同的编号。

⑤ 建(构)筑物剖面图的剖切符号应标注在±0.000 标高的平面图或首层平面图上。

⑥ 局部剖面图(不含首层)的剖切符号应标注在包含剖切部位的最下面一层的平面图上。

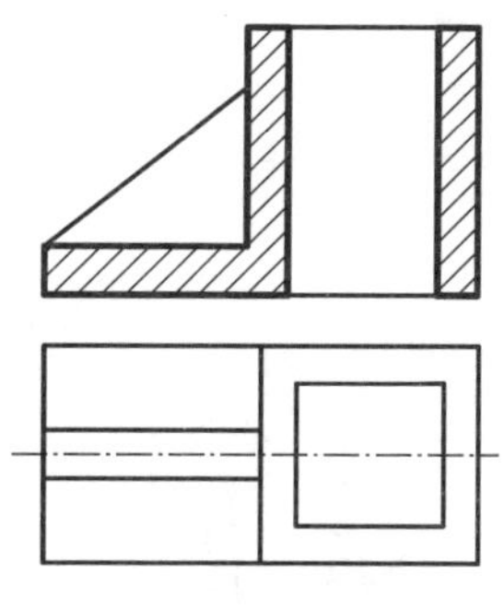

图 3.4　肋的表示法

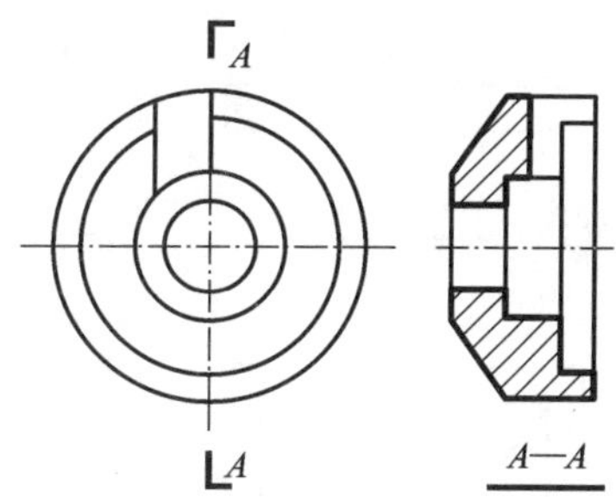

图 3.5　剖切平面通过形体表面

3.1.4　剖面图的种类及应用

由于形体的形状不同，对形体作剖面图时所剖切的位置和作图方法也不同，通常采用的剖面图有全剖面图、半剖面图、阶梯剖面图、展开剖面图、局部剖面图和分层剖面图六种。

(1) 全剖面图

不对称的建筑形体，或虽然对称但外形比较简单，或在另一个投影中已将它的外形表达清楚时，可假想用一个剖切平面将形体全部剖开，然后画出形体的剖面图，该剖面图称为全剖面图，如图 3.6 所示。

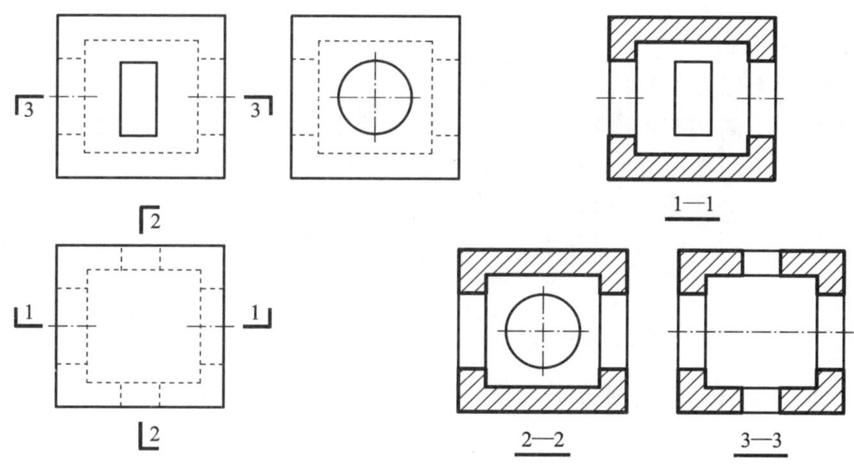

图 3.6　全剖面图

(2) 半剖面图

如果被剖切的形体是对称的，画图时常把投影图的一半画成剖面图，另一半画形体的外形图，这种组合而成的投影图叫作半剖面图。

图 3.7 所示为一个杯形基础的半剖面图。在正面投影和侧面投影中，都采用了半剖面图的画法，以表示基础的内部构造和外部形状。

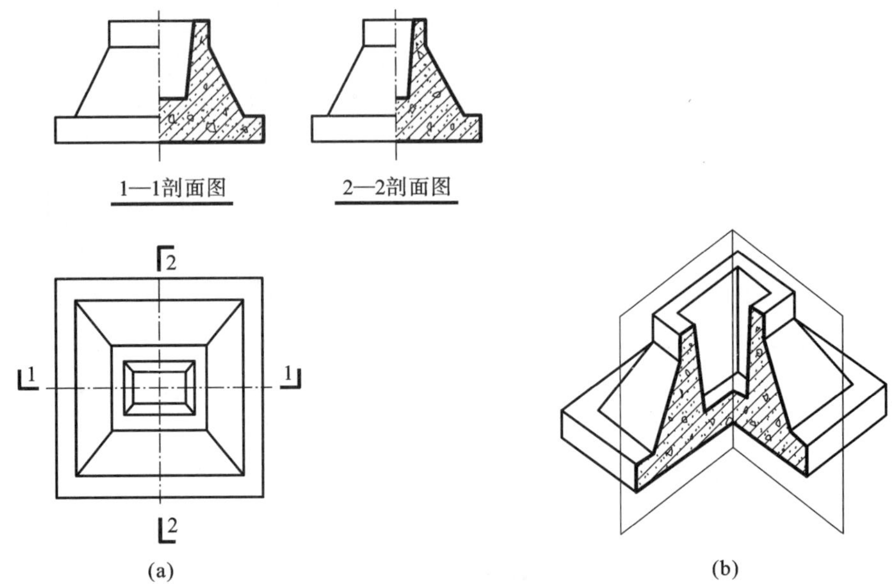

图 3.7 杯形基础的半剖面图

(a) 投影图；(b) 直观图

在画半剖面图时，应注意以下几点：

① 半剖面图与半外形投影图应以对称轴线作为分界线，即画成细单点长画线。

② 半剖面图一般应画在水平对称轴线的下侧或垂直对称轴线的右侧。

③ 半剖面图可以不画剖切符号。

(3) 阶梯剖面图

用两个或两个以上平行的剖切面剖切形体，所得的剖面图称为阶梯剖面图。阶梯剖面图适用于当一个剖切面不能将形体需要表示的内部全部剖切到的情况。

如图 3.8 所示的房屋，如果只用一个平行于侧面投影面的剖切面，就不能同时剖开前墙的门和后墙的窗。这时可将剖切面转一个直角弯，形成两个平行的剖切面，使一个剖切面剖切前墙的门，另一个剖切面剖切后墙的窗，这样就把该房屋的内部构造都表示出来了。

(4) 展开剖面图

用两个或两个以上相交剖切平面将形体剖切开，所画出的剖面图称为展开剖面图，如图 3.9 所示。

(5) 局部剖面图和分层剖面图

当仅仅需要表达形体的某局部内部构造时，可以只将该局部剖切开，只作该部分的剖面图，称为局部剖面图。

图 3.10 所示为基础的局部剖面图，从图 3.10(b)中不但可以了解到该基础的形状、

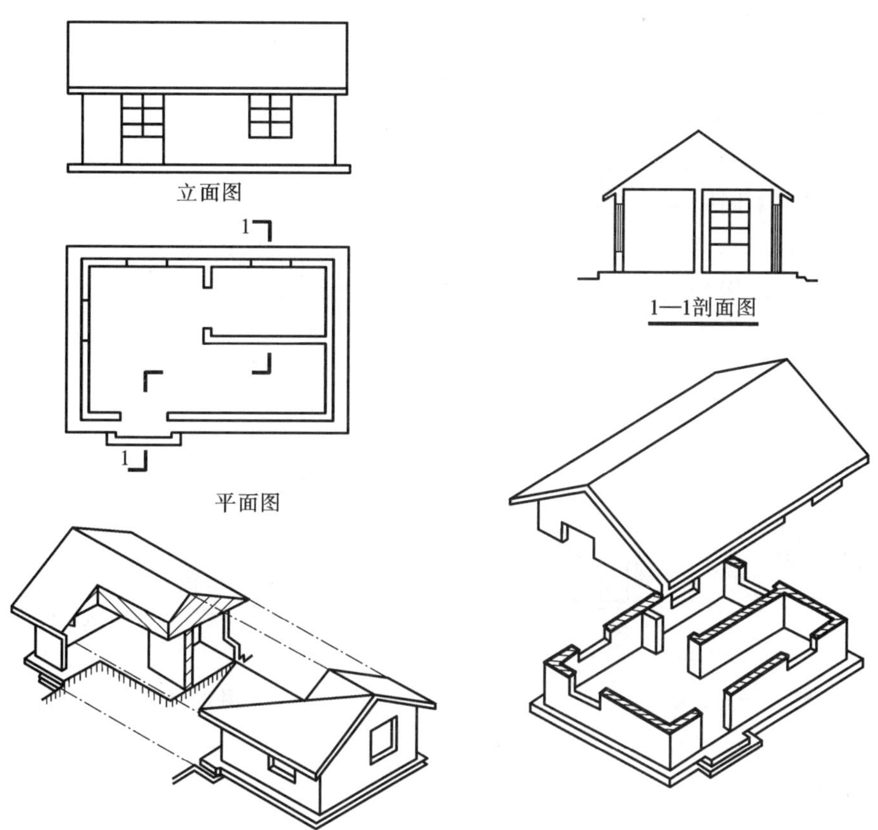

图 3.8 单层房屋的阶梯剖面图

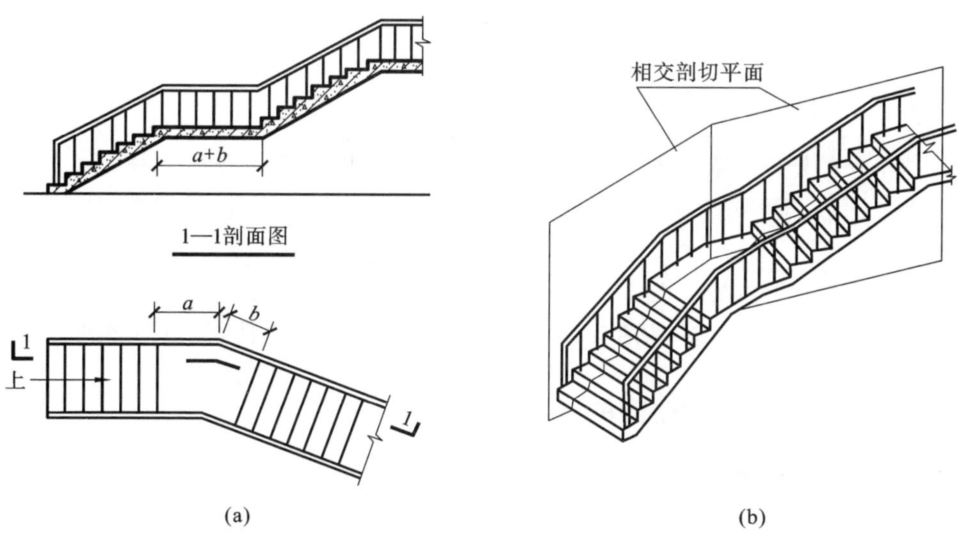

图 3.9 楼梯的展开剖面图

(a) 投影图;(b) 直观图

大小，而且从水平投影图上的局部剖面图还可以了解到该基础的配筋情况。局部剖面图在投影图上用波浪线作为剖切部分与未剖切部分的分界线，分界线相当于断裂面的投影，因此，波浪线不得超过图形轮廓线，也不能画成图形的延长线。

注意在图 3.10 中，正面投影图是一个局部剖面图。这个投影图主要表达钢筋的配置情况，因此图中未画混凝土的图例。

对一些具有不同构造层次的建筑构件，可按实际需要，用分层剖切的方法获得剖面图，称为分层剖面图。图 3.11 所示是用分层剖面图表达地面的构造图，以波浪线为界，分别把木地面四层构造表达清楚。在画分层剖面图时，应按层次用波浪线将各层分开，波浪线不应与任何图线重合。

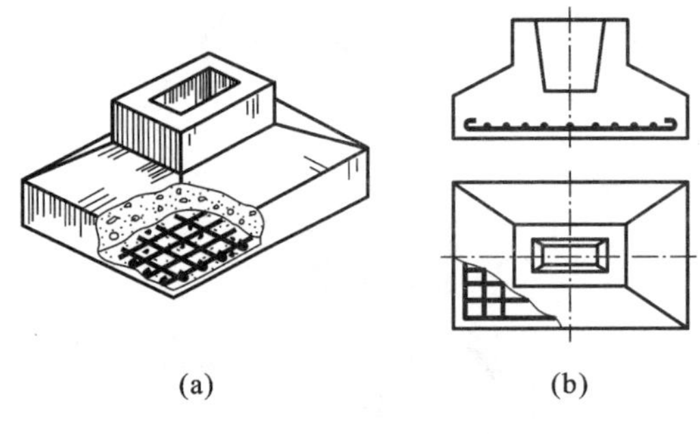

图 3.10　局部剖面图
(a) 直观图；(b) 投影图

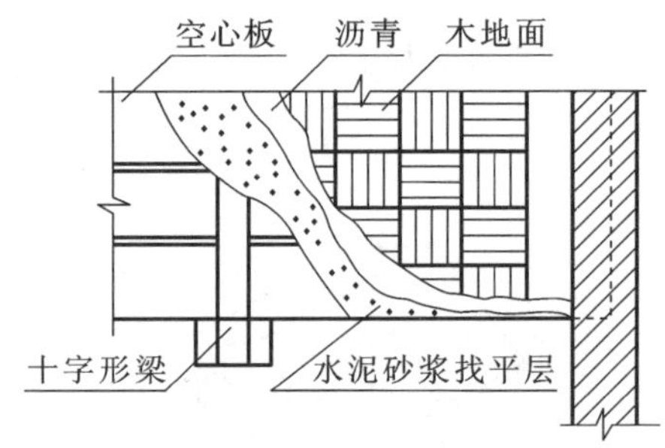

图 3.11　分层剖面图

3.2　断　面　图

3.2.1　断面图的形成

某些单一的杆件或需要表示某一部位的截面形状时，可以只画出形体与剖切平面相交的那部分图形，即假想用剖切平面将物体剖切后，仅画出断面的投影图，称为断面图，简称断面。

断面主要表示形体某一部位的断面形状。如图 3.12 所示的工业厂房中带牛腿的工字形柱子的 1—1、2—2 断面图，从两个断面图中可以看出上柱和下柱截面大小和形式的不同。

3.2.2　断面图与剖面图的区别

断面图和剖面图的区别有两点：

① 断面图只画出物体被剖切后剖切平面与形体接触的那部分图形，即只画出截断面的图形，而剖面图则画出被剖切后剩余部分的投影，如图 3.13 所示。

② 断面图和剖面图的剖切符号不同，断面图的剖切符号只画长度为 6～10 mm 的粗实线作为剖切位置线，不画剖视方向线，编号写在投影方向的一侧。

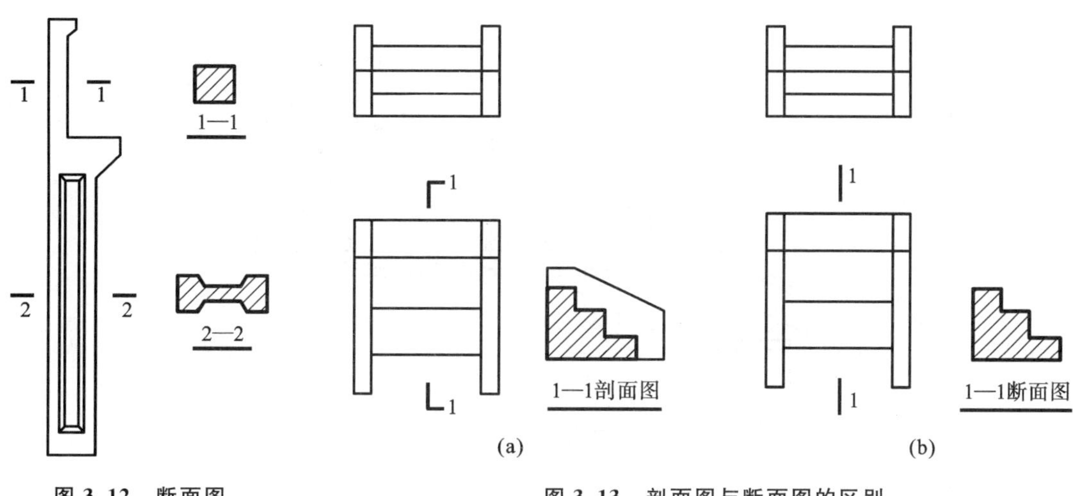

图 3.12 断面图

图 3.13 剖面图与断面图的区别

(a) 剖面图的画法；(b) 断面图的画法

3.2.3 断面图的表示方法

根据断面图布置位置的不同，断面图可分为移出断面、重合断面和中断断面三种。

(1) 移出断面

将形体某一部分剖切后所形成的断面图移画于主投影图的一侧，称为移出断面。移出断面的轮廓线用粗实线绘制，断面上要画材料图例，如图 3.12 所示。

从图 3.12 可看出，通过 1—1、2—2 移出断面可知，该柱柱身是工字形断面，上柱是方形断面，下柱为工字形断面。为了清楚表示形体的断面，并便于注写尺寸，移出断面可用放大比例画出。

(2) 重合断面

将断面图直接画于投影图中，二者重合在一起的断面图称为重合断面图，如图 3.14 所示。

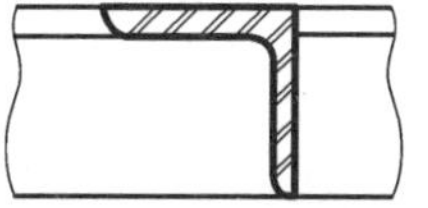

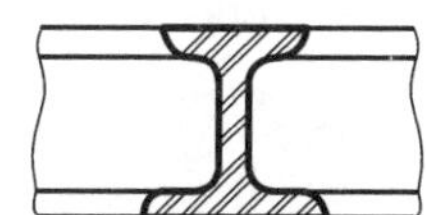

图 3.14 重合断面图

重合断面图的比例应与原投影图一致。断面轮廓线可能是闭合的，也可能是不闭合的，此时应于断面轮廓线的内侧加画图例符号。

重合断面图的轮廓线：当投影图的轮廓线为粗实线时，重合断面的轮廓线就用细实线画出；如果投影图的轮廓线为细实线，重合断面的轮廓线可用粗实线画出。

(3) 中断断面

画在投影图中断处的断面图称为中断断面图。这种断面不必标注剖切位置线及编号。

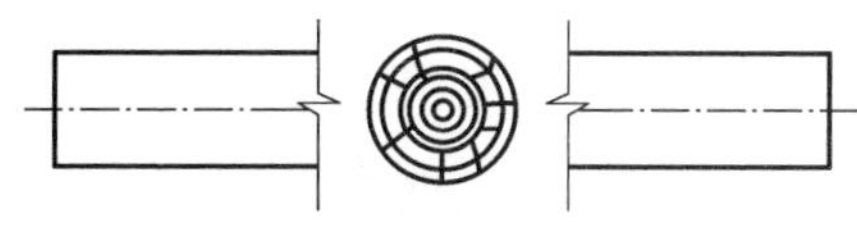

图 3.15 中断断面图

对于单一的长向杆件，可在杆件投影图的某一处用折断线断开，然后将断面图画于其中，如图 3.15 所示。同样，钢屋架的大样图也可采用断开画法，如图 3.16 所示。

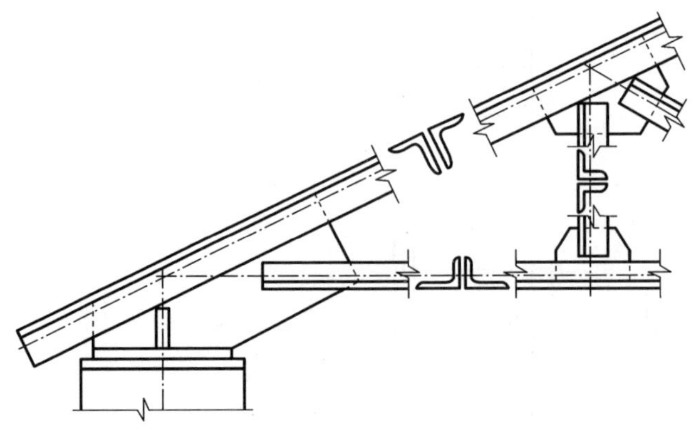

图 3.16　断面图画在杆件断开处

本章小结

(1) 假想用一个剖切面将形体切开,移去剖切面与观察者之间的部分,作出剩下那部分形体的投影,所得的投影图叫作剖面图。

看剖面图前须先弄清楚剖面图的概念,这样才能看懂剖面图。由于剖切方法不同,可得全剖面图、半剖面图、阶梯剖面图、展开剖面图、局部剖面图和分层剖面图等。

(2) 假想用一剖切面剖切形体,只画出剖切面切到部分的图形即为断面图。断面图的用途是表示形体某一部位的断面形状。断面图依布图位置可分为移出断面、重合断面及中断断面三种。

(3) 剖面与断面的关系:相同点是都是用剖切面剖切得到的投影图;不同点是剖切后一个作剩下形体的投影,另一个只作切到部分的投影。因此,剖面中包含着断面,断面在剖面之内。

思考题

3-1　什么是剖面图? 什么是断面图? 它们有什么区别?

3-2　常用的剖面图有哪几种? 区别何在? 各在什么情况下使用?

3-3　画半剖面图时应注意哪些问题?

3-4　画阶梯剖面图和展开剖面图时应注意哪些问题?

3-5　常用的断面图有哪几种?

4 房屋施工图基本知识

学习目标

通过学习本章内容，学生应了解施工图设计程序与分类，熟悉施工图的图示符号，掌握施工图的相关规定与图示特点，掌握施工图识读的方法和步骤。

4.1 房屋施工图概述

4.1.1 房屋施工图的产生

一个建筑工程项目，从制订计划到最终建成，必须经过一系列的过程。房屋施工图的产生过程，是建筑工程从计划到建成过程中的一个重要环节。

房屋施工图是由设计单位根据设计任务书的要求、有关的设计资料、计算数据及建筑艺术等多方面因素设计绘制而成的。根据建筑工程的复杂程度，其设计过程分为两阶段设计和三阶段设计两种，一般情况都按两阶段进行设计，较大的或技术上较复杂、设计要求高的工程才按三阶段进行设计。

两阶段设计包括初步设计和施工图设计两个阶段。

① 初步设计的主要任务是根据建设单位提出的设计任务和要求，进行调查研究、搜集资料，提出设计方案，其内容包括必要的工程图纸、设计概算和设计说明等。初步设计的工程图纸和有关文件只能作为提供方案研究和审批的依据，不能作为施工的依据。

② 施工图设计的主要任务是满足工程施工各项具体技术要求，提供一切准确、可靠的施工依据，其内容包括工程施工所有专业的基本图、详图及其说明书、计算书等，还应有整个工程的施工预算书。整套施工图纸是设计人员的最终成果，是施工单位进行施工的依据。因此，施工图设计的图纸必须详细完整、前后统一、尺寸齐全、正确无误，符合国家建筑制图标准。

当工程项目比较复杂，许多工程技术问题和各工种之间的协调问题在初步设计阶段无法确定时，就需要在初步设计和施工图设计之间插入一个技术设计阶段，形成三阶段设计。技术设计的主要任务是在初步设计的基础上，进一步确定各专业间的具体技术问题，使各专业之间取得统一，达到相互配合协调。在技术设计阶段，各专业均需绘制出相应的技术图纸，写出有关设计说明和初步计算等，为第三阶段施工图设计提供比较详细的资料。

4.1.2 房屋施工图的分类

(1) 建筑施工图(简称建施)

建筑施工图由建筑师设计完成，主要表达建筑物的外部形状、内部布置、装饰构造、施工要求等。

这类基本图有：建筑设计总说明、建筑总平面图、平面图、立面图、剖面图及墙身、楼梯、门、窗详图等。

(2) 结构施工图(简称结施)

结构施工图由结构工程师设计完成，主要表达承重结构的构件类型、布置情况及构造做法等。

这类基本图有：结构设计说明、基础平面图、基础详图、楼层及屋盖结构平面图、楼梯结构图和各构件(梁、柱、板)的结构详图等。

结构施工图是房屋施工时开挖地基，制作构件，绑扎钢筋，设置预埋件，安装梁、板、柱等构件的主要依据，也是编制工程预算和施工组织计划等的主要依据。

(3) 设备施工图(简称设施)

设备施工图由设备工程师设计完成，主要表达房屋各专用管线和设备布置及构造等情况。

这类基本图有：给水排水、采暖通风、电气照明等设备的平面布置图、系统图和施工详图。

建筑给水排水施工图主要表达给水、排水管道的布置和设备安装情况。

建筑采暖通风施工图主要表达供暖、通风管道的布置和设备安装情况。

建筑电气照明施工图主要表达电气线路布置和接线原理。

设备施工图是室内布置管道或线路，安装各种设备、配件或器具的主要依据，也是编制工程预算的主要依据。

4.1.3 房屋施工图的特点

房屋施工图的特点如下：

① 按正投影原理绘制，即房屋施工图一般按三面正投影图的形成原理绘制。

② 房屋施工图一般采用缩小的比例绘制，同一图纸上的图形最好采用相同的比例。对于无法表达清楚的部分，采用大比例绘制的建筑详图进行表达。

③ 房屋施工图图例、符号应严格按照国家标准绘制。

④ 为了使施工图中各图样重点突出、活泼美观，采用了多种线型来绘制。

4.1.4 房屋施工图的编排顺序

一套简单的房屋施工图就有一二十张图纸，一套大型复杂建筑物的图纸至少也得有几十张、上百张，甚至几百张之多。因此，为了便于看图，易于查找，应把这些图纸按顺序编排。

房屋施工图一般的编排顺序是：首页图（包括图纸目录、设计总说明、汇总表等）、建筑施工图、结构施工图、给水排水施工图、采暖通风施工图、电气施工图等。如果是以某专业工种为主体的工程，则应该突出该专业的施工图而另外编排。

各专业的施工图应按图纸内容的主次关系系统地排列，例如基本图在前，详图在后；总体图在前，局部图在后；主要部分在前，次要部分在后；布置图在前，构件图在后；先施工的图在前，后施工的图在后等。

4.1.5 房屋施工图的识读方法和步骤

在识读整套图纸时，应采用“总体了解、顺序识读、前后对照、重点细读”的读图方法。

（1）总体了解

一般是先看目录、总平面图和设计总说明，大致了解工程的概况，如工程设计单位、建设单位、新建房屋的位置、周围环境、施工技术要求等。对照目录检查图纸是否齐全，采用了哪些标准图集并准备齐全这些标准图集。然后看建筑平面图、立面图和剖面图，大体上想象一下建筑物的立体形象及内部布置。

（2）顺序识读

在总体了解建筑物的情况以后，根据施工的先后顺序，按基础、墙体（或柱）、结构平面布置、建筑构造及装修的顺序，仔细阅读有关图纸。

（3）前后对照

读图时，要注意平面图和剖面图对照着读，建筑施工图和结构施工图对照着读，土建施工图与设备施工图对照着读，做到对整个工程施工情况及技术要求心中有数。

（4）重点细读

根据工种的不同，将有关专业施工图有重点地仔细读一遍，并将遇到的问题记录下来，及时向设计部门反映。

识读一张图纸时，应采用由外向里、由大到小、由粗至细、图样与说明交替、有关图纸对照看的方法，重点看轴线及各种尺寸关系。

要想熟练地识读施工图，除了要掌握投影原理、熟悉国家制图标准外，还必须掌握各专业施工图的用途、图示内容和方法。此外，还要经常深入施工现场，对照图纸，观察实物，这是提高识图能力的一个重要方法。

4.2 房屋施工图中的常用符号

4.2.1 定位轴线及编号

(1) 定位轴线的用途及画法

房屋施工图中的定位轴线是设计和施工中定位、放线的重要依据，也是房屋施工时砌筑墙身、浇筑柱梁、安装构件等施工定位的重要依据。对于主要承重构件，应绘制其定位轴线，并编注轴线号；对于非承重墙或次要承重构件，应编写附加定位轴线。

凡是承重的墙、柱子、大梁、屋架等构件，都要画出定位轴线并对轴线进行编号，以确定其位置。对于非承重的分隔墙、次要构件等，有时用附加轴线(分轴线)表示其位置，也可注明它们与附近轴线的相关尺寸，以确定其位置。

定位轴线应用细单点长画线绘制，轴线末端画细实线圆圈，直径为 8～10 mm。定位轴线圆的圆心，应在定位轴线的延长线或延长线的折线上，且圆内应注写轴线编号，如图 4.1所示。横向轴线编号用阿拉伯数字，自左向右顺序编写；纵向轴线编号用拉丁字母(除 I、O、Z 外)，自下而上顺序编写。附加定位轴线的编号采用分数表示，分母表示前一轴线的编号，分子表示附加轴线的编号。

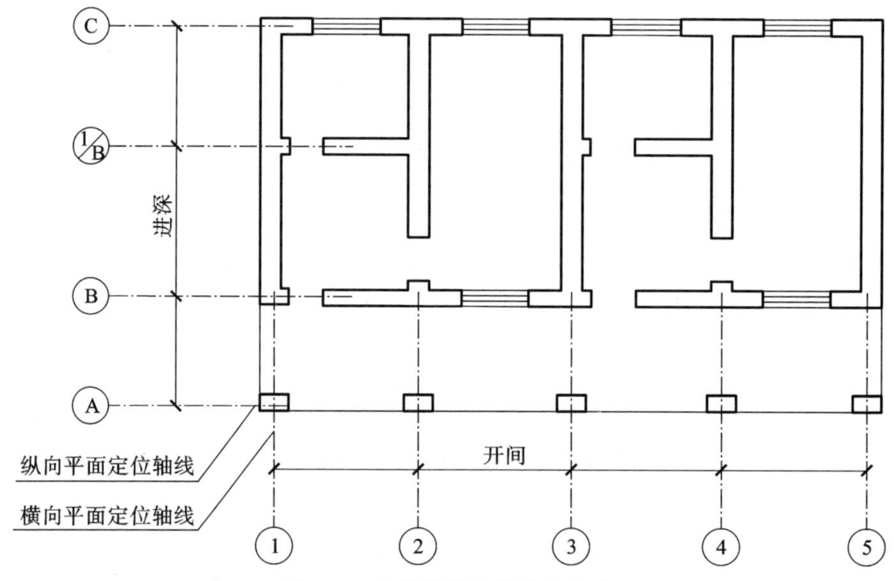

图 4.1　定位轴线及其编号方法

(2) 定位轴线的编号

平面图上定位轴线的编号，宜标注在图样的下方与左侧，如图 4.1 所示。

在两轴线之间，有的需要用附加轴线表示，附加轴线用分数编号，如图 4.2 所示。

对于详图上的轴线编号，若该详图同时适用多根定位轴线，则应同时注明各有关轴线的编号，如图 4.3 所示。

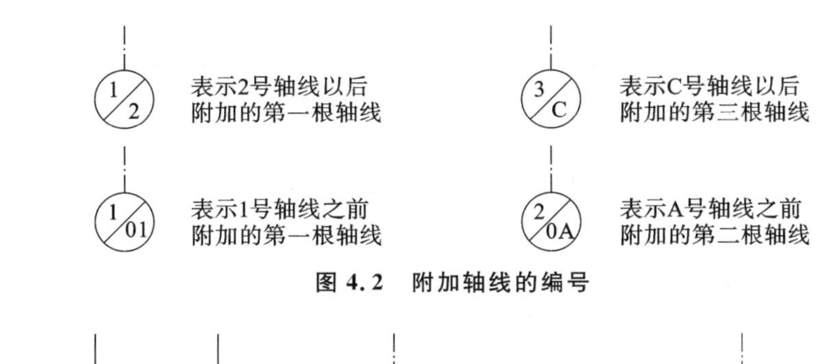

图 4.2 附加轴线的编号

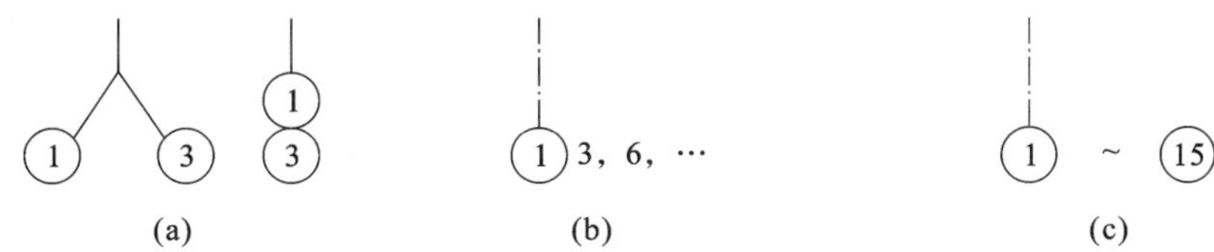

图 4.3 详图的轴线编号

(a) 用于两根轴线；(b) 用于三根或三根以上轴线；(c) 用于三根以上连续编号的轴线

4.2.2 索引符号和详图符号

在施工图中，由于房屋体形大，房屋的平、立、剖面图均采用小比例绘制，因而某些局部无法表达清楚，需要另外绘制其详图进行表达。需用详图表达的部分应标注索引符号，并在所绘详图处标注详图符号。

索引符号由直径为 10 mm 的圆及其水平直径组成，圆及其水平直径均应以细实线绘制。索引符号如用于索引剖面详图，应在被剖切的部位绘制剖切位置线，并以引出线引出索引符号，引出线所在的一侧应为投射方向。索引符号与详图符号见表 4.1。

表 4.1 **索引符号与详图符号**

名称	符号	说明
详图的索引符号	5 — 详图的编号 — — 详图在本张图纸上 5 — 局部剖面详图的编号 — — 剖面详图在本张图纸上	细实线，单圆圈，直径应为 10 mm，详图在本张图纸上，剖开后从上往下投影
	5 — 详图的编号 4 — 详图所在的图纸编号 5 — 局部剖面详图的编号 4 — 剖面详图所在的图纸编号	详图不在本张图纸上，剖开后从下往上投影
	标准图册编号 J103 5 — 标准详图编号 4 — 详图所在的图纸编号	标准详图

续表

名称	符号	说明
详图符号	5 —— 详图的编号	粗实线，单圆圈，直径应为14 mm，被索引的图在本张图纸上
	5 —— 详图的编号 2 —— 被索引的图纸编号	被索引的图不在本张图纸上

4.2.3 标高

标高是标注建筑物高度方向尺寸的一种尺寸形式。它既有绝对标高与相对标高之分，又有建筑标高与结构标高之分，但均以 m 为单位。

绝对标高是以黄海平均海平面为零点测出的高度尺寸，它仅使用在建筑总平面图中。相对标高是以建筑物室内主要地面为零点测出的高度尺寸。

建筑标高是指楼地面、屋面等装修完成后构件表面的标高，如楼面、台阶顶面等标高。结构标高是指结构构件未经装修的表面的标高，如圈梁底面、梁顶面等标高。

(1) 标高符号

标高符号是高度为 3 mm 的等腰直角三角形，按图 4.4 所示形式用细实线画出。总平面图上的标高符号，宜用涂黑的三角形表示，具体画法见图 4.4(a)。短横线是需标注高度的界线，长横线之上或之下注出标高数字，如图 4.4(c)、(d)所示。

(2) 标高数字

标高数字应以 m 为单位，注写到小数点后第三位，在数字后面不注写单位，如图4.4所示。零点标高应注写成±0.000，低于零点的负数标高前应加注"－"号，高于零点的正数标高前不注"＋"。

当图样的同一位置需表示几个不同的标高时，标高数字可按图 4.4(e)所示的形式注写。

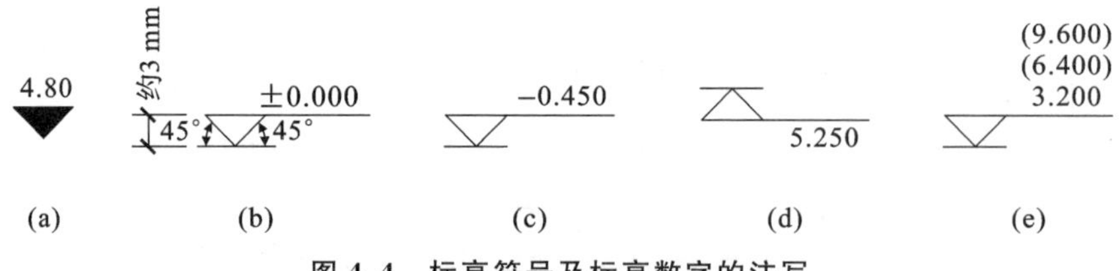

图 4.4 标高符号及标高数字的注写

(a) 总平面图标高；(b) 零点标高；(c) 负数标高；(d) 正数标高；(e) 一个标高符号标注多个标高数字

4.2.4 引出线

① 引出线用细实线绘制，并宜用与水平方向成 30°、45°、60°、90°角的直线或经过上述

角度再折为水平的折线，如图 4.5 所示。

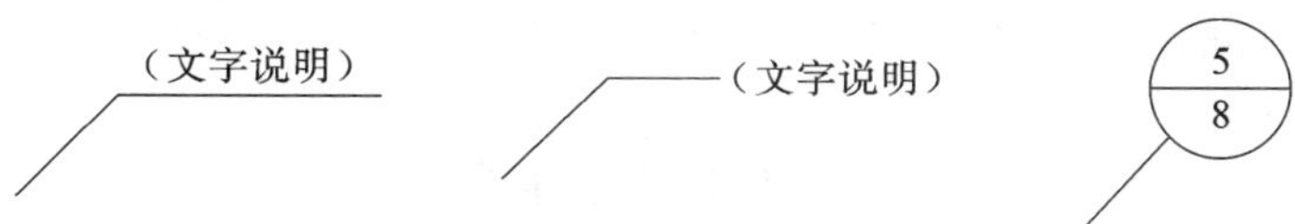

图 4.5　引出线

② 同时引出几个相同部分的引出线，宜相互平行，如图 4.6(a)、(b)所示，也可画成集中于一点的放射线，如图 4.6(c)所示。

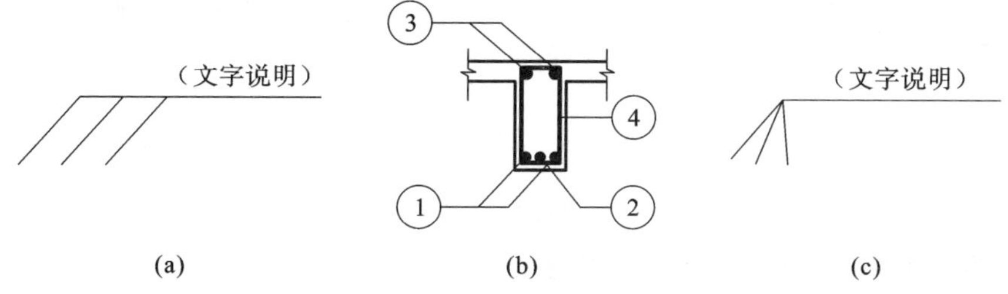

图 4.6　共用引出线

③ 为了对多层构造部位加以说明，可以用引出线表示，如图 4.7 所示。

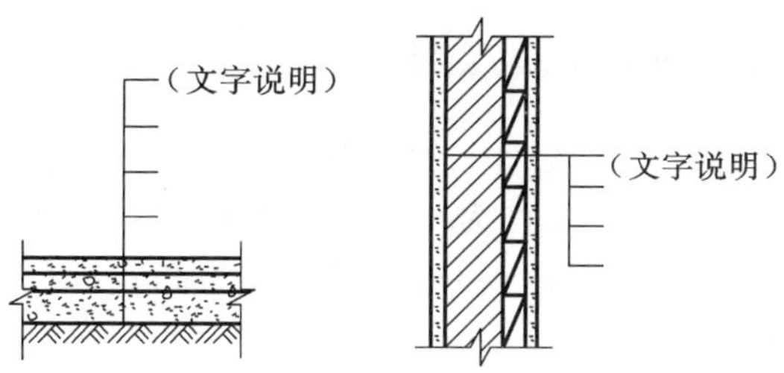

图 4.7　多层构造引出线

4.2.5　图形折断符号

(1) 直线折断

当图形采用直线折断时，其折断符号为折断线，它经过被折断的图面，如图 4.8(a)所示。

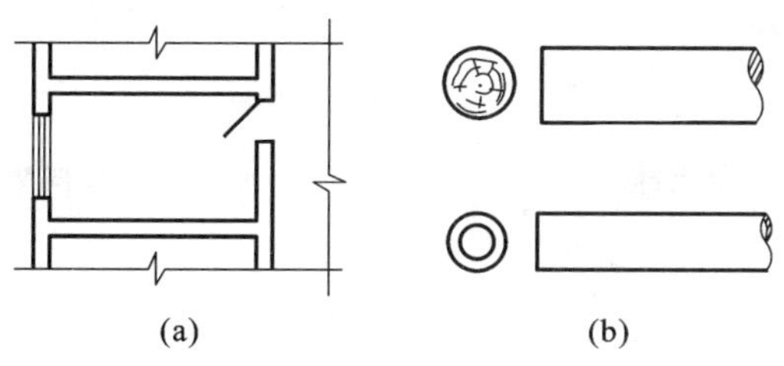

图 4.8　图形的折断

(a) 直线折断；(b) 曲线折断

(2) 曲线折断

对于圆形构件的图形折断，其折断符号为曲线，如图 4.8(b)所示。

4.2.6 对称符号

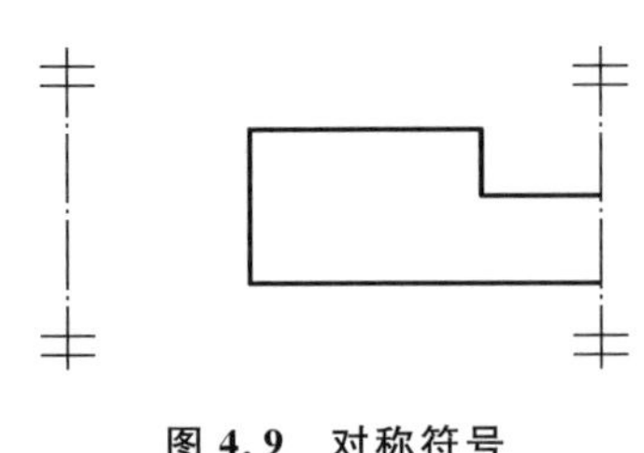

图 4.9 对称符号

当房屋施工图的图形完全对称时，可只画该图形的一半，并画出对称符号，以节省图纸篇幅。对称符号即为在对称中心线(细单点长画线)的两端画出的两段平行线(细实线)。平行线长度为 6～10 mm，间距为 2～3 mm，且对称线两侧长度对应相等，如图 4.9 所示。

4.2.7 连接符号

对于较长的构件，当其长度方向的形状相同或按一定规律变化时，可断开绘制，断开处应用连接符号表示。连接符号为折断线(细实线)，并用大写拉丁字母表示连接编号，如图 4.10 所示。

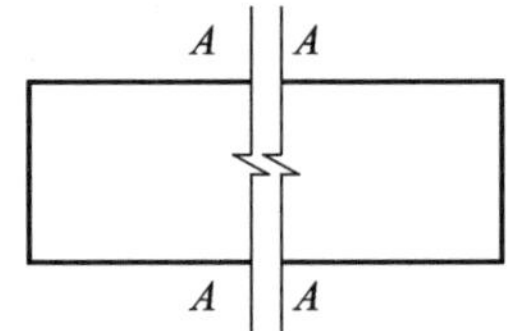

图 4.10 连接符号

4.2.8 指北针与风向频率玫瑰图

在总平面图及底层建筑平面图上，一般都画有指北针，以指明建筑物的朝向。指北针形状如图 4.11 所示。圆的直径宜为 24 mm，用细实线绘制。指针尾端的宽度为 3 mm，需用较大直径绘制指北针时，指针尾部宽度宜为圆直径的 1/8，指针涂成黑色，针尖指向北方，并注“北”或“N”。

风向频率玫瑰图用来表示该地区常年的风向频率和房屋的朝向，是根据当地多年平均统计的各个方向吹风次数的百分数，按一定比例绘制的。风的吹向是从外吹向中心，实线范围表示全年风向频率，虚线范围表示夏季风向频率，如图 4.12 所示。

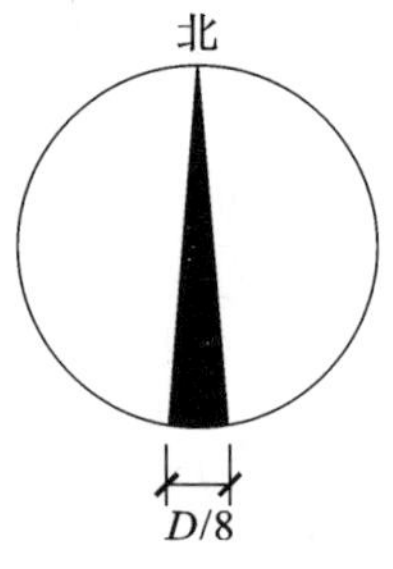

图 4.11 指北针

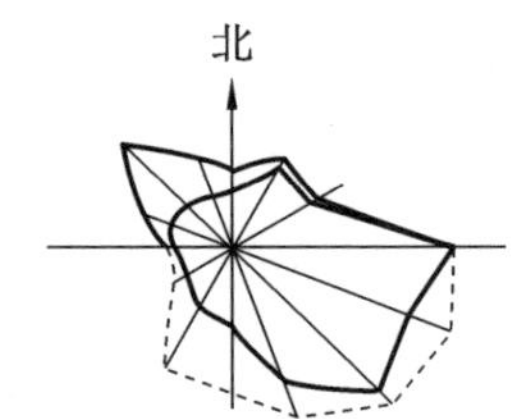

图 4.12 风向频率玫瑰图

本章小结

(1) 建筑施工图的设计一般经过两个阶段，即初步设计阶段和施工图设计阶段，如施工技术难度较大，应增加技术设计阶段。

(2) 房屋建筑施工图按照专业工种分为建筑施工图、结构施工图、设备施工图。

(3) 建筑施工图中常采用国标规定的图形符号，如标高符号、定位轴线、索引符号与详图符号、引出线、指北针等。

思考题

4-1 房屋建筑设计包括哪几个阶段？

4-2 房屋施工图按专业是如何分类的？

4-3 什么是标高、绝对标高、相对标高、建筑标高、结构标高？

4-4 简述房屋施工图的特点。

4-5 简述房屋施工图识读的方法和步骤。

4-6 索引符号与详图符号的区别是什么？

5 建筑施工图

学习目标

通过学习本章内容，学生应了解建筑施工图的组成；理解总平面图的内容和图示方法；熟悉建筑平面图的内容、图示方法，掌握建筑平面图的识读方法；熟悉建筑立面图的内容、图示方法，掌握建筑立面图的识读方法；熟悉建筑剖面图的内容、图示方法，掌握建筑剖面图的识读方法；理解建筑详图的作用，掌握外墙详图和楼梯详图的内容与识读方法。

为表达建筑设计的要求，建筑施工图有建筑物的总体布局、外部造型、内部布置、内外装修、细部构造、设备和施工要求等多种图样。施工放样、砌墙、门窗安装、室内外装修及预算的编制和施工组织计划等，都需要建筑施工图提供依据。

建筑施工图包括首页图、总平面图、建筑平面图、建筑立面图、建筑剖面图、建筑详图等。

5.1 施工图首页

施工图首页一般包括图纸封面、图纸目录、建筑设计总说明、工程做法表、门窗表等。

5.1.1 图纸封面

图纸封面主要注明工程项目名称、设计单位和相关专业设计负责人等信息。如本书附录1封面信息表明，本工程为××职业技术学院学生公寓项目。另外，封面还提供了建筑、结构、给排水、电气等相关负责人签字盖章处。

5.1.2 图纸目录

图纸目录是查阅图纸的主要依据，包括图纸的类别、编号、图名及备注等栏目。图纸目录一般包括整套图纸的目录，应有建筑施工图目录、结构施工图目录、给水排水施工图目录、采暖通风施工图目录和建筑电气施工图目录。

从附录 1 学生公寓施工图的图纸目录可知，本工程建筑施工图共计 12 张，结构施工图共计 14 张，设备施工图纸部分略去。每张图纸的图名、图号、图幅等信息都可以在目录表中查阅。

5.1.3 建筑设计总说明

建筑设计总说明是施工图样的必要补充，主要是对图样中未能表达清楚的内容加以详细的说明，通常包括工程概况（如工程名称、位置、建筑规模、结构类型、建筑技术经济指标及绝对标高与相对标高间的关系等）、建筑设计的依据、构造要求及对施工单位的要求。

5.1.4 工程做法表

工程做法表主要对建筑各部位构造做法用表格的形式加以详细说明。在表中对各施工部位的名称、做法等详细表达清楚，如采用标准图集中的做法，应注明所采用标准图集的代号、做法编号，如有改变，应在备注中说明。

5.1.5 门窗表

门窗表是对建筑物所有不同类型的门窗统计后列成的表格，以备施工、预算需要。在门窗表中应反映门窗的类型、大小、所选用的标准图集及其类型编号，如有特殊要求，应在备注中加以说明。

实际工程中常将建筑设计总说明、工程做法表、门窗表等内容放在一张图纸中表达，如附录 1 的建施-1。

5.2 总 平 面 图

5.2.1 总平面图的形成和用途

将新建工程四周一定范围的新建、拟建、原有和拆除的建筑物、构筑物连同其周围的地形、地物状况用水平投影方法和相应图例所画出的图样，称为总平面图。

总平面图表明新建房屋所在基地范围内的总体布置，它反映新建房屋、构筑物的位置和朝向，室外场地、道路、绿化等的布置，地形、地貌、标高及与原有环境的关系等。它是新建建筑物施工定位及施工总平面图设计的重要依据。

5.2.2 总平面图的图示内容和图示方法

（1）总平面图的图示内容

① 图名、比例。

② 新建建筑所处的地形。

③ 新建建筑的具体位置，在总平面图中应详细地表达出新建建筑的定位方式。
④ 注明新建房屋底层室内地面和室外整平地面的绝对标高。
⑤ 相邻有关建筑、拆除建筑的大小、位置或范围。
⑥ 附近的地形、地物等，如道路、河流、水沟、池塘、土坡等。
⑦ 指北针或风向频率玫瑰图。
⑧ 绿化规划和给排水、采暖管道和电线布置。

(2) 总平面图的图示方法

常见建筑总平面图图例见表5.1。

表5.1 **常见建筑总平面图图例**

名称	图例	备注
新建建筑物	8 ▲	1. 需要时，可用▲表示出入口，可在图形内右上角用点或数字表示层数。 2. 建筑物外形（一般以±0.000高度处外墙定位轴线或外墙面线为准）用粗实线表示。需要时，地面以上建筑用中实线表示，地面以下建筑用地用细虚线
原有建筑物		用细实线表示
计划扩建的预留地或建筑物		用中粗虚线表示
拆除的建筑物		用细实线表示
建筑物下面的通道		
散状材料露天堆场		需要时可注明材料名称
其他材料露天堆场或露天作业场		
架空索道		“I”为支架位置
斜坡卷扬机道		

续表

名称	图例	备注
斜坡栈桥（皮带廊等）		细实线表示支架中心线位置
坐标	X105.00 Y425.00 A105.00 B425.00	上图表示测量坐标 下图表示施工坐标
雨水口		
消火栓井		
急流槽		箭头表示水流方向
跌水		
原有道路		
计划扩建的道路		
拆除的道路		
人行道		
三面坡式缘石道路		
管线	代号	管线代号按国家现行有关标准的规定标注

续表

名称	图例	备注
地沟管线	—— 代号 —— ⊢—— 代号⊢——	1. 上图用于比例较大的图面，下图用于比例较小的图面。 2. 管线代号按国家现行有关标准的规定标注
管桥管线	—+— 代号 —+—	管线代号按国家现行有关标准的规定标注
架空电力、电讯线	—○— 代号 —○—	1. "○"表示电杆。 2. 管线代号按国家现行有关标准的规定标注
长绿针叶树		
落叶针叶树		

5.2.3 总平面图的识读方法与步骤

① 看图名、比例及有关文字说明。

总平面图因包括的范围较大，因此绘制时都用较小比例，如 1∶500、1∶1000、1∶2000等。总平面图上的尺寸，是以 m 为单位。图中所用图例符号较多，有时还会有经济技术指标等文字说明内容。

② 了解新建工程的性质与总体布置，了解各建筑物及构筑物的位置、道路、场地和绿化等布置情况及各建筑物的层数等。

③ 明确新建工程或扩建工程的具体位置，新建工程或扩建工程通常根据原有房屋或道路来定位，并以 m 为单位标出定位尺寸。当新建成片的建筑物和构筑物或较大的建筑物时，往往用坐标来确定每个建筑物及道路转折点等的位置。对于地形起伏较大的地区，还应画出地形等高线。

④ 看新建房屋底层室内地面和室外整平地面的绝对标高，可知室内、外地面的高差，以及正负零与绝对标高的关系。总平面图中标高以 m 为单位，一般注写至小数点后两位。

⑤ 看总平面图中的指北针或风向频率玫瑰图，可明确新建房屋、构筑物的朝向和该地区的常年风向频率，有时也可只画单独的指北针。

⑥ 需要时，在总平面图上还画有给排水、采暖、电气等管网布置图。这类图一般与给排水、采暖、电气的施工图配合使用。

5.2.4 总平面图读图举例

附录 1 的建施-2 是××职业技术学院学生公寓的总平面图，图中用粗实线画出的图形是拟建的学生公寓的底层轮廓线，即 2 号学生公寓和 3 号学生公寓；用中实线画出的是原有的建筑物，如 1 号学生公寓。房屋平面图中的小黑点，表示房屋的层数。从图中可以看出，原有的学生公寓 1 号楼为 6 层，而拟建的 2 号楼和 3 号楼最高处为 7 层，两侧为 6 层，具体的层数布置形式在接下来的建筑平面图中再详细说明。

由总平面图可以看出，拟建的两栋学生公寓位于原有 1 号学生公寓的正北侧。该学生公寓总共有 7 层，它的平面定位尺寸是以东、西两条路的中心线为基准，其中标高符号表示的数值为该地面的绝对标高。通过拟建房屋平面图上的长、宽尺寸可知建筑的开间及进深，由此可以算出房屋的占地面积。识读房屋之间的定位尺寸可知房屋之间的相对位置与日照间距。从图中可以看出，新建的 2 号楼与原有的 1 号楼之间的建筑间距为 30 m，2 号楼与 3 号楼之间的间距为 24.5 m。

该学生公寓位于学校田径场西侧，四周均有校内公路围绕，新建两栋公寓楼的最北端为生活用水的排水港。由建筑周围的道路关系可以看出，新建公寓楼一共有 3 个出入口：东、西两侧各一个，南向有一个。院内道路用细实线表示，花草树木绿化地带用图例符号表示，图中用指北针表示建筑物的朝向，黑色箭头表示的方向为正北方向。由图示的指北针可知，建筑的朝向为南北朝向。

在图纸的右侧，有该项目的经济技术指标等相关数据，用数字形象地表示出该工程总的工程量及其他各方面的指标。其中，用地面积是指该工程用红线所画出的地块的实际面积；总建筑面积是指整体建筑每层建筑面积的总和；容积率则是总建筑面积与总用地面积的比值。

5.3 建筑平面图

5.3.1 建筑平面图的形成与用途

假想用一水平的剖切平面，沿着房屋门窗洞口的位置将房屋剖开，拿掉上半部分，对剖切平面以下部分所作的水平投影图，即为建筑平面图，简称平面图，如图 5.1 所示。

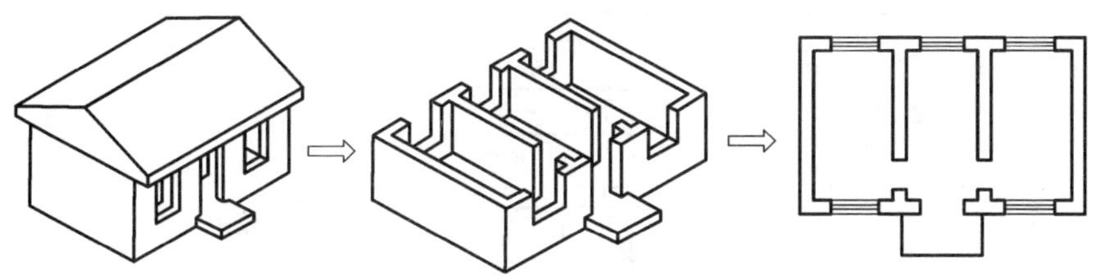

图 5.1 建筑平面图的形成

建筑平面图反映建筑物的平面形状和大小、内部布置，墙的位置、厚度和材料，门窗的位置和类型及交通等情况，可作为建筑施工定位、放线、砌墙、安装门窗、室内装修、编制预算、备料的依据。

5.3.2 建筑平面图的图示内容和图示方法

(1) 建筑平面图的图示内容

① 表示所有轴线及其编号，以及墙、柱、墩的位置、尺寸。

② 表示所有房间的名称及其门窗的位置、编号与大小。

③ 注出室内、外的有关尺寸及室内楼地面的标高。

④ 表示电梯、楼梯的位置及楼梯上、下行方向及主要尺寸。

⑤ 表示阳台、雨篷、台阶、斜坡、烟道、通风道、管井、消防梯、雨水管、散水、排水沟、花池等位置及尺寸。

⑥ 画出室内设备，如卫生器具、水池、工作台、隔断及重要设备的位置、形状。

⑦ 表示地下室、地坑、地沟、墙上预留洞、高窗等位置尺寸。

⑧ 底层平面图上还应画出剖面图的剖切符号及编号，左下方或右下方画出指北针。

⑨ 标注有关部位的详图索引符号。

⑩ 综合反映其他工种(如水、暖、电、煤气等)对土建工程的要求，各工种要求的水池、地沟、配电箱、消火栓、预埋件、墙或楼板上的预留洞等在平面图中需标明其位置和尺寸。

⑪ 屋顶平面图上一般应表示出女儿墙、檐沟、屋面坡度、分水线与雨水口、变形缝、楼梯间、水箱间、天窗、上人孔、消防梯及其他构筑物、索引符号等。

(2) 建筑平面图的图示方法

建筑平面图常用图例见表5.2。

表5.2 **建筑平面图常用图例**

序号	名称	图例	说明
1	楼梯	上 下 上 下	1. 上图为底层楼梯平面图，中间图为中间层楼梯平面图，下图为顶层楼梯平面图； 2. 楼梯及栏杆扶手的形式和梯段踏步应按实际情况绘制
2	坡道	下 下 下	上图为长坡道，下三图为门口坡道

续表

序号	名称	图例	说明
3	平面高差	××	适用于高差小于 100 mm 的两个地面或楼面相接处
4	检查孔		左图为可见检查孔，右图为不可见检查孔
5	孔洞		阴影部分可以涂色代替
6	坑槽		
7	墙预留洞	宽×高或直径 底(顶或中心)标高	1. 以洞中心或洞边定位； 2. 宜以涂色区别墙体和留洞位置
8	墙预留槽	宽×高×深或直径 底(顶或中心)标高	
9	烟道		1. 阴影部分可以涂色代替； 2. 烟道与墙体为同一材料，其相接处墙身线应断开
10	通风道		
11	空门洞	h	h 为门洞高度

续表

序号	名称	图例	说明
12	单扇门 (包括平开或单面弹簧)	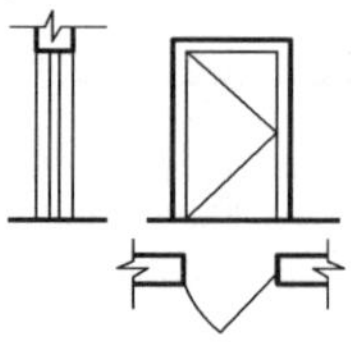	1. 门的名称代号为 M； 2. 图例中剖面图左为外、右为内，平面图下为外、上为内； 3. 立面图上开启方向线交角的一侧为安装合页的一侧，实线为外开，虚线为内开； 4. 平面图上门线应以 90°角或 45°角开启，开启弧线应绘出； 5. 立面图上的开启线，在一般设计图中可不表示，在详图及室内设计图中应表示； 6. 立面形式应按实际情况绘出
13	双扇门 (包括平开或单面弹簧)	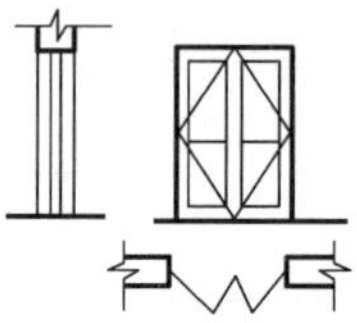	
14	对开折叠门	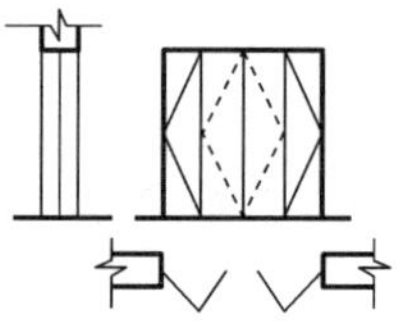	
15	墙洞外单扇推拉门	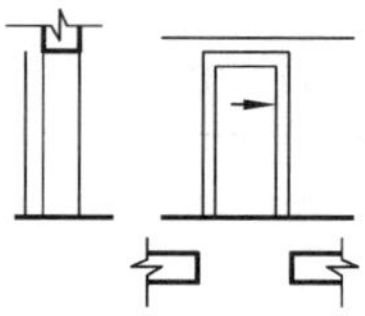	
16	墙洞外双扇推拉门	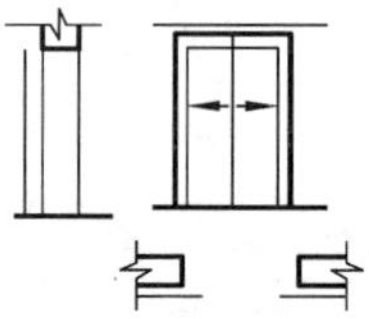	
17	单扇双面弹簧门	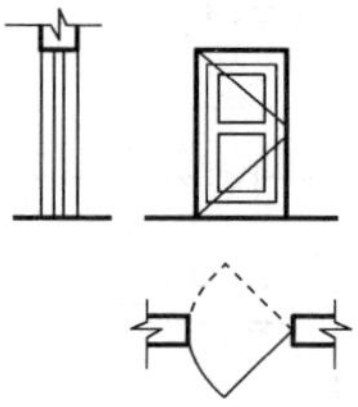	
18	双扇双面弹簧门	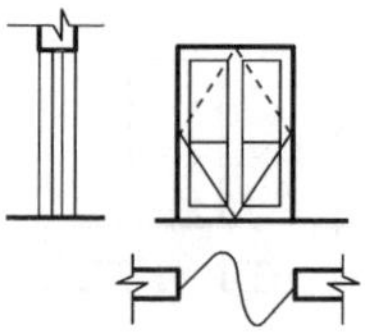	

续表

<table>
<tr><th>序号</th><th>名称</th><th>图例</th><th>说明</th></tr>
<tr><td>19</td><td>单层固定窗</td><td>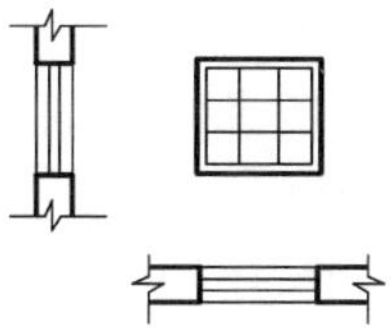</td><td rowspan="7">1. 窗的名称代号用 C 表示；
2. 立面图中的斜线表示窗的开启方向，实线为外开，虚线为内开，开启方向线交角的一侧为安装合页的一侧，一般设计图中可不表示；
3. 图例中剖面图左为外、右为内，平面图下为外、上为内；
4. 平面图和剖面图上的虚线仅说明开关方式，无须在设计图中表示；
5. 窗的立面形式应按实际情况绘出；
6. 小比例绘图时平、剖面的窗线可用单粗实线表示；
7. h 表示高窗底距本层地面高度</td></tr>
<tr><td>20</td><td>单层外开平开窗</td><td>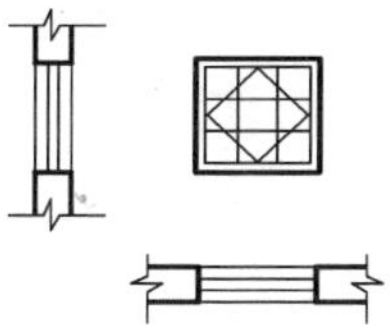</td></tr>
<tr><td>21</td><td>双层内外开平开窗</td><td>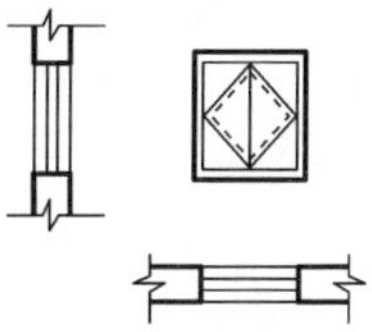</td></tr>
<tr><td>22</td><td>推拉窗</td><td>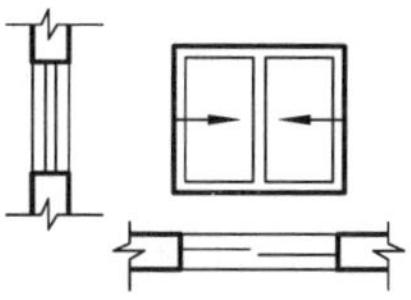</td></tr>
<tr><td>23</td><td>单层外开上悬窗</td><td>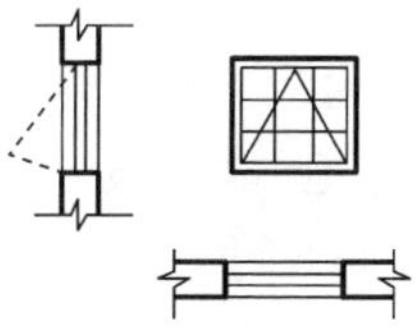</td></tr>
<tr><td>24</td><td>单层中悬窗</td><td>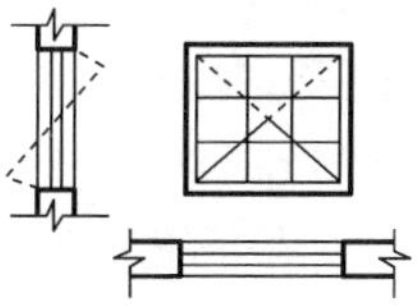</td></tr>
<tr><td>25</td><td>高窗</td><td>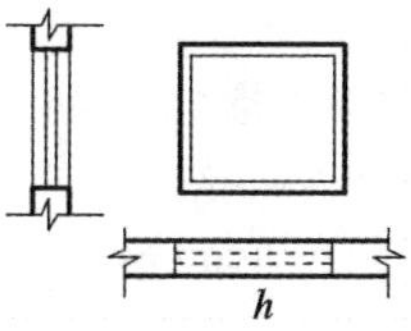</td></tr>
</table>

5.3.3 建筑平面图的数量及内容分工

一般说来，房屋有几层，就应画出几个平面图，并在图的下面注明相应的图名，如底层平面图、二层平面图等。如果上、下各楼层的房间数量、大小、布置都一样的，则相同的楼层可用一个平面图表示，称为标准层平面图或××～××层平面图。若建筑平面图左右对称，也可将两层平面图画在同一个平面图上，左边画出一层的平面图，右边画出另一层的平面图，中间画一对称符号作为分界线，并在图的下边分别注明图名。

房屋的平面图是由多层平面图组成的。在绘制平面图时，除基本内容相同外，房屋中的个别构配件应该画在哪一层平面上是有分工的。具体来说，底层平面图除表示该层的内部形状外，还画有室外的台阶、花池、散水（或明沟）、雨水管和指北针，以及剖面的剖切符号，如1—1、2—2等，以便与剖面图对照查阅。房屋中间层平面图除了表示本层室内形状外，需要画上本层室外的雨篷、阳台等。屋顶平面图，是房屋顶面的水平投影图。

平面图上的线型粗细是分明的。凡是被水平剖切平面剖切到的墙、柱等断面的轮廓线用粗实线画出，而粉刷层在1∶100的平面图中是不画的，在1∶50或比例更大的平面图中则用细实线画出。没有剖切到的可见轮廓线，如窗台、台阶、明沟、花台、梯段等用中实线画出。表示剖面位置的剖切位置线及剖视方向线，均用粗实线绘制。

底层平面图中，可以只在墙角或外墙的局部分段画出散水（或明沟）的位置。

5.3.4 建筑平面图的识读方法与步骤

建筑平面图的识读方法与步骤如下。

① 看图名、比例，了解该图是哪一层平面图，绘图比例是多少。

② 看底层平面图上画的指北针，了解房屋的朝向。

③ 看房屋平面外形和内部墙的分隔情况，了解房屋平面形状和房间分布、用途、数量及相互间的联系，如入口、走廊、楼梯和房间的位置等。

④ 在底层平面图上看室外台阶、花池、散水坡（或明沟）及雨水管的大小和位置。

⑤ 看图中定位轴线的编号及其间距尺寸，从中了解各承重墙（或柱）的位置及房间大小，以便于施工时定位放线和查阅图纸。

⑥ 看平面图中的各部分尺寸，平面图中的尺寸分为外部尺寸和内部尺寸。从各道尺寸的标注可知各房间的开间、进深，门窗及室内设备的大小与位置。

一般在建筑平面图上的尺寸（详图例外）均为未装修结构的表面尺寸（如墙厚、门窗洞口尺寸等）。现将平面图的尺寸标注形式介绍如下：

a. 外部尺寸。

一般在图形下方或左侧注写三道尺寸：

第一道尺寸，表示外轮廓的总尺寸，即指从一端外墙边到另一端外墙边的总长和总宽尺寸。用总尺寸可计算出房屋的占地面积。

第二道尺寸，表示轴线间的距离，用以说明房间的开间和进深大小。

第三道尺寸，表示门窗洞口、窗间墙及柱等的尺寸。

如果房屋前后或左右不对称，则平面图上的四周都应分别标注三道尺寸，相同的部分不必重复标注。

另外，台阶、花池及散水(或明沟)等细部的尺寸，可以单独标注。

b. 内部尺寸。

为了表明房间的大小和室内门窗洞、孔洞、墙厚和固定设备(例如厕所、工作台、隔板等)的大小与位置，在平面图上应清楚地注写出有关的内部尺寸。

⑦ 看地面标高。

在平面图上应清楚地标注地面标高。楼地面标高是表明各层楼地面对标高零点(即正负零)的相对高度。一般平面图分别标注下列标高：室内地面标高、室外地面标高、室外台阶标高、卫生间地面标高、楼梯平台标高等。

⑧ 看门窗的分布及编号。

了解门窗的位置、类型及其数量。图中窗的名称代号用 C 表示，门的名称代号用 M 表示。由于一栋房屋的门窗较多，其规格大小和材料组成又各不相同，因此各种不同的门窗除用各自不同的外号表示外，还需分别在代号后面写上编号，如 M1、M2 和 C1、C2 等。同一编号表示同一类型的门或窗，它们的构造尺寸和材料都一样。从所写的编号可知门窗共有多少种。一般情况下，在建筑设计总说明或在平面图内，附有一个门窗表，列出门窗的编号、名称、尺寸、数量及其所选标准图集的编号等内容。至于门窗的详细构造，则要看门窗的构造详图。

⑨ 在底层平面图上看剖面的剖切符号，了解剖切部位和编号，以便与有关剖面图对照阅读。

⑩ 查看平面图中的索引符号，当某些构造细部或构件需另画比较大的详图或引用有关标准图时，须标注出索引符号，以便与有关详图符号对照查阅。

5.3.5 建筑平面图读图举例

现以附录 1××职业技术学院学生公寓楼平面图为例，说明建筑平面图的识读。

(1) 一层平面图的识读

① 附录 1 的建施-3 为某学生公寓一层平面图，绘图比例为 1∶100。从图中指北针可知，房屋为南北朝向，主要入口在西侧，次要入口在东、南两侧。房屋总长为 43.44 m，总宽为 18.24 m。在正门外有 5 步台阶，标有 300×4＝1200(mm)，是指台阶共有 5 步，每个踏步宽均为 300 mm，台阶一侧布置花池。本工程采用无障碍设计，设置了供残疾人使用的坡道。楼房四周有散水坡和雨水管。

② 从主入口进入公寓楼来看房屋平面的分隔与布置情况。大门入口处设有外门一道，左侧是值班室，右侧是一主要楼梯。沿着走廊两侧布置学生寝室，厕所均布置在寝室内部，设备有蹲式大便器、水池等。在楼梯间只画出第一个梯段的下半部分，这是由水平剖切平面在楼梯平台下剖切造成的。图中楼梯处箭头表示楼梯的上行方向。

③ 平面图中横向定位轴线有①～⑬，纵向定位轴线有Ⓐ～Ⓗ。从轴线可知各房间和楼梯间的开间和进深尺寸，墙体材料是蒸压灰砂砖加混合砂浆(±0.000 以下是水泥砂浆

砌筑)，建筑中所有墙厚均为 240 mm。

④ 地面标高。所有室内地面均为零地面，室外入口平台为－0.020 m。

⑤ 平面图中的门有 M1、M2、M3、MC1 等，窗有 C1、C5 等多种类型。各种类型的门窗洞口尺寸，详见平面图中的尺寸标注。

⑥ 一层平面图中有两个剖面剖切符号，表明剖切平面的位置。1—1 剖面在轴线①与②之间，是通过楼梯间所作的阶梯剖面；2—2 剖面在轴线⑧和⑨之间，是通过楼梯间所作的房屋全剖面。

(2) 楼层平面图的识读

附录 1 的建施-4、建施-5、建施-6 分别为学生公寓二层、三至六层及七层平面图，除与底层平面图的相同处外，还有以下不同之处：

① 二层平面图中画有建筑入门处的雨篷，而底层平面图中的室外台阶、花池、散水坡、雨水管及剖面的剖切符号等已经不需要再表示在图中了。

② 房屋内部的房间与一层平面图不同之处是将底层的值班室改制成了学生寝室。楼梯间平面图的梯段，不仅看到了上行梯段的部分踏步，也看到了一层上二层楼第二梯段的踏步。

③ 二层楼地面的标高，所有房间均为 3.000 m。

④ 三至六层平面图大致与二层平面图相同，不同之处是入口处的雨篷没有在该图中表示；楼梯甲的画法有所变动，在甲梯处标注的数字分别表示了三至六层的楼地面标高。

⑤ 七层平面图中，房屋内部的房间与其他层平面图不同之处是东、西两侧均减少一个寝室(包括西侧的一个楼梯)，空出部分作为开敞的屋面或活动平台。

5.3.6 屋顶平面图

屋顶平面图就是屋顶外形的水平投影图。在屋顶平面图中，一般表明屋顶形状、屋顶水箱、屋面排水方向(用箭头表示)及坡度、天沟或檐口的位置、女儿墙和屋脊线、烟囱、通风道、屋面检查人孔、雨水管及避雷针的位置等。

附录 1 的建施-7 为某学生公寓的屋顶平面图。该公寓屋顶房屋屋脊平行于水平轴线，两坡排水，屋面坡度均为 2%，共有 6 个雨水管；屋顶有楼梯间的出入口；屋顶外轮廓用双线表示的为屋面的女儿墙。

其中，屋面的泛水、女儿墙压顶、爬梯等处有索引符号，详细构造可在相应标准图集中查阅。

5.4 建筑立面图

5.4.1 建筑立面图的形成和用途

建筑立面图是建筑物外墙在平行于该外墙面的投影面上的正投影图，如图 5.2 所示。

一座建筑物是否美观，关键在于主要立面的艺术处理、造型与装修是否优美。立面图就是用来表示建筑物的外形和外貌，并表明外墙墙面装饰要求等的图样。

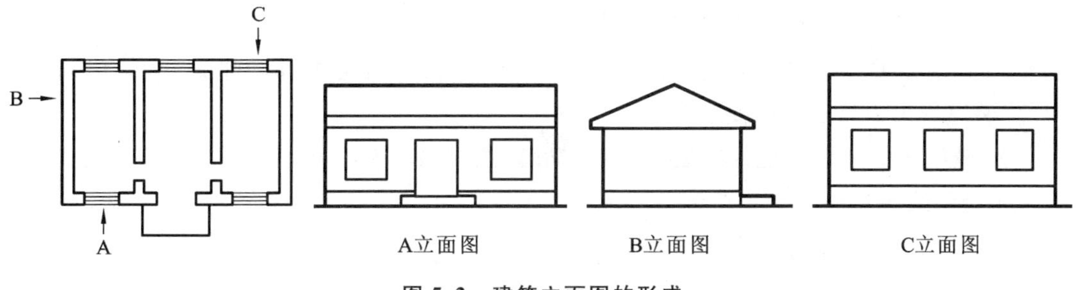

图 5.2 建筑立面图的形成

5.4.2 建筑立面图的数量与命名

(1) 数量

根据定义，建筑物有几个立面就应画出几个立面的正投影图，但是若有些立面的形状、布置一样，则可以合画一张立面图。

(2) 命名方法

建筑立面图的命名方法有三种。

① 第一种：通常把房屋的主要出、入口或反映房屋外貌特征的那一面的立面图称为正立面图，其背后的立面图称为背立面图；自左向右观看得到的立面图称为左立面图，自右向左观看得到的立面图称为右立面图。

② 第二种：按房屋朝向来命名立面图，如南立面图、北立面图、东立面图和西立面图。

③ 第三种：按立面图两端的定位轴线来命名。当某些房屋的平面形状比较复杂时，还需加画其他方向或其他部位的立面图。

房屋立面如果有一部分不平行于投影面，例如成圆弧形、折线形、曲线形等，可将该部分展开至与投影面平行，再用正投影法画出其立面图，但应在图名后注写“展开”两字。对于平面为回字形的房屋，它在院落中的局部立面，可在相关的剖面图上附带表示，如不能表示，则应单独画出。

5.4.3 建筑立面图的图示内容和图示方法

(1) 建筑立面图的图示内容

① 画出从建筑物外可以看见的室外地面线、房屋的勒脚、台阶、花池、门、窗、雨篷、阳台、室外楼梯、墙体外边线、檐口、屋顶、雨水管、墙面分格线等内容。

② 标出建筑物立面上的主要标高。

③ 注出建筑物两端的定位轴线及其编号。

④ 注出需用详图表示的索引符号。

⑤ 用文字说明外墙面装修的材料及其做法。

(2) 建筑立面图的图示方法

① 建筑物的外形轮廓用粗实线绘制。

② 建筑立面凹凸之处的轮廓线、门窗洞及较大的建筑构配件的轮廓线，如雨篷、阳台、阶梯等均用中粗实线绘制。

③ 较细小的建筑构配件或装饰线，如勒脚，窗台，门窗扇，各种装饰，墙面分隔线、文字说明指引线等均用细实线绘制。

④ 室外地坪线用特粗实线绘制。

⑤ 绘制比例与建筑平面图相一致。

5.4.4 建筑立面图的识读方法与步骤

建筑立面图的识读方法与步骤如下。

① 看图名和比例，了解是房屋哪一立面的投影，绘图比例是多少，以便与平面图对照阅读。

② 看房屋立面的外形，以及门窗、屋檐、台阶、阳台、烟囱、雨水管等的形状及位置。

③ 看立面图中的标高尺寸。通常立面图中注有室外地坪、出入口地面、勒脚、窗口、大门口及檐口等处标高。

④ 看房屋外墙表面装修的做法和分隔形式等。通常用引出线和文字来说明粉刷材料的类型、配合比和颜色等。

⑤ 查看图上的索引符号。有时在图上用索引符号表明局部剖面的位置。

5.4.5 建筑立面图读图举例

现以附录1××职业技术学院学生公寓楼立面图(建施-8、建施-9和建施-10)为例，说明建筑立面图的识读。

① 通览全图可知，这是房屋三个立面的投影，用轴线标号命名立面图名称，亦可把它分别看成是房屋的正立面、背立面和侧立面，绘图比例均为1∶100。图中表明该房屋是7层楼，平屋顶面。

② ①～⑬轴立面图，是公寓楼的正立面图，在立面图的侧面可见入口的台阶、雨篷等构件。

③ 通过两个立面图，基本可看到整个楼房各立面的门窗分布和式样，女儿墙、勒脚、墙面的分隔、装修的材料和颜色。本项目外墙面以白水泥红橙色石子水刷石为主，檐口与入口处的雨篷为淡蓝色外墙砖。

④ 看立面的标高尺寸(与剖面图相一致)可知，该房屋室外地坪标高为－0.700 m，大门入口处台阶面标高为±0.000 m，房屋各层层高为3.000 m，建筑的总高度为24.200 m，女儿墙顶面标高为22.600 m。

5.5 建筑剖面图

5.5.1 建筑剖面图的形成和用途

建筑剖面图是假想用一个垂直于横向或纵向轴线的铅垂剖切平面剖切房屋所作的剖视图，简称剖面图，见图5.3。

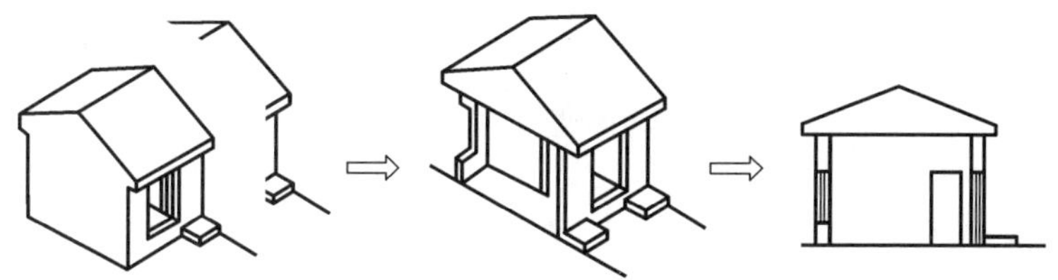

图5.3 建筑剖面图的形成

建筑剖面图用来表达建筑物内部垂直方向高度、楼层分层情况及简要的结构形式和构造方式。它与建筑平面图、立面图相配合，是建筑施工图中不可缺少的重要图样之一。

建筑剖面图的剖切位置一般选择在房屋构造比较复杂和典型的部位，并且通过墙体上门、窗洞口。若为楼房，应选择在楼梯间、层高不同、层数不同的部位。

建筑剖面图的剖切位置符号应在底层平面图中标出，剖面图的名称应与底层平面图中剖切编号相一致，剖切符号可用阿拉伯数字、罗马数字或拉丁字母编号，如1—1剖面图等。

5.5.2 建筑剖面图的图示内容和图示方法

(1) 建筑剖面图的图示内容

① 图名、编号、定位轴线。

图名、剖切到的外墙定位轴线和编号，分别与底层平面图中标明的剖切位置编号、轴线编号一一对应。

② 剖切到的构配件及构造。

剖切到的构配件及构造包括室内外地面、楼面层、屋顶和内外墙及其墙身内的构造(包括门窗、墙内的过梁、圈梁、防潮层等)。此外，还包括剖切到的各种梁、楼梯梯段及楼梯平台、阳台、雨篷、孔道、水箱等。

③ 未剖切到的可见的构配件。

看到的墙面、梁、柱、阳台、雨篷、门窗，以及未剖切到的楼梯段(包括栏杆与扶手)和各种装饰线、装饰物等的位置和形状。

④ 竖直方向的尺寸和标高。

外墙的竖向尺寸通常包括三道：门窗洞及洞间墙等细部的高度尺寸、层高尺寸、室外地面以上的总高尺寸。

局部尺寸：注明细部构配件的高度、形状、位置。

标高：标注室外地坪，以及楼地面、阳台、平台、台阶等处完成面的标高。

⑤ 详图索引符号与某些用料、做法的文字注释。

表明室内地面、楼面、顶棚、踢脚板、墙裙、屋面等内装修用料及做法，需用详图表示处加注详图索引符号。

(2) 建筑剖面图的图示方法

① 用粗实线绘制被剖到的墙体、楼板、屋面板的外轮廓线，用中粗实线绘制房屋的可见轮廓线，用细实线绘制较小的建筑构配件的轮廓线、装修面层线等，而用特粗实线绘制室内、外地坪线。

② 绘图比例小于或等于 1∶50 时，被剖切到的构配件断面上可省略材料图例。

③ 绘制比例应与平面图绘图比例相同。

5.5.3 建筑剖面图的识读方法与步骤

建筑剖面图的识读方法与步骤如下。

① 看图名、轴线编号和绘图比例，并与底层平面图对照，确定剖切平面的位置及投影方向，从中了解它所画出的是房屋哪一部分的投影。

② 看房屋内部构造和结构形式，如各层梁板、楼梯、屋面的结构形式、位置及其与墙(柱)的相互关系。

③ 看房屋各部分的高度，如房屋总高，室外地坪、门窗顶、窗台、檐口等处标高，室内底层地面、各层楼面及楼梯平台面标高等。

④ 看楼地面、屋面的构造，通常用引出线说明楼地面、屋顶的构造做法，如果另画详图或已有说明，则在剖面图中用索引符号引出说明。

5.5.4 建筑剖面图读图举例

现以附录 1 某学生公寓楼剖面图(建施-11 和建施-12)为例，说明建筑剖面图的识读。

① 建施-11 是房屋的 1—1 剖面图及甲梯、乙梯大样图，由一层平面图可知，1－1 剖面在轴线①与②之间，即从公寓楼的西侧楼梯(乙梯)开始，沿着建筑的横向所作的一个转折剖切，具体剖切到的部位有楼梯乙、走廊、值班室及值班室内的卫生间。

② 1—1 剖面图表明该公寓楼轴线①到②一侧是六层楼房，平屋顶，屋顶上四周有女儿墙，墙高 1.6 m。屋面排水坡度为 2%。室外地面标高为－0.700 m，楼梯间地面标高与室内底层地面标高一致，为±0.000，室内二、三层地面标高分别为 3.000 m 和 6.000 m，由此可知建筑的层高为 3.000 m。楼梯平台高差一层和二层之间的是1.500 m，屋顶面标高是 18.000 m，女儿墙顶面标高是 19.600 m。楼梯每梯段均为 10 个踏步，每个踏步的高度均为 150 mm，楼梯栏杆的高度为 1100 mm。

③ 1—1 剖面图中用粗黑实线表示的均为被剖切到的钢筋混凝土结构构件，其中包括楼板、梁、屋面板、楼梯踏步等构件。被剖切到的砖墙用平行的两条中粗细实线表示。

④ 建施-12 是房屋的 2—2 剖面图及卫生间大样图，由一层平面图可知，2—2 剖面在

轴线⑧与⑨之间，即从公寓楼的南侧楼梯（甲梯）开始，沿着建筑的横向所作的一个全剖面，具体剖切的部位有楼梯甲、走廊、甲梯对面的宿舍及宿舍内的卫生间。

⑤ 2—2 剖面图表明该公寓楼轴线⑧与⑨一侧是 7 层楼房，平屋顶，屋顶上四周有女儿墙，屋面排水坡度为 2%。入口处有一步台阶，上有雨篷，雨篷悬挑长度为900 mm，高度为 1.850 m。室外地面标高为－0.700 m，楼梯间底层地面标高为－0.550 m，迈上三步台阶是室内底层地面，标高为±0.000。室内二、三层地面标高分别为3.000 m和6.000 m，由此可知建筑的层高为 3.000 m。楼梯平台高差一层与二层之间的是1.950 m，屋顶面标高是21.000 m。底层楼梯为长短跑楼梯，第一梯段为 13 个踏步，每个踏步的高度均为 150 mm；第二梯段为 7 步，踏步的高度为 150 mm。其他层楼梯为标准楼梯，每个梯段均为 10 步，踏步的高度为 150 mm。楼梯栏杆的高度为 1100 mm。

5.6 建筑详图

5.6.1 建筑详图图示方法与用途

建筑详图图示方法与用途如下。

① 建筑平面图、立面图、剖面图是建筑施工图中表达房屋构造的最基本图样，由于其比例小，因此无法把所有详细内容表达清楚。建筑详图可以用较大比例详尽表达局部的详细构造，如形状、尺寸大小、材料和做法。也可以说，建筑详图是建筑平面图、立面图、剖面图的补充图样，有时也叫作大样图。

② 就民用建筑而言，应绘制建筑详图的部位很多，如不同部位的外墙详图、楼梯间详图、室内固定设备布置（卫生间、厨房等）的详图。另外，还有大量的建筑构（配）件采用了标准图集说明详图构造，在施工图中可以简化或用代号表示，施工时必须配合相应标准图集才能阅读清楚。

③ 建筑详图的表达方法应视建筑构（配）件或建筑细部的复杂程度而定，可使用视图、剖面图和断面图的图示方法进行表达。

④ 建筑详图应做到图形清晰、尺寸标注齐全、文字注释详尽，建筑详图绘制比例常用1∶1、1∶2、1∶5、1∶10、1∶20 等大比例。

5.6.2 外墙身详图

（1）外墙身详图的概念

墙身详图是将墙体从上至下作一剖切，画出放大的局部剖面图。这种剖切可以表明墙身及其屋檐、屋顶面、楼板、地面、窗台、过梁、勒脚、散水、防潮层等细部的构造与材料、尺寸大小及其与墙身的关系等。

墙身详图根据需要可以画出若干个，以表示房屋不同部位的不同构造的内容。在多层房屋中，若各层的情况一样，则可只画底层、顶层及一个中间层。画图时，通常在窗洞中间处断开，成为几个节点详图的组合。

(2) 外墙身详图的内容与阅读方法

① 看图名：查找底层平面图中的局部剖切符号，明确该墙身剖面的剖切位置和剖视方向。

② 看檐口剖面部分：了解房屋女儿墙(也称包檐)、屋顶层及女儿墙泛水的构造。

③ 看窗顶剖面部分：了解窗顶钢筋混凝土过梁的构造情况。

④ 看窗台剖面部分：了解窗台的材料、构造做法、具体尺寸等相关内容。

⑤ 看楼板与墙身连接的剖面部分：了解楼层地面的构造、楼板与墙的搁置方向等。

⑥ 看勒脚的剖面部分：了解勒脚、散水、防潮层等的做法。

⑦ 看图中各部位的标高尺寸：了解室外地坪、室内各层地面、顶棚和各层窗口上下及女儿墙顶的标高尺寸。

(3) 外墙身详图识读举例

图 5.4 所示为外墙剖面详图，从图中可知：

① 该外墙剖面详图采用的比例为 1∶10，从轴线符号可知该墙为外墙。

② 图中表明了散水、勒脚的做法。

③ 窗台为砖砌，挑出 60 mm，厚度为 60 mm。

④ 墙体采用普通砖砌筑，窗过梁、压顶、防潮层、天沟、楼板等采用钢筋混凝土制作。

⑤ 图中反映出楼板与墙体、天沟板与墙体、雨水管与墙体、过梁与墙体等相互间的位置关系，反映屋面防水、女儿墙的构造做法，以及内外墙面、楼地面、窗台等的装修做法。

5.6.3 门窗详图

门窗详图通常由立面图、节点剖面详图、断面图及技术说明等组成。在设计中若选用通用图，则只需说明详图所在通用图集中的编号，不再另画详图。

(1) 门窗详图的内容与阅读方法

① 看立面图。

门、窗的立面图在图示上规定画其外立面。

② 看节点剖面详图。

节点剖面详图中通常将竖向剖切的剖面图竖直地连在一起画在立面图的左侧或右侧；横向剖切的剖面图横向连在一起画在立面图的下面，用比立面图大的比例画出，中间用折断线断开，并分别注写详图编号，以便与立面图对照。

节点剖面详图表示门窗材料的断面形状、用料、尺寸、安装位置和门窗与框的连接关系等。

③ 看断面图。

为清楚地表示窗框、冒头及窗芯等用料、断面形状并能详细标注尺寸，以便于下料加工，需用较大比例将上述断面分别单独画出，这就是窗的断面图，门的断面图同理可得。在通用图集中，往往将断面图与节点剖面详图结合在一起。

(2) 门窗详图识读举例

从窗的立面图上了解窗的组合形式及开启方式，从窗的节点详图中可了解到各节点

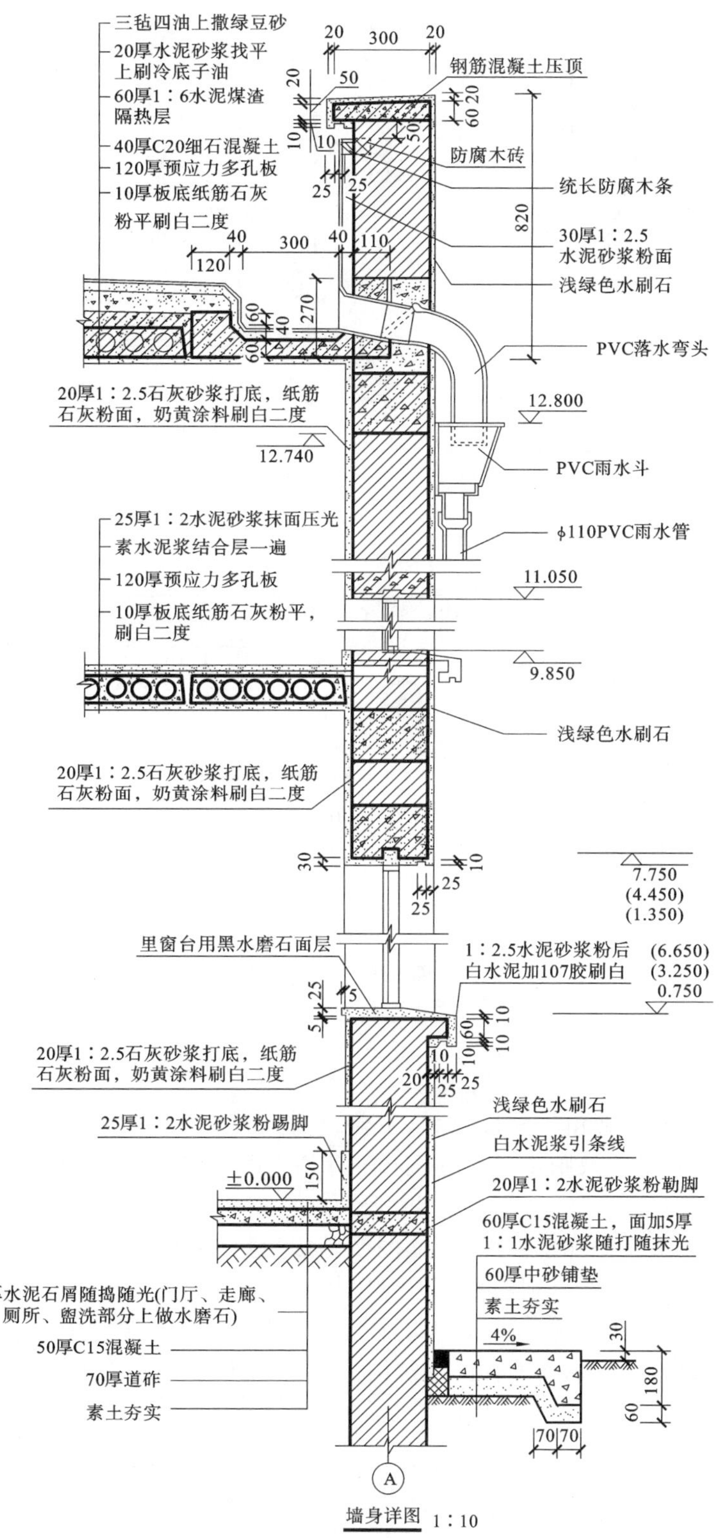
三毡四油上撒绿豆砂
20厚水泥砂浆找平
上刷冷底子油
60厚1：6水泥煤渣
隔热层
40厚C20细石混凝土
120厚预应力多孔板
10厚板底纸筋石灰
粉平刷白二度
钢筋混凝土压顶
防腐木砖
统长防腐木条
30厚1：2.5
水泥砂浆粉面
浅绿色水刷石
PVC落水弯头
12.800
PVC雨水斗
ϕ110PVC雨水管
20厚1：2.5石灰砂浆打底，纸筋
石灰粉面，奶黄涂料刷白二度
12.740
25厚1：2水泥砂浆抹面压光
素水泥浆结合层一遍
120厚预应力多孔板
10厚板底纸筋石灰粉平，
刷白二度
11.050
9.850
浅绿色水刷石
20厚1：2.5石灰砂浆打底，纸筋
石灰粉面，奶黄涂料刷白二度
7.750
(4.450)
(1.350)
里窗台用黑水磨石面层
1：2.5水泥砂浆粉后
白水泥加107胶刷白
(6.650)
(3.250)
0.750
20厚1：2.5石灰砂浆打底，纸筋
石灰粉面，奶黄涂料刷白二度
25厚1：2水泥砂浆粉踢脚
浅绿色水刷石
白水泥浆引条线
20厚1：2水泥砂浆粉勒脚
60厚C15混凝土，面加5厚
1：1水泥砂浆随打随抹光
60厚中砂铺垫
素土夯实
4%
±0.000
30厚水泥石屑随捣随光(门厅、走廊、
厕所、盥洗部分上做水磨石)
50厚C15混凝土
70厚道砟
素土夯实
A
墙身详图 1：10

图 5.4 外墙剖面详图

窗框、窗扇的组合情况及各木料的用料、断面尺寸和形状，如图 5.5 所示。

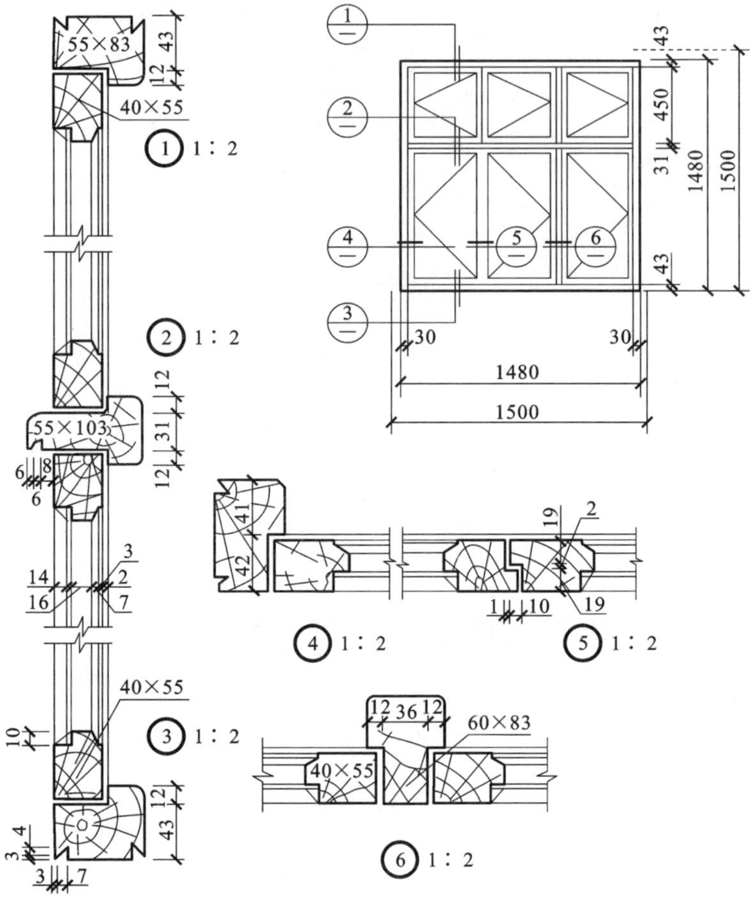

图 5.5 门窗详图

5.6.4 楼梯详图

房屋中的楼梯主要由楼梯段、休息平台、栏杆和扶手等组成。楼梯详图反映了楼梯的布置形式、结构形式及踏步、栏杆扶手、防滑条等详细构造、尺寸和装修做法，是楼梯施工放样的主要依据。

楼梯详图一般由楼梯平面图、剖面图及踏步、栏杆等详图组成。楼梯详图一般分为建筑详图与结构详图，并分别绘制。但对于比较简单的楼梯，有时可将建筑详图与结构详图合并绘制，列入建筑施工图或结构施工图均可。一般来说，楼梯的钢筋混凝土结构部分，画在结构施工图中；而楼梯的建筑构造部分，则用建筑详图来表示。

(1) 楼梯平面图

楼梯平面图是用一个假想的水平剖切平面通过每层向上的第一个梯段的中部（休息平台下）剖切后，向下作正投影所得到的投影图。它实质上是房屋各层建筑平面图中楼梯间的局部放大图，通常采用 1∶50 的比例绘制。

原则上房屋有几层，就需绘制几层平面图，除首层和顶层平面图外，若中间各层楼梯做法完全相同,可作出标准层楼梯平面图。楼梯平面图中应标注的尺寸有:楼梯间的开间与进深尺寸、休息平台尺寸、楼梯段与楼梯井尺寸、楼梯栏杆扶手的位置尺寸及楼梯间的楼地面和休息平台的标高尺寸和上下楼梯的步级数,并标注定位轴线。节点详图应标注详图索引符号,在底层楼梯平面图中应标出楼梯剖面图的剖切位置符号和剖视方向。各层楼梯平面图应书写楼梯平面图的名称和绘图比例。

(2) 楼梯剖面图

楼梯剖面图同房屋剖面图的形成一样,即用一假想的铅垂剖切平面,沿着各层楼梯段、休息平台及门窗洞口的位置剖切,向未被剖切梯段方向作正投影图。它能完整地表示出各层梯段、栏杆与地面、休息平台和楼板等的构造及相互间的关系。

在多层房屋中,若中间各层的楼梯构造相同,则剖面图可只画出底层、中间层(标准层)和顶层,中间用折断线分开;当中间各层的楼梯构造不同时,应画出各层剖面。

(3) 楼梯详图识读举例

现以某住宅楼楼梯详图(图 5.6～图 5.8)为例说明。

① 识读图 5.6。

水平剖切面规定设在上楼的第一梯段(平台下),断开线用 45°斜线表示。照此剖切,可得楼梯各层平面图。

由楼梯一层平面图可以看出,该楼梯位于轴线④、⑤与轴线Ⓒ、Ⓕ之间,楼梯间入口处设置一双扇平开门,门的宽度为 1500 mm,标号为 FDM1。室外地面标高为－0.300 m,楼梯间底层地面标高为－0.240 m,底层楼层平台地面即建筑底层地面标高为零地面标高。平面图中对楼梯间的平面尺寸做了详细标注,如楼梯间的开间为 2600 mm,进深为 5700 mm。梯段上的箭头指示上下楼的方向,平面图两侧的剖切符号注明了楼梯剖切面(*A*—*A* 剖面)的剖切位置及剖切方向。

从楼梯二层平面图中可以看出,楼梯间的主要平面尺寸与一层平面图是一致的,主要的不同之处在于:在楼梯间的入口处已经看不见入口的大门了,取而代之的是一个悬挑长度为 600 mm、宽度为 2600 mm 的雨篷,雨篷的排水坡度为 2%,且在排水方向一侧安装了一个立式排水管;在靠近雨篷一端的侧墙上开有一窗,窗户的宽度为 1200 mm,用符号 C6 表示;楼梯的两个梯段在踏步个数上有明显的不同,也就是我们常说的“长短跑”,主要原因是为了保证底层楼梯中间平台的净高能大于 2000 mm,从标注的尺寸可以看出,左侧较短梯段的标注长度是 260×5＝1300(mm),表示该梯段共有 6 个踏步且每个踏步的踏面宽度都为 260 mm。同样可以读出右侧梯段共有 12 个踏步,且每个踏步的踏面宽度同样都为 260 mm,楼层平台的深度为 1150 mm,中间平台的深度分别为1150 mm 和 2710 mm。

楼梯三层平面图与楼梯二层平面图的不同之处是踏步宽度由 260 mm 变成 270 mm,入口雨篷不再表示出。

② 识读图 5.7。

图 5.7 所示为楼梯的标准层(四至五层)及顶层平面图。两者在平面尺寸乃至画法上基本上是一样的,楼梯间开间为 2600 mm,进深为 5700 mm,两个梯段均为 9 步,踏步

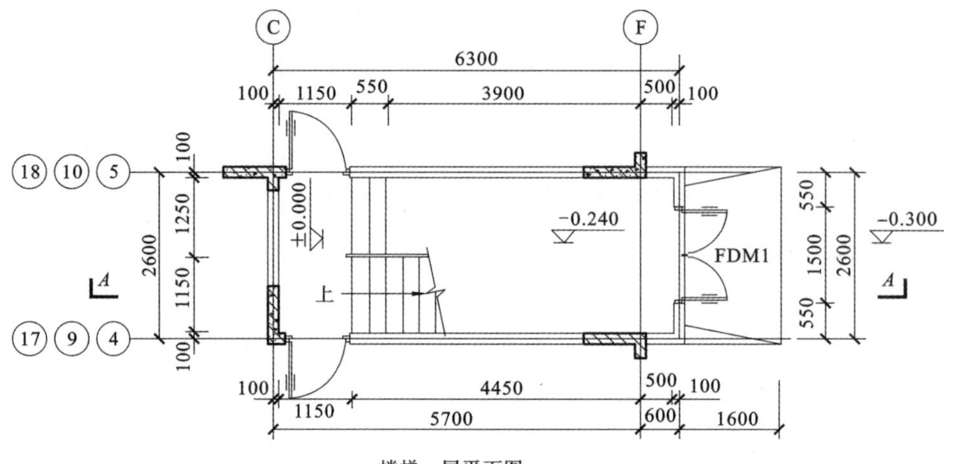

楼梯一层平面图 1∶50

楼梯二层平面图 1∶50

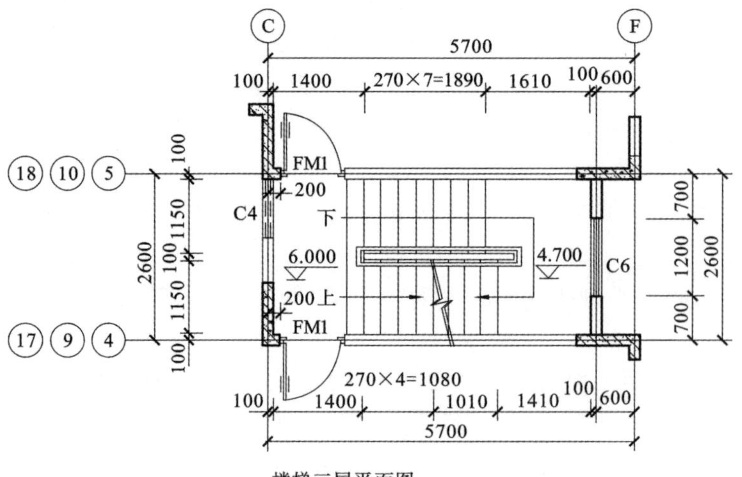

楼梯三层平面图 1∶50

图 5.6 楼梯大样平面图(一至三层)

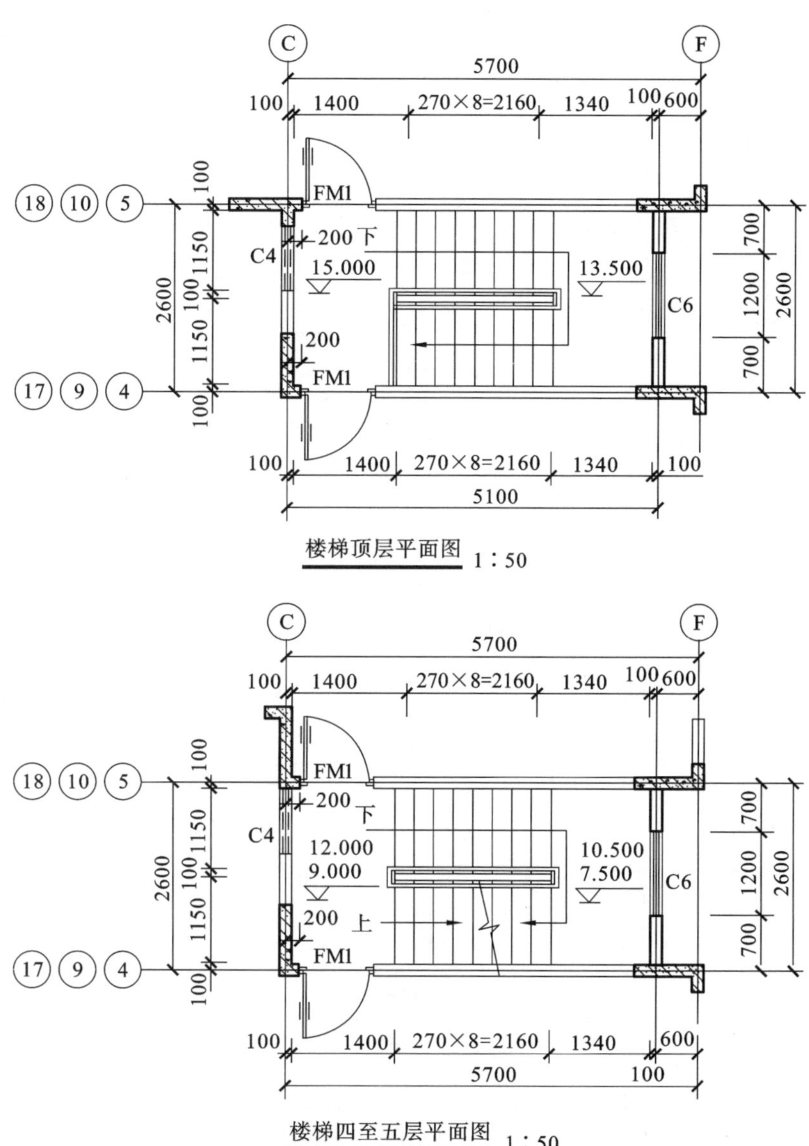

图 5.7　楼梯大样平面图(顶层及四至五层)

(注:楼梯栏杆在水平段时,高度为 1050 mm。)

面宽均为 270 mm,楼层平台深度为 1400 mm,中间平台深度为 1340 mm。两者不同之处在于:在右侧梯段的起始处,顶层楼梯多画了一个栏杆,且表示楼梯行走方向的箭头也有区别,标准层楼梯梯段上有剖切记号,而顶层楼梯则没有了。

③ 识读图 5.8。

图 5.8 所示为楼梯的 *A*—*A* 剖面图,由图可以看出从底层至顶层楼梯均为双跑平行楼梯。底层第一梯段踏步为 12 步,每个踏步的高度为 175 mm,第二梯段的踏步为 6 步,每个踏步的高度为 150 mm;二层楼梯第一个梯段的踏步为 10 步,每个踏步的高度为 170 mm,第二个梯段的踏步为 8 步,每个踏步的高度为 163 mm;从第三层开始,以上楼层所有楼梯

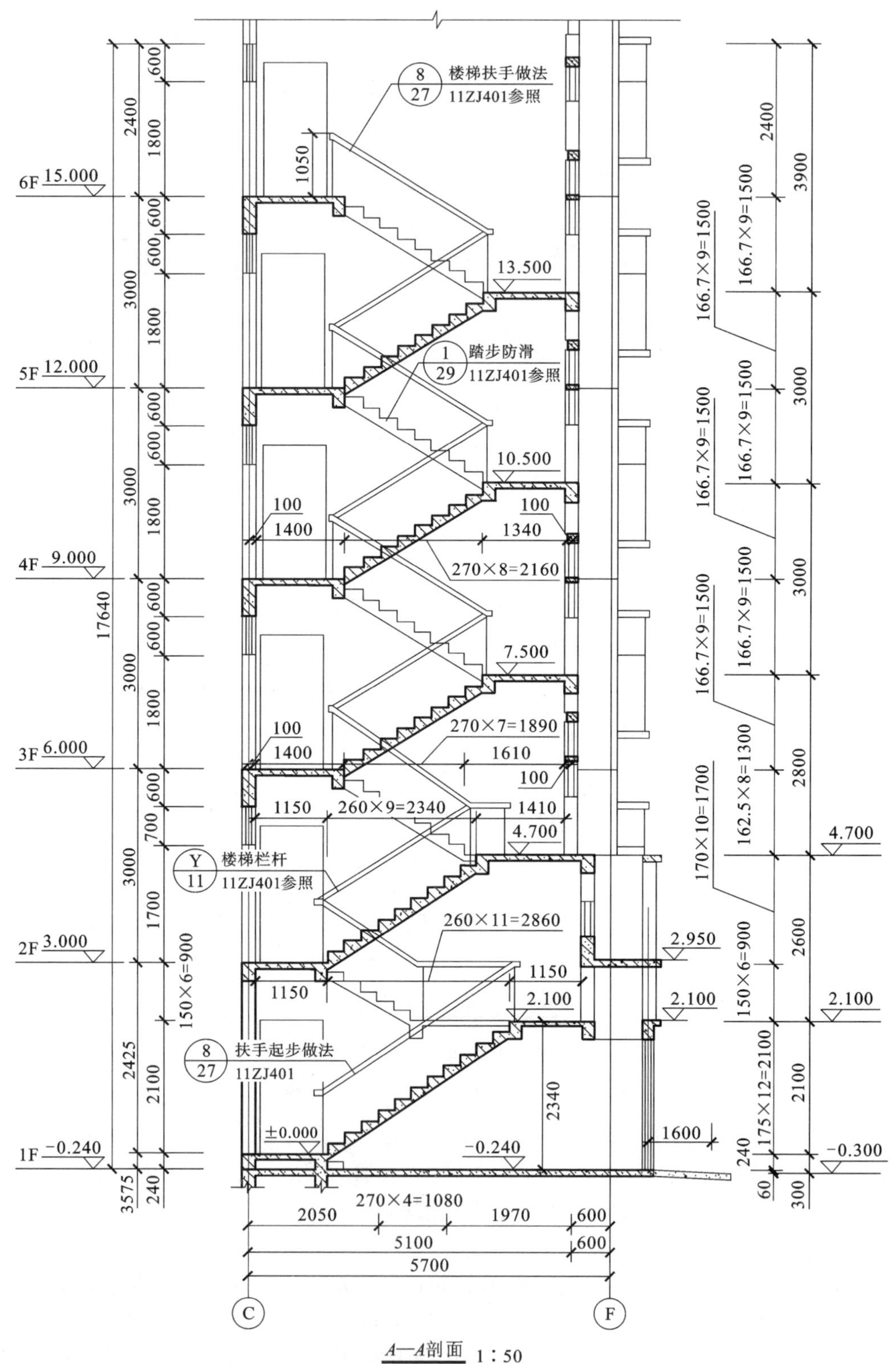

A—A剖面 1∶50

图 5.8 楼梯大样剖面图

的梯段踏步均为 9 步，且每个踏步的高度均为 167 mm。通过标高尺寸可以看出，建筑的层高均为 3 m，底层中间平台的标高为 2.1 m，其他层平台的标高如图 5.8所示；楼梯间入户门的高度为 2100 mm。除此之外，在 *A*—*A* 剖面中，楼梯的细部构造及装修（如扶手起步做法、楼梯栏杆、踏步防滑、楼梯扶手做法等）还作了索引符号，可以在相应的标准图集（11ZJ401）中找到对应的标准图例，以参照进行施工。

本章小结

(1) 总平面图主要用来确定新建房屋的位置及朝向，以及新建房屋与原有房屋周围地形、地物的关系等。

(2) 建筑平面图、立面图和剖面图是用来表示房屋外部整体形状、内部房间布置、建筑构造及材料和内外装修等内容的。

① 由平面图可以看出每一层房屋的平面形状、大小和房间布置，楼梯走廊位置，墙柱的位置、厚度和材料，门窗的类型和位置等。

② 由平面图和剖面图可看出墙厚和使用的材料，了解各房间的长、宽、高尺寸及门窗洞口的宽、高尺寸。

③ 由立面图和剖面图可了解房屋立面上建筑装饰的材料和颜色、屋顶的构造形式、房屋的分层和高度、屋檐的形式及室内外地面的高差等。

(3) 在平面图、立面图、剖面图中表示不清楚的部位，可用较大的比例画出各局部的详细构造图。通常需要画详图的部位有墙身、楼梯、门窗、台阶等。详图是建筑施工图的重要组成部分，它详细地表示出所画部位的构造形状、大小尺寸、使用材料和施工方法。

思考题

5-1 施工图首页通常包括哪些内容？

5-2 什么是总平面图？总平面图的内容有哪些？怎样阅读总平面图？

5-3 什么是建筑平面图？建筑平面图的内容有哪些？怎样阅读建筑平面图？

5-4 底层平面图比中间层平面图多绘制了哪些内容？

5-5 什么是建筑剖面图？看剖面图时应到什么图上去找该剖面图的剖切平面位置和剖切方向？

5-6 建筑剖面图的内容有哪些？怎样阅读建筑剖面图？

5-7 什么是建筑立面图？立面图的命名方法有哪几种？

5-8 建筑立面图的图示内容有哪些？怎样阅读建筑立面图？

5-9 什么是建筑详图？通常建筑物哪些部位要作详图？

5-10 楼梯详图由哪些图样组成？怎样阅读这些图样？

6 结构施工图

学习目标

通过学习结构施工图的基本知识，学生应了解钢筋混凝土的基本知识及钢筋混凝土构件图的图示方法，能够准确阅读常见的钢筋混凝土构件（基础、柱、梁、板）图；掌握基础平面图和基础详图的图示方法、图示内容及要求，能够准确阅读基础平面图和基础详图；掌握楼层结构平面布置图的图示方法、图示内容及要求，能够准确阅读楼层结构平面布置图。

6.1 概　　述

建筑施工图表达了房屋的外部造型、内部布置、建筑构造和内外装修等内容，而房屋的结构形式、承重构件的布置（如基础、梁、板、柱、楼梯及其他构件）与结构构造等需要结构施工图来表达。结构施工图主要是施工放线、开挖基槽、支模板、绑扎钢筋、设置预埋件、浇捣混凝土和安装梁、板、柱等构件及编制施工图预算和施工组织计划等的依据。结构施工图必须与建筑施工图相互配合，以确保房屋能安全、可靠地工作。

6.1.1 结构施工图的用途与主要内容

结构施工图主要表示房屋结构系统的结构类型、结构布置、构件种类及数量、构件的内部构造和外部形状尺寸及构件间的连接构造等，通常简称“结施”。

结构施工图的主要内容如下。

（1）结构设计说明

结构设计说明主要包括设计依据、抗震等级、人防等级、地基情况及承载力、防潮抗渗做法、活荷载值、所用材料强度等级、施工中的注意事项、选用详图、通用详图或节点及在施工图中未画出而需通过说明来表达的信息等。结构设计说明见附录1的结施-1。

（2）各层的结构布置图

结构布置图包括基础平面图、楼层结构平面布置图、屋面结构平面布置图，是表示房屋中各承重构件总体平面布置的图样。

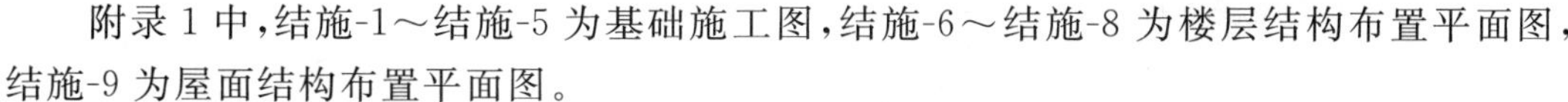

附录 1 中，结施-1～结施-5 为基础施工图，结施-6～结施-8 为楼层结构布置平面图，结施-9 为屋面结构布置平面图。

（3）结构构件详图

结构构件详图包括梁、柱、板及基础结构详图，楼梯结构详图，屋架结构详图和其他详图等。结构构件详图见附录 1 结施-10～结施-14。

6.1.2　钢筋混凝土结构的基本知识

用钢筋和混凝土制成的梁、板、柱、基础等构件，称为钢筋混凝土构件。全部由钢筋混凝土构件组成的房屋结构，称为钢筋混凝土结构；由各种块材和砂浆砌筑而成的墙、柱（楼板、屋顶、楼梯等部分用钢筋混凝土）作为建筑物主要受力构件的结构，称为砌体结构。钢筋混凝土结构与砌体结构是目前我国采用较为广泛的两种结构形式。

（1）钢筋混凝土结构中的材料

钢筋混凝土构件由钢筋和混凝土两种材料组合而成。混凝土具有较高的抗压强度，钢筋具有良好的抗拉性能，两者结合，混凝土包裹钢筋避免钢筋被锈蚀，同时钢筋与混凝土的线膨胀系数接近，而且两者之间具有良好的黏结力，因此两者作为建筑结构的承重构件能够很好地共同工作。

① 混凝土。

混凝土由水泥、石子、砂、水及其他掺和料按一定比例配合，经过搅拌、捣实、养护而形成的一种人造石。它是一种脆性材料，抗压能力好，抗拉能力差，抗拉强度一般仅为抗压强度的 1/20～1/10。混凝土的强度等级按《混凝土结构设计规范》（GB 50010—2010）规定分为 14 个不同的等级：C15、C20、C25、C30、C35、C40、C45、C50、C55、C60、C65、C70、C75、C80。工程上常用的混凝土等级有 C25、C30、C35、C40 等。

② 钢筋。

钢筋是建筑工程中用量最大的钢材品种之一，按钢筋的外观特征可分为光面钢筋和带肋钢筋；按钢筋的生产加工工艺可分为热轧钢筋、冷拉钢筋、钢丝和热处理钢筋；按钢筋的力学性可分为有明显屈服点钢筋和没有明显屈服点钢筋。建筑结构中常用热轧钢筋的种类有：HPB300、HRB335、HRB400、HRB500，分别用符号Φ、Φ、Φ、Φ表示。

配置在钢筋混凝土构件中的钢筋，按其所起的作用主要有以下几种：

a. 受力筋，构件中承受拉力或压力的钢筋。如图 6.1(a)中钢筋混凝土梁底部的 2Φ20，图 6.1(b)中单元入口处雨篷板中靠近顶面的Φ10@140 等钢筋，均为受力筋。

b. 箍筋，构件中承受剪力和扭矩的钢筋，同时用来固定纵向钢筋的位置，形成钢筋骨架，多用于梁和柱内。如图 6.1(a)中钢筋混凝土梁的Φ8@300 便是箍筋。

c. 架立筋，一般用于梁内，固定箍筋位置，并与受力筋、箍筋一起构成钢筋骨架。如图 6.1(a)中钢筋混凝土梁的 2Φ10 便是架立筋。

d. 分布筋，一般用于板、墙类构件中，与受力筋垂直布置，用于固定受力筋的位置，与受力筋一起形成钢筋网片，同时将承受的荷载均匀地传给受力筋。如图 6.1(b)中单元入口处雨篷板内位于受力筋之下的Φ6@200 便是分布筋。

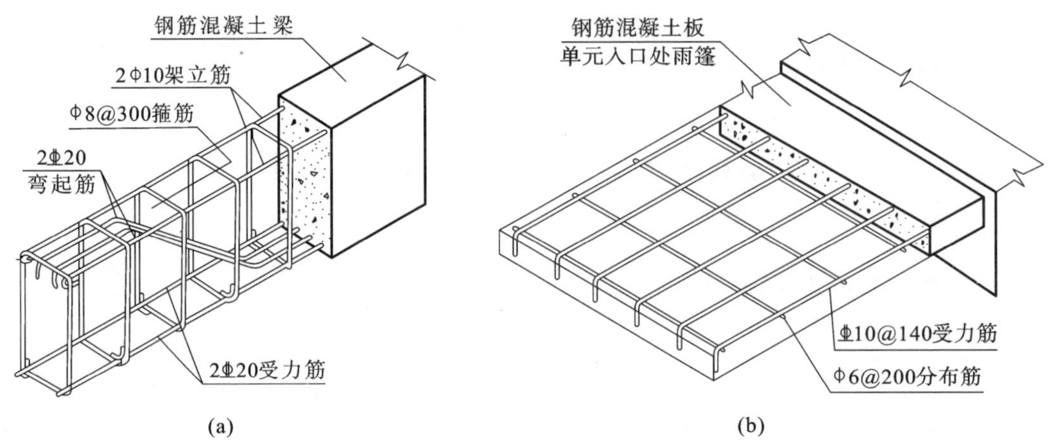

图 6.1 钢筋混凝土构件的钢筋配置

e. 由于构造要求和施工安装需要而配置的钢筋，统称为构造筋，包括架立筋、分布筋、腰筋、拉结筋、吊筋等。

③ 保护层。

为保证构件中钢筋与混凝土黏结牢固，同时保护钢筋不被锈蚀，钢筋的外缘到构件表面应留有一定的厚度作为保护层。一般情况下，梁中受力筋保护层厚度为 25 mm，柱中受力筋保护层厚度为 30 mm，板中受力筋保护层厚度为 15 mm。

(2) 钢筋混凝土构件的图示方法

① 钢筋图例。

钢筋混凝土构件图由模板图、配筋图等组成。模板图主要用来表示构件的外形和尺寸及预埋件、预留孔的大小与位置，它是模板制作和安装的依据；配筋图主要用来表示构件内部钢筋的形状和配置状况。为规范表达钢筋混凝土构件的位置、形状、数量等参数，在钢筋混凝土构件的立面图和断面图上，构件轮廓用细实线画出，钢筋用粗实线及黑圆点表示，图内不画材料图例。一般钢筋图例见表 6.1。

表 6.1 **一般钢筋图例**

图例	名称
●	钢筋横断面
————	无弯钩的钢筋及端部
⊂————	带半圆弯钩的钢筋端部
—/———	长、短钢筋重叠时，短钢筋端部用 45°斜线表示
∟————	带直钩的钢筋端部
—///———	带丝扣的钢筋端部
—/———\—	无弯钩的钢筋搭接

续表

图例	名称
	带直钩的钢筋搭接
	带半圆钩的钢筋搭接
	套管接头(花篮螺钉)

② 钢筋的标注。

钢筋的标注方法有以下两种：

a. 钢筋的根数、级别和直径的标注，如图 6.2 所示。

b. 钢筋级别、直径和相邻钢筋中心距的标注，主要用来表示分布钢筋与箍筋，标注方法如图 6.3 所示。

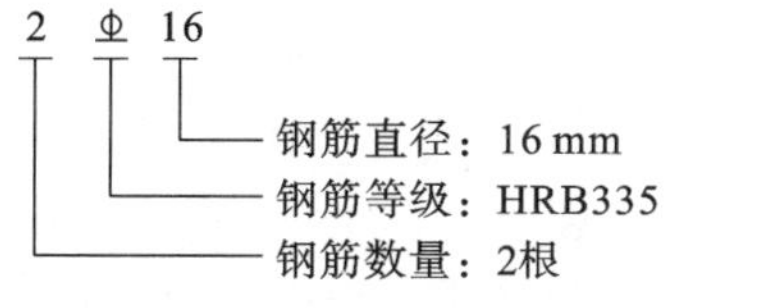

图 6.2 钢筋的标注方法一

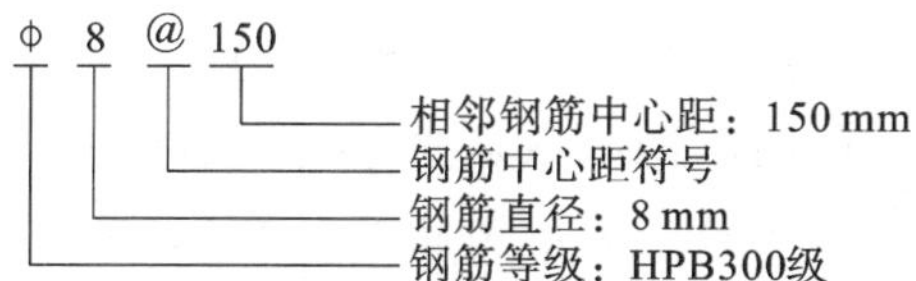

图 6.3 钢筋的标注方法二

6.1.3 常用结构构件代号

建筑结构的基本构件种类繁多，布置复杂，为了便于制图、施工查阅和统计，《建筑结构制图标准》(GB/T 50105—2010)对各类构件赋予了代号。图示常用构件代号用各构件名称汉语拼音的第一个字母表示，详见表 6.2。

表 6.2 常用构件代号

序号	名称	代号	序号	名称	代号	序号	名称	代号
1	板	B	15	吊车梁	DL	29	基础	J
2	屋面板	WB	16	圈梁	QL	30	设备基础	SJ
3	空心板	KB	17	过梁	GL	31	桩	ZH
4	槽形板	CB	18	连系梁	LL	32	柱间支撑	ZC
5	折板	ZB	19	基础梁	JL	33	垂直支撑	CC
6	密肋板	MB	20	楼梯梁	TL	34	水平支撑	SC
7	楼梯板	TB	21	檩条	LT	35	梯	T
8	挡雨板或沟盖板	GB	22	屋架	WJ	36	雨篷	YP
9	挡雨板或檐口板	YB	23	托架	TJ	37	阳台	YT
10	吊车安全走道板	DB	24	天窗架	CJ	38	梁垫	LD
11	墙板	QB	25	框架	KJ	39	预埋件	M
12	天沟板	TGB	26	刚架	GJ	40	天窗端壁	TD
13	梁	L	27	支架	ZJ	41	钢筋网	W
14	屋面梁	WL	28	柱	Z	42	钢筋骨架	G

6.2 钢筋混凝土结构施工图平面整体表示方法

钢筋混凝土结构构件配筋图的表示方法有详图法、梁柱表法和结构施工图平面整体设计方法三种。

① 详图法，通过平面图、立面图、剖面图将各构件（梁、柱、墙等）的结构尺寸、配筋规格等"逼真"地表示出来，但其绘图的工作量非常大。

② 梁柱表法，采用表格填写方式将结构构件的结构尺寸和配筋规格用数字符号表达，此法比"详图法"简单、方便，在手工绘图时深受设计人员的欢迎。但同类构件的数据需多次填写，容易出现错漏，且图纸数量多。

③ 结构施工图平面整体设计方法（以下简称"平法"），就是把结构构件的截面形式、尺寸及所配钢筋规格在构件的平面位置用数字和符号直接表示出来，再与相应的"结构设计总说明"和梁、柱、墙等构件的"构造通用图及说明"配合使用。其图面简洁、清楚、直观性强，图纸数量少，很受设计和施工人员的欢迎。"平法"代表了一种发展趋势。中华人民共和国住房和城乡建设部已将平法的制图规则纳入国家建筑标准设计图集——《混凝土结构施工图平面整体表示方法制图规则和构造详图（现浇混凝土框架、剪力墙、梁、板）》(16G101-1)。

《混凝土结构施工图平面整体表示方法制图规则和构造详图（现浇混凝土框架、剪力墙、梁、板）》(16G101-1)适用于抗震设防烈度为6、7、8、9度地区的现浇混凝土框架、剪力墙、框架-剪力墙和部分框支剪刀墙等主体结构施工图的设计。其内容包括常用的现浇混凝土柱、墙、梁三种构件的平法制图规则和标准构造详图两大部分。其中制图规则是为了规范使用平法，确保设计、施工质量，实现全国统一。它既是设计者完成柱、墙、梁平法施工图的依据，也是工程监理人员准确理解和实施平法施工图的依据。标准构造详图是施工人员必须与平法施工图配套使用的正式设计文件，也是工程造价人员计算钢筋工程量的重要依据。

本节主要针对框架结构来介绍柱、梁的平法施工图表示方法。

6.2.1 柱的平法施工图表示方法

柱平法施工图在柱平面图上采用列表注写方式或截面注写方式表达，并按规定注明各结构层的楼面标高、结构层高及相应层号。

(1) 柱列表注写方式

列表注写方式是在柱平面布置图上，分别在同一编号的柱中选择一个或几个截面标注几何参数代号，在柱表中注写柱号、柱段起止标高、几何尺寸及配筋的具体数值，并配以各种柱截面形状及其箍筋类型图来表达的方式。

柱列表注写内容包括以下方面。

① 柱编号。柱编号一般由类型代号和序号组成，柱编号应符合表6.3的规定。

表 6.3 **柱编号**

柱类型	代号	序号	柱类型	代号	序号
框架柱	KZ	××	梁上柱	LZ	××
转换柱	ZHZ	××	剪力墙上柱	QZ	××
芯柱	XZ	××			

② 各段柱的起止标高，自基础顶面标高往上以变截面位置或截面未变但配筋改变处为界分段注写。

③ 柱截面尺寸及柱截面与轴线关系的具体数值，须对应于各段柱分别注写。对于矩形柱，注写柱截面尺寸 $b\times h$ 及柱截面与轴线关系的几何参数代号 b_1、b_2 和 h_1、h_2 的具体数值，其中$b=b_1+b_2$，$h=h_1+h_2$；对于圆柱，用直径 d 表示，圆柱截面与轴线的关系也用 b_1、b_2 和 h_1、h_2 表示，并使 $d=b_1+b_2=h_1+h_2$。

④ 柱纵筋。柱纵筋按角筋、截面 b 边中部筋和 h 边中部筋三项分别注写(对于对称配筋的矩形截面柱，可仅注写一侧中部筋，对称边省略不注)。当柱纵筋直径相同，各边根数也相同时，将纵筋注写在“全部纵筋”中。

⑤ 箍筋的类型号及箍筋肢数。对所设计的各种箍筋类型图及箍筋复合的具体方式，应在图中表示出来，并标出与表中相对应的 b、h，并编写类型号。对有抗震要求的，确定箍筋肢数时要满足对柱纵筋“隔一拉一”及箍筋肢距的要求。

⑥ 柱箍筋。柱箍筋标注内容包括钢筋级别、直径与间距。当为抗震设计时，用斜线“/”区分箍筋加密区与非加密区间距；当箍筋沿柱全高为一种间距时，不使用“/”线；当圆柱采用螺旋箍筋时，需在箍筋前加“L”。例如，ϕ 10@100/200 表示箍筋为 HPB300 钢筋，直径为 10 mm，加密区间距为 100 mm，非加密区间距为 200 mm；ϕ 8@100 表示箍筋为 HPB300 钢筋，直径为 8 mm，间距为 100 mm，沿柱全高加密；L ϕ 8@100/200 表示采用螺旋箍筋，HPB300 钢筋，直径为 8 mm，加密区间距为 100 mm，非加密区间距为 200 mm。有抗震要求的箍筋加密区范围可参见《混凝土结构施工图平面整体表示方法制图规则和构造详图(现浇混凝土框架、剪力墙、梁、板)》(16G101-1)的标准构造详图部分。

(2) *柱截面注写方式*

柱截面注写方式是在分标准层绘制的柱平面布置图的柱截面上，分别从相同编号的柱中选择一个截面，按另一种比例原位放大绘制柱截面配筋图，并在各个配筋图上注写截面尺寸 $b\times h$、角筋或全部纵筋(当纵筋采用一种直径且能够图示清楚时)、箍筋的具体数值，以及在柱截面配筋图上标注柱截面与轴线关系的参数 b_1、b_2、h_1、h_2 的具体数值；当纵筋采用两种直径时，须再注写截面各边中部筋的具体数值(对于采用对称配筋的矩形截面柱，可仅在一侧注写中部筋)。柱截面注写方式见图 6.4。

6.2.2 梁的平法施工图表示方法

梁平法施工图在梁平面布置图上采用平面注写方式或截面注写方式表达。它在梁平面布置图上分别按梁的不同结构层绘制，并同时注明各结构层的顶面标高、相应的结

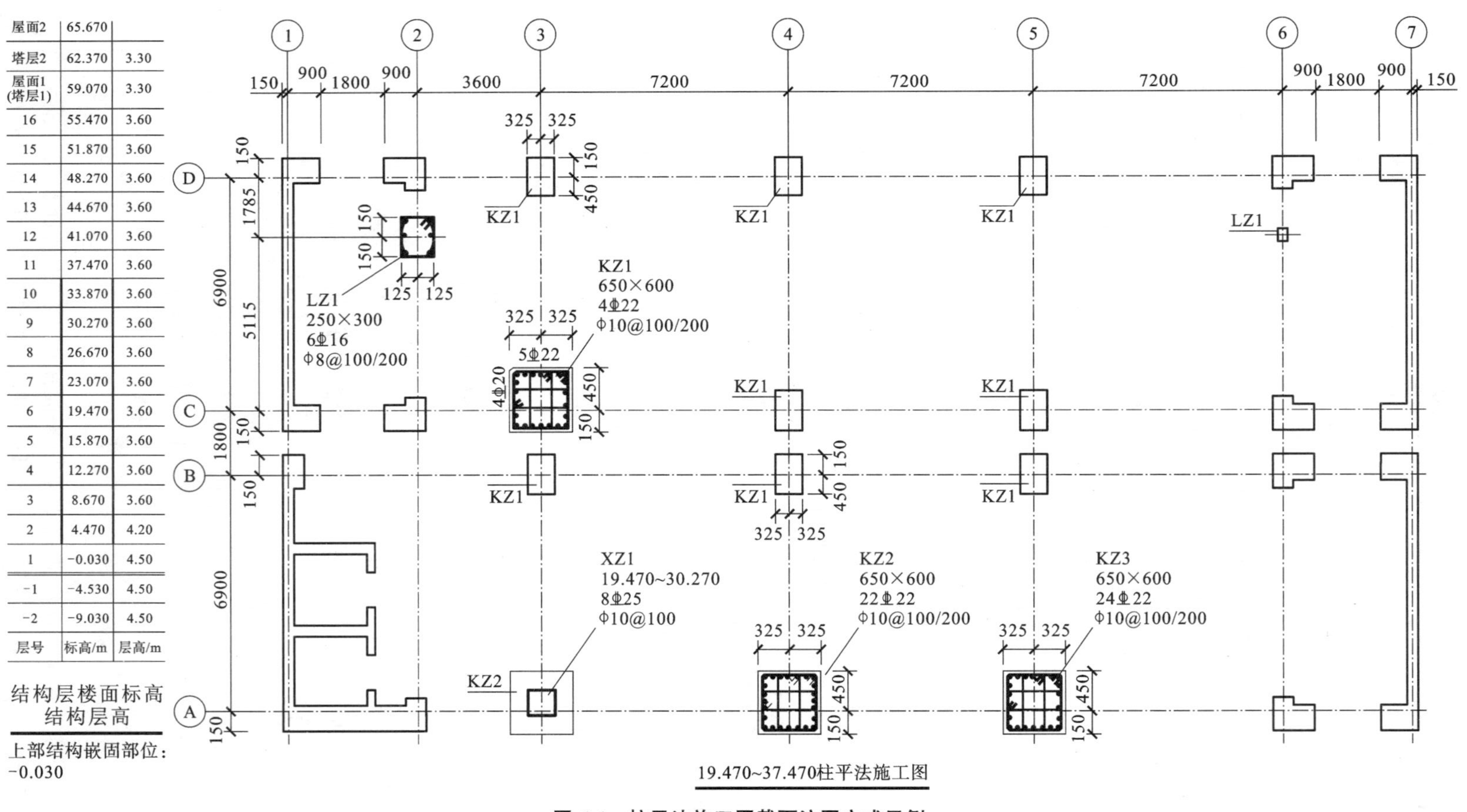

层号	标高/m	层高/m
屋面2	65.670	
塔层2	62.370	3.30
屋面1(塔层1)	59.070	3.30
16	55.470	3.60
15	51.870	3.60
14	48.270	3.60
13	44.670	3.60
12	41.070	3.60
11	37.470	3.60
10	33.870	3.60
9	30.270	3.60
8	26.670	3.60
7	23.070	3.60
6	19.470	3.60
5	15.870	3.60
4	12.270	3.60
3	8.670	3.60
2	4.470	4.20
1	-0.030	4.50
-1	-4.530	4.50
-2	-9.030	4.50

结构层楼面标高
结构层高

上部结构嵌固部位：
-0.030

图 6.4　柱平法施工图截面注写方式示例

构层号及其与轴线间的关系。

(1) 梁的平面注写方式

梁的平面注写方式是在梁平面布置图上，分别在不同编号的梁中各选一根梁，在其上注写截面尺寸和配筋具体数值来表达梁的平法施工图。

梁的平面注写方式包括集中标注与原位标注。集中标注表达梁的通用数值，原位标注表达梁的特殊数值，施工时，原位标注取值优先。

① 梁集中标注。

梁集中标注可以从梁的任意一跨引出，标注内容包括五项必注值和一项选注值，五项必注值如下。

a. 梁的编号。梁的编号由梁类型、代号、序号、跨数及有无悬挑代号组成，见表 6.4。

表 6.4 **梁的编号**

梁类型	代号	序号	跨数及是否带有悬挑	备注
楼层框架梁	KL	××	(××)、(××A)或(××B)	(××A)为一端有悬挑； (××B)为两端有悬挑； 悬挑不计入跨数
楼层框架扁梁	KBL	××	(××)、(××A)或(××B)	
屋面框架梁	WKL	××	(××)、(××A)或(××B)	
框支梁	KZL	××	(××)、(××A)或(××B)	
托柱转换梁	TZL	××	(××)、(××A)或(××B)	
非框架梁	L	××	(××)、(××A)或(××B)	
悬挑梁	XL	××	(××)、(××A)或(××B)	
井字梁	JZL	××	(××)、(××A)或(××B)	

b. 梁截面尺寸。当为等截面梁时，用 $b\times h$ 表示；当为竖向加腋梁时，用 $b\times h\ \mathrm{Y}_{C_1\times C_2}$ 表示，其中 C_1 为腋长，C_2 为腋高，例如 300×750 $\mathrm{Y}_{500\times250}$；当为水平加腋梁时，一侧加腋时用 $b\times h\ \mathrm{PY}_{C_1\times C_2}$ 表示，其中 C_1 为腋长，C_2 为腋宽，加腋部位应在平面图中绘制；当有悬挑梁且根部和端部的高度不同时，用斜线"/"分割根部和端部的高度值，即为 $b\times h_1/h_2$ 表示，例如 300×700/500。

c. 梁箍筋。梁箍筋标注内容包括钢筋级别、直径、加密区与非加密区间距及肢数。箍筋加密区与非加密区的不同间距及肢数用斜线"/"分隔；当梁箍筋为同一种间距及肢数时，无须用斜线；当加密区与非加密区的箍筋肢数相同时，将肢数注写一次；箍筋肢数应写在括号内。如ϕ8@100/200(4)，表示箍筋为 HPB300 级钢筋，直径为 8 mm，加密区间距为 100 mm，非加密区间距为 200 mm，均为四肢箍；ϕ10@100(4)/150(2)，表示箍筋为 HPB300 级钢筋，直径为 10 mm，加密区间距为 100 mm，四肢箍，非加密区间距为 150 mm，两肢箍。

d. 梁上部通长筋(通长筋可为相同直径或不同直径采用搭接连接、机械连接或焊接的钢筋)或架立筋配置。当同排纵筋中既有通长筋又有架立筋时，应用加号"+"相连，角筋写在"+"的前面，架立筋写在"+"后面的括号内(当全部采用架立筋时将其写在括号内)。如 2⌀22 用于双肢箍；2⌀22+(4ϕ12)用于六肢箍，其中 2⌀22 为通长筋，4ϕ12

为架立筋。

当梁的上部纵筋和下部纵筋为全跨相同，且多数跨配筋相同时，此项可加注下部纵筋的配筋值，用分号“;”将上部纵筋与下部纵筋的配筋值分开，少数跨不同则按原位标注。如“3⏀22;3⏀20”表示梁的上部配置3⏀22的通长筋，梁的下部配置3⏀20的通长筋。

e. 梁侧面纵向构造钢筋或受扭钢筋配置。标注时分别用G或N表示，接着注写设置在梁两侧的总配筋值，且对称配置。如G4ϕ12表示梁的两侧共配置4ϕ12的纵向构造钢筋，每侧各配置2ϕ12;N6⏀22表示梁的两侧共配置6⏀22的受扭纵向钢筋，每侧各配置3⏀22。

梁集中标注的选注值为梁顶面标高高差。梁顶面标高高差是指相对于结构层楼面标高的高差值。有高差时，须将其写入括号内，无高差时不注写。

② 梁原位标注。

梁原位标注的内容如下：

a. 梁支座上部纵筋，该部位含通长筋在内的所有纵筋。当梁上部纵筋多于一排时，用斜线“/”将各排纵筋自上而下分开；当同排纵筋有两种直径规格时，用加号“＋”将两种直径的纵筋相连，注写时将角筋写在前面；当梁中间支座两边的上部纵筋不同时，须在支座两边分别标注，当梁中间支座两边的上部纵筋相同时，可仅在支座的一边标注配筋值，而另一边省去不注。

b. 梁下部纵筋。当梁下部纵筋多于一排时，用斜线“/”将各排纵筋自上而下分开；当同排纵筋有两种直径规格时，用加号“＋”将两种直径的纵筋相连，注写时将角筋写在前面；当梁下部纵筋不全部伸入支座时，将梁支座下部纵筋减少的数量写在括号内。

c. 附加箍筋或吊筋。附加箍筋或吊筋直接画在平面图中的主梁上，用线引注总配筋值(附加箍筋的肢数注在括号内)；当多数附加箍筋或吊筋相同时，可在梁平法施工图上统一注明，少数与统一注明值不同时，再原位引注。施工时应注意，附加箍筋或吊筋的几何尺寸应按照标准构造详图，结合其所在位置的主梁和次梁截面尺寸而定。

梁的平面注写方式的示例见图6.5。

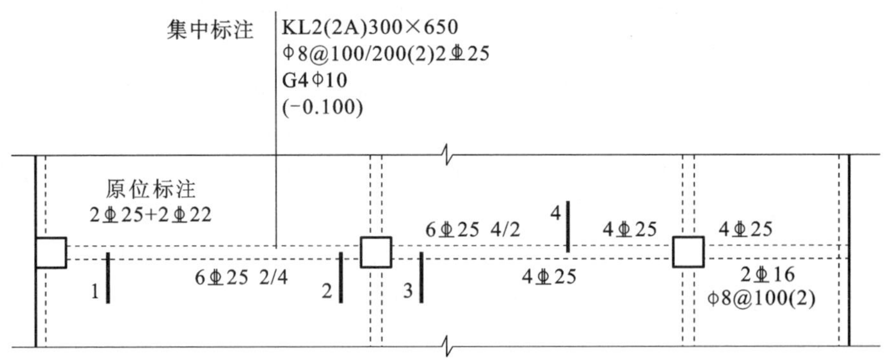

图6.5　梁的平面注写方式示例

从梁集中标注可知：该梁编号为楼层框架梁2(KL2)，有两跨，一端带悬挑(右边悬挑)，梁截面尺寸$b \times h$＝300 mm×650 mm；梁内配有ϕ8的双肢箍筋，箍筋间距在梁加密区与非加密区分别是 100 mm 和 200 mm，梁上部通长筋为 2 ⌽ 25；梁两侧面腰部配有纵向构造钢筋4 ⌽ 10；该梁顶面标高比该结构层楼面标高低 100 mm。

从梁原位标注可识读的内容如下。

梁上部钢筋：该梁左支座负筋为 2 ⌽ 25+2 ⌽ 22，其中 2 ⌽ 25 就是集中标注中所指的 2 根梁角部的上部通长筋，2 ⌽ 22 是另配的受力筋，该钢筋按《混凝土结构施工图平面整体表示方法制图规则和构造详图(现浇混凝土框架、剪力墙、梁、板)》(16G101-1)第 4.4.1 条规定在该跨 $L_n/3$ 处截断；该梁中间支座负筋为 6 ⌽ 25，上一排 4 根，下一排 2 根，除位于第一排的 2 根通长钢筋外，其余 4 根钢筋在该支座两边均需要按照《混凝土结构施工图平面整体表示方法制图规则和构造详图(现浇混凝土框架、剪力墙、梁、板)》(16G101-1)第 4.4.1 条规定截断；该梁右支座负筋为 4 ⌽ 25，除 2 根通长钢筋外，另外 2 根钢筋的构造是在该支座左边(第二跨内)$L_n/3$ 处截断，在该支座右边(悬挑部分)全部伸至悬挑端部。

梁下部钢筋：第一跨为 6 ⌽ 25，上一排 2 根，下一排 4 根；第二跨为 4 ⌽ 25；悬挑部分为2 ⌽ 16。

第一跨和第二跨内箍筋按构造要求加密；悬挑部分箍筋全长加密，均配置⌽ 8@100 双肢箍。

为方便看图，给出 KL2 的传统截面配筋详图，见图 6.6，可与图 6.5 对比。附录 1 某学生公寓楼的基础梁采用梁平面注写方式，分别见结施-4、结施-5，非常简洁，减少了绘图工作量和节约了图纸数量。

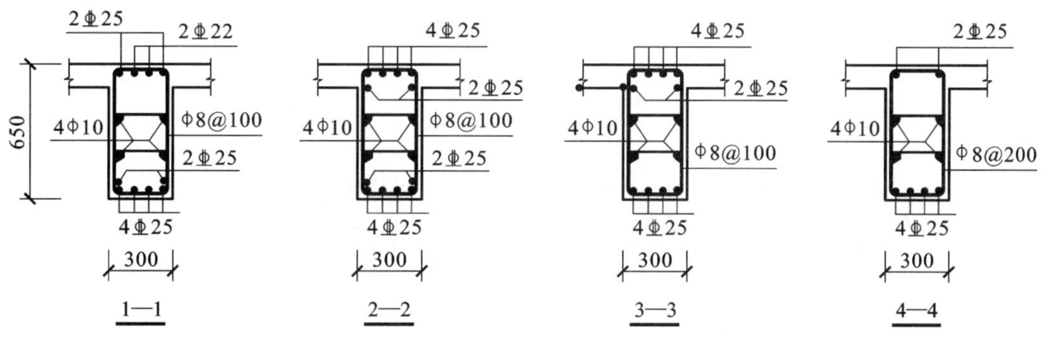

图 6.6　梁的截面配筋图(详图法)

(2) 梁的截面注写方式

梁的截面注写方式是在分标准层绘制的梁平面布置图上对所有梁按表 6.4 的规定进行编号，从相同编号的梁中选择一根梁，先将“单边截面号”画在该梁上，再将截面配筋详图画在本图或其他图上，并在截面配筋详图上注写截面尺寸 $b\times h$、上部筋、下部筋、侧面构造筋或受扭筋，以及箍筋的具体数值，其表达方式与平面注写方式相同。当梁的顶面标高与结构层的楼面标高不同时，应在其梁编号后注写梁顶面标高高差，其注写方式与平面注写方式相同。梁的截面注写方式既可单独使用，也可与平面注写方式结合使用。

梁的截面注写方式示例如图 6.7 所示。

屋面2	65.670	
塔层2	62.370	3.30
屋面1 (塔层1)	59.070	3.30
16	55.470	3.60
15	51.870	3.60
14	48.270	3.60
13	44.670	3.60
12	41.070	3.60
11	37.470	3.60
10	33.870	3.60
9	30.270	3.60
8	26.670	3.60
7	23.070	3.60
6	19.470	3.60
5	15.870	3.60
4	12.270	3.60
3	8.670	3.60
2	4.470	4.20
1	-0.030	4.50
-1	-4.530	4.50
-2	-9.030	4.50
层号	标高/m	层高/m

结构层楼面标高
结构层高

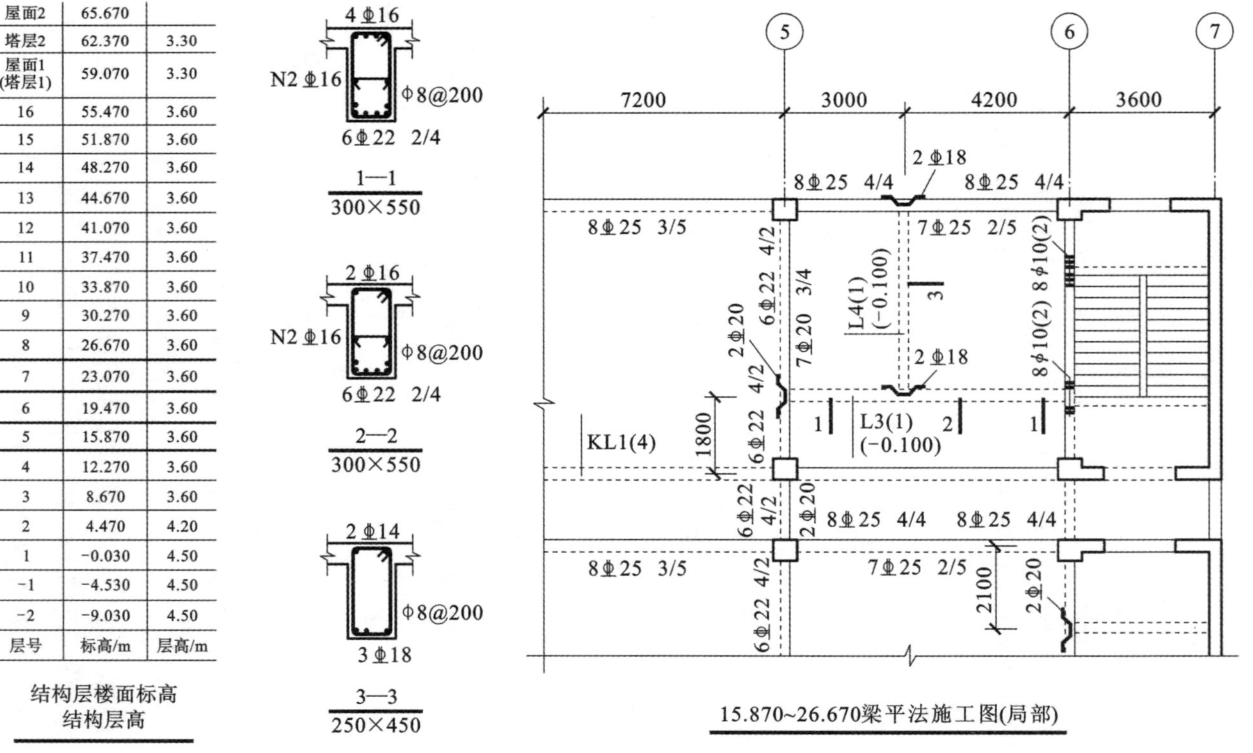

图 6.7 梁的截面注写方式示例

需要说明的是，虽然“平法”表示的施工图图面简洁、清楚、直观性强，图纸数量少，但对施工及预算人员的结构知识要求更高。其要求施工及预算人员必须熟悉梁、板、柱、墙等构件的相关构造要求，比如混凝土的保护层厚度，钢筋的锚固长度、弯钩要求、搭接位置与搭接长度、加密区与非加密区等。

6.3 基础施工图

基础是位于墙或柱下面的承重构件，它承受建筑的全部荷载，并传递给基础下面的地基。根据上部结构的形式和地基承载能力的不同，基础可做成条形基础、独立基础、联合基础等。基础图是表示房屋地面以下基础部分的平面布置和详细构造的图样。它是进行施工放线、基槽开挖和砌筑及施工组织和预算的主要依据。基础施工图通常包括基础平面图和基础详图两部分。下面分别以常见的条形基础、独立基础和桩基础为例，介绍基础施工图的内容及阅读方法。

6.3.1 条形基础图

条形基础是指基础长度远大于其宽度的一种基础形式，常用于多层砌体结构住宅楼、办公楼等。

(1) 基础平面图

① 基础平面图的形成。

假想用一个水平剖切面沿建筑物首层室内地面把建筑物水平剖开，移去剖切面以上的建筑物和回填土，向下作水平投影，所得到的图称为基础平面图，见图 6.8。基础平面图主要表示基础的平面布置及墙、柱与轴线的关系。

② 基础平面图的内容及阅读方法。

a. 看图名、比例和轴线。基础平面图的绘图比例、轴线编号及轴线间的尺寸必须同建筑平面图一致。

b. 看基础的平面布置，即基础墙、柱及基础底面的形状、大小及其与轴线的关系。从图 6.8 中可看到，每一条定位轴线处均有四条线，两条粗实线(基础墙宽度)和两条细实线(基础底面宽度)。大放脚的水平投影线省略。基础墙的宽度一般同墙体宽度一致，基础底面宽度根据受力情况而定。图中标注的(560、440)，(550、550)，(290、410)，(400、400)，说明基础底宽分别为 1000 mm、1100 mm、700 mm、800 mm。

c. 看基础梁的位置和代号，主要了解哪些基础部位有梁，根据代号可以统计梁的种类、数量和查阅梁的详图。

d. 看地沟与孔洞。由于给排水的要求，常常设置地沟或地面以下基础墙上的预留孔洞。在基础平面图中用虚线表示地沟或孔洞的位置，并注明大小及洞底的标高。如Ⓔ轴线上③轴到④轴间的基础墙上两处画有两段虚线，在引出线上注有“300×400/底－1.100”，其中“300”表示洞口宽度；“400”表示洞口高度，洞深同基础墙厚，不用表示；

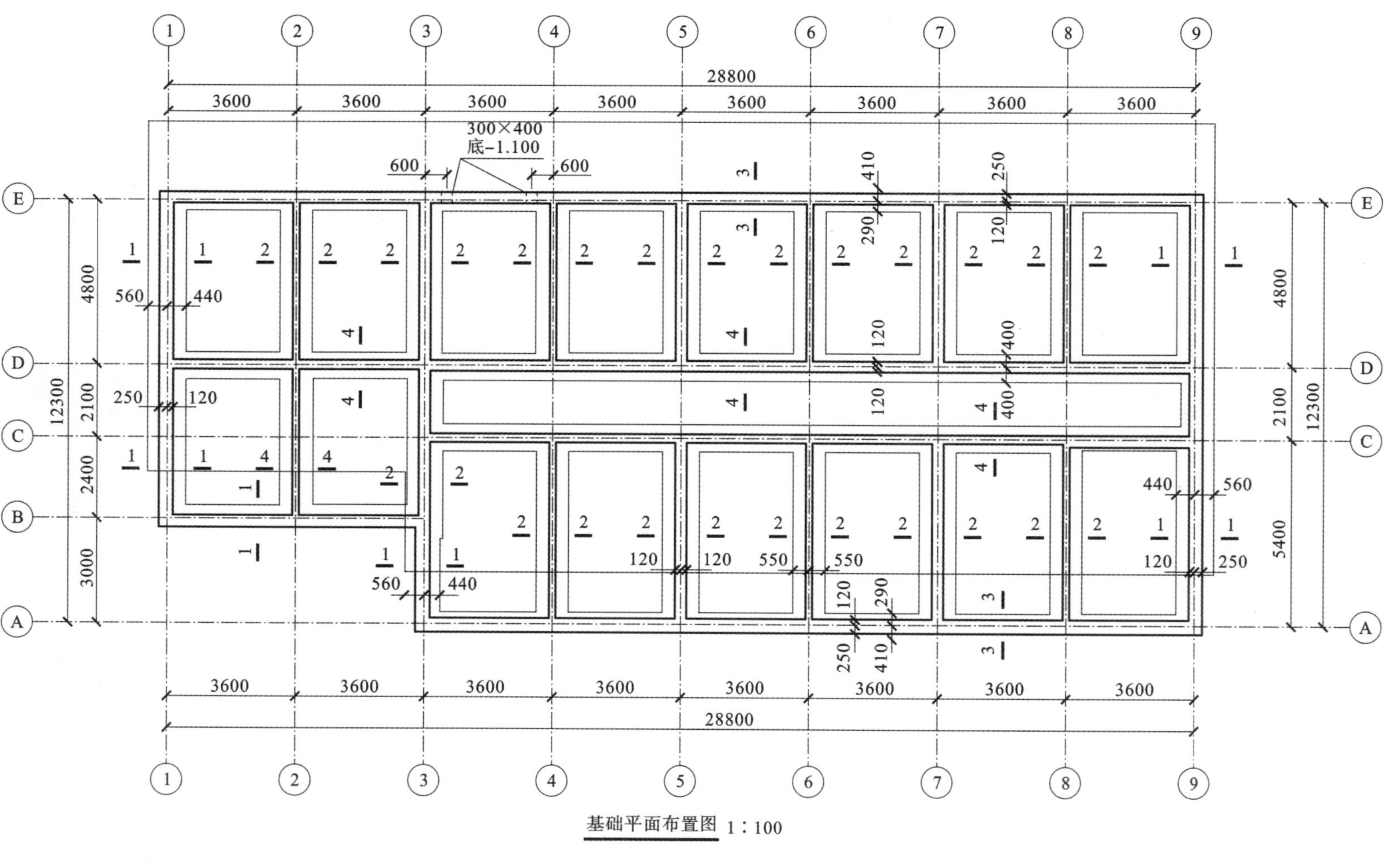
基础平面布置图 1∶100
300×400
底-1.100
28800
3600
12300
4800
2100
2400
3000
5400
600
560
440
250
120
410
290
400
550

图 6.8 基础平面图

"－1.100"表示洞底标高为－1.1m。

e. 看基础平面图中的剖切符号及其编号。在不同的位置，基础的形状、尺寸、埋置深度及其与轴线的相对位置不同，需要分别画出它们的断面图（基础详图）。在基础平面图中要相应地画出剖切符号，并注明断面图的编号，如图 6.8 中的 1—1、2—2 等。从图中编号可知该基础有四个不同的断面形式。

(2) 基础详图

① 基础详图的形成。

假想用剖切平面垂直剖切基础，用较大比例画出的断面图称为基础详图，如图 6.9 所示。基础详图用于表示基础的断面形状、尺寸、材料、构造及基础埋置深度等内容。

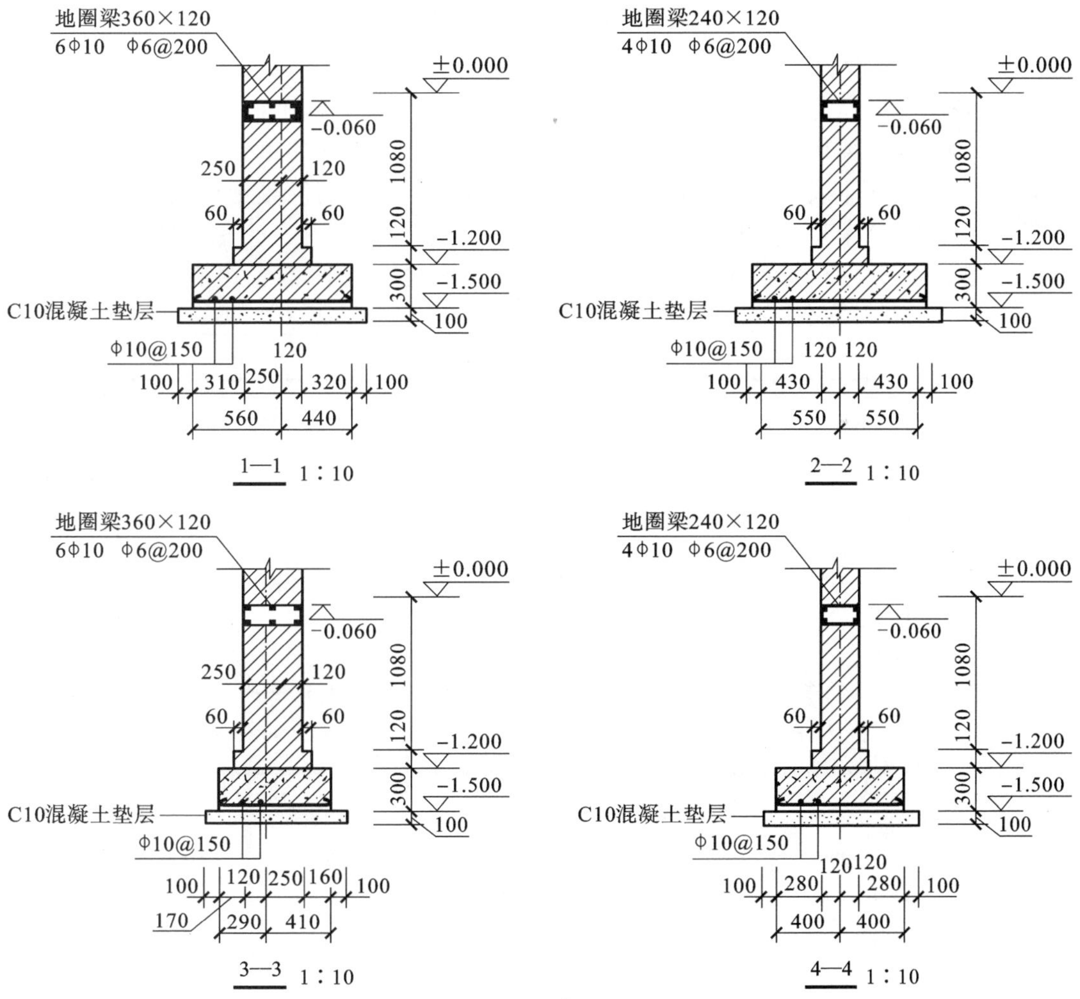

图 6.9 条形基础详图

② 基础详图的内容及阅读方法。

a. 看图名、比例。基础详图的图名常用 1—1、2—2 等断面或用基础代号表示。基础详图比例常用 1∶10、1∶20 等。读图时先用基础详图的名字（1—1、2—2 等）去对应基础平面图的位置，了解是哪一条基础上的断面图。

b. 看基础断面形状、大小、材料及配筋。断面图中除配筋部分外，要画上材料图例表示。从图 6.9 中可知，本实例的内、外墙基础是钢筋混凝土条形基础，基础埋深为1.5 m，其断面形状为矩形，内配有Φ10@150 双向钢筋网片，基础底部垫层为 C10 混凝土，厚度为 100 mm。

c. 看基础断面图的各部分详细尺寸和室内外地面、基础底面的标高。基础断面图中的详细尺寸包括基础底部的宽度及轴线的关系、基础的深度及大放脚的尺寸。

6.3.2 独立基础图

独立基础图也是由基础平面图和基础详图两部分组成的。

(1) 基础平面图

图 6.10 是某厂房的钢筋混凝土杯形基础平面图，独立基础平面图不但要表示出基础平面形状，而且要标明各独立基础间的相对位置。不同类型的单独基础要分别编号。如图 6.10 中的"□"表示独立基础外轮廓线，框中的"I"是钢筋混凝土柱的断面，基础沿定位轴线分布，其编号为 J-1、J-2 及 J-1a，其中 J-2 有 10 个，布置在②～⑥轴线之间并分前后两排；J-1 共 4 个，布置在①轴线和⑦轴线上；J-1a 也有 4 个，布置在车间四角。

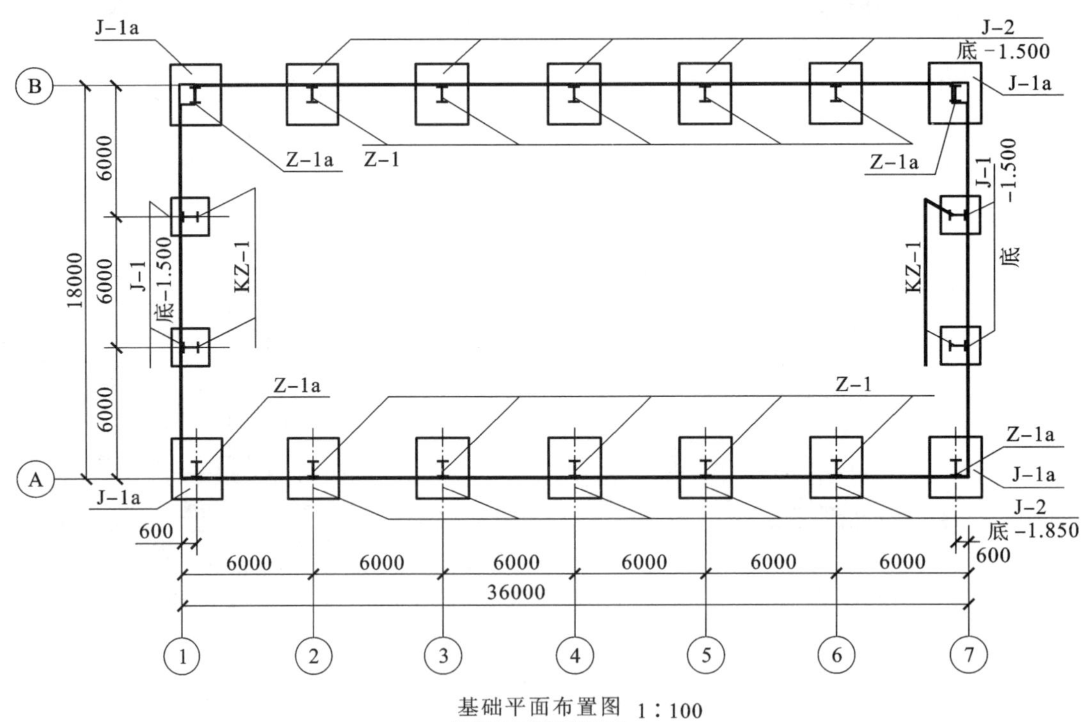

图 6.10 某厂房钢筋混凝土杯形基础平面图

(2) 基础详图

钢筋混凝土独立基础详图一般应画出平面图和剖面图，用以表达每一基础的形状、尺寸和配筋情况。图 6.11 是钢筋混凝土独立基础 J-2 的结构详图。从图中可以看出，该基础底面尺寸为 2400 mm×2800 mm，总高为 950 mm，底面标高为－1.850 m，板底双向配筋：上层短向钢筋ф 10@200，底层长向钢筋ф 10@180。

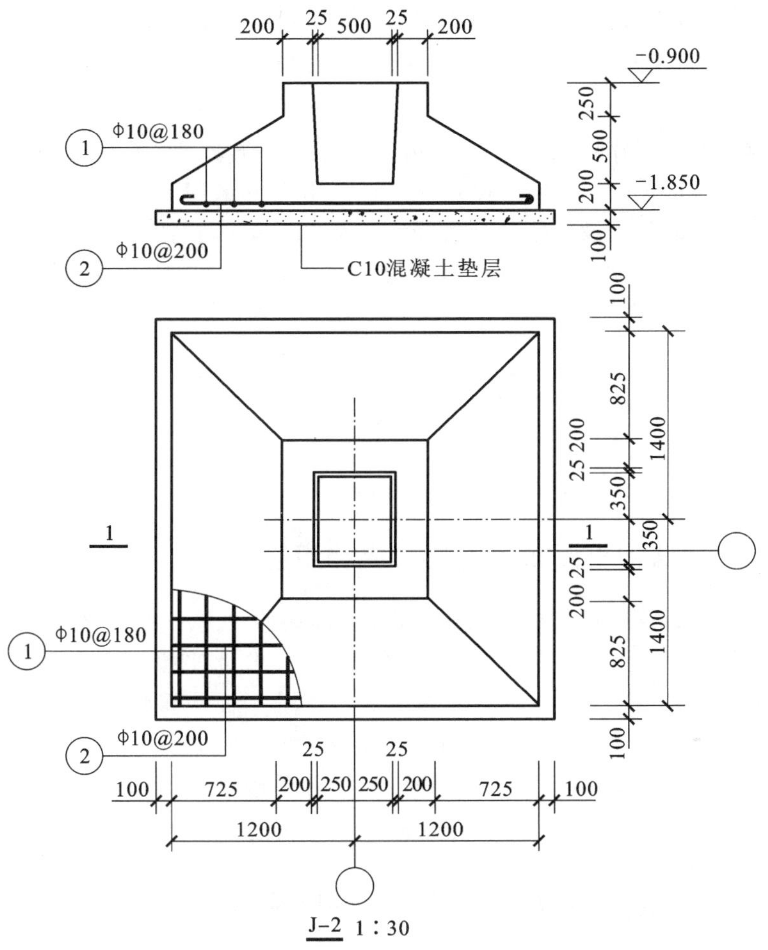

图 6.11　钢筋混凝土独立基础详图

6.3.3　桩基础图

当地基土上部为软弱土层，且荷载较大时，可以利用地基下部较坚硬的土层作为基础的持力层而设计成深基础，桩基础就是常见的深基础形式之一。桩根据施工方法的不同分为预制桩和灌注桩两种。

桩基础施工图由桩定位平面图和桩配筋详图两部分组成，见附录 1 结施-2、结施-3。

附录 1 为砖混结构学生公寓楼，基础采用人工成孔扩底灌注桩。

结施-2 是桩定位平面图，从图中可知共有 5 种桩型：ZH-1（位于Ⓐ、Ⓗ轴线，共计 22 根）、ZH-2（位于①、⑬轴线和Ⓓ、Ⓔ轴线相交处，共计 4 根）、ZH-3（位于①、⑬轴线和Ⓒ、Ⓕ轴线相交处，共计 4 根）、ZH-4（位于Ⓓ、Ⓔ轴线处，共计 22 根）、ZH-5（位于Ⓒ、Ⓕ轴线处，共计 22 根），该房屋总共 74 根桩。桩由桩身（含扩底）和承台组成，各种桩的参数（桩径、扩孔直径、扩底宽度、扩底高度、配筋等）见桩参数表。

结施-3是桩基础设计说明和桩配筋图，由该图可知该房屋选择第三层黏土层作为持力层，桩端进入持力层不小于1000 mm，每根桩长视开挖情况不同而定。从桩详图可知，桩内配有三种钢筋：① 纵向受力钢筋配置为12(14)ϕ12，沿桩周均匀布置；② 加劲箍配置为ϕ12@2000，靠纵向受力钢筋内侧布置；③ 螺旋箍配置为ϕ8@100/200，靠纵向受力钢筋外侧布置。三种钢筋组合成钢筋笼。

承台（桩帽）的主要作用是将上部荷载均匀地传给桩身。承台为两种规格的长方体，即800 mm×1000 mm×1000 mm和800 mm×1100 mm×1100 mm，分别对应800 mm和900 mm的桩。承台边缘出桩的外边缘距离为200 mm，内配三向封闭箍，桩内纵向受力钢筋锚入承台形成整体。承台间用基础梁拉接，基础梁上砌墙。基础梁的截面尺寸和配筋用“平法”示出，见结施-4。

6.4 楼层结构平面布置图

6.4.1 楼层结构平面布置图的形成和用途

楼层结构平面布置图也称楼层结构平面图，即为假设用一水平剖切平面沿着楼板面将建筑物水平剖开，移去剖切平面上部建筑物后，向下作水平投影所得到的水平剖面图。它主要是用来表示每层的梁、板、柱、墙等承重构件的平面布置情况。一般房屋有几层，就应画出几个楼层结构平面布置图。对于结构布置相同的楼层，可画一个通用的结构布置平面图。楼层结构平面布置图是安装梁、板等各种楼层构件的依据，也是计算构件数量、编制施工图预算的依据，如图6.12所示。

6.4.2 楼层结构平面布置图的内容与阅读方法

(1) 看图名、轴线、比例

图6.12为一、二层顶棚结构布置平面图，图中轴线编号、轴间尺寸、比例同建筑平面图完全一致。

(2) 看预制楼板的平面布置及其标注

在平面图上，预制楼板应按实际布置情况用细实线表示，表示方法为：在布板的区域内用细实线画一对角线（或水平线和垂线），并注写板的数量和代号。目前，各地标注构件代号的方法不同，应注意按选用图集中的规定代号注写，一般应包含数量、标志长度、板宽、荷载等级等内容。如图6.12所示，在③～④轴线间的房间标注有5YKB36·9A-2和1YKB36·6A-2，该代号各字母、数字的含义见图6.13。

由此可知，该房间布置5块3600 mm长、900 mm宽、120 mm厚、荷载等级为2级的预应力空心板和1块3600 mm长、600 mm宽、120 mm厚、荷载等级为2级的预应力空心板。当多个开间的板的布置相同时，可只画出一个开间内板的布置情况，其他与之相同的开间用同一名称表示即可。图6.12中，Ⓐ～Ⓒ轴间有六个开间内注有“㊁”，表示它

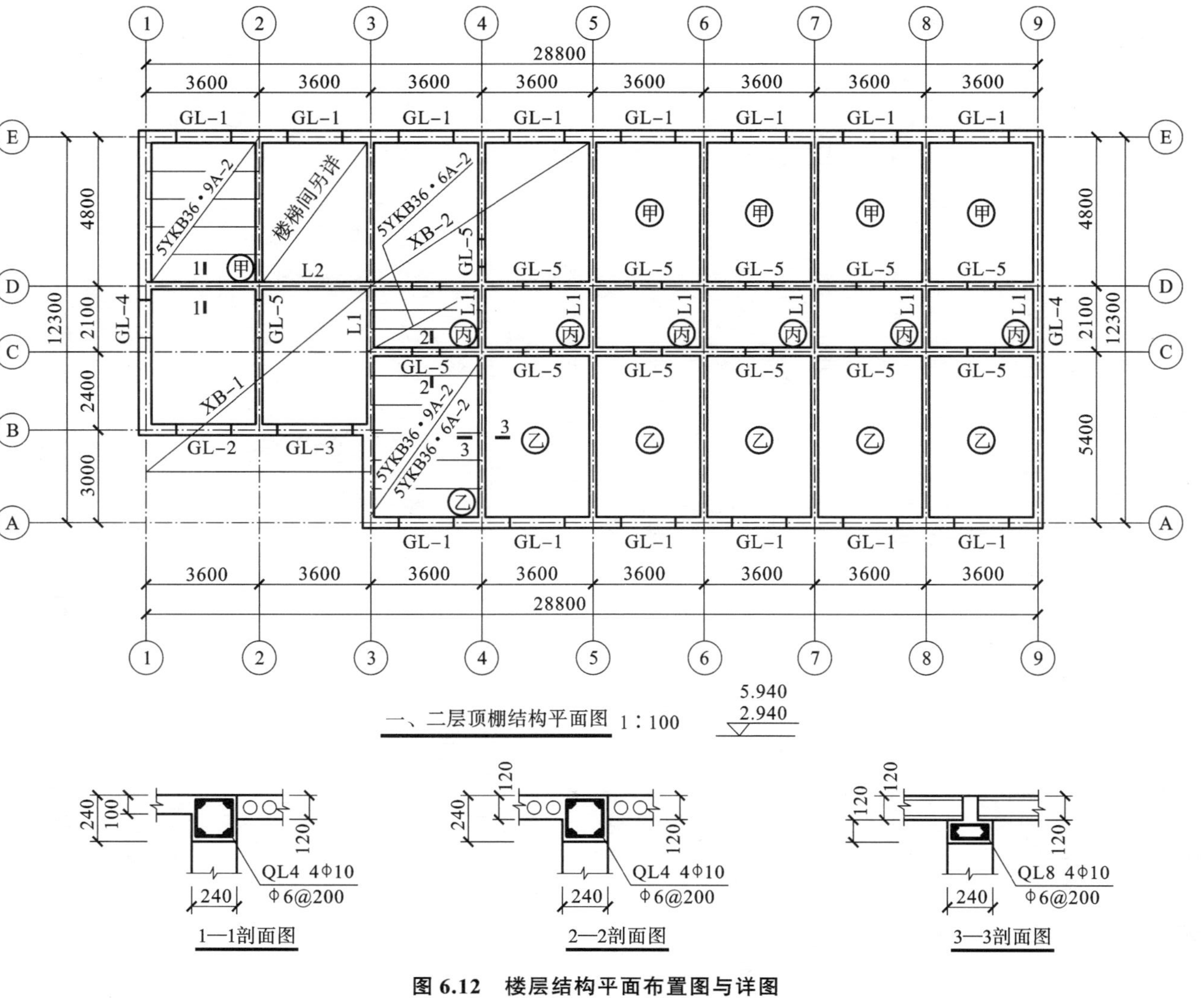

图 6.12 楼层结构平面布置图与详图

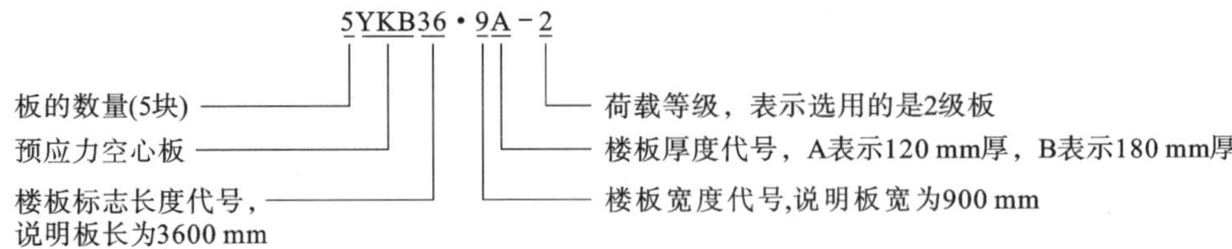

图 6.13　楼板的代号表示示例

们具有相同的楼板布置方式，即 5YKB36・9A-2 和 1YKB36・6A-2；Ⓓ～Ⓔ轴间有 5 个开间内注有㊊，表示它们具有相同的布置方式，即每间均布 5YKB36・9A-2。

(3) 看现浇楼板的布置

现浇楼板在结构平面图中的表示方法有两种：一种是直接在现浇板的位置处绘出配筋图，并进行钢筋标注；另一种是在现浇板范围内画一对角线，并注写板的编号，该板配筋另有详图，如图 6.12 中的 XB-1、XB-2。

从附录 1 结施-6～结施-9 可知，该公寓楼除各层内阳台、卫生间楼板和屋面板(含七层两端平台)做现浇板外，其余楼面均布置预应力空心板。内阳台和卫生间为整浇板(XB1)，其配筋见结施-11。从图中可知该板厚 100 mm，内阳台板面标高比楼层标高低 150 mm，卫生间板面标高比楼层标高低 250 mm，板内配有Φ8@180 双层双向钢筋。屋面板配筋见结施-9，板厚为 120 mm，板内也配有双层双向钢筋。

(4) 看楼板与墙体(或梁)的构造关系

在结构平面图中，配置在板下的圈梁、过梁、梁等钢筋混凝土构件轮廓线可用中虚线表示，也可用单线(粗虚线)表示，并应在构件旁侧标注其编号和代号。为了清楚地表达楼板与墙体(或梁)的构造关系，通常要画出节点剖面放大图，以便于施工，如图 6.12 中 1—1 剖面图、2—2 剖面图、3—3 剖面图。

在楼层结构平面布置图中不用示意出楼梯间的布置情况，常在楼梯间画一对角线，并注明楼梯间另详，见图 6.12。

6.5　钢筋混凝土构件结构详图

结构布置图只表示出建筑物各承重构件的布置情况，至于它们的形状、大小、材料、构造和连接情况等，则需要分别画出各承重构件的结构详图。

6.5.1　钢筋混凝土构件详图种类及表示方法

(1) 钢筋混凝土构件详图种类

① 模板图。

模板图也称外形图，用于制作模板。它主要表明钢筋混凝土构件的外形，预埋铁件、预留钢筋、预留孔洞的位置，各部位尺寸和标高、构件及定位轴线的位置关系等。

② 配筋图。

配筋图包括立面图、断面图和钢筋详图，主要表示构件内部各种钢筋的位置、直径、形状和数量等。

③ 钢筋分离图。

当钢筋较为复杂，且不易表示清楚时，可将钢筋从纵、横剖面图中分离出来，画在断面图之外或在钢筋表的形状一栏中表示出来。

④ 钢筋表。

为便于编制预算、统计钢筋用料，配筋较复杂的钢筋混凝土构件应列出钢筋表，以计算钢筋用量，见表 6.5。

表 6.5　**钢筋表**

构件名称	构件数	钢筋编号	钢筋规格	简图	长度/mm	每件支数	总支数	累计质量/kg
L1	1	1	Φ12		3640	2	2	7.41
		2	Φ12		4204	1	1	4.45
		3	Φ6		3490	2	2	1.55
		4	Φ6		650	18	18	2.60

(2) 钢筋混凝土构件详图表示方法

采用正投影并视构件混凝土为透明体，以重点表示钢筋的配置情况，如图 6.14 所示。

断面图的数量应根据钢筋的配置而定，凡是钢筋排列有变化的地方都应画出其断面图。

为防止混淆，方便看图，构件中的钢筋都要统一编号，在立面图和断面图中要注出相同的钢筋编号、直径、数量、间距等。

单根钢筋详图按由上至下的顺序，用同一比例排列在梁立面图的下方，与之对齐，如图 6.14 所示。

6.5.2　钢筋混凝土构件详图的内容

钢筋混凝土构件详图的内容如下。

① 构件名称或代号、比例。

② 构件的定位轴线及其编号。

③ 构件的形状、尺寸和预埋件代号及其布置。

④ 构件内部钢筋的布置。

⑤ 构件的外形尺寸、钢筋规格、构造尺寸及构件底面标高。

⑥ 施工说明。

6.5.3 钢筋混凝土构件详图的识读

(1) 钢筋混凝土梁

梁是房屋结构中的主要承重构件，常见的有过梁、圈梁、楼板梁、框架梁、楼梯梁、雨篷梁等。图 6.14 所示为某钢筋混凝土简支梁结构详图。

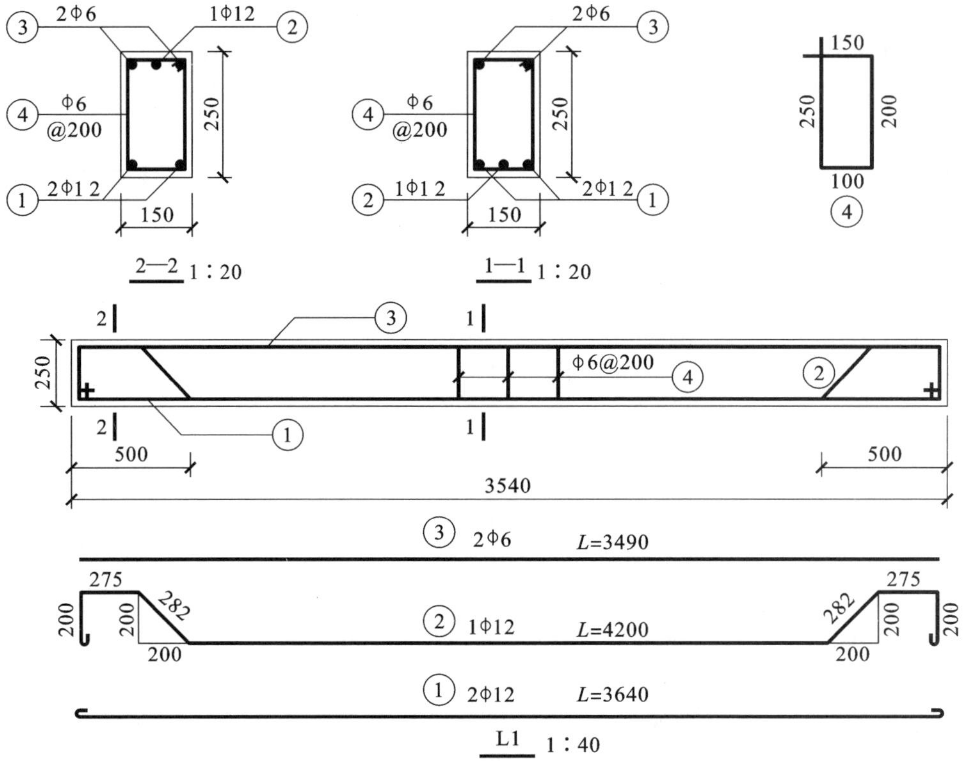

图 6.14 某钢筋混凝土简支梁结构详图

从图中可知，该梁截面尺寸 $b \times h = 150\ \text{mm} \times 250\ \text{mm}$，梁内配有四种钢筋：位于梁底两侧的纵向受力钢筋 2Φ12(①)；位于梁中的弯起钢筋 1Φ12(②)；位于梁顶两侧的架立钢筋纵筋2Φ6(③)；沿梁长均匀布置的双肢箍筋Φ6@200(④)。

从两个断面图 1—1、2—2 可知，该梁跨中和梁端的配筋不一样，弯起钢筋在梁两端弯起用于抵抗梁端剪力，因此可以发现在 1—1 断面图中梁底中间的钢筋②在 2—2 断面图中已经弯至梁上部中间位置。

此外，图 6.14 还给出了钢筋分离图，清楚地表达出每种钢筋的编号、数量、等级、长度和形状，极大地方便了施工人员和预算人员，这也是详图法比较直观的优点，但图纸数量增加不少。

(2) 钢筋混凝土柱

钢筋混凝土柱构件详图与钢筋混凝土梁的基本相同，对于比较复杂的钢筋混凝土柱，除画出构件的立面图和断面图外，还需画出模板图。

图 6.15 为某钢筋混凝土柱结构详图。由图可知，该柱是房屋结构的底层柱，柱子截面尺寸 $b \times h = 350\ \text{mm} \times 350\ \text{mm}$，柱内配有两种钢筋，即位于柱四角的纵向受力钢筋 4Φ22，沿柱高均匀布置的双肢箍筋Φ6@200。柱子的纵向受力钢筋与基础的插筋进行搭接，搭接长度为 1100 mm，搭接长度范围内箍筋加密为Φ6@100，位于基础内的插筋只需布置两道箍筋。该详图还给出了与底层柱相交的梁 L3 的断面配筋图。

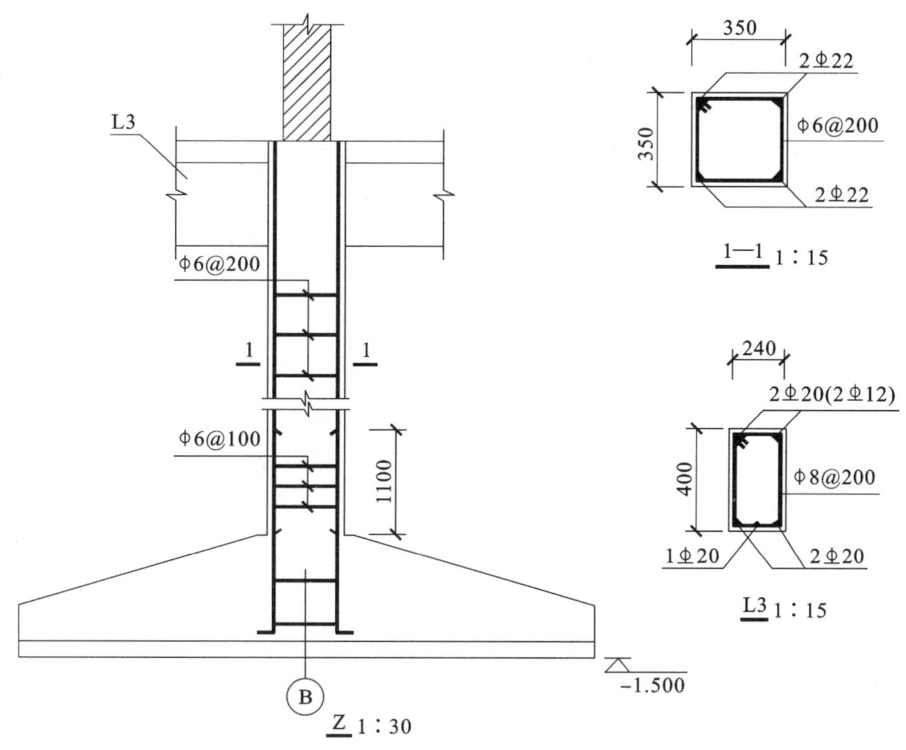

图 6.15 某钢筋混凝土柱结构详图

(3) 钢筋混凝土板

钢筋混凝土板详图一般由平面图和节点断面图组成。平面图主要表示钢筋混凝土板的形状和板中钢筋的布置、定位轴线及尺寸、断面图的剖切位置等。

图 6.16 为某钢筋混凝土雨篷板结构详图。从图中可知，该雨篷由三部分组成：

① 与 XTL、L1 一起整浇的雨篷底板，厚 80 mm，板底受力钢筋(短向)为Φ8@150，分布钢筋为Φ8@200，另外沿板面四周配有构造负筋Φ8@200(沿板短向的构造负筋拉通)。

② 雨篷两侧板见 A—A 剖面，该板厚 120 mm，配有两种钢筋，即受力钢筋Φ6@150 和水平分布筋Φ6@200。

③ 雨篷前面板见 B—B 剖面，该板厚 80 mm，配有两种钢筋，即受力钢筋Φ8@150 和水平分布筋Φ6@200。

(4) 钢筋混凝土楼梯

① 楼梯结构平面图。

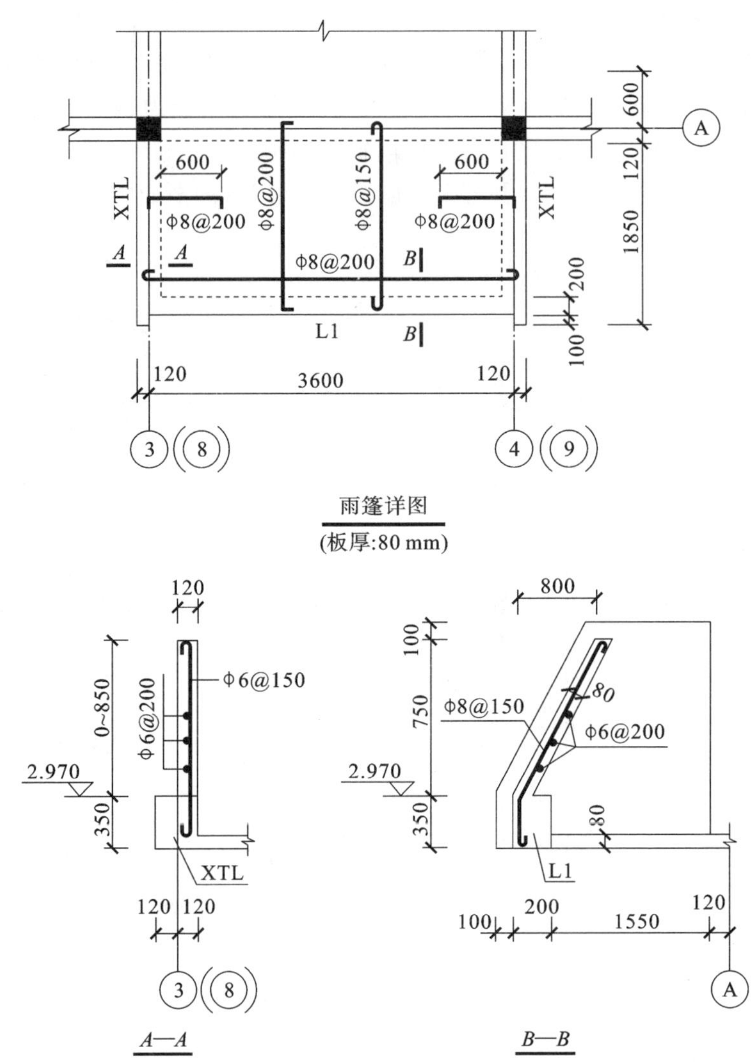

图 6.16　某钢筋混凝土雨篷板结构详图

楼梯结构平面主要反映各构件(如楼梯梁、梯段板、平台板及楼梯间的门窗过梁等)的平面布置、代号、大小、定位尺寸及它们的结构标高,见图 6.17。

其内容如下:

a. 楼梯结构平面图中的轴线编号与建筑施工图一致,剖切符号仅在底层楼梯结构平面图中表示。

b. 楼梯结构平面图是设想沿上一楼层平台梁顶剖切后所作的水平投影。剖切到的墙用中实线表示;楼梯梁、板的轮廓线可见的用细实线表示;不可见的则用细虚线表示;墙上的门窗洞口不表示。

图 6.17 是现浇板式楼梯的结构平面图。从图中可以看出,平台梁 TL2 设置在Ⓓ轴线上兼作楼层梁,底层楼梯平台通过平台梁 TL3 与室外雨篷 YPL、YPB 连成一体;楼梯平台是平台板 TB5 与 TL1、TL3 整体浇筑而成的;楼梯段分别为 TB1、TB2、TB3、TB4,

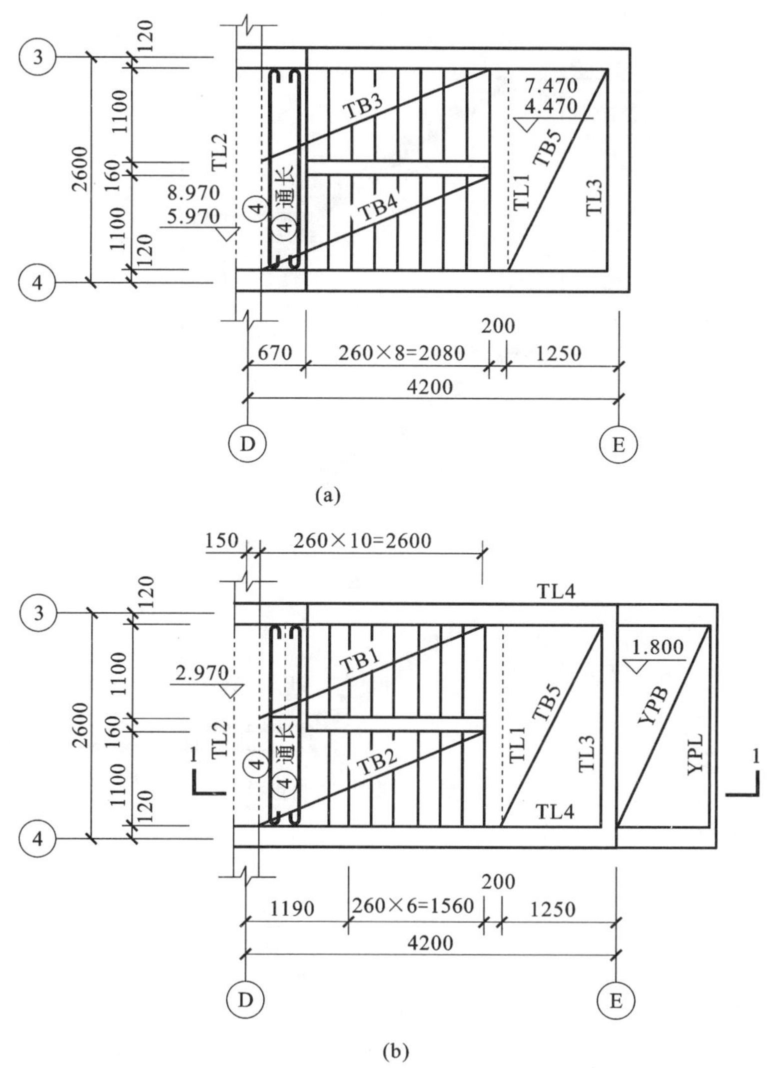

图 6.17 楼梯结构平面图

(a) 楼层楼梯结构平面图；(b) 底层楼梯结构平面图

它们分别与上、下的平台梁 TL1、TL2 整体浇筑；TB2、TB3、TB4 均为折板式楼段，其水平部分的分布钢筋连通而形成楼梯的楼层平台，平面图上还表示了该处双层分布钢筋④的布置。

② 楼梯结构剖面图。

楼梯结构剖面图表示楼梯承重构件的竖向布置、形状和连接构造等情况，见图 6.18。

由 1—1 剖面图，并对照底层楼梯结构平面图[图 6.17(b)]可以看出，楼梯是“左上右下”的布置方法。第一个梯段是长跑，第二个梯段是短跑，剖切在第二梯段一侧，因此在 1—1 剖面图中，短跑及与短跑平行的梯段、平台均被剖切到，涂黑表示其断面。长跑侧则只画其可见轮廓线，用细实线表示。

楼梯结构剖面图上标注了各构件代号，并说明各构件的竖向布置情况，还标注了梯段平台梁等构件的结构高度及平台板顶、平台梁底的结构标高。

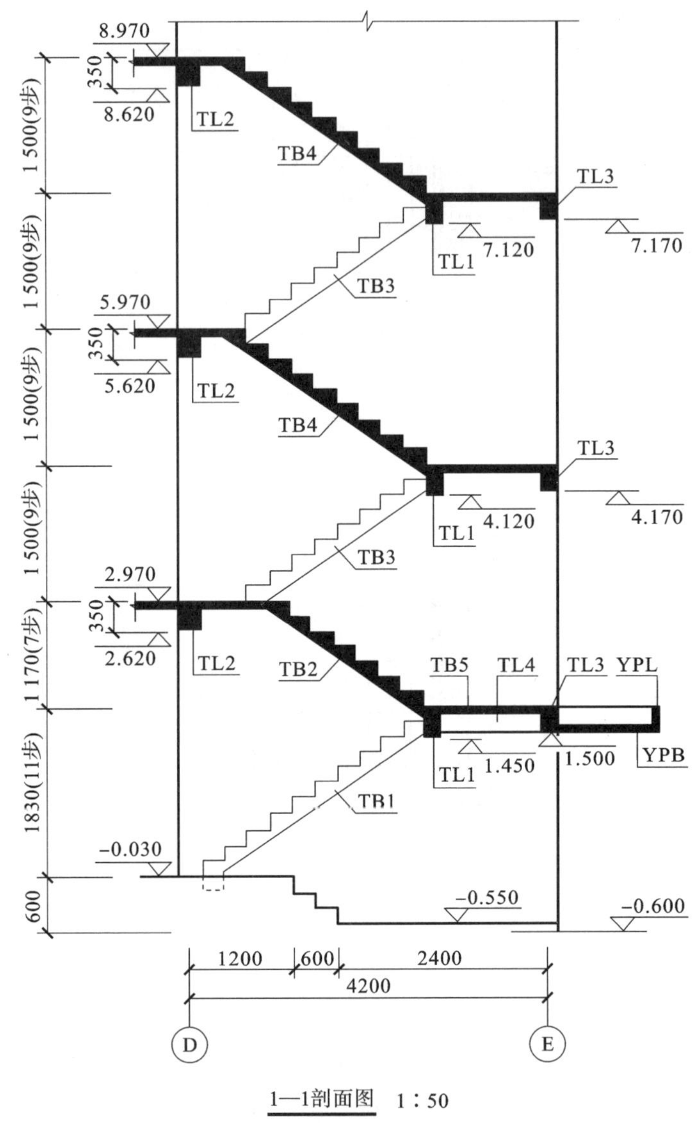

1—1剖面图 1∶50

图 6.18 楼梯结构剖面图

③ 楼梯配筋图。

楼梯结构剖面图中，因比例较小，不能详细表示楼梯和楼梯梁的配筋时，可用较大的比例画出每个构件的配筋图。

在图 6.19 中，TB2 与 TB4[在《混凝土结构施工图平面整体表示方法制图规则和构造详图(现浇混凝土板式楼梯)》(16G101-2)中，此种梯板定义为 CT 型楼梯板]下部纵筋、梯段两端上部纵筋、梯段折板下部纵筋分别配有①、②、③、⑤钢筋，均为ϕ10@150，所有分布筋④均为钢筋ϕ6@250；TB3[在《混凝土结构施工图平面整体表示方法制图规则和构造详图(现浇混凝土板式楼梯)》(16G101-2)中，此种梯板定义为 BT 型楼梯板]的配筋与 TB2 和 TB4 差别不大，主要是在折板处。楼梯配筋细部构造可以参见《混凝土结构施工图平面整体表示方法制图规则和构造详图(现浇混凝土板式楼梯)》(16G101-2)。

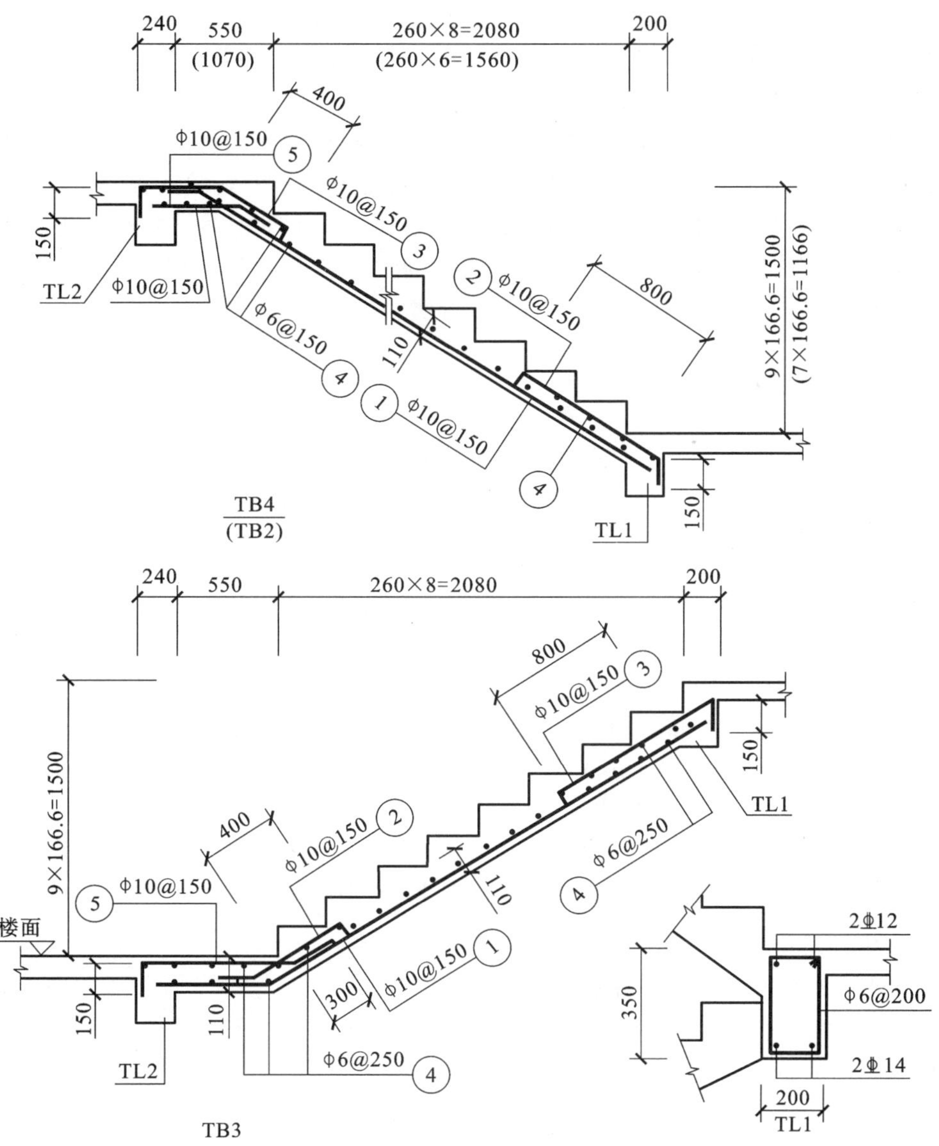

图 6.19　楼梯配筋图

图 6.19 中，平台梁 TL1 为矩形梁，其断面反映了其与平台及上、下两梯段的连接关系，梁底配置 2⌽14 纵向受力主筋，梁顶配置 2⌽12 架立筋，箍筋用ϕ6@200。

6.6　钢筋混凝土框架结构识读

钢筋混凝土框架结构是指以钢筋混凝土浇捣成承重梁柱，再用预制的加气混凝土、膨胀珍珠岩、浮石、蛭石、陶粒等轻质板材隔墙分割空间而成的房屋。其适合大规模工业化施工，效率高，工程质量较好。

框架结构由梁柱构成，构件截面较小，因此框架结构的承载力和刚度都较低。它的受力特点类似于竖向悬臂剪切梁，楼层越高，水平位移越小。高层框架在纵、横两个方向都承受很大的水平力。这时，现浇楼面作为梁共同工作，装配整体式楼面的作用则不考虑。框架结构的墙体是填充墙，起围护和分隔作用。框架结构的优点是能为建筑提供灵活的使用空间，容易满足生产工艺和使用要求。它既可用于大空间的商场、工业生产车间、礼堂、食堂，也可用于住宅、办公楼、医院、学校建筑。由于框架结构具有优于砌体结构的抗震性能，现在越来越多的多层民用建筑开始广泛采用框架结构。下面以附录 2 某学校教学楼为例介绍框架结构施工图的识读方法和步骤。

6.6.1 图纸目录

附录 2 提供了某学校教学楼的建筑施工图和结构施工图。从图纸目录可以了解到，建筑施工图共计 12 张，结构施工图共计 15 张。

6.6.2 建筑施工图

(1) 建筑概况

建筑设计总说明见附录 2 的建施-1。

该工程为某学校教学楼，工程位于武汉市武昌区，结构形式为框架结构，占地面积为 1028 m^2，总建筑面积为 6325 m^2，共有 6 层，建筑高度为 22.2 m。抗震设防烈度为 6 度，结构安全等级为二级，耐火等级为二级。

本工程墙体材料采用 200 mm 或 250 mm 厚的加气混凝土砌块。屋面采用高聚物改性沥青卷材防水屋面。建施-1 还交代了室内外装修、油漆涂料和门窗表等。

(2) 建筑总平面图

建筑总平面图见附录 2 的建施-2。

① 了解图名、比例。

该施工图为总平面图，比例为 1∶500。

② 了解工程性质、用地范围、地形地貌和周围环境。

教学楼位于西北角，东面是已建好的八层实训大楼，南面是四个篮球场和综合教学楼，西面是绿化和田径场，北面有道路和排水港。

③ 了解建筑的朝向。

图纸右上方是指北针，从图中可知，新建教学楼的朝向是坐北朝南。

④ 了解新建建筑的平面形状和准确位置。

教学楼平面形状为 L 形，总长为 54 m(43.8 m+10.2 m)，总宽为 26.4 m(7.8 m+18.6 m)。±0.000 相当于绝对标高 22.4 m(以黄海平均海平面为基准面)，房屋三个入口处室外标高均为 21.8 m，可知室内外高差为 600 mm。房屋共有 5 个施工定位坐标，如左上角的定位坐标 X=1822303，Y=735492，该点距建筑红线 4 m。

⑤ 了解新建建筑四周的道路、绿化。

教学楼东、南、西、北四面都有道路和绿化。从图纸右边的技术经济指标可知，绿地率为40%。

⑥ 了解建筑物周围的给水、排水、供暖和供电的位置，管线布置走向。场地以1%排水坡度由北向南排至排水沟。

(3) 建筑平面图

① 底层平面图。

底层平面图见附录2的建施-3。

a. 看图名、比例，了解该图是哪一层平面图，绘图比例是多少。

该图为教学楼底层平面图，绘图比例为1∶100。

b. 看底层平面图上画的指北针，了解房屋的朝向。

从图中指北针可知，房屋坐北朝南。

c. 了解建筑的结构形式。

从建筑设计总说明及本图中涂黑的矩形柱可知，该建筑在本层为框架结构。

d. 了解建筑的平面布置。

该教学楼为内廊式建筑，底层横向定位轴线①～⑬共13根，纵向定位轴线Ⓐ～Ⓖ共7根。该层有六间教室，门厅、办公室、男卫生间、女卫生间各一间，两个楼梯间，以及房屋中间的内走廊。

底层有三个出入口：主要入口在南面，两次要入口在东、西两侧。在正门外有四级台阶，每个踏步宽均为300 mm。东、西两侧各设置有四步弧形台阶。本工程采用无障碍设计，正门入口右侧设置有供残疾人使用的坡道，便于轮椅通行，坡道宽1800 mm，坡度为12%。房屋四周设有900 mm宽散水坡[做法参见《室外装修及配件》(11ZJ901)]，沿外墙周边还设置有雨水管。

e. 了解建筑平面图上的尺寸。

建筑平面图上标注的尺寸均为未经装修的结构表面尺寸。了解平面图中所注的各种尺寸，并通过这些尺寸了解房屋的占地面积、建筑面积、使用面积等。平面图中有外部尺寸和内部尺寸。

建施-3中外部尺寸有三道，具体如下。

第一道尺寸表示出建筑的总长为54.250 m，总宽为26.65 m。

第二道尺寸表示出建筑的定位轴线之间的尺寸，如②、③、④、⑤轴线间的距离均为4.5 m，Ⓐ、Ⓑ轴线间的距离为7.8 m，由此可知该教室的开间为13.5 m，进深为7.8 m。从第二道尺寸我们还可以知道办公室的开间为4.5 m，进深为7.8 m；男、女卫生间开间均为5.1 m，进深为7.8 m；甲楼梯的开间为3.9 m，进深为7.8 m；乙楼梯的开间为4.2 m，进深为7.8 m；门厅开间为8.4 m，进深为7.8 m；内走廊宽3 m。

第三道尺寸表示外墙上门窗洞口的尺寸和窗间墙的尺寸。如②～⑤轴线间的第三道尺寸表明该教室的外墙窗户有三扇，均为C-1，窗户宽2400 mm，窗间墙宽2100 mm。

在建施-3中内部尺寸比较简单，如两个楼梯间处均标注有“上24步/@300×150”，表明从一层上到二层经过24级踏步，每级踏步尺寸宽300 mm，高150 mm。乙梯入口处的尺寸表明入口防火门居中设置，门宽1800 mm。

f. 了解建筑中各组成部分的标高情况。

如在南面入口处有三个标高,即室外标高－0.600 m、台阶平台标高－0.020 m及门厅地面标高±0.000,反映了室内外的高差情况。其他标高如走廊、教室、楼梯间均为±0.000;卫生间地面标高－0.030 m,蹲位面标高0.170 m。

g. 了解门窗的位置及编号。

如门厅设有四扇双面钢化玻璃弹簧门M-1,东、西两入口各设有外开镶板双扇门M-2,两楼梯间设有防火门FM-1,教室靠内走廊一侧(虚线表示)为高窗C-2,教室外墙窗户为C-1,全楼所有窗户均为推拉塑钢窗。

h. 了解建筑剖面图的剖切位置、索引标志。

底层平面图中应画出建筑剖面图的剖切位置和编号,以便明确剖面图的剖切位置、剖切方法和剖视方向。在建施-3中有两个剖切符号:①、②轴线间的1—1剖切符号和⑪、⑫轴线间的2—2剖切符号,说明有两个剖面图(见建施-10),都是全剖面,剖视方向都向左。

在三个入口处的台阶、散水处注有索引符号,表明它们的做法参见标准图集《室外装修及配件》(11ZJ901)。

② 其他楼层平面图。

二至四层平面图见附录2的建施-4,五、六层平面图附录2的建施-5。

建施-4是二至四层平面图,比例是1∶100。图名下方注有三个楼层的地面标高$H=$(3.600,7.200,10.800),说明一至三层的层高均为3.6 m。该平面图与底层平面图相差不大,主要区别是:底层南面及东、西两侧入口处室外台阶在二层相同位置分别变成雨篷和阳台,不再反映散水和残疾人坡道,底层的门厅在二至四层是过厅;楼梯间的表示方法不同,反映出两个梯段;卫生间的布局与底层相比也不同。

建施-5是五、六层平面图,比例是1∶100。图名下方注有两个楼层的地面标高$H=$(14.400,18000),说明四、五层的层高也是3.6 m。与建施-4不同的是:五、六层没有雨篷;轴线⑪～⑬与Ⓒ～Ⓖ间的普通教室变成了阶梯教室,梯级宽度有1700 mm、1900 mm两种。

③ 屋顶平面图。

建施-6是屋顶平面图,比例是1∶100。屋顶标高为21.600 m(局部有21.720 m、21.960 m),说明六层层高为3.6 m,从分水线可以看出①～⑪轴线采用双向排水,⑪～⑫轴间是单向排水,屋顶排水坡度均为2%,雨水排向南、北两侧的天沟。天沟通过1%的坡度汇集雨水至雨水口,流进ϕ100PVC落水管,通过设置在房屋周边的落水管排至底层散水,最后流进排水沟。

屋面防水、屋面分格缝、屋面斜板天沟等的做法均参照标准图集《平屋面》(11ZJ201)。

从屋顶平面图示意出楼梯间的情况还可以看出该屋面是上人屋面,从第六层上24级踏步最后通过防火门FM-1到达屋面。

建施-6还反映了甲、乙两楼梯屋顶平面图,从平面图可以清楚地知道楼梯间所处的平面位置、开间和进深、该屋顶的排水方式、两个雨篷的尺寸等。

(4) 建筑立面图

① 正立面图。

正立面图见附录 2 的建施-7。

a. 了解图名、比例。

该立面图名称为①～⑬立面图，即正立面图或南立面图，比例是 1∶100，与平面图一致。

b. 了解建筑的外貌。

①～⑬立面图反映了底层的入口台阶，门厅前的大门、雨篷，一至六层的 70 个 C-1，二至六层的 10 个阳台，阳台顶部的 2 个雨篷，女儿墙，还有 2 个突出屋面的上人楼梯间。

c. 了解建筑的高度。

从该图左、右两侧的尺寸和标高可以了解到建筑顶标高，各楼层、建筑门窗洞口、阳台、雨篷、女儿墙等的高度。例如，建筑顶标高为 25.10 m，一至六层层高均为 3.6 m，室内外高差为 600 mm，一至六层的 C-1 高度为 1800 mm，阳台高 1500 mm，女儿墙高 1460 mm。

d. 了解建筑物的外装修。

从图中的文字标注可知，正立面主要是墨绿色石子水刷石饰面，局部如底层窗台以下、女儿墙、上人楼梯间是棕红色石子水刷石外墙面，墙面分格线用白水泥黑色石子水刷石勾线。外装修做法均参见《建筑构造用料做法》(11ZJ001)。

② 背立面图。

背立面图见附录 2 的建施-8。

该立面图名称为⑬～①立面图，即背立面图或北立面图，比例为 1∶100。背立面图与正立面图的区别仅仅在于其没有正立面的入口台阶、大门和雨篷。其装修做法等与正立面图完全一致，以墨绿色石子水刷石饰面为主。

③ 侧立面图。

侧立面图见附录 2 的建施-9。

本张图纸上反映了Ⓐ～Ⓖ立面和Ⓖ～Ⓐ立面，即东、西两个立面，比例都是1∶100。

在Ⓐ～Ⓖ立面中可以看见入口处的 M-2、各层走廊端部的弧形阳台、屋顶弧形雨篷、上人楼梯间。阳台以左是卫生间的外墙面，阳台以右是教室的窗户。

Ⓖ～Ⓐ立面和Ⓐ～Ⓖ立面的基本内容一致，只是靠左边的窗户是远处 L 形房屋突出的教室部分的窗户。

在外装修上除交代阳台用棕红色石子水刷石饰面外，其余部分装修做法同正、背立面。

(5) 建筑剖面图

建筑剖面图见附录 2 的建施-10。

① 了解图名、比例。

本张图纸反映了两个剖面图，即 1—1 剖面图和 2—2 剖面图，比例均为 1∶100。从底层平面图上查阅相应剖切符号的剖切位置、投影方向，可知两个剖面都是全剖面，剖视方向都向左。

② 了解被剖切到的墙体、楼板、楼梯和屋顶。

对于 1—1 剖面图，剖切到甲楼梯间、走廊和普通教室。剖切到甲楼梯间休息平台处的 C-1，因为休息平台处的 6 个 C-1 位于平台中间，因此为保证安全，平台靠窗处设有高 950 mm 的安全护杆；剖切到了甲楼梯间处的 7 个 FM-1、教室的 6 个 C-1，以及屋顶两侧斜板天沟。

对于 2—2 剖面图，剖切到卫生间、走廊和教室（一至四层是普通教室，五、六层是阶梯教室）。

剖切到的梯段、楼板、梁等结构构件涂黑显示。比较两个剖面发现，对于 1—1 剖面图中教室部分楼板下方的细线是投影看到的框架梁立面，而在 2—2 剖面图中教室部分楼板下方除可以看见投影得到的边框架梁的立面线条外，还可以看见剖切到的框架梁的断面。进一步观察发现阶梯教室下方的梁底标高不同，从而形成楼板面的阶梯。

③ 了解剖面图上的尺寸标注。

从剖面图可知，各层层高均为 3.6 m，阶梯教室各阶面标高相差 120 mm。

④ 了解详图索引符号的位置和编号。

两个剖面只有阶梯教室的阶梯做法有索引，砖砌踏步做法参见《室外装修及配件》（11ZJ901）第 9 页的 1 号详图。

（6）楼梯详图

楼梯详图见附录 2 的建施-11。本张图纸反映了楼梯平面图和楼梯剖面图。

① 楼梯平面图。

建施-11 有三个楼梯平面图：甲、乙梯底层楼梯放大平面，比例是 1∶50；甲、乙梯二至六层楼梯放大平面，比例是 1∶50；甲、乙梯屋顶楼梯放大平面，比例是 1∶50。

在底层楼梯平面图中可知两个楼梯间的位置：甲梯位于定位轴线①、②和Ⓐ、Ⓑ之间；乙梯位于定位轴线⑩、⑪和Ⓒ、Ⓔ之间。甲梯开间为 3900 mm，进深为 7800 mm；乙梯开间为 4200 mm，进深为 7800 mm，楼梯间墙体厚度为 250 mm。两个楼梯的第一跑都位于梯间入口的左手边，入口处地面标高为±0.000，梯段净宽 1775 mm（乙梯梯段净宽 1925 mm），第一梯段标有“11×300＝3300”，表明该跑有 12 级，每级踏步宽 300 mm。在底层楼梯平面图中只能看见第一跑的部分踏步。

在二至六层楼梯平面图中可知，楼层间的两个梯段均为等跑，都是 12 级，踏步宽 300 mm，梯段净宽 1725 mm（乙梯梯段净宽 1925 mm），楼梯井宽 100 mm（含扶手）。楼层平台宽 2075 mm，标高同楼层标高；中间休息平台宽 2175 mm，标高低于楼层 1800 mm。

在屋顶楼梯平面图中可知，从六层经过 12 级踏步上到标高为 19.800 m 的中间休息平台，再通过最后一个 12 级的梯段到达标高为 21.600 m 的屋顶楼梯平台，在屋顶楼梯平台与屋面之间还有两级台阶。另外，在各层楼梯口左侧还设有室内消火栓。

② 楼梯剖面图。

在甲、乙梯底层楼梯放大平面图中示意出剖切符号 $A—A$，可知 $A—A$ 剖面剖切到了每层的第一个梯段，因此在剖面图中可以清楚地看见每层双跑楼梯的第一梯段示意出的钢筋混凝土的材料符号，第二梯段只显示梯段板轮廓。从剖面图中可以看出，每个梯段的 12 级踏步的高度尺寸为 150 mm，示意出中间休息平台处靠 C-1 一侧的防护栏杆，栏杆高 950 mm。

楼梯踏步、栏杆、扶手做法均参见《楼梯栏杆》（11ZJ401），休息平台防护栏杆做法参

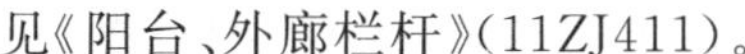

见《阳台、外廊栏杆》(11ZJ411)。

(7) 卫生间详图

由于建筑平面图的比例较小,卫生间平面图只能反映卫生器具的形状和数量,并不能具体反映这些卫生器具的具体位置、地面排水情况、地漏位置等。故通常需要给出卫生间详图,见附录 2 的建施-12。

建施-12 是卫生间放大平面,有底层卫生间放大平面和二至六层卫生间放大平面,比例都是 1∶50。从图中可知,男、女卫生间的开间和进深都一样,分别为 5100 mm 和 7800 mm。附录 2 的卫生间地面标高比楼层标高低 30 mm,蹲位面标高比楼层标高高 170 mm,卫生间设有洗脸台、小便器、大便器、污水池及地漏等卫生设备。由于采用了无障碍设计,因此底层卫生间内还设有残疾人专用卫生间。

6.6.3 结构施工图

(1) 结构设计说明

结构设计说明主要交代设计依据、抗震等级、人防等级、地基情况及承载力、防潮抗渗做法、活荷载值、材料等级、施工中的注意事项、选用详图、通用详图或节点,以及在施工图中未画出而通过说明来表达的信息等。结构设计说明见附录 2 的结施-1。

本工程为框架结构,结构的安全等级为二级,设计使用年限为 50 年。工程场地土的类型为中硬场地土,场地类别属于Ⅱ类,地基基础设计等级为丙级,建筑桩基的安全等级为二级。工程的砌体结构施工质量控制等级为 B 级。

工程抗震设防类别为丙类,抗震设防烈度为 6 度,钢筋混凝土结构抗震等级为框架四级。工程使用荷载按《建筑结构荷载规范》(GB 50009—2012)取值。

工程采用人工挖孔灌注桩,桩基要求见结施-3。

工程采用的混凝土强度等级有 C20、C25、C30,钢筋有 HPB300、HRB335、HRB400 级。钢筋混凝土框架结构填充墙为加气混凝土块,除注明外,外墙厚度为 250 mm,内墙厚度为 200 mm,砌块强度等级为 MU7.5,采用 M5 混合砂浆砌结,内地台以下块体为 MU10 混凝土实心砖,用 M7.5 水泥砂浆砌结。

另外,图纸还交代了纵向受拉钢筋锚固长度、钢筋搭接长度 、楼板配筋要求、填充墙与主体结构的拉结构造、填充墙内构造柱与水平系梁的设置要求、过梁设置等构造要求。比如当砌体墙的水平长度大于 5 m 或墙端部没有钢筋混凝土柱时,应在墙中间或墙端部加设构造柱。施工时需先砌墙后浇筑,墙与柱的拉结筋应在砌墙时预埋,墙与构造柱的马牙槎连接构造图见图纸右侧的图四。

(2) 基础施工图

基础施工图见附录 2 的结施-2、结施-3。

本工程采用人工挖孔灌注桩基础。场地土层的分布,根据××勘察设计院 2015 年 10 月提供的《××职业技术学院教学楼岩土工程详勘报告》,各土层的特征及分布为:第一层为杂填土,第二层为粉质黏土,第三层为黏土,第四层为黏土夹碎石。工程确定以第四层黏土夹碎石层为桩端持力层。桩身混凝土强度等级为 C25,承台(或桩帽)混凝土强度等级为 C30;采用钢筋混凝土护壁(混凝土强度等级为 C20),确保施工过程中不塌孔。桩端全断面进入持力层的深度不小于 2500 mm。

结施-2 是基础结构(桩位)平面布置图,比例为 1∶100,定位轴线与建筑平面图一致。从图中可知,在纵、横向定位轴线交接处均设有桩基,有 ZJ1-1000、ZJ1A-1100、ZJ1B-1300、ZJ1C-900、ZJ1D-1000 五种桩型(桩的代号下方数值是单桩承载力特征值),共计 59 根灌注桩。桩与桩之间用基础梁(也叫拉梁或地梁)JL、JLA、JLB 拉接,在本张图纸右上方给出了基础梁的截面形式、尺寸和配筋情况。例如位于轴线①、②和Ⓐ、Ⓑ之间(甲楼梯处)连接 ZJ1A-1100 和 ZJ1B-1300 两根桩的是基础梁 JLB,它的截面尺寸 $b \times h = 250\ \mathrm{mm} \times 650\ \mathrm{mm}$,梁顶和梁底的纵向受力钢筋分别是 4 ⏀ 22 和 4 ⏀ 25,箍筋采用ϕ 8@200,梁两侧设有构造腰筋 4 ⏀ 16,相应的拉结筋为ϕ 8@400。基础梁 JLB 上设有楼梯支柱 TZ,每个楼梯四根,楼梯支柱 TZ 生根于基础梁 JLB 上,相当于有一个集中力作用在 JLB 上,因此在此处设有吊筋 2 ⏀ 14(或 2 ⏀ 16 用于中间休息平台处的楼梯支柱)。楼梯支柱 TZ 的截面和配筋见结施-1 的图三及结施-15。另外在轴线①、④、⑤等处的基础梁上设置有 GZ1,主要是因为这些轴线上有墙体,而且墙的水平长度大于 5m (见结施-1),GZ1 的截面和配筋见本张图纸的右上角。

结施-3 是桩大样图,包括桩身、桩帽及混凝土护壁大样。

首先看桩基表,五种桩型的参数(桩径、扩孔直径、扩底宽度、扩底高度、配筋、竖向承载力特征值等)都表示了出来。从桩详图可知,桩内配有三种钢筋:① 桩身主筋,沿桩周均匀布置(每种桩主筋配置不一样,比如桩 ZJ1-1000 配置 9 ⏀ 18);② 加劲箍⏀ 14@2000,靠纵向受力钢筋内侧布置;③ 螺旋箍ϕ 8@150/250,靠纵向受力钢筋外侧布置。三种钢筋组合成钢筋笼。

承台(桩帽)的主要作用是将上部荷载均匀地传给桩身。承台为长方体,承台高 1 m,承台边缘出桩的外边缘距离为 200 mm,内配三向封闭箍⏀ 12@150,承台顶面标高为 −1.400 m,桩内纵向受力钢筋锚入承台的长度不小于 35 倍主筋直径。承台间用基础梁拉接,基础梁顶面标高与承台顶面齐平,即标高为 −1.400 m,基础梁上砌墙。

图中给出了混凝土护壁大样,护壁用 C20 混凝土,内配双向ϕ 6@150 钢筋笼。另外,图纸中还给出了基础施工相关注意事项。

(3) 框架柱施工图

本工程框架柱采用现浇钢筋混凝土,混凝土强度等级为 C30,纵向受力钢筋采用 HRB400,箍筋采用 HPB300,见附录 2 的结施-4、结施-5、结施-6。

结施-4 是底层至七层(梯间)结构层柱轴线定位及截面变化图,比例是 1∶100。本工程只有六层,但因为楼梯通至屋顶,所以在楼梯间的柱子多出一层。该图主要反映柱子与定位轴线间的位置关系及每根柱子的截面尺寸。

对于基础的 59 根桩,每根桩上有一根框架柱。轴线与建筑平面图保持一致,该图纸柱子没有编号,柱子编号见结施-5。从图中可知,柱子截面尺寸有 400 mm×550 mm、400 mm×600 mm、450 mm×450 mm、500 mm×600 mm 等几种规格。除位于甲、乙楼梯间的四根柱子是 1～7 层外,其余柱子都是 1～6 层。以②、Ⓐ轴线相交的柱子为例解释其基本情况:该柱子是房屋左下角的一根边柱,此处是楼梯间,因此标有"400×550(1～7)",即有7层,截面尺寸 $b \times h$=400 mm×500 mm。该柱与②轴线没有偏心,与Ⓐ轴线有偏心,柱内边缘距Ⓐ轴线 125 mm,外墙为 250 mm 加气混凝土块,这样可以保证室内柱边与墙面齐平,方便使用。在建筑立面图上可以看见突出的柱子。

结施-5 是底层柱(承台顶－3.570)钢筋图,比例是 1∶100。因为底层柱子受力较大,往往截面或配筋较上层柱大。底层柱是从承台顶－1.400 m 至 3.570 m,建筑层高是 3.600 m,可以看出结构标高与建筑标高相差 30 mm。

该图采用"平法"的截面注写方式,在 Z1～Z20 范围内有 21 种不同柱型,因此本图分别从相同编号的柱中选择一个截面,按另一种比例原位放大绘制柱截面配筋图,并在各个配筋图上注写角筋、截面各边中部筋、箍筋的具体数值。仍以 Z5 为例说明该柱子底层的配筋情况:柱子截面尺寸 $b \times h$=400 mm×550 mm,四角纵向受力钢筋为4 ⏀22,位于两个 b 边中部纵向受力钢筋均为 3 ⏀22,位于两个 h 边中部纵向受力钢筋均为1 ⏀20,共配纵向受力钢筋 12 根,箍筋为Φ8@100(注意为矩形复合箍筋,采用 5×3 的形式,即大箍套小箍,然后还有 2 个拉筋)。

结施-6 是二至六层柱(3.570 至顶标高 21.570)钢筋图,因为楼梯处的 8 根柱子有 7 层,需要单独给出配筋情况,因此图纸右边还给出了甲、乙梯顶层柱钢筋图,比例都是 1∶100。

比较结施-6 和结施-5 可发现,二至六层柱和底层柱的配筋区别不是很大(主要是房屋层数不多);有变化的比如 Z2 柱,底层柱角筋是 4 ⏀25,二至六层柱变成 4 ⏀22。

对于楼梯间处的 8 根柱子(Z1、Z2、Z5、Z6、Z12、Z13、Z15、Z17),七层与一至六层相比配筋都有明显减少。

另外,在图名的下方注有:"Ⓔ轴交⑪轴及Ⓔ轴交⑬轴柱顶标高为 21.690、Ⓕ轴柱顶标高为 21.930、Ⓖ轴柱顶标高为 22.170。"其是交代阶梯教室部分的 6 根柱子,为了形成阶梯,在浇柱子时,从结构上逐级形成高差,即 21.570 m、21.690 m、21.930 m、22.170 m。

(4) 框架梁施工图

本工程框架梁采用现浇钢筋混凝土,混凝土强度等级为 C30,纵向受力钢筋、构造腰筋采用 HRB400,箍筋采用 HPB300,见附录 2 的结施-8、结施-10、结施-12、结施-14。

结施-8 是二层梁钢筋图,比例是 1∶100,梁采用"平法"的平面注写方式表达框架梁 KL1～KL17 梁的截面和配筋等相关信息。现以③轴线上的 KL3 为例说明其配筋等情况。

① 从集中标注数据可知:

a. KL3(3):表示该梁是 3 号框架梁,共有 3 跨,两端无悬挑。

b. 250×650:表示梁为矩形,截面尺寸 $b \times h$=250 mm×650 mm。

c. Φ8@100/200(2):表示梁箍筋采用Φ8,加密区间距为 100 mm,非加密区间距为 200 mm,两肢箍[加密区与非加密区参见《混凝土结构施工图平面整体表示方法制图规则和构造详图(现浇混凝土框架、剪力墙、梁、板)》(16G101-1)]。

d. 2Φ22：表示梁上部通长筋为2Φ22。

② 从梁原位标注可知：

a. 第一跨(南面教室部分)。

梁左支座标有“6Φ22 4/2”，表明梁顶面支座处有6根Φ22纵向受力钢筋，其中上一排4根，下一排2根，上一排角部的两根2Φ22就是集中标注中所指的2根梁角部的上部通长筋，另外4根是另配的纵向受力筋。这四根钢筋按《混凝土结构施工图平面整体表示方法制图规则和构造详图(现浇混凝土框架、剪力墙、梁、板)》(16G101-1)第4.4.1条规定截断。

梁右支座标有“6Φ22 4/2”，配筋同梁左支座。

第一跨梁下部标有“2Φ22/4Φ25 G4Φ14”，表明该跨梁下部纵向受力钢筋有两排，即上一排2Φ22，下一排4Φ25；“G4Φ14”表示梁侧面设有纵向构造钢筋4Φ14(每侧两根，三等分梁高)。

b. 第二跨(内走廊)。

梁上面仅在中间标有“6Φ22 4/2”，表明该跨梁上部有6根Φ22纵向受力钢筋拉通该跨，上一排4Φ22，下一排2Φ22。

第二跨梁下部标有“2Φ16；250×400”，表明该跨梁下部配2Φ16纵向受力钢筋(一排)，同时表明该跨梁截面不同于第一跨，即$b\times h$=250 mm×400 mm，梁高减小250 mm(因为该跨梁跨度减小)。

c. 第三跨(北面教室部分)。

从图中可知，各位置配筋和截面都和第一跨一样。

结施-10是三、四层梁钢筋图，比例是1∶100。本张图纸和结施-8的区别在于结施-8有正门入口处的雨篷梁，与雨篷梁相连的框架梁的编号(是否带悬挑)和配筋也有所区别。

结施-12是五、六层梁钢筋图，比例是1∶100。本张图纸和结施-8的不同之处在于Ⓔ、Ⓕ、Ⓖ轴线位置处的框架梁。因为五、六层是阶梯教室，因此梁的标高和楼层标高是不一致的，如Ⓔ轴线KL15(1)梁顶面标高比楼层标高高0.09 m；Ⓕ轴线KL16(1)梁顶面标高比楼层标高高0.33 m；Ⓖ轴线KL17(2)梁顶面标高比楼层标高高0.57 m。当然阶梯教室的框架梁承担的荷载也相应大一些，因此在配筋上也不一样，比如Ⓕ轴线五、六层KL16(1)梁在左右支座负筋、梁顶通长钢筋、梁底纵筋等比三、四层的KL11(1)梁都配置得大一些。

另外注意⑪、⑬轴线上的框架梁KL5(6)和KL9(6)在阶梯教室的阶梯部分，即Ⓓ～Ⓖ部分是倾斜的(可以参见结施-11中的A—A剖面)。

结施-14是屋面梁钢筋图，比例是1∶100。与结施-12相比较，其梁的代号发生了变化，屋面框架梁代号是WKL。另外，由于屋面荷载和楼面荷载大小不一样，因此梁的配筋也不一样(本工程楼面框架梁要大些)。同时注意⑪、⑬轴线上的框架梁在阶梯教室的阶梯部分也是倾斜的(可以参见结施-13中的B—B剖面)。

(5) 板施工图

本工程楼面板和屋面板等均采用现浇钢筋混凝土板，混凝土强度等级为C30，钢筋采用 HRB400，见附录 2 的结施-7、结施-9、结施-11、结施-13。

结施-7 是二层板钢筋图，比例是 1∶100。板面标高：一般房间比楼层标高(3.600 m)低 30 mm，卫生间比楼层标高低 60 mm。楼板厚度有 100 mm、120 mm、130 mm 等几种规格。下面以①～②、Ⓒ～Ⓔ轴线间的楼面板为例介绍板的识读。

该板代号 2B3(可以理解为第二层的 3 号板)，板长 7800 mm，板宽 3900 mm(是一块双向板)，板中注有板厚 $h=120$ mm。先看板底钢筋，短向受力钢筋为⌀8@100，长向受力钢筋为⌀8@150，注意施工时短向受力钢筋在下，长向受力钢筋在上。再看沿板四周(板的四边支座)布置的板面负筋，沿①、Ⓔ轴线支座布置的是 K8(⌀8@200，见图右侧说明)，沿Ⓒ轴线支座布置的是⌀8@150(该钢筋也属于板 2B2)，沿②轴线支座布置的是⌀8@100(该钢筋也属于板 2B6)。这些支座负筋的水平段长度在图中已经给出，比如沿①、Ⓔ轴线支座布置 K8 钢筋的水平段长度是 1200 mm，两端的直钩长度为板厚减去保护层厚度。最后注意与这些支座负筋垂直绑扎形成钢筋网片的分布筋，在该图右侧说明中已经交代是⌀8@200，并且分布钢筋位于支座负筋之下一起绑扎。

板配筋图中不表示出楼梯的配筋情况，楼梯配筋见楼梯大样(结施-15)。

结施-9 是三、四层板钢筋图，比例是 1∶100。本张图和结施-7 相差不大，区别在于二层的雨篷位置。

结施-11 是五、六层板钢筋图，比例是 1∶100。本张图和结施-9 相差不大，区别在于阶梯教室部分阶梯段板的形式和配筋方式。阶梯段的板是倾斜的，类似于板式楼梯的梯段板，见 A—A 剖面。

结施-13 是屋面板钢筋图，比例是 1∶100。考虑屋面的防水及房屋的整体性要求，屋面板的配筋一般采用双层双向配筋方式(板的上、下各一层钢筋网片，注意施工时应在上、下网片之间设置马凳筋，见附录 2 结施-1)，以保证面筋不被踩下去。本工程就是采用的这种方式。除局部外大都配以⌀10@120 双层双向钢筋。

从甲、乙梯屋面板钢筋图中可知，该板厚 120 mm，配以⌀8@150 双层双向钢筋。

从雨篷(上人楼梯间到屋面位置)大样图中可知，该雨篷板为变截面，根部厚 100 mm，端部厚 80 mm，受力筋和分布钢筋都是⌀8@200。

本图还给出了斜板天沟(也充当了女儿墙，高出屋面板 1460 mm)的大样。从图中可知配有四种钢筋，除已经分离出来的三种弯折钢筋外，还有分布钢筋⌀8@200。

除了位于楼梯间的 8 根框架柱伸至楼梯间顶部外，其余框架柱只伸至屋面。为了保证女儿墙的安全，在其余框架柱的顶部都设有构造柱，共有四种型号(GZa、GZb、GZc、GZd)，其截面和配筋见图中大样。

此外，本张图还给出了女儿墙压顶的做法。

(6) 楼梯大样

结施-15 是甲梯、乙梯大样，两个楼梯采用“平法”示意出楼梯的各组成部分及配筋情况。以甲梯为例介绍如下。

该楼梯是板式楼梯，楼梯开间为 3900 mm，进深为 7800 mm，楼梯的各组成部分是梯板 AT1、平台梁 TL1(TL1a、TL3)、楼层平台板 PTB1、中间休息平台板 PTB2、楼梯支柱 TZ。

① 梯板 AT1。

因为是等跑楼梯，从一层至屋顶的每一个梯段板都一样，代号都是 AT1，板厚为 130 mm，内配受力筋Φ 10@140，分布筋Φ 8@200。

② 平台梁。

平台梁有三种：

a. 平台梁 TL1，位于梯段板两端，大样见图纸右侧，矩形截面尺寸 $b\times h=200$ mm×400 mm，梁顶面纵向受力钢筋为 2 Φ 18，梁底面纵向受力钢筋为 3 Φ 25，箍筋为Φ 8@100/200。

b. 平台梁 TL1a，位于中间休息平台外侧，大样见图纸右侧，矩形截面尺寸 $b\times h=$ 200 mm×400 mm，梁顶面纵向受力钢筋为 2 Φ 16，梁底面纵向受力钢筋为 3 Φ 20，箍筋为 Φ 8@100/200。

c. 平台梁 TL3，位于中间休息平台沿两个短边，大样见图纸右侧，矩形截面尺寸 $b\times h=250$ mm×400 mm，梁顶面纵向受力钢筋为 2 Φ 20，梁底面纵向受力钢筋为 3 Φ 20，箍筋为Φ 8@100/200。

③ 楼层平台板 PTB1。

板厚为 100 mm，板底长向钢筋和短向钢筋一样，都是Φ 8@200，沿板面四周构造钢筋为Φ 8@200，伸入板内长度为 700 mm。

④ 中间休息平台板 PTB2。

板厚为 100 mm，板底长向钢筋和短向钢筋一样，都是Φ 8@200，沿板面四周构造钢筋为Φ 8@200，伸入板内长度为 800 mm。

⑤ 楼梯支柱 TZ。

楼梯支柱 TZ 在平台梁交接处，支撑在基础梁或框架梁上，大样见图纸右侧，矩形截面尺寸$b\times h=250$ mm×250 mm，纵向受力钢筋为 4 Φ 16，锚入基础梁或框架梁内 500 mm，箍筋为Φ 8@100。

本章小结

(1) 结构施工图主要表示房屋的结构类型、结构布置、构件种类及数量，构件的内部构造和外部形状尺寸及构件间的连接构造等。它包括结构设计说明、各层的结构布置图和构件详图，通常简称“结施”。

(2)“平法”，即钢筋混凝土结构施工图平面整体表示方法，它是把结构构件的截面形式、尺寸及所配钢筋规格在构件的平面位置用数字和符号直接表示，再与相应的“结构设计总说明”和梁、柱、墙等构件的“构造通用图及说明”配合使用的一种结构施工图表示方法。“平法”由平法制图规则和标准构造详图两部分组成。

(3) 基础是位于墙或柱下面的承重构件，它承受建筑的全部荷载，并传递给基础下面的地基。基础施工图是表示房屋地面以下基础部分的平面布置和详细构造的图样,包括基础平面图和基础详图两部分。基础平面图主要表示基础的平面布置,基础与墙、柱定位轴线的关系,基础底部宽度等。基础详图主要表示基础的形状、构造、材料、基础埋置深度和截面尺寸、室内外地面、防潮层等。

(4) 楼层结构平面图用来表示每层的梁、板、柱、墙等承重构件的平面布置,现浇钢筋混凝土楼(屋面)板的构造与配筋及相互之间的结构关系。

(5) 结构详图用于表示建筑物各承重构件的形状、大小、材料、构造和连接情况等。

(6) 框架结构是指以钢筋混凝土浇捣成承重梁柱,再用预制的加气混凝土、膨胀珍珠岩、浮石、蛭石、陶粒等轻质板材隔墙分割空间成而的房屋。

思考题

6-1 结构施工图包括哪些内容?

6-2 梁平法表示时集中标注与原位标注包括哪些内容?

6-3 什么是基础平面图?

6-4 结构平面布置图的内容有哪些?

6-5 钢筋混凝土构件详图的内容有哪些?

第 2 篇

房屋构造

7 民用建筑概述

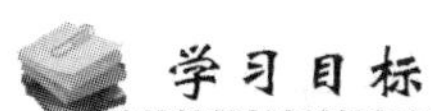

学习目标

通过本章的学习，学生应掌握房屋的构造组成、变形缝的类型及要求，熟悉建筑物的分类及等级划分，了解建筑工业化。

7.1 民用建筑的构造组成

民用建筑是供人们居住、生活和从事各类公共活动的建筑。民用建筑是由若干个大小不等的室内空间组合而成的，而空间的形成又需要各种各样的实体来组合，这些实体称为建筑构配件。一般民用建筑由基础、墙或柱、楼（地）层、楼梯、屋顶、门窗等构配件组成，由于各部分所处位置不同，因此它们分别起着支撑、传递建筑物各种荷载和围护的作用。民用建筑的组成见图 7.1。

7.1.1 基础

基础是建筑物最下部的承重构件，其作用是承受建筑物的全部荷载，并把这些荷载传给地基。因此，基础必须具有足够的强度和稳定性，并能抵御地下各种有害因素（如地下水、冰冻）的侵蚀。

7.1.2 墙或柱

墙或柱是建筑物的承重构件和围护构件。作为承重构件的外墙，其作用是承重并抵御自然界各种因素对室内的侵袭，内墙则起着分隔空间的作用。在框架或排架结构中，柱起承重作用，墙仅起围护作用。因此，根据墙体功能的不同，其应具有足够的强度和稳定性，以及保温、隔热、隔声、环保、防火、防水、耐久、经济等性能。

柱是建筑物中垂直的主要结构构件，承担位于它上方物件的重量。为了扩大建筑空间，提高空间的灵活性及结构的需要，可以用柱来代替墙体支撑建筑物上部构件传来的荷载。因此，柱必须要有足够的强度和稳定性。

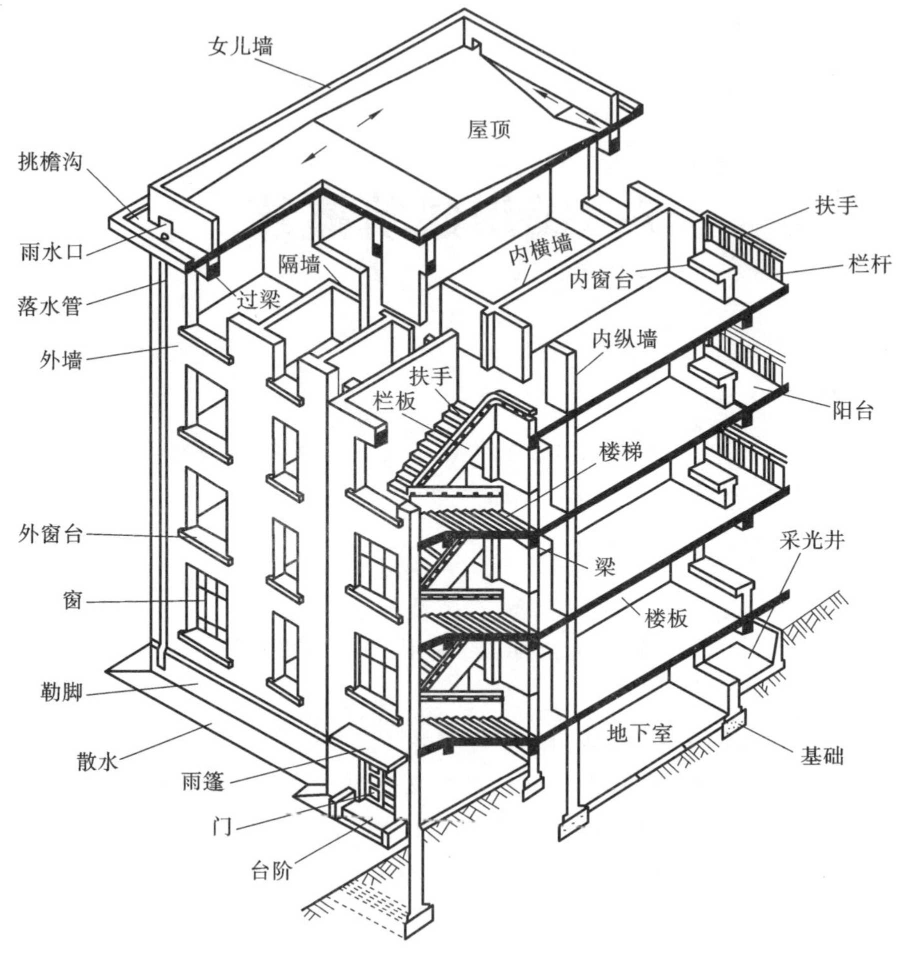

图 7.1 民用建筑的组成

7.1.3 楼层、地层

楼层，即楼板层，它是建筑物水平方向的承重构件，并在竖向将整幢建筑物按层高划分为若干部分。楼层的作用是承受家具、设备和人体等荷载及结构本身的自重，并把这些荷载传给墙(或柱)。同时，楼层还对墙身起水平支撑作用，增强建筑的刚度和整体性。因此，楼层必须具有足够的强度、刚度及隔声性能，对于有水侵蚀的房间，还应有防潮和防水的性能。

地层，又称地坪，它是底层房间与地基土层相接的构件，起承受底层房间荷载的作用。因此，地层不仅应有一定的承载能力，还应具有耐磨、防潮、防水和保温的性能。

7.1.4 楼梯

楼梯是楼房建筑的垂直交通设施，供人和物上下楼层和紧急疏散之用。楼梯设计是否合理、适用关系建筑使用的安全性，因此，楼梯应具有适宜的坡度、宽度及数量，足够的通行能力，且防火、防滑，以确保安全使用。

7.1.5 屋顶

屋顶是建筑物顶部的承重构件和围护构件。作为承重构件，它承受着建筑物顶部的各种荷载，并将荷载传给墙或柱；作为围护构件，它抵御着自然界中雨、雪、太阳辐射等因素对建筑物顶层房间的影响。因此，屋顶应具有足够的强度和刚度，并要有防水、保温、隔热等性能。

7.1.6 门窗

门的主要作用是供人们进出和搬运家具、设备，紧急疏散之用，有时兼起采光、通风的作用。窗的主要作用是采光、通风和供人眺望。门要求有足够的宽度和高度，窗应有足够的面积。据门窗所处位置的不同，有时还要求它们能防风沙、防水、保温、隔声。

建筑物除上述基本组成部分外，还有一些其他的配件和设施，如阳台、雨篷、烟道、通风道、散水、勒脚等，以保证建筑物可以充分发挥其功能。

7.2 建筑的分类和等级划分

根据建筑物的使用功能、规模大小、重要程度、结构类型等常常将其分类、划分等级，以便根据其所属的类型和等级，掌握建筑物的标准和采取相应的构造措施。

7.2.1 民用建筑的分类

(1) 按使用功能分类

① 居住建筑：主要是指供家庭或集体生活起居的建筑物，如住宅、宿舍、公寓等。

② 公共建筑：主要是指供人们进行各种社会活动的建筑物，如行政办公建筑、文教建筑、科研建筑、托幼建筑、医疗建筑、商业建筑、生活服务建筑、旅游建筑、体育建筑、展览建筑、交通建筑、通信建筑、娱乐建筑、园林建筑、纪念建筑等。

(2) 按建筑规模和数量分类

① 大量性建筑：建造量较多、规模不大、分布面广的民用建筑，如居住建筑和为居民服务的中小型公共建筑(托儿所、幼儿园、商店、医院等)。

② 大型性建筑：体量大而数量少的公共建筑，如大型体育馆、火车站、航空港等。

(3) 按建筑层数分类

① 低层建筑：主要是指 1～3 层的住宅建筑。

② 多层建筑：主要是指 4～6 层的住宅建筑。

③ 中高层建筑：主要是指 7～9 层的住宅建筑。

④ 高层建筑：不低于 10 层的住宅建筑和总高度大于 24 m 的公共建筑及综合性建筑

(不包括高度超过 24 m 的单层主体建筑)。

⑤ 超高层建筑:高度超过 100 m 的住宅或公共建筑。

(4) 按承重结构的材料分类

① 木结构建筑。

木结构建筑,是指以木材作房屋承重骨架的建筑。我国古代建筑大多采用木结构,木材除广泛用在宫殿、庙宇、民居等各种低层建筑外,还用来建造多层或高层的楼阁。木结构具有自重轻、构造简单、施工方便等优点,但木材易腐、易燃、强度低,又因我国森林资源稀缺,现已较少采用。

② 砖(或石)结构建筑。

砖(或石)结构建筑,是指以砖或石材为承重墙柱和楼板的建筑。这种结构具有就地取材,能节约钢材、水泥和降低造价等优点。其缺点是自重大,对地基要求高,施工工期长、机械化程度低,整体性及抗震性差。

③ 钢筋混凝土结构建筑。

钢筋混凝土结构建筑,是指以钢筋混凝土作承重结构的建筑。其具有坚固耐久、防火和可塑性强等优点,故应用较为广泛。

④ 钢结构建筑。

钢结构建筑,是指以型钢等钢材作为房屋承重骨架的建筑,钢结构力学性能好,便于制作和安装,工期短,结构自重轻,适宜在超高层和大跨度建筑中采用。随着我国高层、大跨度建筑的发展,采用钢结构的趋势正在增长,目前主要用于大型公共建筑。

⑤ 混合结构建筑。

混合结构建筑,是指采用两种或两种以上材料作承重结构的建筑,如由砖墙、木楼板构成的砖木结构建筑,由砖墙、钢筋混凝土楼板构成的砖混结构建筑,由钢屋架和混凝土墙(或柱)构成的钢混结构建筑。其中,砖混结构在大量性民用建筑中应用最广泛,钢混结构多用于大跨度建筑,砖木结构在民居中较多见。

7.2.2 民用建筑的等级划分

(1) 按耐久年限分级

根据建筑物的主体结构,考虑建筑物的重要性和规模大小,建筑物按耐久年限分为以下四级。

① 一级:耐久年限为 100 年以上,适用于重要建筑和高层建筑。

② 二级:耐久年限为 50～100 年,适用于一般性建筑。

③ 三级:耐久年限为 25～50 年,适用于次要建筑。

④ 四级:耐久年限在 15 年以下,适用于简易建筑和临时性建筑。

(2) 按耐火等级分级

建筑物的耐火等级是衡量建筑物耐火程度的标准,它是根据建筑物主要构件的燃烧性能和耐火极限确定的,共分四级,各级建筑物所用构件的燃烧性能和耐火极限不应低于表 7.1 的规定。

表 7.1 **建筑构件的燃烧性能和耐火极限**

构件名称		耐火等级			
		一级	二级	三级	四级
墙	防火墙	非燃烧体 4.00 h	非燃烧体 4.00 h	非燃烧体 4.00 h	非燃烧体 4.00 h
	承重墙、楼梯间、电梯井的墙	非燃烧体 3.00 h	非燃烧体 2.50 h	非燃烧体 2.50 h	难燃烧体 0.50 h
	非承重外墙、疏散走道两侧的隔墙	非燃烧体 1.00 h	非燃烧体 1.00 h	非燃烧体 0.50 h	难燃烧体 0.25 h
	房间隔墙	非燃烧体 0.75 h	非燃烧体 0.50 h	难燃烧体 0.50 h	难燃烧体 0.25 h
柱	支承多层的柱	非燃烧体 3.00 h	非燃烧体 2.50 h	非燃烧体 2.50 h	难燃烧体 0.50 h
	支承单层的柱	非燃烧体 2.50 h	非燃烧体 2.00 h	非燃烧体 2.00 h	燃烧体
梁		非燃烧体 2.00 h	非燃烧体 1.50 h	非燃烧体 1.00 h	难燃烧体 0.50 h
楼板		非燃烧体 1.50 h	非燃烧体 1.00 h	非燃烧体 0.50 h	难燃烧体 0.25 h
屋顶承重构件		非燃烧体 1.50 h	非燃烧体 0.50 h	燃烧体	燃烧体
疏散楼梯		非燃烧体 1.50 h	非燃烧体 1.00 h	非燃烧体 1.00 h	燃烧体
吊顶(包括吊顶格栅)		非燃烧体 0.25 h	难燃烧体 0.25 h	难燃烧体 0.15 h	燃烧体

① 燃烧性能：是指建筑构件在明火或高温作用下是否燃烧，以及燃烧的难易程度。建筑构件按燃烧性能分为非燃烧体、难燃烧体和燃烧体。

a. 非燃烧体：用非燃烧材料制成的构件，如砖、石、钢筋混凝土、金属等。这类材料在空气中受到火烧或高温作用时不起火、不微燃、不碳化。

b. 难燃烧体：用难燃烧材料制成的构件，如沥青混凝土、板条抹灰、水泥刨花板、经防火处理的木材等。这类材料在空气中受到火烧或高温作用时难燃烧、难碳化，离开火源后，燃烧或微燃立即停止。

c. 燃烧体：用燃烧材料制成的构件，如木材、胶合板等。这类材料在空气中受到火烧或高温作用时，立即起火或燃烧，且离开火源继续燃烧或微燃。

② 耐火极限：对任一建筑构件按时间-温度标准曲线进行耐火试验，从构件受到火的作用时起，到构件失去支持能力或完整性被破坏，或失去隔火作用时为止的这段时间，就称为该构件的耐火极限，用小时(h)表示。只要以下三个条件中任一个条件出现，就可以

确定是否达到耐火极限。

a. 失去支持能力，是指构件在受到火焰或高温作用下，由于构件材质性能的变化，自身解体或垮塌，使承载能力和刚度降低，承受不了原设计荷载而被破坏。例如，受火作用后的钢筋混凝土梁失去支承能力，钢柱失稳破坏；非承重构件自身解体或垮塌等，均属于失去支持能力。

b. 完整性被破坏，是指薄壁分隔构件在火的高温作用下，发生爆裂或局部塌落，形成穿透裂缝或孔洞，火焰穿过构件，使其背面可燃物燃烧起火。例如受火作用后的板条抹灰墙，内部可燃，一段时间后，背火面的抹灰层龟裂脱落，导致起火；预应力钢筋混凝土楼板使钢筋失去预应力，发生炸裂，出现孔洞，使火苗蹿到上层房间。实际中这类火灾很多。

c. 失去隔火作用，是指具有分隔作用的构件，背火面任一点的温度达到 220 ℃时，构件就失去隔火作用。例如，一些燃点较低的可燃物（纤维系列的棉花、纸张、化纤品等）烤焦后导致起火。

7.3 建筑工业化和建筑模数协调

7.3.1 建筑工业化的意义和内容

（1）建筑工业化的意义

建筑业是国民经济的支柱产业之一，应该走在各部门的前列。而长期以来建筑业分散的手工业生产方式与大规模的经济建设很不适应，必须改变目前这种落后状况，尽快实现建筑工业化。建筑工业化是指通过现代化的制造、运输、安装和科学管理的大工业生产方式，来代替传统建筑业中分散的、低水平的、低效率的手工业生产方式。发展建筑工业化的意义在于能够加快建设速度，降低劳动强度，减少人工消耗，提高施工质量和劳动生产率。

预制装配式建筑是目前建筑工业化发展的主要形式，建筑的主要构件可以在工厂生产加工之后通过运输工具运送到工地现场，并在工地现场以拼装的方式建造住宅。用这种方式建造房屋，可以实现节水、节材、节时，并可以提高建筑的质量和品质。某预制装配建筑构件如图 7.2 所示。

（2）建筑工业化的内容

建筑工业化是指用现代工业的生产方式来建造房屋，它的主要内容包括建筑设计标准化、构配件生产工厂化、施工机械化、装修一体化和管理信息化。

建筑设计标准化就是从统一设计构配件入手，尽量减少其类型，进而形成单元或整个房屋的标准设计。建筑设计标准化是实现建筑工业化的前提。只有设计标准化、定型化的建筑构配件及房屋等，才能实现工厂化、机械化生产。标准化设计的核心是建立标准化的单元，不同于早期标准化设计中仅是某一方面的模化设计或标准图集。受益于信

图 7.2 某预制装配建筑构件

息化的运用，尤其是BIM技术的应用，其强大的信息共享、协同工作能力突破了原有的局限性，更利于建立标准化的单元，实现建造过程中的重复使用。

构配件生产工厂化就是构配件生产集中在工厂进行，逐步做到商品化。构配件生产工厂化是建筑工业化的手段。标准、定型的建筑构配件的工厂化生产，能改善劳动条件，提高生产效率，保证产品质量，促进建筑产品的商业化生产。

施工机械化就是用机械取代繁重的体力劳动，用机械在施工现场安装构件与配件。施工机械化是建筑工业化的核心。将机械化生产运用于施工的各个环节，相比于传统的手工操作，可以降低劳动强度，加快施工速度，提高施工质量。

装修一体化，即从设计阶段开始，实现装修与构件的生产、制作，与装配化施工一体化完成，也就是实现与主体结构的一体化，而不是现在的毛坯房交工后再着手装修。

管理信息化就是用科学的方法进行工程项目管理，避免主观臆断或凭经验管理。组织管理科学化是建筑工业化的保证。科学化的组织管理必须贯穿于设计、生产到施工的各个环节，避免工程中出现混乱，造成不必要的损失。

7.3.2 建筑模数

为保证建筑设计标准化和构件生产工厂化，建筑物及其各组成部分的尺寸必须统一协调，从而提高建筑工业化的水平，降低造价并提高建筑设计及建造的质量和速度。为此我国制定了《建筑模数协调标准》(GB/T 50002—2013)，并将其作为建筑设计的依据。

(1) 建筑模数简介

建筑模数是选定的尺寸单位，作为建筑构配件、建筑制品及有关设备尺寸间互相协调的增值单位，包括基本模数和导出模数。

① 基本模数:模数协调中选定的基本尺寸单位,数值为 100 mm,其符号为 M,即 1M=100 mm。

② 导出模数:又分为扩大模数和分模数。

a. 扩大模数是基本模数的整数倍。其中,水平扩大模数基数为 3M、6M、12M、15M、30M、60M,相应的尺寸分别是 300 mm、600 mm、1200 mm、1500 mm、3000 mm、6000 mm;竖向扩大模数的基数是 3M、6M,相应的尺寸分别是 300 mm、600 mm。

b. 分模数是基本模数的分数值,即整数除基本模数的数值,其基数是 M/10、M/5、M/2,相应的尺寸是 10 mm、20 mm、50 mm。

(2) 模数数列

模数数列是由基本模数、扩大模数、分模数为基础扩展成的一系列尺寸。建筑物中的所有尺寸,除特殊情况外,都必须符合表 7.2 中模数数列的规定。

表 7.2 **模数数列** (单位:mm)

基本模数	扩大模数						分模数		
1M	3M	6M	12M	15M	30M	60M	M/10	M/5	M/2
100	300	600	1200	1500	3000	6000	10	20	50
100	300	600	1200	1500	3000	6000	10	20	50
200	600	1200	2400	3000	6000	12000	20	40	100
300	900	1800	3600	4500	9000	18000	30	60	150
400	1200	2400	4800	6000	12000	24000	40	80	200
500	1500	3000	6000	7500	15000	30000	50	100	250
600	1800	3600	7200	9000	18000	36000	60	120	300
700	2100	4200	8400	10500	21000		70	140	350
800	2400	4800	9600	12000	24000		80	160	400
900	2700	5400	10800		27000		90	180	450
1000	3000	6000	12000		30000		100	200	500
1100	3300	6600			33000		110	220	550
1200	3600	7200			36000		120	240	600
1300	3900	7800					130	260	650
1400	4200	8400					140	280	700
1500	4500	9000					150	300	750
1600	4800	9600					160	320	800
1700	5100						170	340	850
1800	5400						180	360	900
1900	5700						190	380	950
2000	6000						200	400	1000
2100	6300								
2200	6600								

续表

基本模数	扩大模数						分模数		
2300	6900								
2400	7200								
2500	7500								
2600									
2700									
2800									
2900									
3000									
3100									
3200									
3300									
3400									
3500									
3600									

(3) 模数数列的应用

① 水平基本模数 1M～20M 的数列，主要用于门窗洞口和构配件截面等处。

② 竖向基本模数 1M～36M 的数列，主要用于建筑物的层高、门窗洞口和构配件截面等处。

③ 水平扩大模数 3M、6M、12M、15M、30M、60M 的数列，主要用于建筑物的开间或柱距、进深或跨度、构配件尺寸和门窗洞口等处。

④ 竖向扩大模数 3M 的数列，主要用于建筑物的高度、层高和门窗洞口等处。

⑤ 分模数 M/10、M/5、M/2 的数列，主要用于缝隙、构造节点、构配件截面等处。

7.3.3 建筑模数协调

建筑模数协调是指对建筑物及其构配件的设计、制作、安装所规定的标准尺度体系，原称建筑模数制。制定建筑模数协调体系的目的是用标准化的方法实现建筑制品、建筑构配件的生产工业化。

建筑模数协调的内容包括模数数列、模数化网格、定位原则、公差和接缝。

① 模数数列。在建筑设计中要求用有限的数列作为实际工作的参数，它是运用叠加原则和倍数原理在基本数列基础上发展起来的。《建筑模数协调标准》(GB/T 50002—2013)中的模数数列表包括基本模数、扩大模数和分模数，各自有适用范围。

② 模数化网格。其是指由三向直角坐标组成的、三向均为模数尺寸的模数化空间网格在水平和垂直面上的投影。网格的单位尺度是基本模数或扩大模数。网格的三个方向或同一方向可以采用不同的扩大模数。网格的基本形式有基本模数化网格和扩大模数化网格两种。

③ 定位原则。在网格中每个构件都要按三个方向借助边界定位平面和中线(或偏中线)定位平面来定位。所谓边界定位,是指模数化网格线位于构件的边界面,而中线(或偏中线)定位是指模数化网格线位于构件中心线(或偏中心线)。

④ 公差和接缝。公差是两个允许限值之差,包括制作公差、安装公差、就位公差等。接缝是两个或两个以上相邻构件之间的缝隙。在设计和制造构件时,应考虑接缝因素。

建筑模数协调应符合以下两个要求。

① 应用模数数列调整装配整体式建筑与构配件(部品)的尺寸关系,优化建筑构配件(部品)的尺寸与种类。

② 构配件(部品)组合时,能明确各配件(部品)的尺寸与位置,使设计、制造与安装等各个部品配合简单,满足装配整体式建筑设计精细化、高效率和经济性要求。

7.4 变　形　缝

变形缝是伸缩缝、沉降缝和防震缝的总称,是为防止建筑物在外界因素(温度变化、地基的不均匀沉降及地震)作用下产生变形,导致开裂,甚至破坏而预留的构造缝。

7.4.1 变形缝的种类

变形缝可分为伸缩缝、沉降缝、防震缝三种类型。

(1) 伸缩缝

伸缩缝,又称温度缝,是为了解决由于建筑物超长而产生的伸缩变形问题所设置的变形缝。

(2) 沉降缝

沉降缝是为了解决由于建筑物高度、重量、平面转折部位不同等而产生的不均匀沉降变形问题所设置的变形缝。

(3) 防震缝

防震缝是为了解决地震时产生的相互撞击变形问题所设置的变形缝。

7.4.2 变形缝的设置原则

(1) 伸缩缝

建筑物因温度、湿度的变化会产生胀缩变形,建筑物长度越大,变形就越大,当建筑物的长度超过一定限度时,会因变形过大而开裂。为避免这种现象发生,通常沿建筑物长度方向每隔一定距离预留缝隙,将建筑物断开,使建筑物分成几个独立部分,各部分可在水平方向上伸缩,这种构造缝称为伸缩缝(图 7.3)。

伸缩缝的位置和间距与建筑物的材料、结构形式、使用情况、施工条件及当地温度变化情况有关,设计时应根据有关规范的规定设置(表 7.3、表 7.4)。

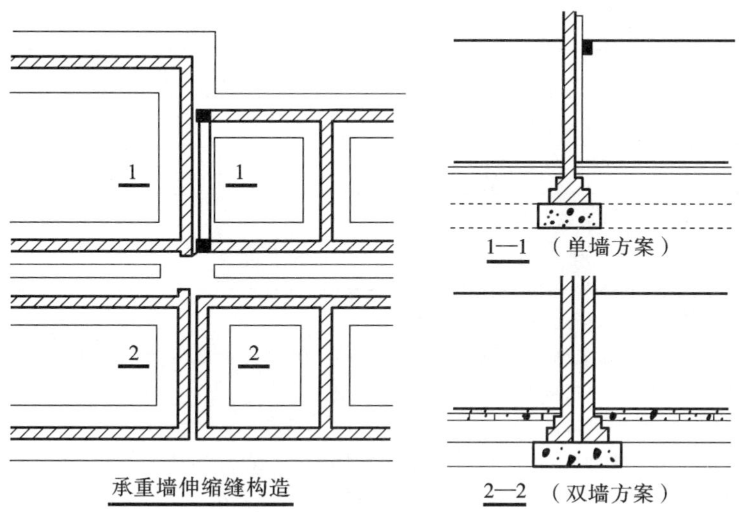

图 7.3 承重墙伸缩缝构造

表 7.3 砌体结构伸缩缝的最大间距

<table>
<tr><th>砌体类别</th><th colspan="2">屋顶或楼板层的类别</th><th>间距/m</th></tr>
<tr><td rowspan="6">各种砌体</td><td rowspan="2">整体式或装配整体式钢筋混凝土结构</td><td>有保温层或隔热层的屋顶、楼板层</td><td>50</td></tr>
<tr><td>无保温层或隔热层的屋顶</td><td>40</td></tr>
<tr><td rowspan="2">装配式无檩体系钢筋混凝土结构</td><td>有保温层或隔热层的屋顶</td><td>60</td></tr>
<tr><td>无保温层或隔热层的屋顶</td><td>50</td></tr>
<tr><td rowspan="2">装配式有檩体系钢筋混凝土结构</td><td>有保温层或隔热层的屋顶</td><td>75</td></tr>
<tr><td>无保温层或隔热层的屋顶</td><td>60</td></tr>
<tr><td>普通黏土、空心砖砌体</td><td colspan="2" rowspan="3">黏土瓦和石棉水泥瓦
木屋顶或楼板层
砖石屋顶或楼板层</td><td>100</td></tr>
<tr><td>石砌体</td><td>80</td></tr>
<tr><td>硅酸盐砖、硅酸盐砌块、混凝土砌块</td><td>75</td></tr>
</table>

注：1. 层高大于 5 m 的混合结构单层建筑，其伸缩缝间距可按表中数值乘以 1.3 采用，但当墙体采用硅酸盐砖、硅酸盐砌块和混凝土砌块砌筑时，不得大于 75 m；

2. 温差较大且温度变化频繁地区和严寒地区不采暖的建筑及构筑物墙体的伸缩缝最大间距，应按表中数值予以适当减小后采用。

表 7.4 钢筋混凝土结构伸缩缝的最大间距

<table>
<tr><th colspan="2">结构类型</th><th>室内或土中间距/m</th><th>露天间距/m</th></tr>
<tr><td>排架结构</td><td>装配式</td><td>100</td><td>70</td></tr>
<tr><td rowspan="2">框架结构</td><td>装配式</td><td>75</td><td>50</td></tr>
<tr><td>现浇式</td><td>55</td><td>35</td></tr>
</table>

续表

结构类型		室内或土中间距/m	露天间距/m
剪力墙结构	装配式	65	40
	现浇式	45	30
挡土墙及地下室墙等结构	装配式	40	30
	现浇式	30	20

注:1. 如有充分依据或可靠措施,表中数值可以增减。

2. 当屋面板上部无保温或隔热措施时,框架剪力墙结构的伸缩缝间距,可按表中露天栏的数值选用;排架结构的伸缩缝间距,可按适当低于室内栏的数值选用。

3. 排架结构的柱顶面(从基础顶面算起)低于 8 m 时,宜适当减小伸缩缝间距。

4. 外墙装配、内墙现浇的剪力墙结构,其伸缩缝最大间距按现浇式一栏的数值选用;滑模施工的剪力墙结构,宜适当减小伸缩缝间距;现浇墙体在施工中应采取措施减小混凝土收缩应力。

(2) 沉降缝

为防止建筑物产生不均匀沉降,以致发生错动、开裂,用垂直缝将建筑物划分为若干个可以独立自由沉降的单元,这种垂直缝称为沉降缝。

凡符合下列条件之一者应设置沉降缝:

① 当建筑物建造在不同的地基土壤上时;

② 当同一建筑物相邻部分高度相差在两层以上或部分高度差超过 10 m 以上时;

③ 当建筑物部分的基础底部压力值有很大差别时;

④ 原有建筑物和扩展建筑物之间;

⑤ 当相邻的基础宽度和埋置深度相差悬殊时;

⑥ 在平面形状较复杂的建筑中,为了避免不均匀沉降,应将建筑物平面划分为几个单元,在几个部分之间设置沉降缝(图 7.4)。

设沉降缝时,要求从基础到屋顶所有构件均设缝断开,其宽度与地基的性质和建筑物的高度有关。地基越软弱,建筑物的高度越大,沉降缝的宽度越大。沉降缝可以兼起伸缩缝的作用,伸缩缝却不可以代替沉降缝。

(3) 防震缝

地震波由震源向四周扩散,引起环状波动,使建筑物产生上下、左右、前后多方向的震动,但对建筑物防震来说,一般只考虑水平方向地震波的影响。

在地震区建造房屋,应力求体形简单,质量、刚度对称并均匀分布,建筑物的形心和重心尽可能接近,避免在平面和立面上有突然变化。在抗震设防烈度为 7～9 度的地区,当建筑物体形复杂或各部分的结构刚度、高度、质量相差较大时,应在变形敏感部位设缝,将建筑物划分为若干个体形规整、结构单一的单元,以防止在地震波的作用下互相挤压、拉伸,造成变形和破坏,这种缝隙叫防震缝(图 7.5)。

当设计烈度为 8 度和 9 度时,有下列情况之一者应设置防震缝:

① 房屋立面高差在 6 m 以上;

② 房屋有错层,且楼板高差较大;

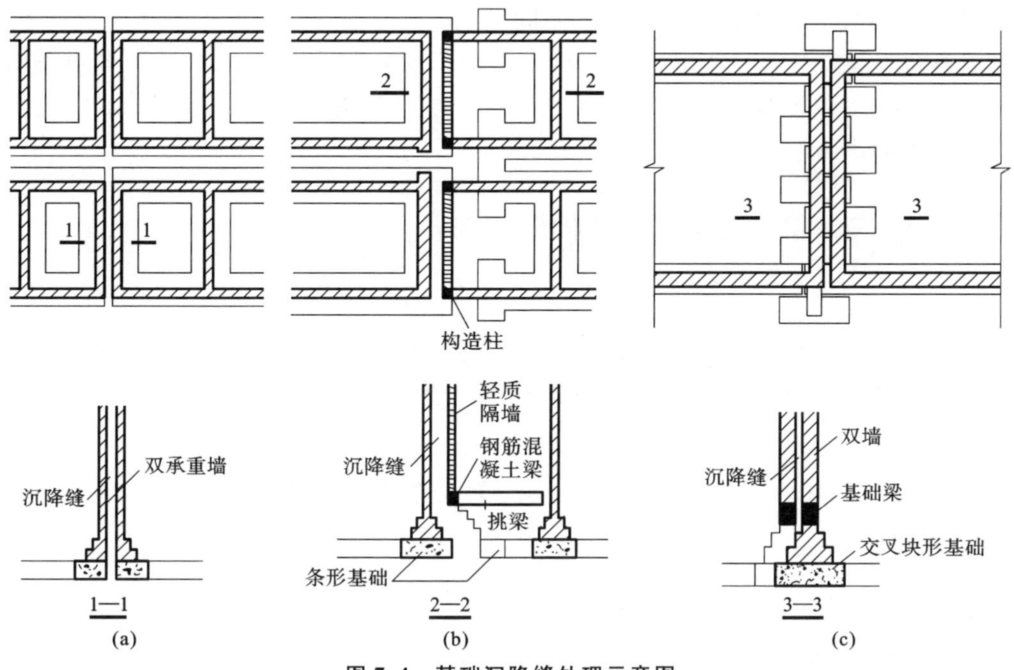

图 7.4 基础沉降缝处理示意图

(a) 双墙方案沉降缝;(b) 悬挑基础方案的沉降缝;(c) 双墙基础交叉排列方案的沉降缝

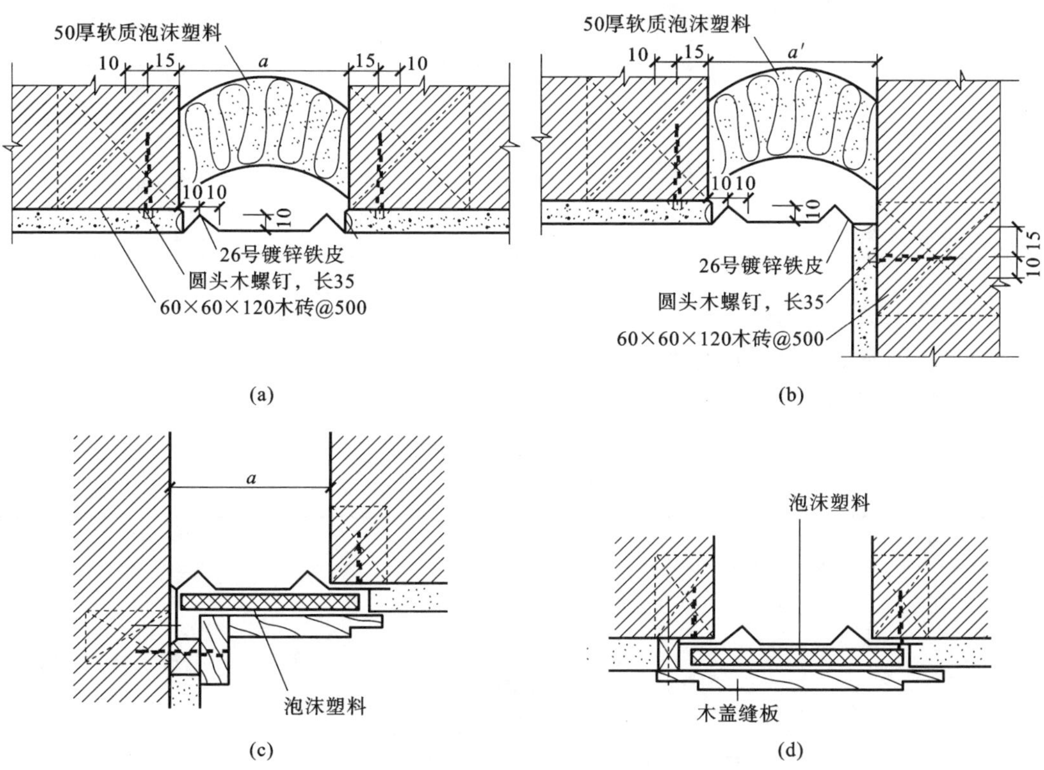

图 7.5 墙体防震缝构造

(a) 外墙平缝处;(b) 外墙转角处;(c) 内墙转角处;(d) 内墙平缝处

③ 房屋各部分结构刚度、质量截然不同。

设置防震缝时基础一般可不断开，但在平面形状复杂的建筑中，当建筑各相连部分的刚度差别很大时，也需将基础分开。在地震设防区，建筑物的伸缩缝和沉降缝应按防震缝的要求来处理。

7.4.3 变形缝的宽度尺寸及构造特点

(1) 伸缩缝

伸缩缝要求把建筑物的墙体、楼板层、屋顶等地面以上部分全部断开，基础因埋在土中，受温度变化影响较小，故不需断开。其宽度一般为 20～30 mm。

(2) 沉降缝

由于沉降缝的设置目的是为了解决不均匀沉降变形的问题，因此应从基础开始断开。沉降缝的宽度按表 7.5 选取。

表 7.5　　**沉降缝的宽度**

地基情况	建筑物高度/m	沉降缝宽度/mm
一般地基	$H<5$	30
	$H=5\sim10$	50
	$H=10\sim15$	70
软弱地基	2～3 层	50～80
	4～5 层	80～120
	5 层以上	>120
湿陷性黄土地基		≥30～70

(3) 防震缝

防震缝的宽度与抗震设防烈度有关。

① 建筑物高度不超过 15 m 时，缝宽为 70 mm。

② 当建筑物高度超过 15 m 时，缝宽尺寸见表 7.6。

表 7.6　　**防震缝的宽度**

抗震设防烈度	建筑物高度	缝宽
6 度	每增加 5 m	在 70 mm 基础上增加 20 mm
7 度	每增加 4 m	
8 度	每增加 3 m	
9 度	每增加 2 m	

将伸缩缝、沉降缝、防震缝三种变形缝对应的变形原因、设置依据、断开部位及缝宽进行比较，结果见表 7.7。

表 7.7 **变形缝比较**

变形缝类别	变形原因	设置依据	断开部位	缝宽
伸缩缝	昼夜温差引起热胀冷缩	建筑物的长度、结构类型与屋盖刚度	除基础外沿全高断开	20～30 mm
沉降缝	建筑物相邻部分高差悬殊、结构形式变化大、基础埋深差别大、地基不均匀等引起的不均匀沉降	地基情况和建筑物的高度	从基础到屋顶沿全高断开	一般地基： 建筑物高度小于 5 m，缝宽为 30 mm；建筑物高度为5～10 m，缝宽为 50 mm；建筑物高度为 10～15 m，缝宽为 70 mm。 软弱地基： 建筑物层数为 2～3 层，缝宽为 50～80 mm；建筑物层数为 4～5 层，缝宽为 80～120 mm；建筑物在 5 层以上，缝宽大于 120 mm。 湿陷性黄土，缝宽大于或等于 30～70 mm
防震缝	地震作用	抗震设防烈度、结构类型和建筑物高度	沿建筑物全高设缝，基础可不分开，也可分开	多层砌体建筑，缝宽为 50～70 mm。 框架、框剪： 建筑物高度不大于 15 m，缝宽为 70 mm；建筑物高度大于 15 m：6 度设防，建筑物每增高 5 m，缝宽增加 20 mm；7 度设防，建筑物每增高4 m，缝宽增加 20 mm；8 度设防，建筑物每增高 3 m，缝宽增加 20 mm；9 度设防，建筑物每增高 2 m，缝宽增加 20 mm

本章小结

(1) 一般民用建筑由基础、墙或柱、楼(地)层、楼梯、屋顶、门窗等构配件组成。

(2) 民用建筑按使用功能分为居住建筑和公共建筑，按建筑规模和数量分为大量性建筑和大型性建筑，按建筑层数分为低层建筑、多层建筑、中高层建筑、高层建筑和超高层建筑，按承重结构的材料分为木结构建筑、砖(或石)结构建筑、钢筋混凝土结构建筑、钢结构建筑和混合结构建筑。民用建筑按耐火等级分一、二、三、四级，按耐久年限分一、二、三、四级。

(3) 建筑工业化包括建筑设计标准化、构配件生产工厂化、施工机械化和组织管理科学化四个方面。

(4) 建筑模数包括基本模数和导出模数，基本模数为 100 mm，导出模数分为扩大模数和分模数。

(5) 变形缝分为伸缩缝、沉降缝、防震缝三种类型。伸缩缝应把建筑物地面以上部分全部断开，基础不需断开，其宽度一般为 20～30 mm；设沉降缝时，要求从基础到屋顶的所有构件均断开；设置防震缝时一般基础可不断开。

思考题

7-1　民用建筑由哪些部分组成？各组成部分的作用是什么？

7-2　建筑物的分类方法有哪几种？如何划分？

7-3　建筑物按耐火等级分为多少级？是根据什么确定的？什么叫作燃烧性能和耐火极限？

7-4　建筑工业化有何意义？包括哪几个方面？

7-5　什么是建筑模数？分哪几种？各有什么用途？

7-6　变形缝包括哪几种？其形成原因是什么？各自的宽度和设置要求是什么？

8 基础与地下室

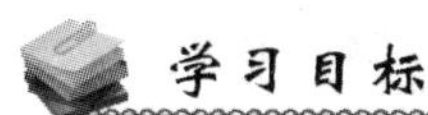

通过本章的学习，学生应掌握基础、地基、基础埋深等基本概念，了解基础的类型和构造及适用范围，了解地下室的组成和分类，熟悉地下室防潮、防水的构造做法。

8.1 地基与基础概述

在建筑工程中，位于建筑物最下部位，直接作用于土层上的承重构件称为基础。基础下面支承建筑物全部荷载的那部分土层称为地基。地基和基础虽然不同，但是又有着不可分割的关系，它们共同保证房屋的坚固、耐久和安全。因此，在工程设计和施工中，基础应满足强度、耐久性及经济性方面的要求，地基应满足强度、变形及稳定性方面的要求。

8.1.1 地基与基础的关系

基础是建筑物的重要组成部分，它承受建筑物的全部荷载，并将它们传给地基。而地基则不是建筑物的组成部分，它只是承受建筑物荷载的土壤层。地基在建筑物荷载作用下的应力和应变随着土层深度的增加而减小，达到一定的深度以后就可以忽略不计。

地基承受荷载的能力有一定的限度，地基每平方米所承受的最大压力称为地基允许承载力(也称地耐力)，用 f 表示，单位为 kN/m^2；N 表示建筑物的总荷载，单位为 kN；A 表示基础底面积，单位为 m^2。因此可列出如下关系式：

$$A \geqslant \frac{N}{f}$$

地基按土层性质可分为天然地基和人工地基两类。天然地基是指具有足够强度的天然土层，能直接承受建筑物荷载的地基，如岩石、碎石、砂石、黏土等。人工地基是指天然土层没有足够的强度来承受建筑物的荷载，必须对这种土层进行人工加固，以提高它的承载能力。人工加固地基通常采用压实法、换土法、打桩法及化学加固法等。人工地基相比于天然地基，费工、费料且造价高，只有在天然土层承载力差、建筑总荷载大的情况下采用。

8.1.2 地基与基础设计要求

(1) 地基强度的要求

建筑物选址应尽量选在地基土的地耐力较高且分布均匀的地段，如岩石、碎石类等，应优先考虑天然基石。例如，淤泥不宜作天然地基，因为它会产生不均匀沉降，使建筑物产生裂缝、倾斜，影响正常使用。

(2) 地基变形方面的要求

要求地基有均匀的压缩量，以保证有均匀的下沉。若地基土质不均匀，会给基础设计增加困难。若地基处理不当，将会使建筑物发生不均匀沉降，从而引起墙身开裂，甚至影响建筑物的使用。

(3) 地基稳定方面的要求

要求地基有防止产生滑坡、倾斜方面的能力，必要时应加设挡土墙，以防止滑坡变形的出现。

(4) 基础强度与耐久性的要求

基础是建筑物的重要承重构件，对整个建筑的安全起保证作用。因此，基础所用的材料必须具有足够强度，才能保证基础能够承担建筑物的荷载并传递给地基。而基础又是埋在地下的隐蔽工程，其在土中经常受潮，建成后检查和加固困难，因此选择基础材料及构造形式时，应与上部结构的耐久性相适应。

(5) 基础工程应注意的经济问题

基础工程占建筑总造价的10%～40%，降低基础工程投资是降低工程总投资的重要环节。因此，在设计中应该选择较好的土质地段，对需要特殊处理的地基和基础尽量选用地方材料，并采用恰当形式及构造方法，以节约工程投资。

8.1.3 基础的埋置深度

(1) 基础埋置深度的定义

从室外设计地面至基础底面的垂直距离称为基础的埋置深度，简称基础的埋深，如图8.1所示。基础按照埋置深度的不同分为深基础和浅基础两种。一般基础埋深大于或等于5 m者为深基础，小于5 m者为浅基础。基础的埋置深度是根据建筑物上部荷载的大小、地基土质的好坏、地下水位的高低、冰冻的深度、工程特点、周围环境、经济能力、施工条件等因素综合确定的。不能简单认为基础埋得深，它的承载力就一定高，而是要依照实际情况进行研究。

(2) 基础埋置深度的选择

基础埋深的大小关系到地基的可靠性、施工的难易程度及造价的高低。影响基础埋深的因素有很多，主要包括地基土层上部构造情况、工程地质条件、水文地质条件、地基土冻胀和融陷、建筑场地的环境条件等。

① 地基土层上部构造情况。

上部结构的情况包括建筑物用途、类型、规模、荷载大小与性质等。建筑物各部分使用要求不同或地基土质变化大，要求同一建筑物各部分基础埋深不同时，应将基础做成台阶形逐渐过渡，台阶的高宽比为 1∶2，每级台阶高度不超过 50 cm，如图 8.2 所示。

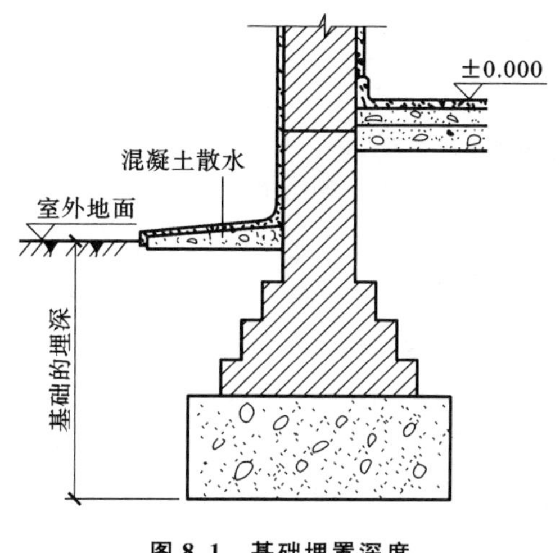

图 8.1 基础埋置深度

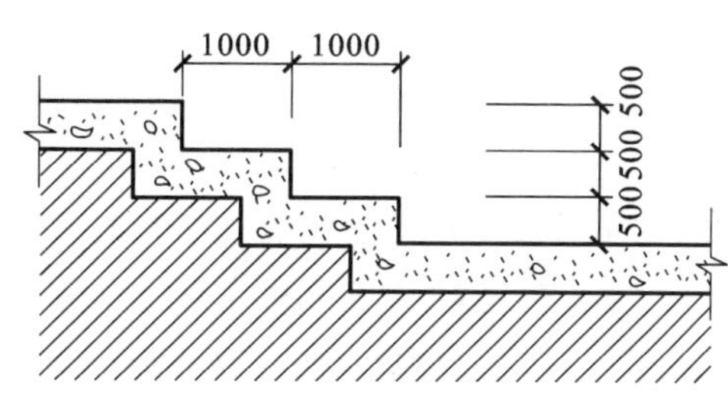

图 8.2 台阶形基础

② 工程地质条件。

工程地质条件对基础设计方案起决定性作用。建筑物选址时，应选择承载力高的坚实土层作为地基持力层，并确定地基埋深。基础应建造在坚实可靠的地基上，根据地基土层分布的不同，基础埋深情况一般有以下几种。

a. 在满足地基稳定和变形要求的前提下，基础尽量浅埋，但通常不小于 0.5 m。

b. 地基软弱土层在 2 m 以内，下卧层为低压缩性的土时应将基础埋在下卧层上。

c. 如软弱土层厚度为 2～5 m，低层轻型建筑争取将基础埋于表层软弱土层内，可加宽基础，必要时也可用换土、压实等方法进行地基处理。

d. 如软弱土层厚度大于 5 m，低层轻型建筑应尽量浅埋于软弱土层内，必要时可加强上部结构或进行地基处理。

e. 如地基土由多层土组成且均属于软弱土层或上部荷载很大，则常采用深基础方案，如桩基等。

③ 水文地质条件。

有地下水时，确定基础埋深一般应考虑将基础埋于地下水位以上不小于 200 mm 处。当地下水位较高，基础不能埋置在地下水位以上时，宜将基础埋置在最低地下水位以下不小于 200 mm 的深度，同时考虑施工时基坑的排水和坑壁的支护等因素。地下水位以下的基础选材应考虑地下水对基础是否有腐蚀性，如有应采取防腐措施。水文地质条件与基础埋深的关系如图 8.3 所示。

④ 地基土冻胀和融陷的影响。

地基土冻结的危害：冬季气温在 0 ℃以下时，地表土中的自由水开始冻结，气温越

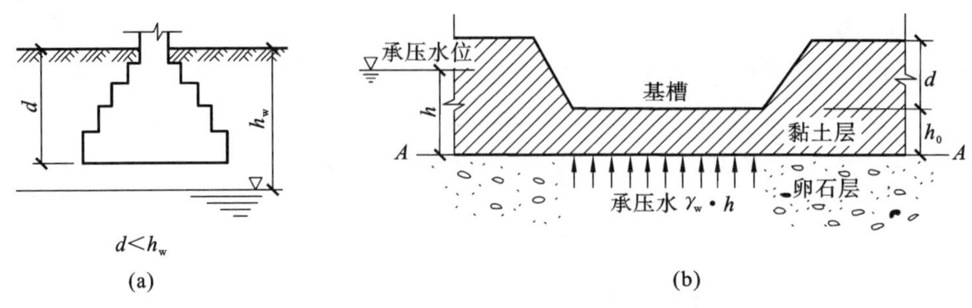

图 8.3 水文地质条件与基础埋深关系

(a) 地下水位较低时的基础埋置位置;(b) 地下水位较高时的基础埋置位置

低,持续时间越长,则地基土层冻结深度就越大。若地下水通过毛细作用上升而冻结,则更为严重。土层冻结、体积膨胀,产生冻胀力,使基础与墙体上抬而开裂。春季解冻时,地基土强度降低,产生沉降。寒冷地区基础埋深须考虑当地冻深大小的因素。

粉砂、粉土和黏性土等细粒土具有冻胀现象,冻胀会将基础向上拱起。土层解冻,基础又下沉,使基础处于不稳定状态。冻融的不均匀使建筑物产生形变,严重时会产生开裂等破坏情况。因此,建筑物基础应埋置在冰冻层以下不小于 200 mm 处。

⑤ 建筑场地环境条件的影响。

建筑场地环境条件也会影响基础埋深的选择,如邻近建筑物基础埋深,建筑场地靠近土坡,拟建建筑物是否有地下室、地下管沟、设备基础等。

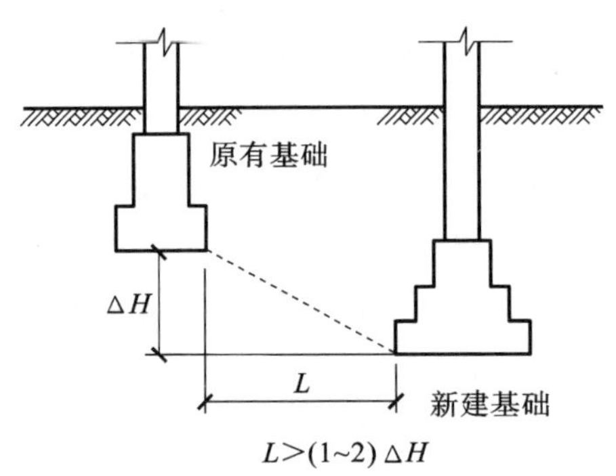

图 8.4 相邻基础净距条件

a. 邻近建筑物基础埋深。

建筑场地邻近已存在建筑物时,新建工程的基础埋深不宜大于原有建筑基础;否则两基础之间的净距应大于两基础底面高差的 1～2 倍(图 8.4),以免开挖新基槽时危及原有基础的安全、稳定性;若不满足此条件,应采取分段施工、做护坡桩或用沉井、地下连续墙结构及加固原有基础等措施,以确保原有浅基础的安全。

b. 建筑场地靠近土坡。

若建筑场地靠近各种土坡,包括山坡、河岸、海滨、湖边等,则基础埋深应考虑邻近土坡临空面的稳定性。

为保护基础,一般要求基础顶面低于设计室内地面不小于 0.1 m,地下室或半地下室基础的埋深则要结合建筑设计的要求确定。

8.2 基础的类型与构造

基础的类型较多,按基础所用材料及受力特点分,有刚性基础和柔性基础;按构造形式分,有条形基础、独立基础、井格基础、片筏基础、箱形基础和桩基础等。

8.2.1　刚性基础和柔性基础

(1) 刚性基础

由刚性材料制作的基础称为刚性基础。一般抗压强度高，而抗拉、抗剪强度较低的材料称为刚性材料。常用的刚性材料有砖、灰土、混凝土、三合土、毛石等。为满足地基容许承载力的要求，基底宽 B 一般大于上部墙宽。当基底宽 B 很大时，挑出部分 b 很长，而基础又没有足够的高度 H，又因基础采用刚性材料，基础就会因受弯曲或剪切而破坏。为了保证基础不被拉力、剪力破坏，基础必须具有相应的高度。通常按刚性材料的受力状况，基础在传力时只能在材料的允许范围内控制，这个控制范围的夹角称为刚性角，用 α 表示（图 8.5），$\tan\alpha = b/H$。也就是说，基础台阶的挑出宽度 b 与高度 H 之比要受到一定的限制。把基础的 b/H 称为宽高比，刚性基础台阶宽高比的允许值见表 8.1。

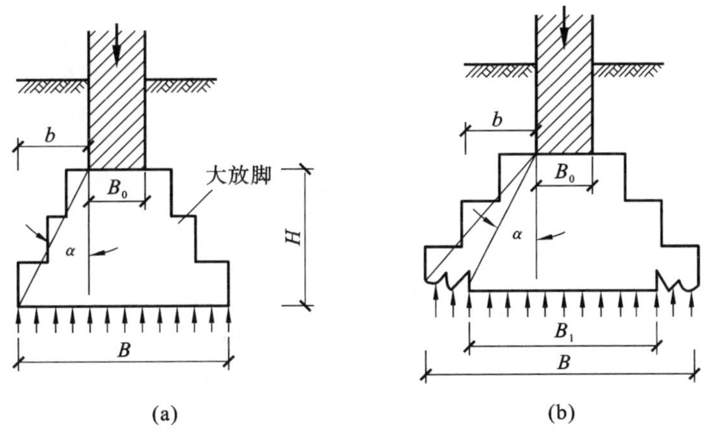

图 8.5　刚性基础的受力、传力特点

(a) 基础在刚性角范围内传力；(b) 基础底面宽度超过刚性角范围而遭破坏

表 8.1　**刚性基础台阶宽高比的允许值**

基础材料	质量要求	台阶宽高比的允许值		
		$P_K \leqslant 100$	$100 < P_K \leqslant 200$	$200 < P_K \leqslant 300$
混凝土基础	C15 混凝土	1∶1.00	1∶1.00	1∶1.25
毛石混凝土基础	C15 混凝土	1∶1.00	1∶1.25	1∶1.50
砖基础	砖不低于 MU10、砂浆不低于 M5	1∶1.50	1∶1.50	1∶1.50
毛石基础	砂浆不低于 M5	1∶1.25	1∶1.50	—
灰土基础	体积比为 3∶7 或 2∶8 的灰土，其最小干密度：粉土为 1.55 t/m^3，粉质黏土为 1.50 t/m^3，黏土为 1.45 t/m^3	1∶1.25	1∶1.50	—

续表

基础材料	质量要求	台阶宽高比的允许值		
		$P_K \leqslant 100$	$100 < P_K \leqslant 200$	$200 < P_K \leqslant 300$
三合土基础	体积比 1∶2∶4 或 1∶3∶6(石灰∶砂∶骨料),每层约虚铺 220 mm,夯至 150 mm	1∶1.50	1∶2.00	—

注:1. P_K 为荷载效应组合时基础底面处的平均压力,单位为 kPa;
2. 阶梯形毛石基础的每阶伸出宽度不宜大于 200 mm;
3. 当基础由不同材料叠合组成时,应对接触部分做抗压验算;
4. 对于基础底面处的平均压力值超过 300 kPa 的混凝土基础,尚应进行抗剪验算。

刚性基础适用于上部荷载较小、地基承载力较好的中小型建筑。

① 砖基础。

砖基础是指以砖为砌筑材料形成的建筑物基础。砖基础是我国传统的砖木结构砌筑方法,现在常与混凝土结构配合修建住宅、校舍、办公等低层建筑。砖基础取材容易,构造简单,造价低廉,但其强度低,耐久性及抗冻性较差,适用于地基坚实、均匀,上部荷载较小,地下水位较低,楼层在六层和六层以下的一般民用建筑和墙承重的轻型厂房基础工程。

砖基础常采用台阶式,即大放脚,大放脚有等高式和间隔式两种(图 8.6)。

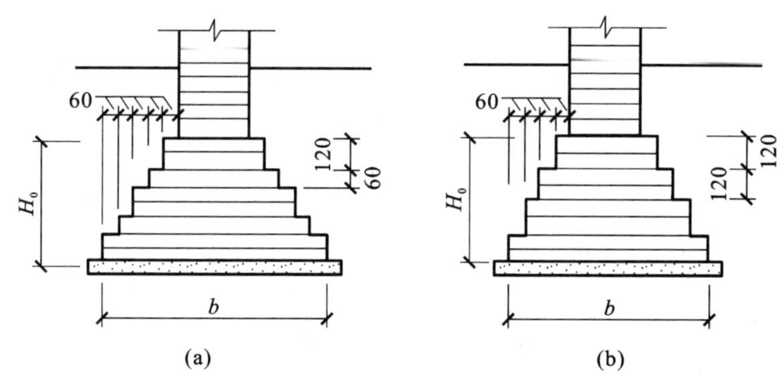

图 8.6 砖基础的构造

(a) 二皮砖与一皮砖间隔挑出 1/4 砖;(b) 二皮砖挑出 1/4 砖

等高式大放脚:每砌两皮砖收进一次,每次每边各收进 1/4 砖长。

间隔式大放脚:每砌两皮砖及一皮砖,轮流两边各收进 1/4 砖长,最下面应为两皮砖。

砌筑时,一般需在基底下先铺设砂、混凝土或灰土垫层。

② 灰土基础。

在地下水位较低的地区,可以在砖基础下设灰土垫层,灰土垫层有较好的抗压强度和耐久性,整体性好,后期强度较高,属于基础的组成部分,叫作灰土基础。灰土基础由熟石灰粉和黏土按体积比为 3∶7 或 2∶8 的比例,加适量水拌和夯实而成。施工时每层虚铺厚度约 220 mm,夯实后厚度为 150 mm,称为一步,一般灰土基础做二至三步(图 8.7)。

灰土基础施工简便，造价较低，就地取材，可以节省水泥、砖石等材料，但其抗冻性、耐水性差，只能埋置在地下水位以上，并且顶面应位于冰冻线以下。

③ 毛石基础。

毛石基础是由未加工的块石用水泥砂浆砌筑而成，毛石的厚度不小于 150 mm，宽度为 200～300 mm。如图 8.8 所示，基础的剖面呈台阶形，顶面要比上部结构每边宽出 100 mm，每个台阶的高度不宜小于 400 mm，挑出的长度不应大于 200 mm。

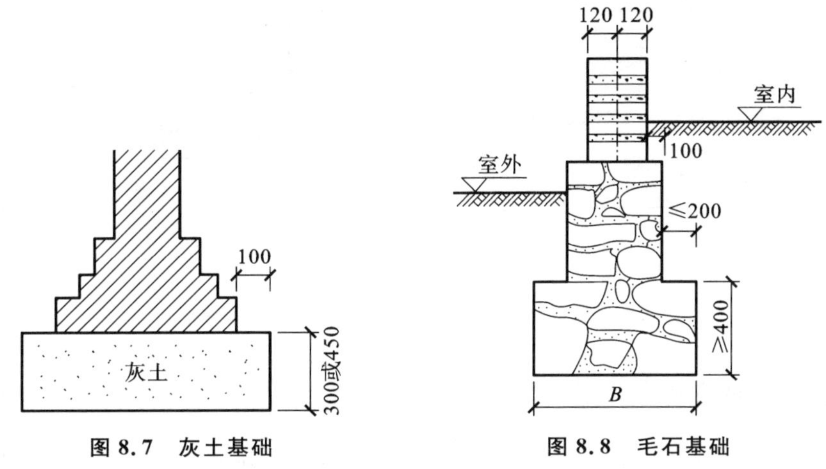

图 8.7　灰土基础　　　图 8.8　毛石基础

毛石基础的强度高，抗冻、耐水性能好，因此其适用于地下水位较高、冰冻线较深的产石区的 6 层以下民用建筑物基础。

④ 混凝土基础和毛石混凝土基础。

混凝土基础断面有矩形、阶梯形和锥形，一般当基础底面宽度大于 2000 mm 时，为了节约混凝土常做成锥形(图 8.9)。

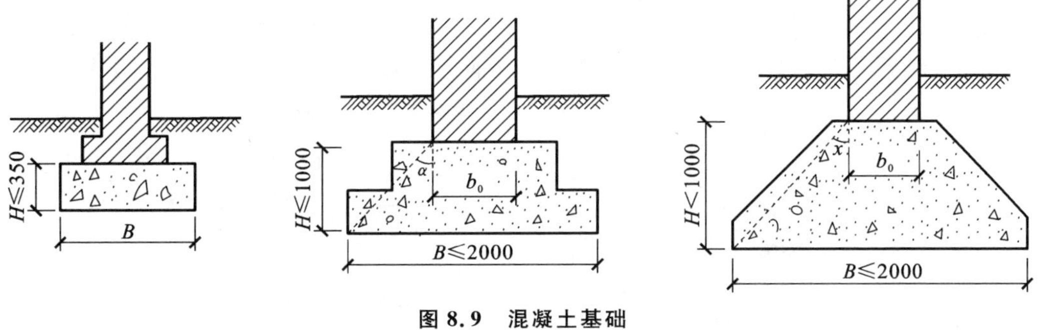

图 8.9　混凝土基础

当混凝土基础的体积较大时，为了节约混凝土，可以在混凝土中加入粒径不超过 300 mm的毛石，这种混凝土基础称为毛石混凝土基础。毛石混凝土基础中，毛石的尺寸不得大于基础宽度的 1/3，毛石的体积为总体积的 20%～30%，且应分布均匀。

混凝土基础和毛石混凝土基础具有坚固、耐久、耐水的特点，可用于受地下水和冰冻作用的建筑。

(2) 柔性基础

当建筑物的荷载较大而地基承载能力较小时，基础底面必须加宽。如果仍采用混凝土材料做基础势必加大基础的埋深，这样既增加了挖土工作量，又使材料的用量增加，对工期和造价都十分不利，如图 8.10(a)所示。如果在混凝土基础的底部配以钢筋，利用钢筋来承受拉应力[图 8.10(b)]，使基础底部能够承受较大的弯矩，这时，基础宽度的加大不受刚性角的限制，故称钢筋混凝土基础为非刚性基础或柔性基础。

钢筋混凝土基础的适用范围广，尤其适用于有软弱土层的地基。

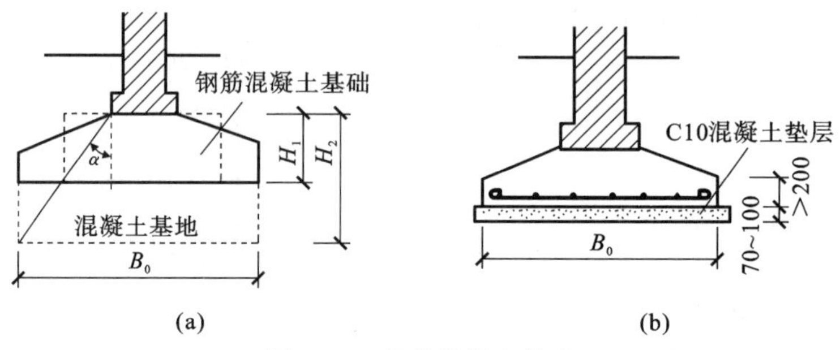

图 8.10　钢筋混凝土基础

(a) 混凝土基础与钢筋混凝土基础比较；(b) 基础配筋情况

8.2.2　基础的构造形式

基础构造的形式随建筑物上部结构形式、荷载大小及地基土壤性质的变化而不同。一般情况下，上部结构形式直接影响基础的形式，当上部荷载大，地基承载能力发生变化时，基础形式也随之变化。基础按构造特点可分为以下几种基本类型。

(1) 条形基础

当建筑物上部结构采用墙承重时，基础沿墙身设置，多做成长条形，这类基础称为条形基础或带形基础[图 8.11(a)]，其是墙承式建筑基础的基本形式。条形基础一般用于墙下，也可用于柱下。当建筑采用柱承重，在荷载较大且地基较软弱时，为了提高建筑物的整体性，防止出现不均匀沉降，可将柱上基础沿一个方向连续设置成条形基础[图 8.11(b)]。

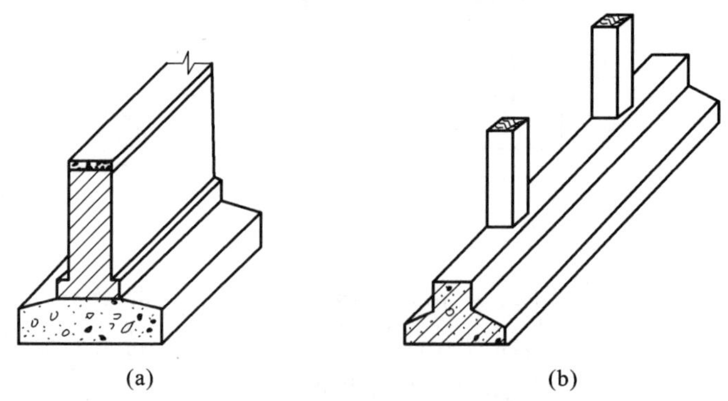

图 8.11　条形基础

(a) 墙下条形基础；(b) 柱下条形基础

(2) 独立基础

当建筑物上部采用柱承重，且柱距较大时，将柱下扩大形成独立基础。独立基础的形状有阶形、坡形和杯形等(图 8.12)。其优点是土方工程量少,便于地下管道穿越,节约基础材料。但此基础相互之间无联系,整体刚度差,因此一般适用于土质均匀、荷载均匀的骨架结构建筑。

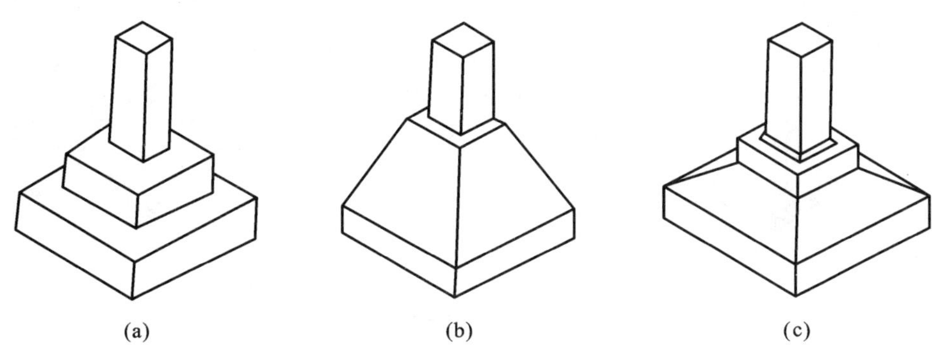

图 8.12 柱下独立基础

(a) 阶形基础;(b) 坡形基础;(c) 杯形基础

当建筑物上部为墙承重结构,并且基础要求埋深较大时,为了避免开挖土方量过大和便于穿越管道,墙下可采用独立基础(图 8.13)。墙下独立基础的间距一般为 3～4 m,上面设置基础梁来支承墙体。

(3) 井格基础

当地基条件较差或上部荷载较大时,为了提高建筑物的整体性,防止柱子之间产生不均匀沉降,常将柱下基础沿纵、横两个方向扩展连接起来,做成十字交叉的井格基础,如图 8.14 所示。

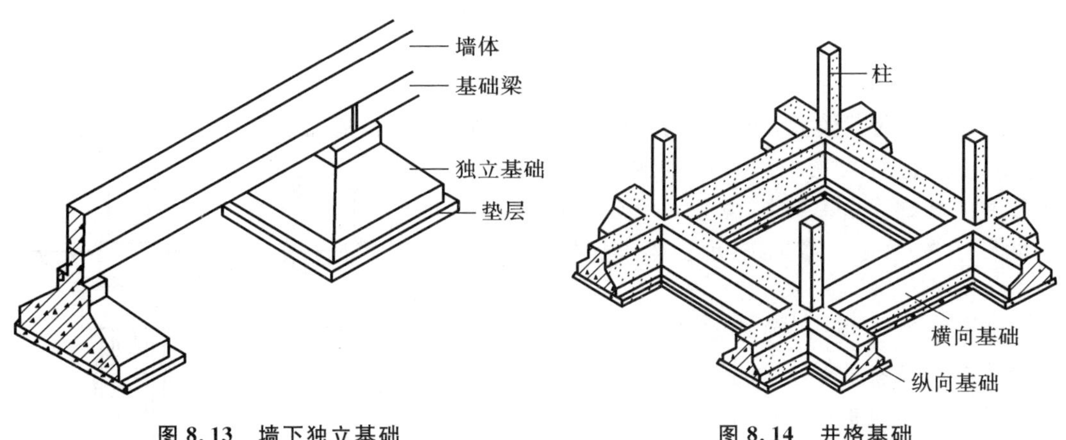

图 8.13 墙下独立基础　　**图 8.14 井格基础**

(4) 片筏基础

当建筑物上部荷载大,而地基又较弱时,采用简单的条形基础或井格基础已不能满足地基变形的需要,通常将墙或柱下基础连成一片,使建筑物的荷载承受在一块整板上,称为片筏基础。片筏基础可以用于墙和柱下,有平板式和梁板式两种(图 8.15)。

片筏基础具有减小基底压力,提高地基承载力和调整地基不均匀沉降的能力,广泛用于高层住宅、办公楼等民用建筑中。

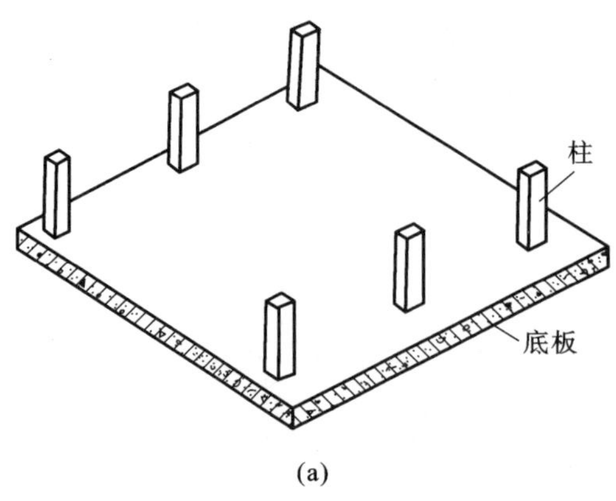

(a)

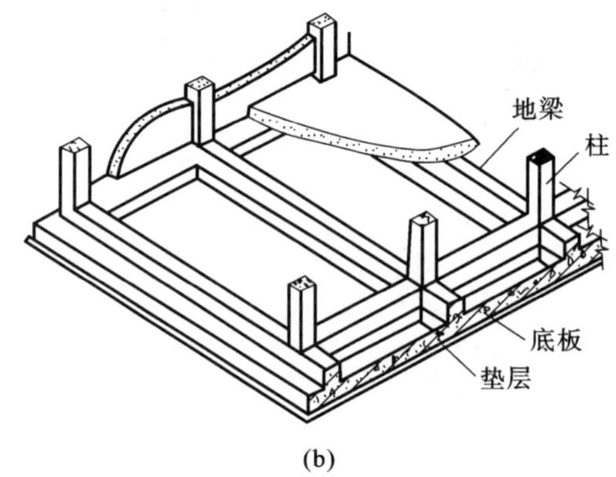

(b)

图 8.15 片筏基础

(a) 平板式基础；(b)梁板式基础

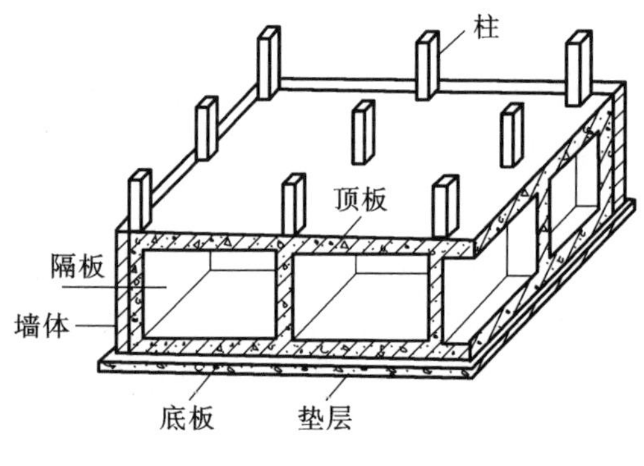

图 8.16 箱形基础

(5) 箱形基础

当建筑物荷载很大或浅层地质情况较差，为了提高建筑物的整体刚度和稳定性，基础必须深埋。此时，常用钢筋混凝土顶板、底板、外墙和一定数量的内墙组成刚度很大的盒状基础，称为箱形基础(图 8.16)。

箱形基础具有刚度大、整体性好、内部空间可用作地下室的特点。因此，其适用于高层公共建筑、住宅建筑及需设地下室的建筑中。

(6) 桩基础

当建筑物荷载较大，地基软弱土层的厚度在 5 m 以上，基础不能埋在软弱土层内，或对软弱土层进行人工处理较困难或不经济时，常采用桩基础。桩基础由桩身和承台组成：桩身伸入土中，承受上部荷载；承台用来连接上部结构和桩身。

桩基础类型很多，按照桩身受力特点，分为端承桩和摩擦桩。上部荷载如果主要依靠下面坚硬土层对桩端的支承来承受，这种桩基础称为端承桩，见图 8.17(a)；上部荷载如果主要依靠桩身与周围土层的摩擦阻力来承受，这种桩基础称为摩擦桩，见图 8.17(b)。桩基础按材料不同，有木桩、钢筋混凝土桩和钢桩等；按断面形式不同，有圆形桩、方形桩、环形桩、六角桩和工字形桩等；按入土方法的不同，有打入桩、振入桩、压入桩和灌注桩等。

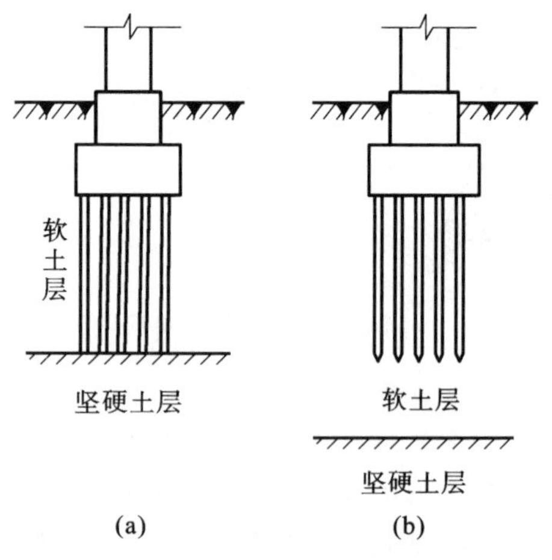

图 8.17 桩基础示意图

(a) 端承桩；(b) 摩擦桩

采用桩基础可以减少挖填土方工程量，改善工人的劳动条件，缩短工期，节省材料。因此，近年来桩基础的应用较为广泛。

8.3 地下室的构造

地下室是建筑物中处于室外地面以下的房间。在房屋底层以下建造地下室，可以提高建筑用地效率。一些高层建筑基础埋深很大，充分利用这一深度来建造一层或多层地下室，其经济效果和使用效果俱佳。地下室用途广泛，适用于设备用房、地下商场、储藏仓库、车库、餐厅，以及战备防空等。

8.3.1 地下室的分类

(1) 按使用性质分

① 普通地下室：普通的地下空间，一般按地下楼层进行设计，可用作设备用房、储藏用房、商场、餐厅、车库等。

② 人防地下室：有战备防空要求的地下空间。人防地下室应妥善解决紧急状态下的人员隐蔽与疏散，应有保证人身安全的技术措施。考虑和平年代的使用，人防地下室在功能上应能满足平战结合的使用要求。

(2) 按埋入地下深度分

① 全地下室：地下室地面低于室外地坪面的高度超过该房间净高 1/2 者。

② 半地下室：地下室地面低于室外地坪面的高度超过该房间净高 1/3，且不超过 1/2者。

(3) 按结构材料分

按结构材料分，地下室有砖墙结构地下室和混凝土结构地下室。

8.3.2 地下室的组成

地下室一般由墙体、底板、顶板、门窗、楼梯、采光井等部分组成。

(1) 墙体

地下室的墙体不仅要承受上部传来的垂直荷载，还要承受土、地下水、土壤冻结时的侧压力。所以，当采用砖墙时，厚度不宜小于 370 mm。当上部荷载较大或地下水位较高时，最好采用混凝土或钢筋混凝土墙，厚度不宜小于 200 mm。

(2) 底板

地下室的地坪主要承受地下室内的使用荷载，当地下水位高于地下室的地坪时，其还要承受地下水浮力的作用，所以地下室的底板应有足够的强度、刚度和抗渗能力，一般采用钢筋混凝土底板。

（3）顶板

地下室的顶板主要承受建筑物首层的使用荷载，可采用现浇或预制钢筋混凝土楼板。

（4）楼梯

地下室的楼梯一般与上部楼梯结合设置，当地下室的层高较小时，楼梯多为单跑式。防空地下室应至少设置两部楼梯与地面相连，并且必须有一部楼梯通向安全出口。

（5）门窗

地下室门窗的构造同地上部分相同，当为全地下室时，须在窗外设置采光井。

（6）采光井

采光井的作用是降低地下室采光窗外侧的地坪高度，以满足全地下室的采光和通风要求（图8.18）。

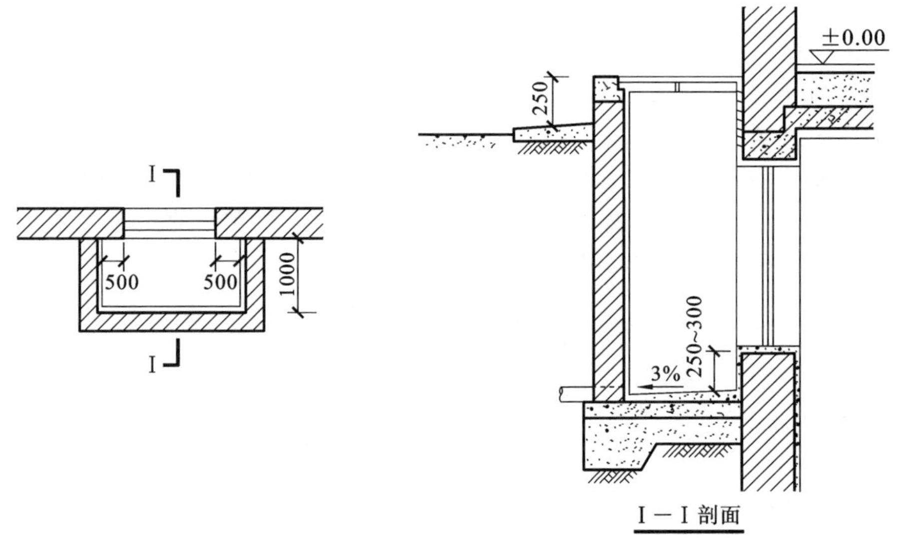

图8.18 地下室采光井

8.3.3 地下室的防潮和防水

由于地下室的墙身、底板埋在土中，长期受到潮气或地下水的侵蚀，会引起室内地面、墙面生霉，墙面装饰层脱落，严重时使室内进水，影响地下室的正常使用和建筑物的耐久性。因此，地下室必须采取相应的防潮、防水措施，以保证地下室在使用时不受潮、不渗漏。

（1）地下室的防潮

当地下水的最高水位低于地下室地坪300～500 mm时，地下室的墙体和底板只会受到土中潮气的影响，所以只需做防潮处理，即在地下室的墙体和底板中采取防潮构造。

当地下室的墙体采用砖墙时，墙体必须用水泥砂浆来砌筑，要求灰缝饱满，并在墙体的外侧设置垂直防潮层，在墙体的上、下设置水平防潮层。

墙体垂直防潮层的做法是：先在墙外侧抹 20 mm 厚 1∶2.5 的水泥砂浆找平层，延伸到散水以上 300 mm，找平层干燥后，上面刷一道冷底子油和两道热沥青，然后在墙外侧回填低渗透性的土壤，如黏土、灰土等，并逐层夯实，宽度不小于 500 mm；墙体水平防潮层中一道设在地下室地坪以下 60 mm 处，一道设在室外地坪以上 200 mm 处，如图 8.19(a)所示。如果墙体采用现浇钢筋混凝土墙，则不需做防潮处理。

地下室需防潮时，底板可采用非钢筋混凝土，其防潮构造见图 8.19(b)。

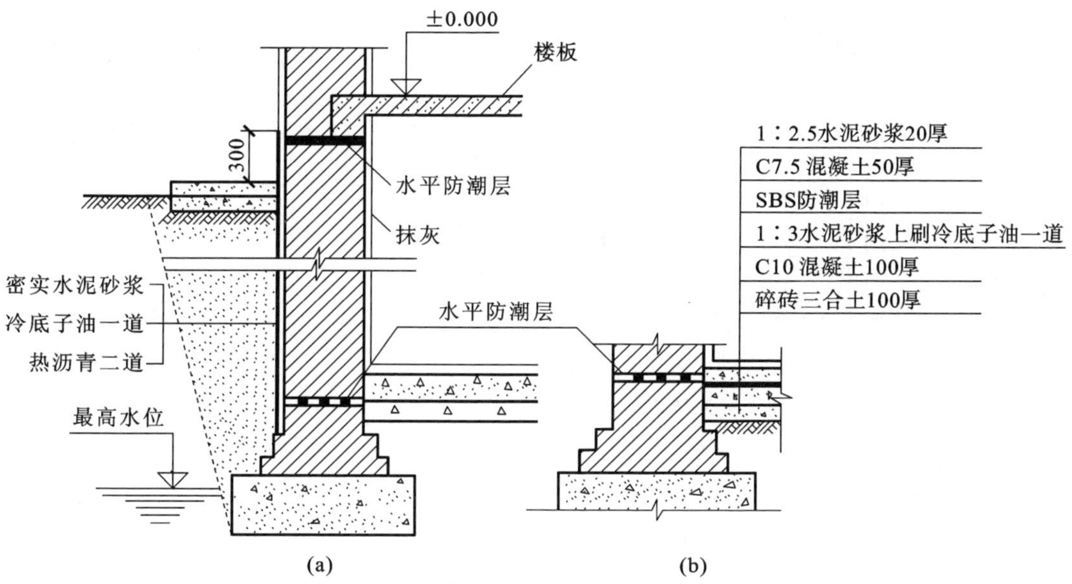

图 8.19 地下室的防潮处理

(a) 墙身防潮；(b) 地坪防潮

(2) 地下室的防水

当地下水的最高水位高于地下室底板时，地下室的墙体和底板浸泡在水中，此时地下室的外墙会受到地下水侧压力的作用，底板会受到地下水浮力的作用，这些压力水具有很强的渗透能力，会导致地下室漏水，影响正常使用。因此，地下室的外墙和底板必须采取防水措施，具体做法有柔性防水和混凝土构件自防水两种。

① 柔性防水。

柔性防水分为卷材防水和涂膜防水两种。

a. 卷材防水。

现在工程中，卷材防水层一般采用高聚物改性沥青防水卷材(如 SBS 改性沥青防水卷材、APP 改性沥青防水卷材)或合成高分子防水卷材(如三元乙丙橡胶防水卷材、再生胶防水卷材等)与相应的胶结材料黏结形成防水层。按照卷材防水层的位置不同，其分外防水和内防水。

所谓外防水，是将卷材防水层满包在地下室墙体和底板外侧的做法，其构造要点是：先做底板防水层，并在外墙外侧伸出接槎，将墙体防水层与其搭接，并高出最高地下水位500～1000 mm，然后在墙体防水层外侧砌半砖保护墙(图 8.20)。应注意在墙体防水层的上部设垂直防潮层与其连接。

所谓内防水，是将卷材防水层满包在地下室墙体和地坪结构层内侧的做法，内防水施工方便，但属于被动式防水，对防水不利，所以一般用于修缮工程(图 8.21)。

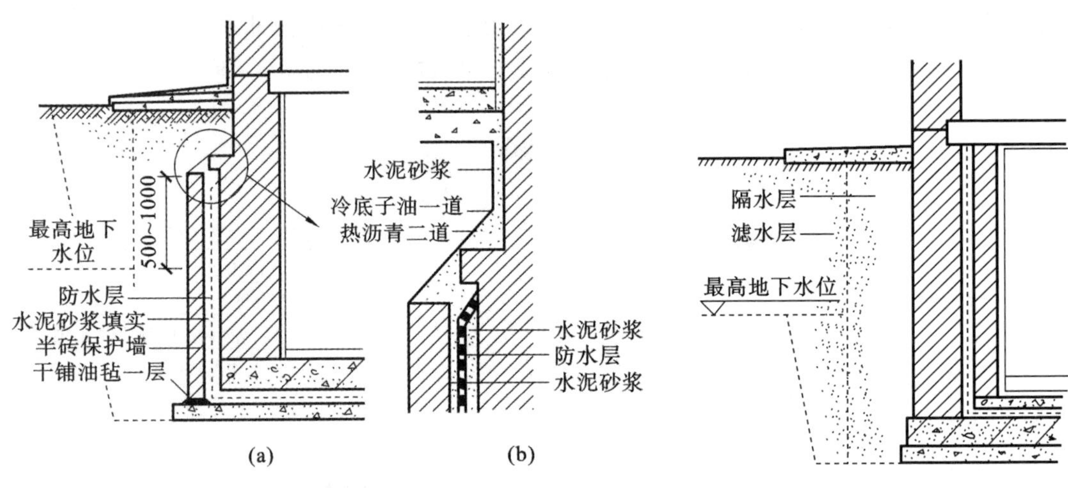

图 8.20　地下室外防水构造

(a) 外包防水；(b) 墙身防水层收头处理

图 8.21　地下室内防水构造

b. 涂膜防水。

涂膜防水有合成高分子聚氨酯涂膜防水材料等。它是由以异氰酸酯为主剂的甲料和含有多羟基的固化剂并掺有增黏剂、防霉剂、填充剂、稀释剂制成的乙料所组成。这种甲料和乙料按一定比例配合均匀，即可进行涂膜施工。涂膜防水有利于形成完整的防水涂层，对建筑内有穿墙管、转折和高差的特殊部位的防水处理极为有利。为保证施工质量，施工时应使基层保持清洁、平整，表面干燥。

② 混凝土构件自防水。

当地下室的墙体和地坪均为钢筋混凝土结构时，可通过增加混凝土的密实度或在混凝土中添加密实剂、加气剂等外加剂的方法来提高混凝土的抗渗性能。这时，地下室就无须再专门设置防水层，这种防水做法称为混凝土构件自防水。目前，常用外加防水剂为淡黄色液体，其主要成分有氯化铝、氯化钙及氯化铁。它掺入混凝土中能与水泥水化过程中的氢氧化钙反应，生成氢氧化铝、氢氧化钙等不溶于水的胶体，并与水泥中的硅酸二钙、铝酸三钙合成复盐晶体，填充于混凝土空隙内，以提高其密实度，使混凝土具有良好的防水性能。

地下室采用构件自防水时，外墙板的厚度不得小于 200 mm，底板的厚度不得小于150 mm，以保证其刚度和抗渗效果。为防止地下水对钢筋混凝土结构的侵蚀，在墙的外侧应先用水泥砂浆找平，然后刷热沥青隔离(图 8.22)。

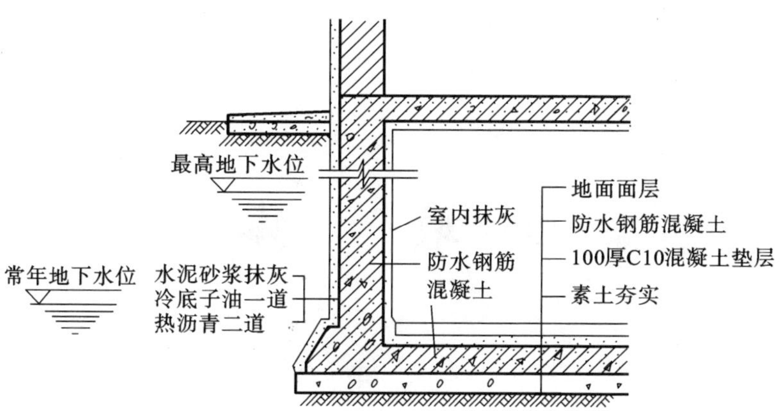

图 8.22 地下室混凝土构件自防水构造

本章小结

（1）基础是建筑物的重要组成部分，承受建筑物的全部荷载并将其传给地基；地基是承受建筑物荷载的土壤层，可分为天然地基和人工地基两类。

（2）基础的埋置深度是指从室外设计地面至基础底面的垂直距离。基础按照埋置深度的不同分为深基础和浅基础两种。

（3）基础的类型按所用材料及受力特点分，有刚性基础和柔性基础；按构造形式分，有条形基础、独立基础、井格基础、片筏基础、箱形基础和桩基础等。

（4）地下室按使用性质分为普通地下室和人防地下室，按埋入地下深度分为全地下室和半地下室。地下室由墙体、底板、顶板、门窗、楼梯、采光井等部分组成。地下室必须采取相应的防潮、防水措施。地下室防水有柔性防水和混凝土构件自防水两种。

思考题

8-1 什么是地基？什么是基础？它们之间有何关系？

8-2 图示并说明什么是基础埋深。

8-3 常见基础类型有哪些？各有何特点？

8-4 什么是刚性基础和刚性角？什么是柔性基础？

8-5 地下室如何分类？其由哪几部分组成？

8-6 图示采光井的构造。

8-7 地下室的防潮构造要点有哪些？

8-8 图示地下室采用卷材防水时的构造。

9 墙　体

学习目标

通过学习墙体的作用与分类、砖墙的构造、砌块墙、隔墙和墙面装饰、装修构造等方面的内容，了解墙体的类型及布置方案，及墙面装修种类及适用范围，掌握砖墙的细部构造及隔墙构造，能合理选用墙体材料、准确绘制墙体详图。

9.1 墙体的作用、分类及要求

墙体是建筑物不可缺少的重要组成部分。墙的质量占建筑物总质量的40%～65%，墙的造价占建筑物总造价的30%～40%，因此，在工程设计中，合理选择墙体材料、结构方案及构造做法十分重要。

9.1.1 墙体的作用

墙体在房屋中的作用有以下四点。

① 承重作用：承受楼板、屋顶或梁传来的荷载及墙体自重、风荷载、地震荷载等。

② 围护作用：抵御自然界中风、雨、雪等的侵袭，防止太阳辐射、噪声的干扰，起到保温、隔热、隔声、防风、防水等作用。

③ 分隔作用：把房屋内部划分为若干房间，以满足人的使用要求。

④ 装饰作用：墙体装饰是建筑装饰的重要部分，墙体装饰对整个建筑物的装饰效果作用很大。

9.1.2 墙体的分类

(1) 按墙体所处的位置分

墙体可分为内墙和外墙。外墙是指建筑物四周与外界交接的墙体，内墙是指建筑物内部的墙体。

(2) 按墙体布置方向分

墙体可分为纵墙和横墙。纵墙是指与房屋长轴方向一致的墙，横墙是指与房屋短轴方向一致的墙。外纵墙通常称为檐墙,外横墙通常称为山墙。

(3) 按受力情况分

墙体可分为承重墙和非承重墙。承重墙是指承受上部传来荷载的墙,非承重墙是指不承受上部传来荷载的墙。非承重墙包括自承重墙和框架填充墙、隔墙、幕墙。自承重墙仅承受自身质量;框架填充墙是指在框架结构中,填充在框架间的墙,它的质量由梁、柱承受;隔墙是指房间内部起分隔作用而不承受外力(自重除外)的墙;幕墙是指悬挂于骨架外部的轻质墙。

(4) 按墙体的构成材料分

墙体可分为砖墙、石墙、砌块墙、混凝土墙、钢筋混凝土墙、轻质板材墙等。墙的类型见图 9.1。

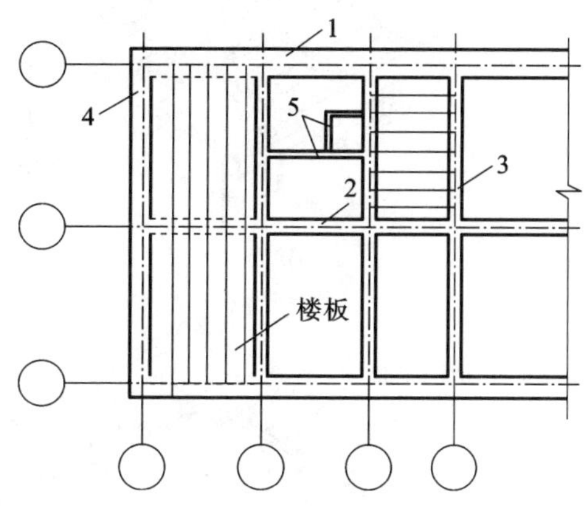

图 9.1 墙的类型

1—纵向承重外墙;2—纵向承重内墙;3—横向承重内墙;4—横向自承重外墙(山墙);5—隔墙

9.1.3 墙体承重结构方案

(1) 横墙承重

横墙承重是将楼板及屋面板等水平承重构件搁置在横墙上,横墙承受荷载,纵墙只起围护和分隔作用,见图 9.2(a)。

横墙承重的优点是:横墙间距小(4 m 左右),数量多,墙体排列整齐,空间刚度大,整体性好。因纵墙为非承重墙,便于在外檐上灵活布置门窗。

横墙承重的缺点是:开间小,房屋的使用面积小,平面系数小(使用面积与建筑面积的比值),墙体材料耗费多,只适用于宿舍、住宅等建筑。

(2) 纵墙承重

纵墙承重是将楼板及屋面板等水平承重构件均搁置在纵墙上,纵墙承受荷载,横墙只起分隔空间、连接纵墙、承担自重的作用,见图 9.2(b)。

纵墙承重的优点是:横墙间距布置灵活,楼板、进深梁等水平构件的规格少,便于工业化生产;横墙厚度小,可节省墙体材料;房屋的平面系数大。

纵墙承重的缺点是:水平承重构件跨度大,单一构件的自重大,在纵墙上开门窗洞口受到限制,室内通风不易组织,因横墙不承受垂直荷载,故抵抗水平荷载的能力差,所以房屋的整体刚度较差。

纵墙承重适用于房间较大的建筑物,如办公楼、餐厅、商店等。

(3) 纵、横墙混合承重

在一栋房屋中纵、横墙同时承重时,称为纵、横墙混合承重,见图 9.2(c)。

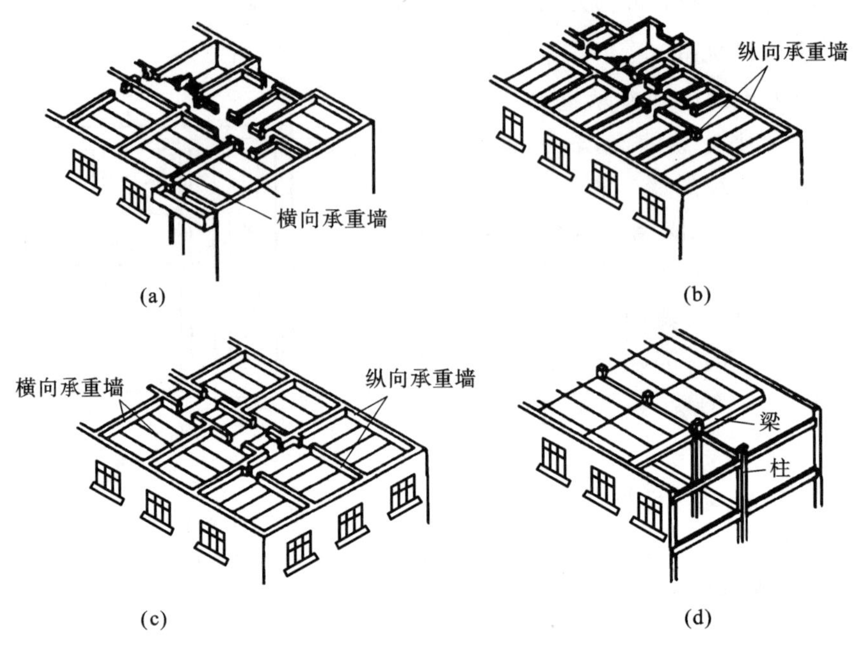

图 9.2　墙体的承重方案

(a) 横墙承重；(b) 纵墙承重；(c) 纵、横墙混合承重；(d) 墙与柱混合承重

纵、横墙混合承重的优点是平面布置灵活，房屋刚度也较好；缺点是水平承重构件类型多，施工复杂，墙体结构面积大，房屋平面系数较小，墙体耗材也较多。其适用于开间、进深较大，房间类型多，平面复杂的建筑，如教学楼、医院、点式住宅等。

(4) 墙与柱混合承重

当房屋内部采用柱、梁组成的内框架时，梁的一端搁置在墙上，另一端搁置在柱上，由墙和柱共同承受水平承重构件传来的荷载，称为墙与柱混合承重，见图 9.2(d)。

墙与柱混合承重的优点是：房屋内部空间大，不受墙体布置的限制；外墙有良好的热工性能，在造价上比全框架要经济。它的缺点是内部的框架与外围的墙体刚度不同，在水平荷载作用下，变形量不同，振幅也不同，不利于抗震。其适用于需要有较大空间的建筑，如食堂、大型商店、仓库等。

9.1.4　墙体的要求

(1) 强度要求

墙的强度取决于砌墙所用材料的强度等级及砌筑质量，墙体的强度多采用验算的方法确定。施工时应保证灰浆饱满度不小于 80%，墙面垂直且不得有通缝。砖砌体的抗压强度设计值见表 9.1。

(2) 稳定性要求

墙的稳定性通过高厚比控制。墙的稳定性与墙的厚度、高度、长度有关，当墙的长度和高度确定之后，应通过增加墙的厚度、加设构造柱、加设圈梁等方法来增加其稳定性。墙允许高厚比见表 9.2。

表 9.1 **烧结普通砖和烧结多孔砖砌体的抗压强度设计值** (单位：MPa)

砖强度等级	砂浆强度等级					砂浆强度
	M15	M10	M7.5	M5	M2.5	0
MU30	3.94	3.27	2.93	2.59	2.26	1.15
MU25	3.60	2.98	2.68	2.37	2.06	1.05
MU20	3.22	2.67	2.39	2.12	1.84	0.94
MU15	2.79	2.31	2.07	1.83	1.60	0.82
MU10	—	1.89	1.69	1.50	1.30	0.67

表 9.2 **墙的允许高厚比(β)**

砂浆强度等级	墙
M0.4	16
M1	20
M2.5	22
M5	24
≥M7.5	26

(3) 热工要求

热工要求主要是指墙体的保温与隔热。在严寒地区，墙体的保温性能要求通过热工计算来确定。构造上要求选择导热系数小的墙体材料，墙体砌筑灰缝饱满，墙面抹灰，降低其透气性，提高墙体的保温能力。对于墙体的隔热，既可以采用导热系数小的材料砌墙，也可以砌成中空的墙，使空气在墙中流动，带走部分热量以降低墙的内表面温度，还可以采用浅色而平滑的墙体外饰面，以及窗口外设遮阳等措施增强隔热效果。

(4) 隔声要求

要获得安静的工作和休息环境，就必须防止室外及邻室的噪声影响，因此墙应具有一定的隔声能力。墙体的隔声能力与单位面积的质量(密度)有关。墙体越厚，隔声能力越强。在设计中可依据不同的隔声要求，选用不同的墙体厚度。

(5) 防火要求

墙体材料及墙体的厚度应符合《建筑设计防火规范》(GB 50016—2014)规定的燃烧性能和耐火极限要求。当建筑物的长度和面积增大时，还要按规定设置防火墙，将房屋分成若干段，以防止火势蔓延。

(6) 经济性要求

墙体是建筑物的重要组成部分，墙体材料尽量做到就地取材，以降低建筑的造价。墙体材料的改革应向高强、轻质方向发展，从而满足经济要求。

(7) 防震要求

各种墙体的抗震构造应以《建筑抗震设计规范》(GB 50011—2010)的有关规定为准。

(8) 建筑工业化的要求

要逐步改革墙体材料，采用预制装配式墙体材料和构造方案，为生产工厂化、施工机械化创造条件，以降低劳动强度，提高墙体施工的工效。

9.2 墙体构造

9.2.1 常用墙体构造

(1) 砖墙的尺寸及材料

砖墙是由砖和砂浆砌合而成的。砖分为普通砖、多孔砖和空心砖三大类。

普通砖是指孔洞率小于15%或没有孔洞的砖。因所用材料和制作工艺不同，普通砖又分为烧结砖(如页岩砖、煤矸石砖、烧结粉煤灰砖等)和蒸养砖(又称非烧结砖，如灰砂砖、粉煤灰砖、炉渣砖等)。

多孔砖是指孔洞率大于或等于15%，孔的尺寸小而数量多的砖，常用于承重部位。

空心砖是指孔洞率大于或等于15%，孔的尺寸大而数量少的砖，常用于非承重部位。

砖的类型与尺寸见表9.3。

表9.3 砖的类型与尺寸

名称	规格/(mm×mm×mm)	标号	容量/(kg·m^{-3})	主要产地	简图
普通砖	240×115×53	75～200	1600～1800	全国各地	
多孔砖	190×190×90 240×115×90 240×180×115	75～200	1200～1300	全国各地	
空心砖	300×300×100 300×300×150 400×300×80	75～150	1100～1450	全国各地	

砖的强度由其抗压及抗折等因素确定，其分为 MU30、MU25、MU20、MU15、MU10、MU7.5 共 6 个等级。

砌墙用砂浆常用水泥砂浆、水泥石灰砂浆(混合砂浆)、石灰砂浆、黏土砂浆。水泥砂浆主要用于砌筑基础。砌墙一般用混合砂浆。石灰砂浆和黏土砂浆因强度低，多用于砌筑非承重墙或荷载不大的承重墙。

砌筑砂浆的强度等级是由它的抗压强度确定的，其分为 M15、M10、M7.5、M5.0、M2.5、M1.0、M0.4 共 7 个等级。

由于普通砖的尺寸不符合模数要求，在工程实践中，常用一个砖宽加一个灰缝(115 mm＋10 mm＝125 mm)为尺寸基数确定各部分尺寸。墙段及洞口尺寸计算见图 9.3。

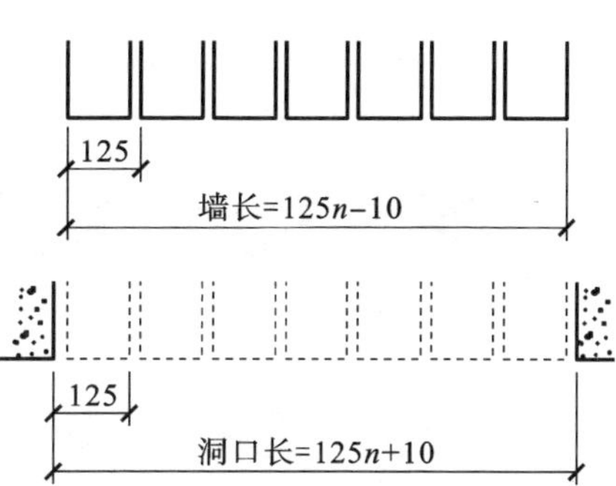

图 9.3 墙段的长度和洞口宽度

(2) 砖墙的组砌方式

砖墙的组砌方式，简称砌式，是指砖在砌体中的排列方式。为保证砖墙牢固，砖的排列方式应遵循内外搭接、上下错缝的原则，错缝距离一般不小于 60 mm。错缝和搭接能够保证墙体不出现连续的垂直通缝，以提高墙的强度和稳定性。

① 实心砖墙的组砌方式。

实心墙中的砖均为普通砖，其厚度由结构的强度、稳定性和保温隔热等设计要求决定，一般按砖长的倍数称呼。砖墙厚度尺寸见表 9.4。

表 9.4 砖墙厚度尺寸

墙厚名称	$\frac{1}{4}$砖	$\frac{1}{2}$砖	$\frac{3}{4}$砖	1 砖	$1\frac{1}{2}$砖	2 砖	$2\frac{1}{2}$砖
标准尺寸/mm	60	120	180	240	370	490	620
构造尺寸/mm	53	115	178	240	365	490	615

a. 一顺一丁式，即丁砖和顺砖隔层砌筑，使上、下皮的灰缝错开 60 mm。其整体性好，但砌筑效率低。

b. 多顺一丁式，即多层顺砖和一层丁砖相间砌成，有三顺一丁式、五顺一丁式。其砌筑简便，效率高，因在各顺砖层间存在着连续的垂直灰缝，其强度比一顺一丁式要低。

c. 同层一顺一丁式(亦称丁顺相间式)整体性好，外形美观，砌筑比较难，常用于清水砖墙。

d. 全顺式，适用半砖厚墙体，上、下皮错缝 120 mm。

e. 两平一侧式，即两皮顺砖和一皮侧砖交替砌成，砌筑费工，对工人的技术水平要求也高，仅适用于 180 mm 厚墙体。

实心砖墙的组砌方式见图 9.4。

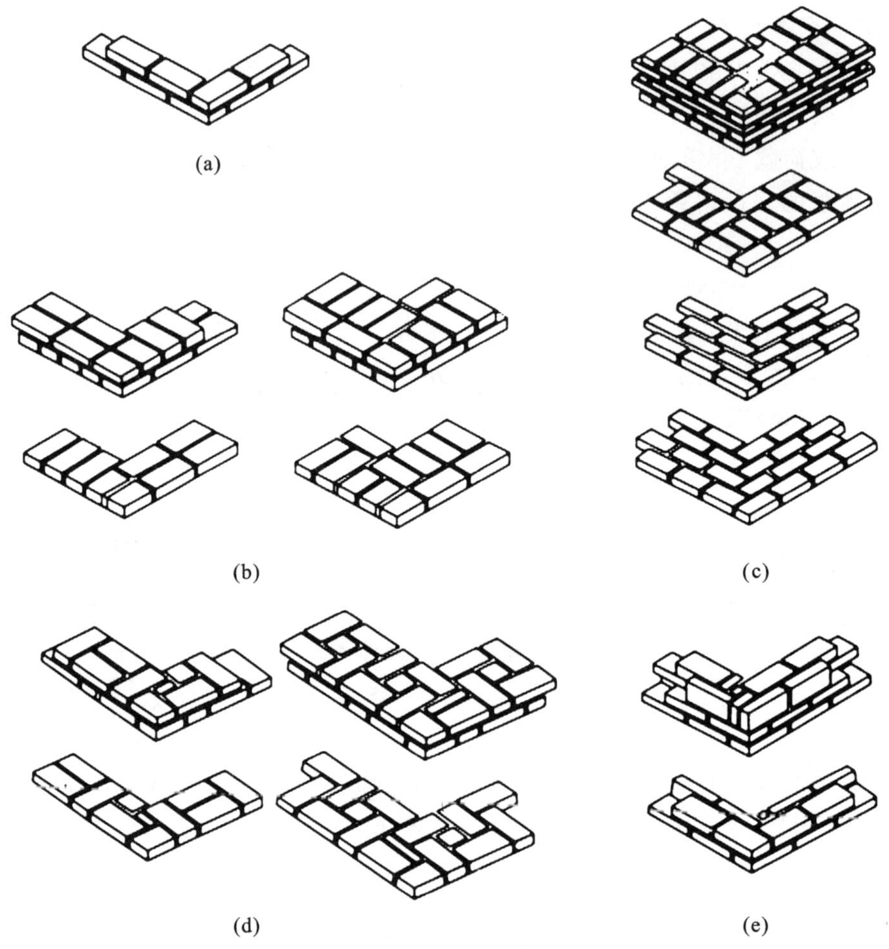

图 9.4　实心砖墙的组砌方式

(a) 全顺式;(b) 一顺一丁式;(c) 三顺一丁式;(d) 丁顺相间式;(e) 两平一侧式

② 空斗砖墙的组砌方式。

空斗砖墙是用普通砖侧砌或平砌与侧砌结合砌成,墙体内部形成较大的空心。在空斗墙中,侧砌的砖称为斗砖,平砌的砖称为眠砖,空斗墙的砌式有两种,即有眠空斗墙和无眠空斗墙,见图 9.5 和图 9.6。

空斗墙在靠近勒脚、墙角、洞口和直接承受梁板压力的部位,都应砌筑实心砖墙,以保证拉接和承压。空斗墙不宜在抗震设防地区采用。

③ 空心砖墙和多孔砖墙的砌式。

多孔砖为竖孔,用于承重墙的砌筑;空心砖为横孔,用于非承重墙的砌筑。

因多孔砖与空心砖有孔洞,故其自重较普通砖小,保温(隔热)性能好,造价低。

用多孔砖、空心砖砌墙时,多用整砖顺砌法,即上、下皮错开半砖。在砌转角、内外墙交接、壁柱和独立砖柱等部位时,都不需砍砖。多孔砖墙见图 9.7。

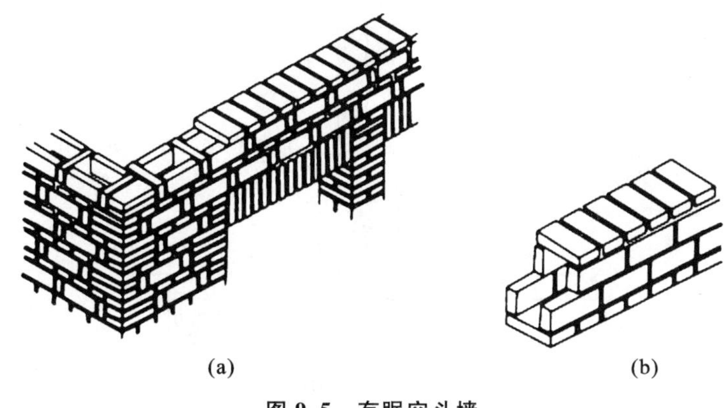

(a) (b)

图 9.5 有眠空斗墙

(a) 一斗一眠;(b) 二斗一眠

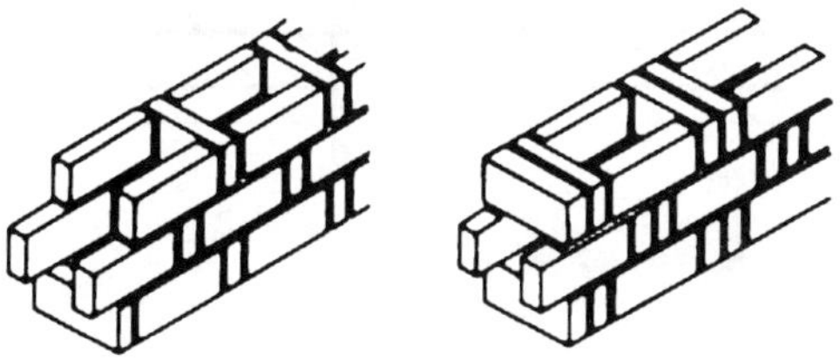

(a) (b)

图 9.6 无眠空斗墙

(a) 一丁斗一顺斗;(b) 二丁斗一顺斗

图 9.7 多孔砖墙

9.2.2 框架结构的墙体构造

框架结构是由柱子、纵向梁、横向梁、楼板等构成的骨架体系。框架是承重结构,墙体是围护结构。

(1) 墙体材料的规格和要求

框架结构中的填充墙起围护和分隔作用,外墙以选用轻型墙体材料(加气混凝土、水泥陶粒空心砌块、黏土空心砖等)和采用复合墙体为主。为节约土地和减少能源消耗,国家建筑材料工业局等单位规定不能采用普通黏土砖做框架结构的填充墙。围护墙应满足保温、防水等构造要求。

框架结构的内墙只起分隔作用,其选材应以轻型材料为主(石膏板、加气混凝土块、碳化石膏板等)。分隔墙起隔声、防水等作用。

(2) 墙体构造

框架结构空心砖内隔墙厚 120～180 mm,墙高控制在 3.6 m 以内。在门窗洞口两侧及窗台处用实心砖镶砌,其宽度为 240～370 mm,以便预埋固定件固定门窗樘口,见相应的标准图集。以辽宁省标准图集《室外工程、墙体构造》[92J101(一)]为例,其构造见图 9.8。

框架结构空心砖填充外墙采用 M5 混合砂浆砌筑。后砌填充墙,填充墙与柱采用预埋件拉结,构造见图 9.9。在设计标高为±0.000 以下及屋顶女儿墙采用实心砖砌筑。空心砖外墙的门窗洞口两侧及窗台处采用实心砖镶砌,其宽度为 240～370 mm。

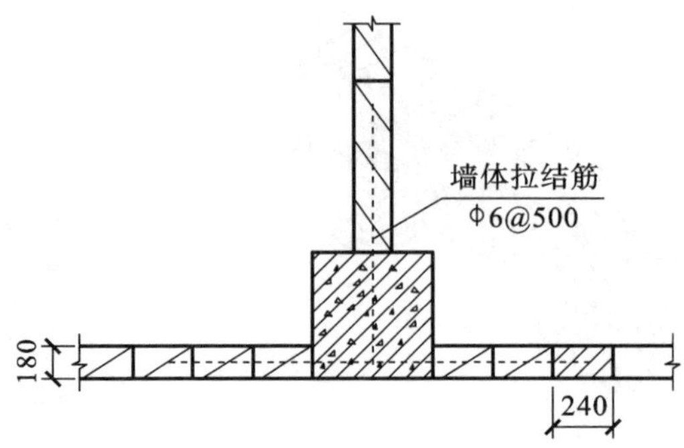

图 9.8　空心砖内隔墙构造

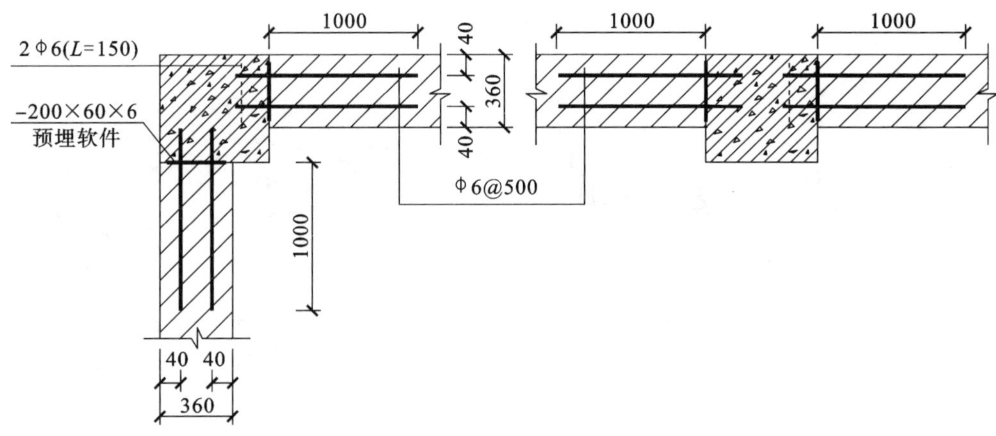

图 9.9　墙、柱拉结筋构造

框架结构加气混凝土砌块填充外墙，宜采用 0.5 级(500 kg/m³)加气混凝土块，用 DY 型系列专用砂浆砌筑。其饰面工程应遵照《蒸压加气混凝土建筑应用技术规程》(JGJ/T 17—2008)施工。在设计标高±0.000 以下及屋顶女儿墙采用实心砖砌筑时，分别用 M5 水泥砂浆和混合砂浆。加气混凝土砌块填充外墙示意图见图 9.10。

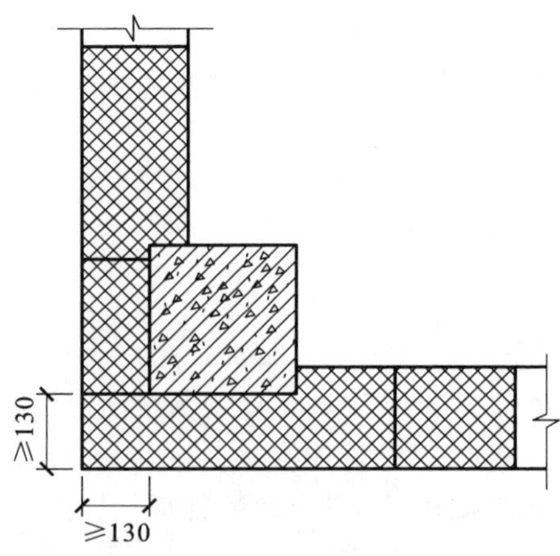

图 9.10　加气混凝土砌块填充外墙示意图

9.2.3　墙体的局部构造

墙体的局部构造包括防潮层、勒脚、明沟和散水、窗台、过梁、圈梁、构造柱、变形缝等。

(1) 防潮层

在墙身中设置防潮层的目的是防止土壤中的水分和潮气沿基础墙上升和防止勒脚部位的地面水影响墙身，从而提高建筑物的坚固性和耐久性，并保持室内干燥、卫生。通常在勒脚部位设置连续的水平隔水层，称为墙身水平防潮层，简称防潮层。

防潮层的位置应在室内地面与室外地面之间，以在地面垫层中部为最理想。当内墙两侧地面有标高差时，防潮层应分别设在两侧地面以下 60 mm 处，并在两防潮层间墙靠土的一侧加设垂直防潮层。防潮层的做法有以下几种。

① 防水砂浆防潮层。

一种是抹一层 20 mm 厚的 1∶3 水泥砂浆加 5%防水粉拌和而成的防水砂浆。另一种是用防水砂浆砌筑 3～5 皮砖。防水砂浆防潮层见图 9.11。

② 卷材防潮层。

在防潮层部位先抹 20 mm 厚的砂浆找平层，然后干铺卷材一层，卷材的宽度应与墙厚一致或稍大些，卷材沿长度铺设，搭接长度大于或等于 100 mm。卷材防潮较好，但抗震能力差，一般用于非地震地区。卷材防潮层见图 9.12。

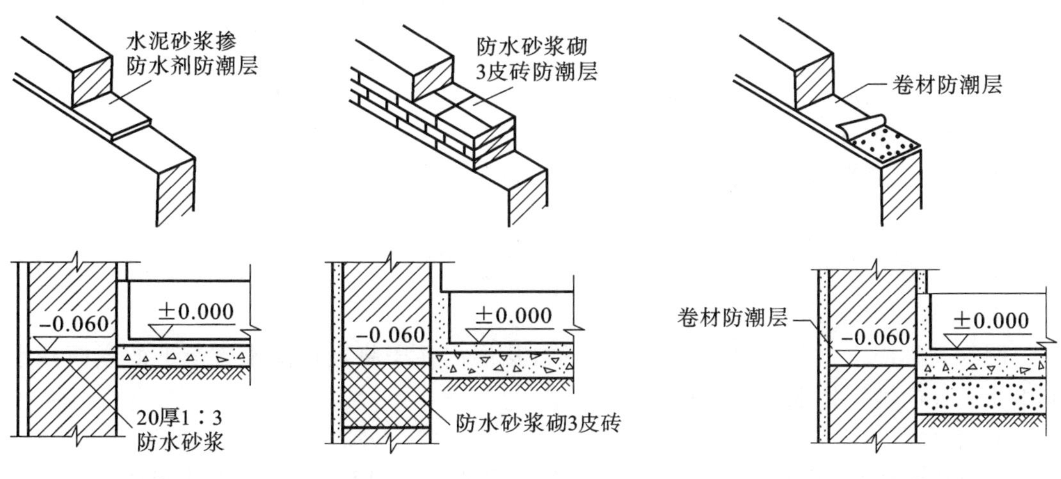

图 9.11　防水砂浆防潮层　　　　图 9.12　卷材防潮层

③ 混凝土防潮层。

在室内外地面之间浇筑一层厚 60 mm 的混凝土防潮层，内放纵筋 3 ϕ 6、分布筋 ϕ 4@250的钢筋网，如图 9.13 所示。

(2) 勒脚

外墙墙身下部靠近室外地面的部分叫勒脚(图 9.14)。勒脚具有保护外墙脚，防止机械碰伤、雨水侵蚀，美观等作用。勒脚的高度不低于 500 mm，一般为室内地面与室外地面之差，也可以根据立面的需要而增加勒脚的高度。

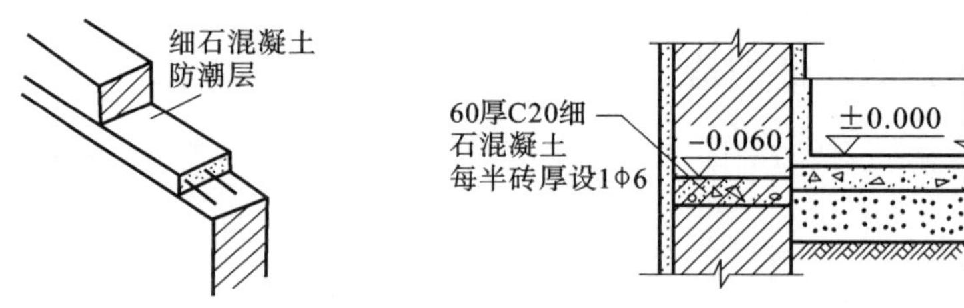

图 9.13　混凝土防潮层

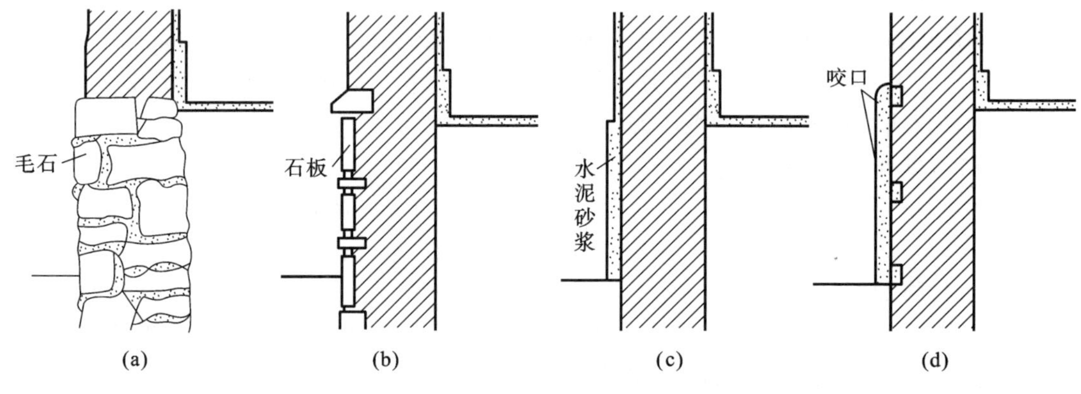

图 9.14　勒脚

(a) 毛石勒脚；(b) 石板贴面勒脚；(c) 抹灰勒脚；(d) 带咬口抹灰勒脚

勒脚的做法有以下几种：

① 抹灰。勒脚部位抹 20～30 mm 厚 1∶2 或 1∶2.5 水泥砂浆或做水刷石。

② 局部墙体加厚。在勒脚部位把墙体加厚 60～120 mm，再做抹灰处理。

③ 贴面。在勒脚部位镶砌面砖或天然石材。

④ 天然石材砌筑。

(3) 明沟和散水

① 明沟。

明沟又称阴沟，位于建筑物外墙的四周，其作用在于将通过雨水管流下的屋面雨水有组织地导向地下排水集井而流入下水道。

② 散水。

室外地面靠近勒脚下部所做的排水坡称为散水，其作用是迅速排除从屋檐滴下的雨水，防止因积水渗入地基而造成建筑物下沉。散水的宽度一般为 600～1200 mm，应比屋檐的挑出尺寸大 200 mm，散水坡度为 5%左右，外缘高出室外地面 20～50 mm，每隔6～12 m 设伸缩缝一道，缝宽 20 mm，散水与外墙间设通长缝，缝宽 10 mm，缝内满贯嵌缝膏。

明沟和散水的材料用混凝土现浇或用砖石等材料铺砌而成，见图 9.15。

(4) 窗台

窗台是窗洞下部的排水构造，设于室外的称为外窗台，设于室内的称为内窗台。外窗台的作用是排除窗外侧流下的雨水，并防止其流入室内。内窗台的作用则是排除窗上的凝结水，保护室内的墙面及存放东西等。

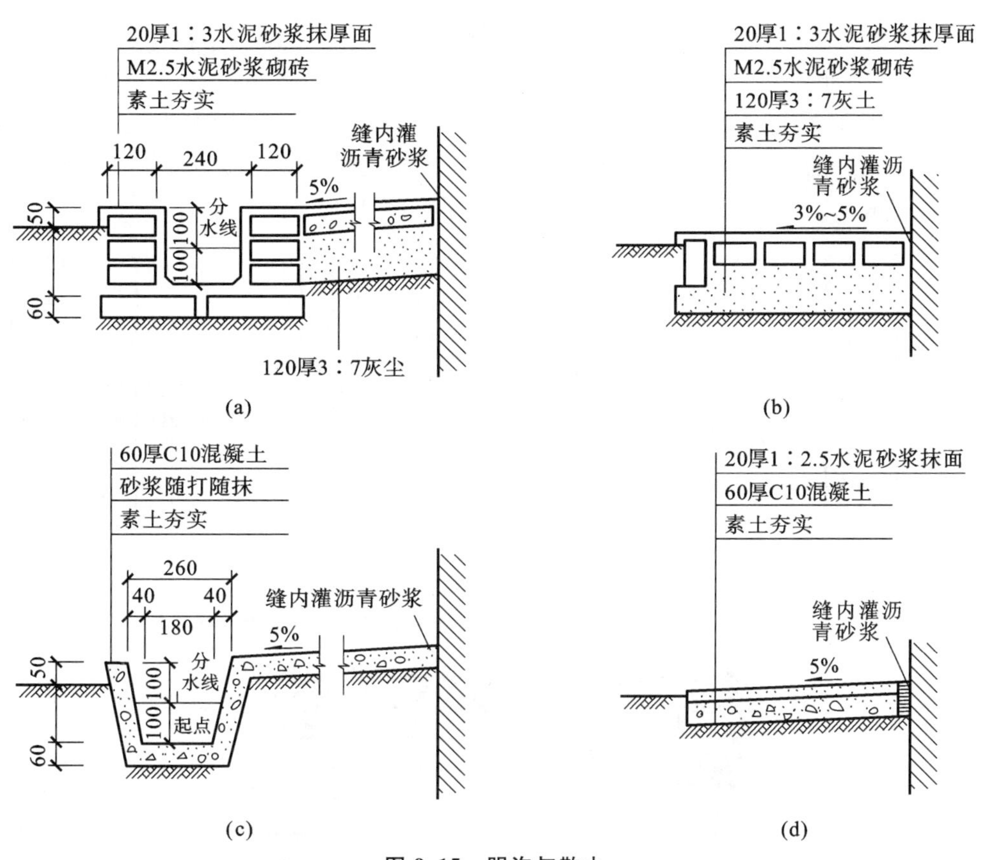

图 9.15 明沟与散水

(a) 砖砌明沟；(b) 砖铺明沟；(c) 混凝土明沟；(d) 混凝土散水

外窗台底面外缘处应做滴水，即做成锐角或半圆凹槽，以免排水时沿底面流至墙身。

外窗台有两种做法：砖窗台和混凝土窗台。

① 砖窗台：有不悬挑的窗台和悬挑窗台，表面抹 1∶3 水泥砂浆，并应有 10%左右的坡度，挑出尺寸大多为 60 mm。

② 混凝土窗台：一般是现场浇筑而成的。

内窗台有两种做法：水泥砂浆抹窗台和预制窗台板。

① 水泥砂浆抹窗台：在窗台上表面抹 20 mm 厚的水泥砂浆，窗台前部则突出墙面 60 mm。

② 预制窗台板：对于装修要求较高且窗台下设置暖气的房间，一般均采用预制窗台板。窗台板可用预制水磨石板或木窗台板。窗台构造见图 9.16。

(5) 过梁

为了承受门窗洞口上部墙体的质量和楼盖传来的荷载，在门窗洞口上沿设置的梁称为过梁。过梁分砖砌过梁和钢筋混凝土过梁两类。其中，砖砌过梁又分为砖砌平拱过梁和钢筋砖过梁两种。

① 砖砌平拱过梁。

这种过梁是采用竖砌的砖做成拱券。这种券是水平的，故称平拱。砖不应低于

MU7.5，砂浆不低于 M2.5。这种平拱的最大跨度为 1.8 m。砖砌平拱过梁见图 9.17。

② 钢筋砖过梁。

这种过梁用砖应不低于 MU7.5，砂浆不低于 M2.5。洞口上部应先支木模，上放直径不小于 5 mm 的钢筋，间距小于或等于 120 mm，伸入两边墙内应不小于 240 mm，钢筋上下应抹砂浆层。最大跨度为 2 m。钢筋砖过梁见图 9.18。

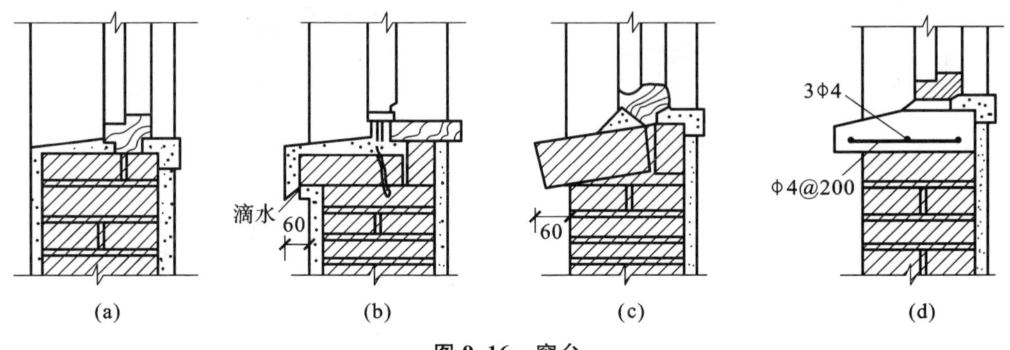

图 9.16 窗台

(a) 不悬挑窗台；(b) 抹滴水的悬挑窗台；(c) 侧砖砌窗台；(d) 预制钢筋混凝土窗台

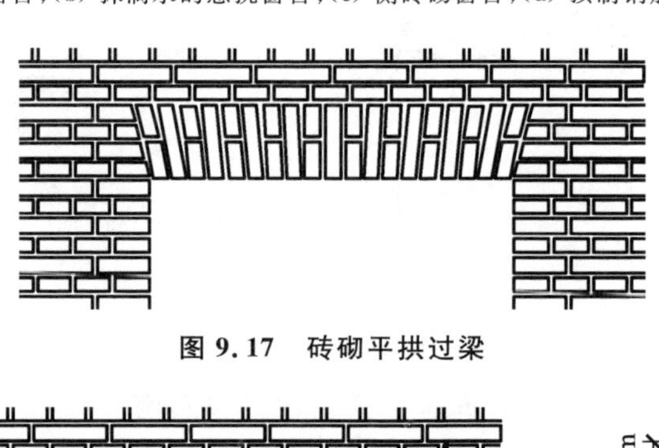

图 9.17 砖砌平拱过梁

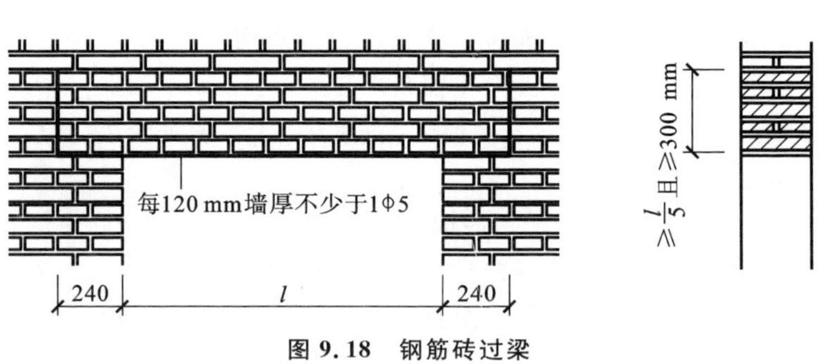

图 9.18 钢筋砖过梁

③ 钢筋混凝土过梁。

钢筋混凝土过梁是应用比较普遍的一种过梁。钢筋混凝土过梁分为现浇和预制两种。为加快施工进度，减少现场湿作业，应优先采用预制钢筋混凝土过梁。钢筋混凝土过梁的截面尺寸应根据跨度及荷载计算确定。过梁的高度与砖的皮数尺寸相配合，常用 60 mm、120 mm、240 mm 等。过梁两端伸入墙内的长度应都不小于 240 mm。

钢筋混凝土过梁的截面形状有矩形和 L 形。预制钢筋混凝土过梁的尺寸过大时，不便于搬运和安装，必要时可以分成宽度较小的几片，并排组合使用。预制钢筋混凝土过梁的构造见图 9.19。

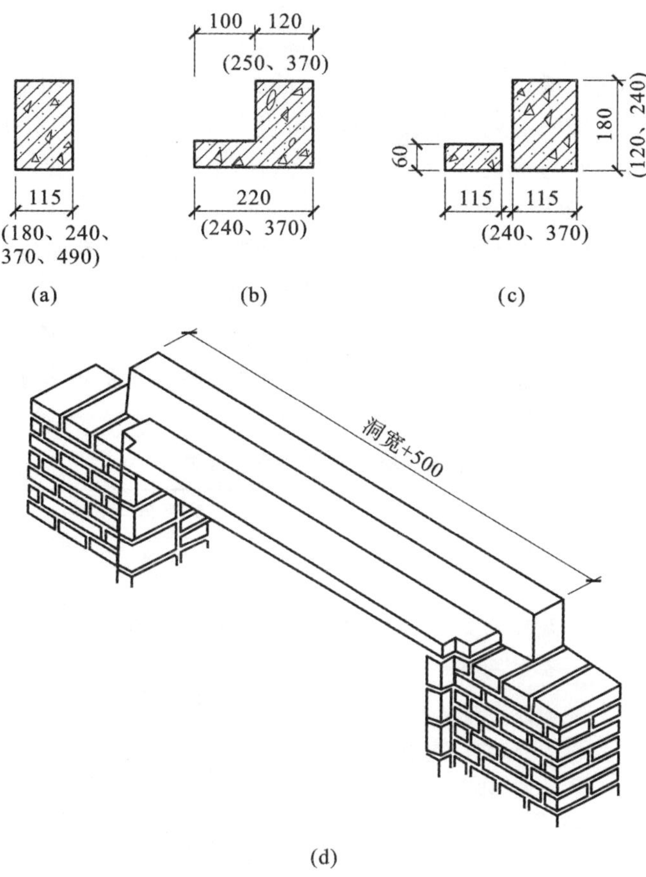

图 9.19 预制钢筋混凝土过梁

(a) 矩形截面;(b) L 形截面;(c) 组合式截面;(d) 构造图

(6) 圈梁

圈梁是沿房屋外墙、内纵墙和部分横墙在墙内设置的连续封闭的梁。它的作用是增加墙体的稳定性,加强房屋的空间刚度及整体性,防止由于基础的不均匀沉降、振动荷载等引起的墙体开裂,提高房屋抗震性能。

① 圈梁的设置数量

圈梁的数量与房屋层数、高度、地基土状况及地震烈度等因素有关。砖房现浇钢筋混凝土圈梁的设置要求见表 9.5。

表 9.5 **砖房现浇钢筋混凝土圈梁的设置要求**

墙类	抗震设防烈度		
	6、7 度	8 度	9 度
外墙及内纵墙	屋盖处及隔层楼盖处	屋盖处及每层楼盖处	屋盖处及每层楼盖处
内横墙	屋盖处及隔层楼盖处,屋盖处间距不应大于 7 m;楼盖处间距不应大于 15 m;构造柱对应部位	屋盖处及隔层楼盖处,屋盖处沿所有横墙,且间距不应大于 7 m;楼盖处间距不应大于 7 m	屋盖处及隔层楼盖处,各层所有横墙

② 圈梁的位置。

圈梁常设于基础内、楼盖处、屋盖处。圈梁的具体设置位置与圈梁的设置数量有关。如只设一道圈梁，应设于屋盖处。增设的圈梁可设于楼盖处。为了防止楼盖和屋盖的水平错动，圈梁的上口一般与楼盖及屋盖上口平齐，使圈梁形成一个箍。

③ 圈梁的种类、断面尺寸及配筋要求。

圈梁有钢筋砖圈梁和现浇钢筋混凝土圈梁两种。通常采用现浇钢筋混凝土圈梁。钢筋混凝土圈梁的截面形状一般为矩形，圈梁宽一般同墙厚。当墙体厚度 $h \geqslant 240$ mm 时，圈梁宽不宜小于 $2/3h$，高不小于 120 mm。非地震区，圈梁内纵筋不少于 4 根，直径不应小于 10 mm，绑扎接头的搭接长度按受拉钢筋考虑，箍筋间距不大于 300 mm。地震区钢筋混凝土圈梁的设置要求见表 9.6。

表 9.6　**钢筋混凝土圈梁的设置要求**

圈梁设置及配筋		抗震设防烈度		
		6、7 度	8 度	9 度
圈梁设置	沿外墙及内纵墙	屋盖处及每层楼盖处	屋盖处及每层楼盖处	屋盖处及每层楼盖处
	沿内横墙	屋盖处及每层楼盖处；屋盖处间距不应大于 4.5 m；楼盖处间距不应大于 7.2 m；构造柱对应部位	屋盖处及每层楼盖处；各层所有横墙，且间距不应大于 4.5 m；构造柱对应部位	屋盖处及每层楼盖处；各层所有横墙
配筋		4Φ10 Φ6@250	4Φ12 Φ6@200	4Φ14 Φ6@150

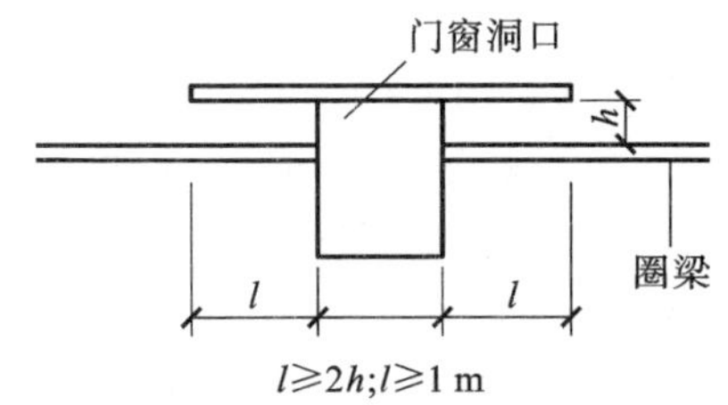

图 9.20　附加圈梁的长度

④ 附加圈梁。

圈梁应连续地设在同一水平面上，并形成封闭状。如果圈梁遇门窗洞口必须断开时，应在洞口上部增设相应截面的附加圈梁，并应满足搭接补强要求。附加圈梁的长度见图 9.20。

（7）构造柱

构造柱是设在墙体内的钢筋混凝土现浇柱，其主要作用是与圈梁共同形成空间骨架，以增加房屋的整体刚度，提高抗震能力。

构造柱的设置部位应符合表 9.7 的规定。

多层砖砌体房屋的构造柱应符合下列构造要求：

① 构造柱最小截面可采用 180 mm×240 mm，纵向钢筋宜采用 4Φ12，箍筋间距不宜大于 250 mm，且在柱上、下端应适当加密；6、7 度时超过六层，8 度时超过五层，9 度时超过三层，构造柱纵向钢筋宜采用 4Φ14，箍筋间距不应大于 200 mm；房屋四角的构造柱应适当加大截面及配筋。

表 9.7　　**多层砖砌体房屋构造柱设置要求**

<table>
<tr><th colspan="4">房屋层数</th><th colspan="2" rowspan="2">设置部位</th></tr>
<tr><th>6 度</th><th>7 度</th><th>8 度</th><th>9 度</th></tr>
<tr><td>四、五</td><td>三、四</td><td>二、三</td><td></td><td rowspan="3">楼、电梯间四角，楼梯斜梯段上下端对应的墙体处；
外墙四角和对应转角；
错层部位横墙与外纵墙交接处；
大房间内外墙交接处；
较大洞口两侧</td><td>隔 12 m 或单元横墙与外纵墙交接处；
楼梯间对应的另一侧内横墙与外纵墙交接处</td></tr>
<tr><td>六</td><td>五</td><td>四</td><td>二</td><td>隔开间横墙(轴线)与外墙交接处；
山墙与内纵墙交接处</td></tr>
<tr><td>七</td><td>≥六</td><td>≥五</td><td>≥三</td><td>内墙(轴线)与外墙交接处；
内墙的局部较小墙垛处；
内纵墙与横墙(轴线)交接处</td></tr>
</table>

注：较大洞口，内墙指不小于 2.1 m 的洞口；外墙在内外墙交接处已设置构造柱时允许适当放宽，但洞侧墙体应加强。

② 构造柱与墙连接处应砌成马牙槎，沿墙高每隔 500 mm 设 2ϕ6 水平钢筋和ϕ4 分布短筋平面内点焊组成的拉结钢筋网片或ϕ4 点焊钢筋网片，每边伸入墙内不宜小于 1 m。6、7 度时底部 1/3 楼层，8 度时底部 1/2 楼层，9 度时全部楼层，上述拉结钢筋网片应沿墙体水平通长设置。构造柱在施工时，应先砌墙并留马牙槎，随着墙体的上升，逐段浇筑钢筋混凝土构造柱，见图 9.21。

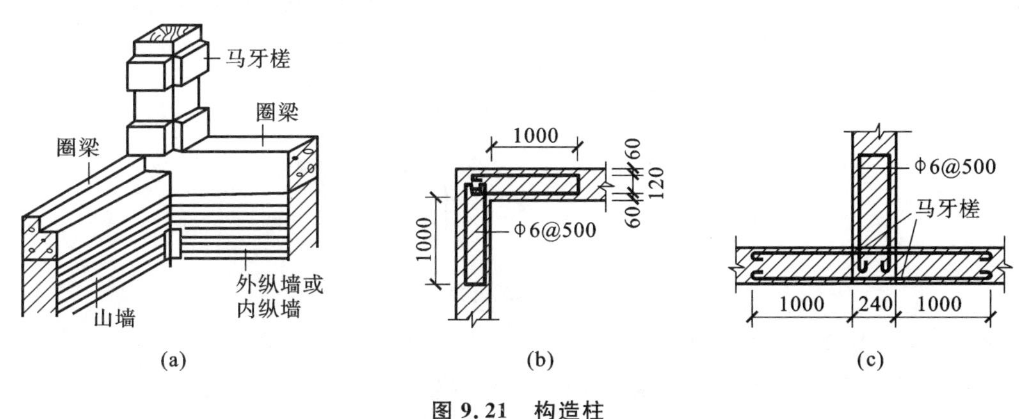

图 9.21　构造柱

(a) 构造柱马牙槎示意；(b)，(c) 墙与柱的拉筋处理

③ 构造柱与圈梁连接处，构造柱的纵筋应在圈梁纵筋内侧穿过，保证构造柱纵筋上下贯通。

④ 构造柱可不单独设置基础，但应伸入室外地面下 500 mm 或与埋深小于 500 mm 的基础圈梁相连。

(8) 墙体变形缝构造

① 伸缩缝处墙体构造。

伸缩缝内应填有防水、防腐性能的弹性材料，如沥青麻丝、橡胶条、塑料条等。外墙面上用镀锌铁皮盖缝，内墙面上用木质盖缝条加以装饰。伸缩缝处墙体构造见图9.22。

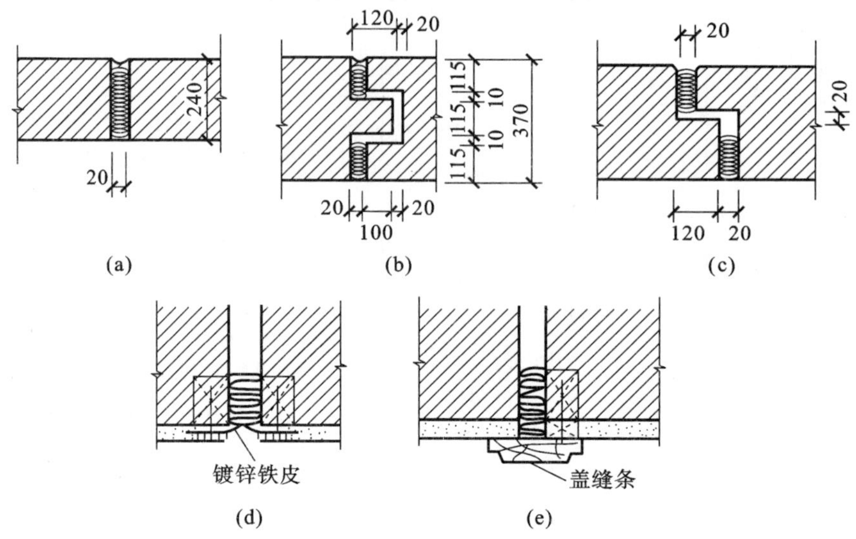

图 9.22 伸缩缝处墙体构造

(a) 平口缝；(b) 楔口缝；(c) 高低缝；(d) 外墙面缝口盖镀锌铁皮；(e) 内墙面缝口盖缝条

② 沉降缝处墙体构造。

墙身沉降缝与伸缩缝的构造基本相同，但外墙沉降缝常用金属调节片盖缝，以保证建筑物的两个独立单元能自由下沉不致破坏。墙体沉降缝的构造见图9.23。

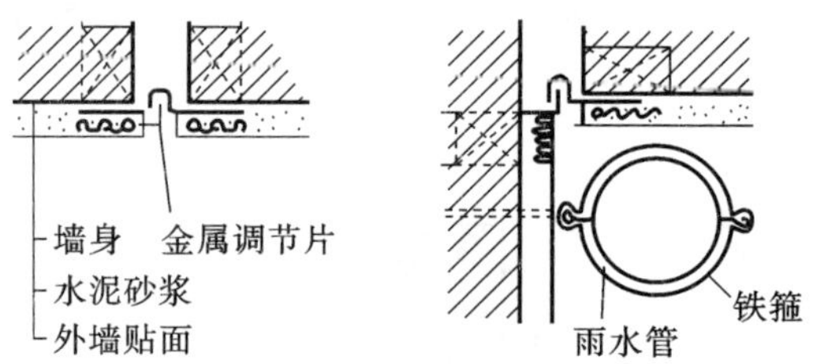

图 9.23 墙体沉降缝的构造

③ 防震缝处墙体构造。

防震缝处墙体构造与伸缩缝基本相同，防震缝处墙体构造见图9.24。

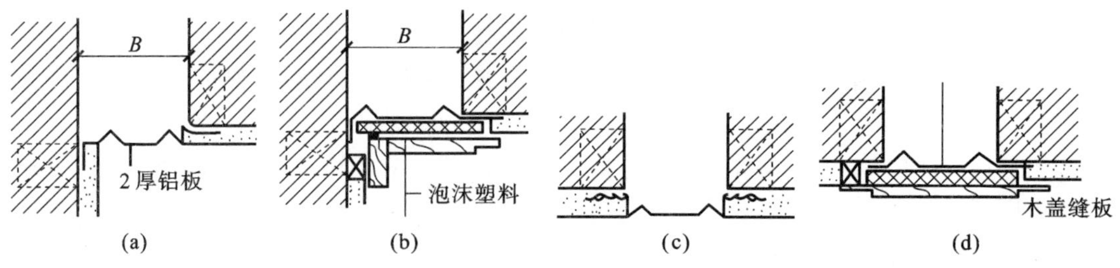

图 9.24 防震缝处墙体构造

(a)，(b) 外墙面防震缝；(c)，(d) 内墙面防震缝

9.3 墙面装修

墙面装修分为外墙装修和内墙装修。外墙装修主要是为了保护墙体不受风、霜、雪、雨的侵袭,提高墙体的防潮、防水、保温、隔热的能力,同时也起到美化建筑的作用。内墙装修是为了改善室内的卫生条件、物理条件,增加室内的美观性。

墙面装修按所用材料和施工方式的不同可分为抹灰类、贴面类、涂料类、裱糊类和铺钉类五种类型。此外,本节还对幕墙装修进行简单介绍。

9.3.1 抹灰类墙面装修

抹灰类墙面装修是以水泥、石灰膏为胶结材料,加入砂或石渣与水拌和成砂浆或石渣浆,如石灰砂浆、混合砂浆、水泥砂浆,以及纸筋灰、麻刀灰等作为饰面材料抹到墙面上的一种操作工艺。它是一种传统的墙面装修方式,属于湿作业范畴。这种饰面具有耐久性低、易开裂、易变色、多为手工操作、湿作业施工、工效较低的缺点,但材料多为地方材料,施工方便、造价低廉,因而在大量性建筑中仍得到广泛的应用。

(1) 墙面抹灰的组成

为保证抹灰平整、牢固,避免龟裂、脱落,在构造上需分层。抹灰装修一般由底层、中层和面层抹灰组成,见图 9.25。

底层的主要作用是与基层黏结,同时对基层做初步找平。底层所用材料视基层材料而异,如普通砖墙可用石灰砂浆或混合砂浆,混凝土墙面则需用混合砂浆或水泥砂浆,木板条墙应在石灰砂浆或混合砂浆中加入适量的纸筋、麻刀或玻璃纤维类材料。底层厚度一般不大于 10 mm。

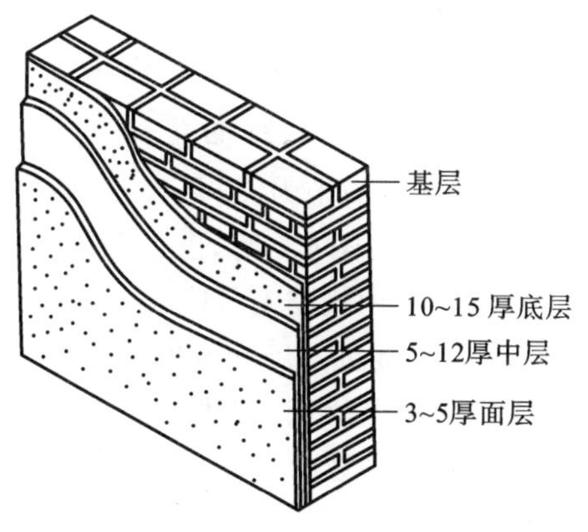

图 9.25 抹灰层组成

中层的主要作用是做进一步找平,有时可兼做底层与面层之间的黏结,所用材料与底层基本相同,厚度一般为 5～8 mm。面层的主要作用是装饰,要求表面平整、色彩均匀、无裂纹。面层根据要求可做成光滑的表面,也可做成粗糙的表面,如水刷石、拉毛灰、斩假石等饰面。

一般抹灰根据质量要求可分为普通抹灰、中级抹灰和高级抹灰三种。仅设底层和面层者称为普通抹灰,设有一层中层的称为中级抹灰,当中层有两层及两层以上时称为高级抹灰。抹灰的总厚度:外墙面抹灰一般为 15～25 mm,内墙面抹灰一般为 15～20 mm。

(2) 墙面抹灰的种类及构造做法

墙面抹灰的种类有很多,根据面层材料的不同,一般抹灰饰面做法见表 9.8。

表 9.8　　一般抹灰饰面做法

抹灰名称	底层		面层		应用范围
	材料	厚度/mm	材料	厚度/mm	
混合砂浆抹灰	1∶1∶6 水泥石灰砂浆	15	1∶0.5∶3 水泥石灰砂浆	5	一般砖、石墙面均可选用
水泥砂浆抹灰	1∶3 水泥砂浆	15	1∶2 水泥砂浆	5	室外饰面及室内需防潮的房间及浴厕墙裙、建筑阳角
纸筋麻刀灰	1∶3 石灰砂浆	13	纸筋灰或麻刀灰、玻璃丝罩面	2	一般民用建筑砖、石内墙面均可选用
石膏灰罩面	1∶3～1∶2 麻刀灰砂浆	13	石膏灰罩面	2～3	高级装修的室内顶棚和墙面
珍珠岩浆罩面	1∶3～1∶2 麻刀灰砂浆	13	水泥∶石膏灰∶珍珠岩＝1∶1∶0.1（质量比）	2	保温、隔热要求较高的内墙面罩面

9.3.2　贴面类墙面装修

贴面类饰面可用于室内和室外。贴面类墙面装修是一种利用人造板、块及天然石料直接粘贴于基层表面或通过构造连接固定于基层上的装修做法。这类装修具有耐久性强、施工方便、装饰效果好等优点，但造价较高，一般用于装修要求较高的建筑中。

（1）面砖、瓷砖饰面装修

面砖是以陶土为原料，经压制成型煅烧而成的饰面块，分挂釉和不挂釉、平滑和有一定纹理质感等不同类型，色彩和规格多种多样。面砖具有质地坚硬、防冻、耐腐蚀、色彩丰富等优点，常用规格有 113 mm×77 mm×17 mm、145 mm×113 mm×17 mm、233 mm×113 mm×17mm、265 mm×113 mm×17 mm 等。瓷砖具有表面光滑、容易擦洗、美观耐用、吸水率低等特点，常用规格有 151 mm×151 mm×5 mm、110 mm×110 mm×5 mm 等，并配有各种边角制品。

外墙面砖的安装是先在墙体基层上以 15 mm 厚 1∶3 水泥砂浆打底，再以 5 mm 厚 1∶1水泥砂浆粘贴面砖。粘贴时常于面砖之间留出宽约 10 mm 的缝隙，让墙面有一定的透气性，有利于湿气的排除，也增加了墙面的美观性。瓷砖安装亦采用 15 mm 厚 1∶3 水泥砂浆打底，用 8～10 mm 厚的 1∶0.3∶3 水泥石灰砂浆或 3 mm 厚内掺 6%～10%的 107 胶的白水泥浆做黏结层。面砖、瓷砖粘贴构造见图 9.26。

（2）锦砖饰面装修

锦砖有陶瓷锦砖和玻璃锦砖之分。陶瓷锦砖是以优质陶土烧制成的小块瓷砖；玻璃锦砖是以玻璃为主要原料，掺入外加剂，经高温熔化、压块、烧结、退火而成。由于锦砖尺寸较小，为便于粘贴，出厂前已按各种图案反贴在牛皮纸上。锦砖饰面具有质地坚硬、色调柔和、性能稳定、不褪色和自重轻等特点。

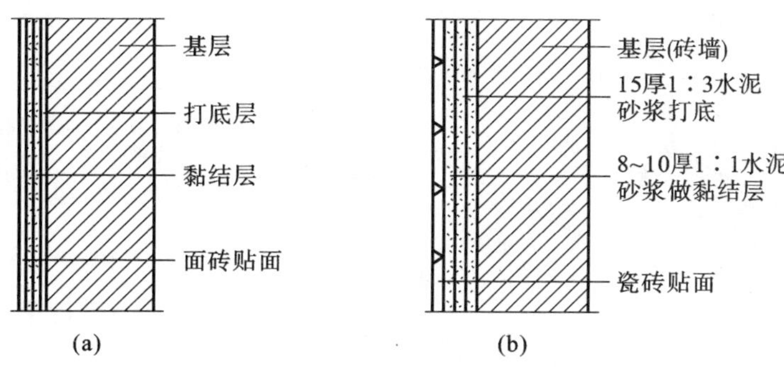

图 9.26　面砖、瓷砖粘贴构造

(a) 外墙面贴面；(b) 瓷砖贴面

锦砖饰面构造与粘贴面砖相似，所不同的是锦砖饰面在粘贴前先在牛皮纸背面每块瓷片间的缝隙中抹以白水泥浆(加 5%的 107 胶)，然后将纸面朝外粘贴于 1∶1 水泥砂浆上，用木板压平，待砂浆结硬后，洗去牛皮纸即可。若发现个别瓷片不正的，可进行局部调整。

(3) 天然石材、人造石材贴面

① 天然石材墙面。

天然石材墙面包括花岗石、大理石和碎拼大理石墙面等几种做法。其具有强度高、结构致密、色彩丰富、不易被污染等优点，但由于施工复杂、价格较高等原因，多用于高级装修。花岗石主要用于外墙面，大理石主要用于内墙面。

花岗石纹理多呈斑点状，色彩有暗红、灰白等。根据加工方式的不同，从装饰质感上可分为磨光石、剁斧石、蘑菇石三种。花岗石质地坚硬、不易风化，能在各种气候条件下使用。大理石是一种变质岩，属于中硬石材，主要由方解石和白云石组成。大理石质地比较密实，抗压强度较高，可以锯成薄板，经过多次抛光打蜡加工，制成表面光滑的板材。大理石板和花岗石板有正方形和长方形两种。常见的尺寸有 600 mm×600 mm，600 mm×800 mm，800 mm×1000 mm，厚度为 20～25 mm。亦可根据使用需要，加工成所需的各种规格。碎拼大理石是生产厂家裁割的边角废料，经过适当的分类加工而成。采用碎拼大理石可降低工程造价。

天然石材贴面装修构造通常采用栓挂法，即预先在墙面或柱面上固定钢筋网，再将石板用铜丝、不锈钢丝或镀锌铅丝穿过事先在石板上钻好的孔眼绑扎在钢筋网上。因此，固定石板的水平钢筋间距应与石板高度尺寸一致。石板就位并用木楔校正后，即便于绑扎牢固。然后在石板与墙或柱之间浇筑厚为 30 mm 的 1∶3 水泥砂浆，见图 9.27。石材贴面有时也可采用连接件锚固法。

② 人造石材墙面。

常见的人造石材有人造大理石、水磨石板等。其构造与天然石材相同，但不必在预制板上钻孔，而用预制板背面在生产时露出的钢筋将板用铅丝绑牢在墙面所设的钢筋网上即可，见图 9.28。当预制板为 8～12 mm 厚的薄型板材，且尺寸在 300 mm×300 mm 以内时，可采用粘贴法，即在基层上用 10 mm 厚的 1∶3 水泥砂浆打底，随后用 6 mm 厚 1∶2.5水泥砂浆找平，然后用 2～3 mm 厚环氧树脂胶黏剂粘贴饰面材料。

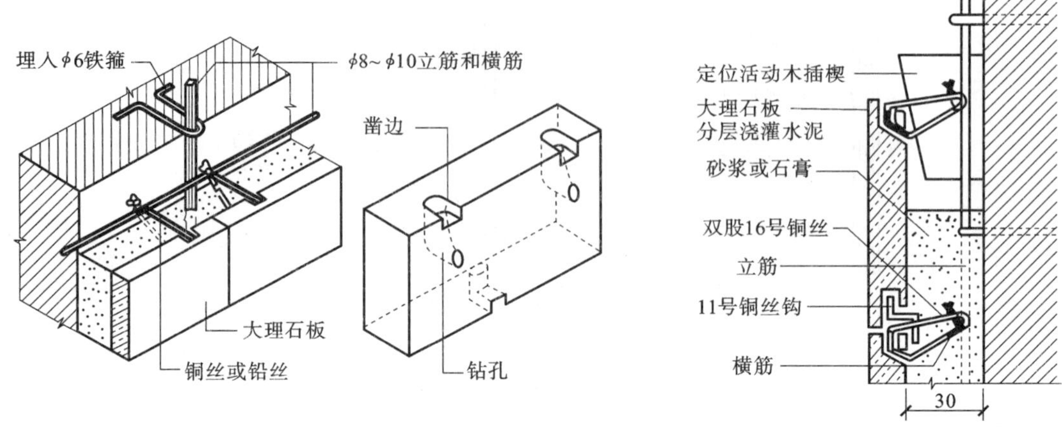

图 9.27　大理石板墙面装修构造

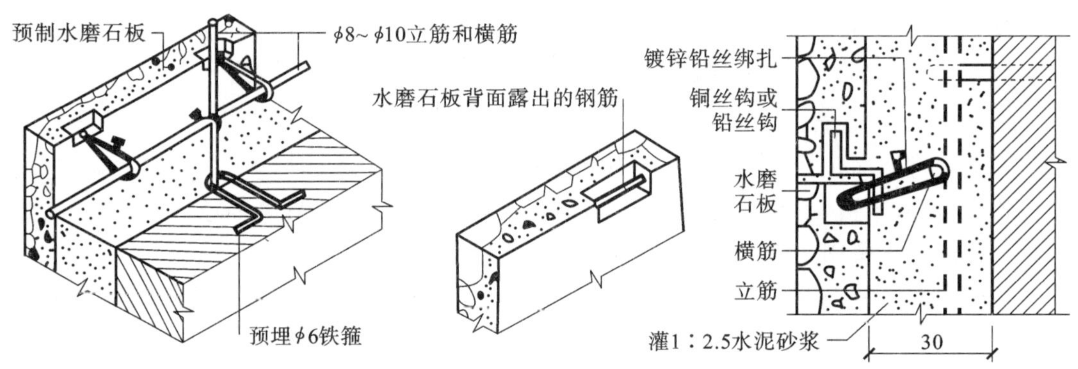

图 9.28　预制水磨石板装修构造

9.3.3　涂料类墙面装修

涂料类墙面装修是将各种涂料喷刷于基层表面而形成牢固的保护膜，从而起到保护墙面和装饰墙面的一种装修做法。这类装修做法具有造价低、操作简单、工效高、维修方便等优点，因而应用较为广泛。实际中应根据建筑的使用功能、墙体所处环境、施工和经济条件等，尽量选择附着力强、无毒、耐久、耐污染、装饰效果好的涂料。

建筑涂料的种类很多，按其主要成膜物的不同可分为无机涂料和有机合成涂料两大类。根据我国目前建筑中的使用情况，大致有以下几种。

(1) 无机涂料

无机涂料包括石灰浆、大白浆、水泥浆及各种无机高分子涂料等。

石灰浆采用石灰膏加水拌和而成。根据需要可掺入颜料，为增强灰浆与基层的黏结力和耐久性，还可在石灰浆中加入食盐、107 胶或聚醋酸乙烯乳液等。石灰浆的耐久性、耐候性、耐水性及耐污染性均较差，主要用于室内墙面。一般喷或刷两遍即成。

大白浆是由大白粉掺入适量胶料配制而成。大白浆亦可掺入颜料而成色浆，大白浆覆盖力强、涂层细腻洁白、价格低、施工和维修方便，多用于内墙饰面。一般喷或刷两遍即可。

(2) 有机合成涂料

有机合成涂料依其稀释剂的不同分为以下几种。

① 溶剂型涂料。

常见的溶剂型涂料有苯乙烯内墙涂料、聚乙烯醇缩丁醛内外墙涂料、过氯乙烯内墙涂料、812 建筑涂料等。这类涂料用作墙面装修,且具有较好的耐水性和耐候性,但有机溶剂在施工时挥发出有害气体,污染环境,同时在潮湿的基层上施工会引起脱皮现象。

② 水溶型涂料。

常见的水溶型涂料有聚乙烯醇水玻璃内墙涂料、聚合物水泥砂浆饰面涂料、改性水玻璃内墙涂料、108 内墙涂料等。这类涂料价格低、无毒、无怪味,具有一定的透气性,在较潮湿的基层上亦可操作。

③ 乳胶涂料。

常见的乳胶涂料有乙丙乳胶涂料、苯丙乳胶涂料、氯偏乳胶涂料等。这类涂料无毒、无味、不易燃、耐水性及耐候性较好,具有一定的透气性,可在潮湿基层上施工。多用作外墙饰面。

9.3.4 裱糊类墙面装修

裱糊类墙面装修是将各类装饰性的墙纸、墙布等卷材类的装饰材料用黏结剂裱糊在墙面上的一种装修做法。此类装修所用的墙纸、墙布的材料品种繁多,主要有塑料壁纸、纸基涂塑壁纸、纸基织物壁纸、玻璃纤维印花墙布、无纺墙布等。裱糊类墙面仅适用于室内装修。

(1) 墙纸

墙纸又称壁纸。墙纸的种类很多,依其构成材料和生产方式的不同主要分为以下几种。

① PVC 塑料墙纸。

塑料墙纸由面层和衬底层组成。面层以聚氯乙烯塑料薄膜或发泡塑料为原料,经配色、喷花而成。发泡面层具有弹性,花纹起伏多变,立体感强,美观、豪华。墙纸的衬底一般分纸基和布基两类。纸基加工简单、价格低,但抗拉性能较差;布基则具有较高的抗拉能力,但价格较高。

② 纺织物面墙纸。

采用各种植物及人造纤维等纺织物作为面料复合于纸质衬底而制成的墙纸。由于各种纺织面料质感细腻、古朴典雅,故多用于较高级房间的装修。

③ 金属面墙纸。

采用铝箔、金粉、金银等原料制成各种花纹图案,以衬托金属效果的漆面相间配制成面层,然后将面层与纸质衬底复合压制而成的墙纸。这种墙纸可形成多种图案,色彩艳丽,可耐酸,防油污,多用于高级房间的装修。

④ 天然木纹面墙纸。

采用名贵木材加工成极薄的木皮,贴于布质衬底上而制成的墙纸。它类似于胶合板,具有特殊的装饰效果。

(2) 墙布

墙布是以纤维织物直接制成的墙面装饰材料,有玻璃纤维墙布及织锦等。

① 玻璃纤维墙布。

采用玻璃纤维织物为基衬,表面涂合成树脂,经印花而成。这种墙布具有耐水、防火、抗拉力强、可以擦洗、价格低等优点,缺点是日久变黄并易泛色。

② 织锦。

织锦是指将锦缎裱糊于墙面上形成的一种装饰饰面。这种墙面颜色艳丽、色调柔和,但价格昂贵,仅用于少量的高级装修工程。

墙纸及墙布的裱贴主要是在抹灰基层上进行,因而要求基层应平整、致密,对不平的基层需用腻子刮平。

9.3.5 铺钉类墙面装修

铺钉类墙面装修是指利用天然木板或各种人造板,用镶、钉、粘等固定方式对墙面进行装修处理的一种做法。这种做法一般不需要对墙面抹灰,故属于干作业范畴,可节省人工,提高工效。其一般适用于装修要求较高或有特殊使用功能的建筑中,铺钉类装修一般由骨架和面板两部分组成。

(1) 骨架

骨架有木骨架和金属骨架之分。木骨架由墙筋和横档组成,通过预埋在墙上的木砖钉固到墙身上。墙筋和横档断面常用 50 mm×50 mm、40 mm×40 mm,其间距视面板的尺寸规格而定,一般为 450~600 mm。金属骨架中的墙筋多采用冷轧薄钢板制成槽形断面。为防止骨架与面板受潮而损坏,可先在墙体上刷热沥青一道再干铺防水卷材一层,也可在墙面上抹 10 mm 厚混合砂浆,并涂刷热沥青两道。

(2) 面板

装饰面板多为人造板,如纸面石膏板、硬木条、胶合板、装饰吸音板、纤维板、彩色钢板及铝合金板等。

石膏板与木骨架的连接一般用圆钉或木螺钉固定,见图 9.29。石膏板与金属骨架的连接可先钻孔,后用自攻螺钉或镀锌螺钉固定,亦可采用黏结剂黏结,见图 9.30。

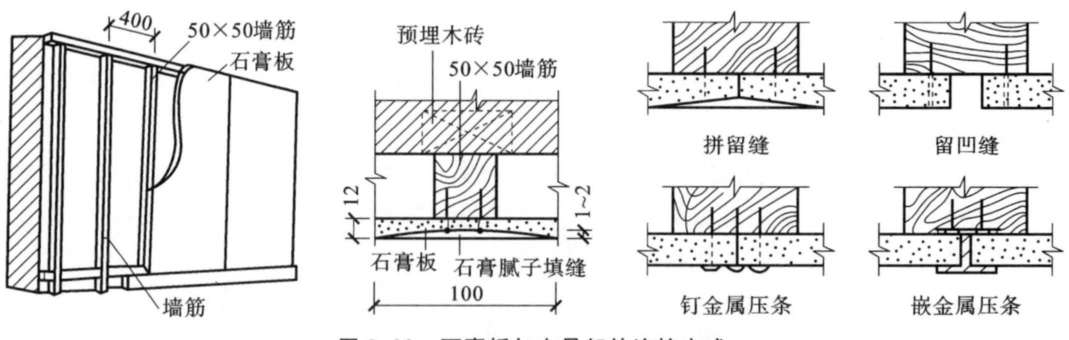

图 9.29 石膏板与木骨架的连接方式

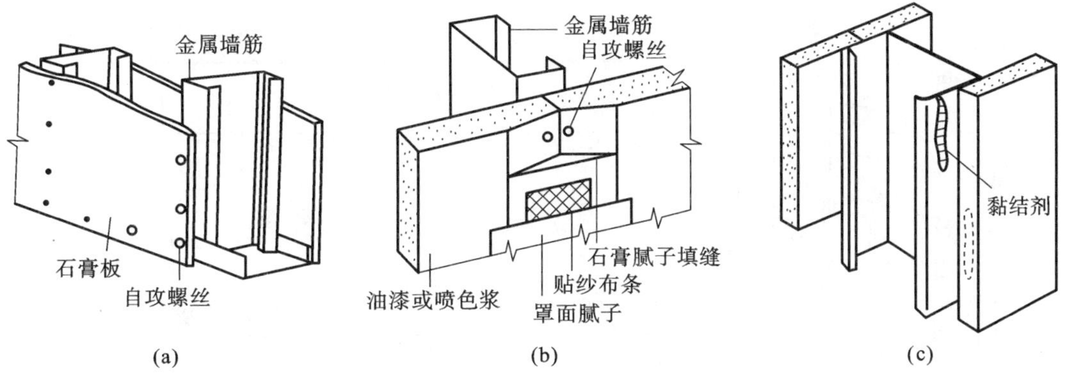

图 9.30 石膏板与金属骨架的连接方式

(a) 石膏板与金属墙筋钉结；(b) 石膏板接缝构造；(c) 石膏板与金属墙筋黏结

金属板材与金属骨架的连接主要靠螺栓和铆钉固定。图 9.31 所示为铝合金板材墙面的安装构造。

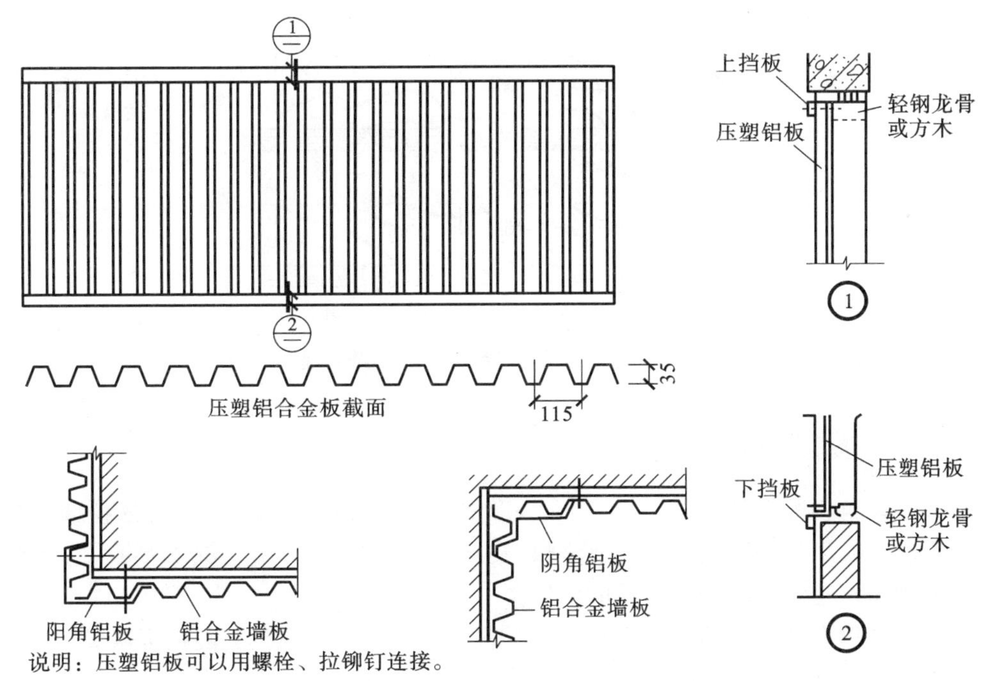

图 9.31 铝合金板材墙面的安装构造

硬木条或硬木板装修是指将装饰性木条或凹凸型板竖直铺钉于墙筋或横档上。背面可衬以胶合板，使墙面产生凹凸感。其构造见图 9.32。

胶合板、纤维板多用圆钉与墙筋或横档固定。为保证面板有微量伸缩的可能，在钉面板时，板与板之间可留出 5～8 mm 的缝隙。缝隙可以是方形、三角形，对要求较高的装修可用木压条或金属压条嵌固，见图 9.33。

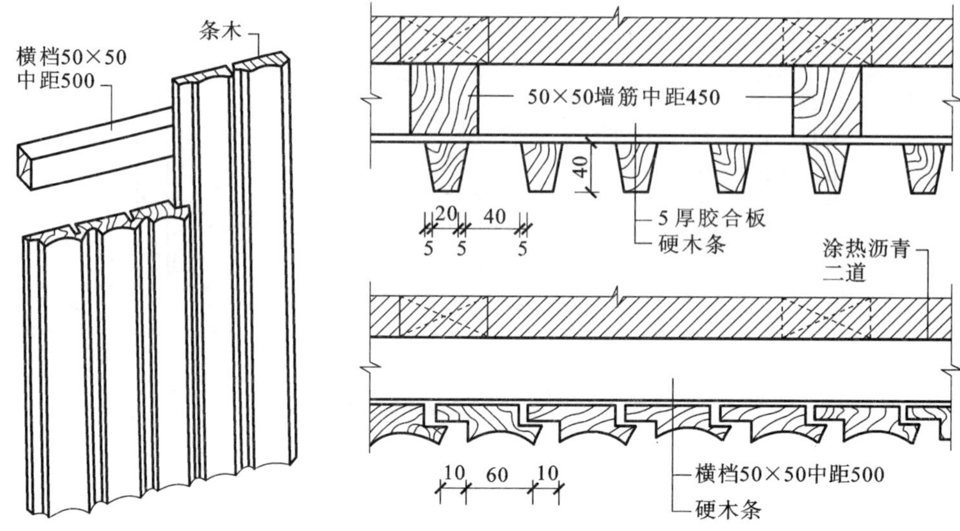

图 9.32　木质面板墙面装修构造

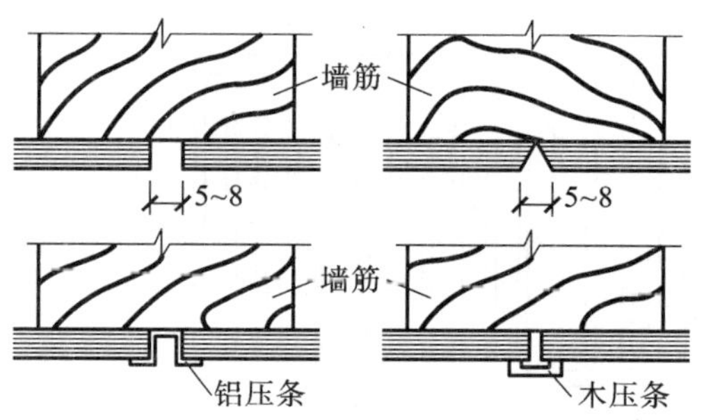

图 9.33　胶合板、纤维板等的接缝处理

9.3.6　幕墙装修

幕墙是建筑物外围护墙的一种新形式，形似挂幕，一般不承重，又称为悬挂墙。幕墙的特点是装饰效果好、质量轻、安装速度快，是外墙轻型化、装配化较理想的形式，因此在现代大型和高层建筑上得到了广泛的应用。

常见的幕墙有玻璃幕墙、金属幕墙、石板幕墙及轻质钢筋混凝土墙板幕墙等类型。

(1) 玻璃幕墙

玻璃幕墙一般由三部分组成，即结构框架、填衬材料和幕墙玻璃。由于其组合形式和构造方式的不同而做成框架外露系列或框架隐藏系列，还有用玻璃做肋的无框架系列。按照施工方法的不同可分为分件式玻璃幕墙和板块式玻璃幕墙两种。前者需要现场组合，后者只需在工厂预制后再到现场安装即可。

① 分件式玻璃幕墙。

分件式玻璃幕墙是在施工现场将金属框架、玻璃、填充材料和内衬墙以一定顺序进行组装。玻璃幕墙通过金属框架把自重和风荷载传递给主体结构，框架横档的跨度不能太大，否则要增设结构立柱。目前主要采用框架竖梃承力方式，竖梃一般支撑在楼板上，布置比较灵活。分件式组装的施工速度相对较慢，精度低，施工要求也低。分件式玻璃幕墙见图 9.34。

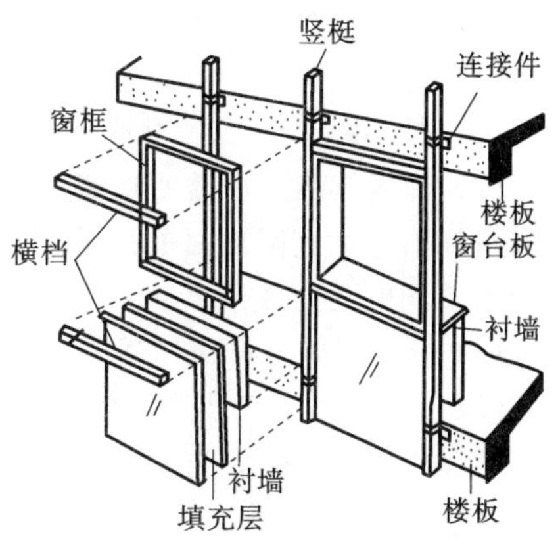

图 9.34　分件式玻璃幕墙示意图

a. 金属框料的断面。金属框料有铝合金、铜合金及不锈钢型材。现在大多采用铝合金型材，其特点是质轻、易加工、价格便宜。铝合金型材有实腹和空腹两种，通常采用空腹型材，不仅节省材料，而且刚度好。竖梃和横档根据受力状况、连接方式、玻璃安装固定位置和凝结水及雨水排除等因素来确定其断面形状。目前，各生产厂家的产品系列各不相同。为了便于安装，也可以由两块甚至三块型材组合成一根竖梃和一根横档来构成所需要的断面。

b. 金属框料的连接。竖梃通过连接件固定在楼板上，连接件的设计与安装，要考虑竖梃能在上、下、左、右、前、后六个方向均可调节，所以连接件上的所有螺栓孔都设计成椭圆形的长孔。连接件可以置于楼板的上表面、侧面和下表面，由于操作方便，故一般情况是将连接件安置于楼板的上表面。由于要考虑型材的热胀冷缩，每根竖梃不得长于建筑的层高，且只能固定在上层楼板上。上、下层竖梃之间通过一个内衬套管连接，两段竖梃之间还必须留有 15～20 mm 的伸缩缝，并用密封胶堵严。竖梃与横档可通过角形铝铸件连接。幕墙铝框连接构造见图 9.35。

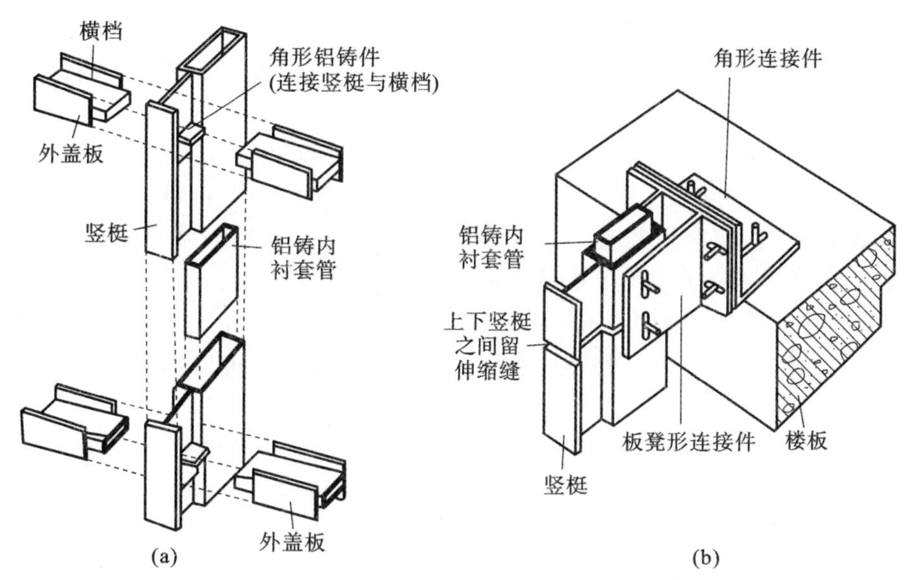

图 9.35　幕墙铝框连接构造

(a) 竖梃与横档的连接；(b) 竖梃与楼板的连接

c. 玻璃的选择。玻璃幕墙的玻璃作为建筑外的围护材料，应选择热工性能良好、抗冲击能力强的特种玻璃，通常有钢化玻璃、吸热玻璃、镜面玻璃和中空玻璃等。

(a) 吸热玻璃是在生产透明玻璃的过程中，在原料中加入极微量的金属氧化物，便成了带颜色的吸热玻璃。其特点是能使可见光透过而限制带热量的红外线通过，由于其价格适中，热工效果好，故采用较多。

(b) 镜面玻璃是在透明玻璃、钢化玻璃、吸热玻璃的一侧涂上反射膜，通过反射太阳光的热辐射而达到隔热目的。镜面玻璃能映照附近景物和天空，能随景色和光线的变化而产生不同的立面效果。

(c) 中空玻璃是将两片透明玻璃、钢化玻璃或吸热玻璃叠合在一起，将其边框焊接、胶接或熔接密封，两片玻璃之间相隔 6～12 mm，形成干燥空气层或充以惰性气体，以达到隔热和保温的效果。这种隔热、保温效果是单层玻璃所不能比拟的。

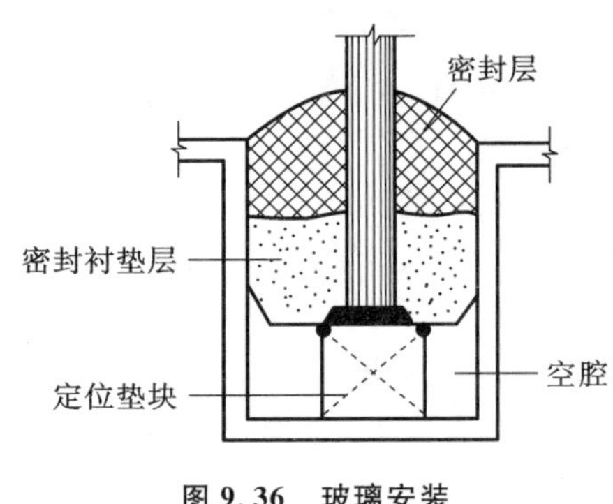

图 9.36　玻璃安装

d. 玻璃的镶嵌。玻璃镶嵌在金属框上，必须考虑接缝处的防水密闭、玻璃的热胀冷缩问题。要解决这些问题，通常在玻璃与金属框接触的部位设置密封条、密封衬垫和定位垫块，见图 9.36。密封条有现注式和成型式两种。现注式密封条接缝严密、密封性好、采用较广；成型式密封条是工厂挤压成型的，在幕墙玻璃安装时嵌入边框的槽内，施工方便。目前采用的密封条材料有硅酮橡胶和聚硫橡胶。密封衬垫通常只是在现注式密封条注前安置，目的在于给现注式密封条定位，使密封条不至于注满整个金属框内空腔。密封衬垫一般采用富有弹性的聚氯乙烯条。定位垫块是安装在金属框内支撑玻璃的，使玻璃与金属框之间具有一定的间隙，调节玻璃的热胀冷缩。同时垫块两边形成了空腔，空腔可防止挤入缝内的雨水因毛细现象进入室内。

e. 玻璃幕墙的内衬墙和细部构造。由于建筑造型需要，玻璃幕墙通常设计成整片的，这就带来了一系列问题。首先，室内不需要这么大的采光面，而且外面看进去也不雅观；其次，整个外围护墙全是玻璃，对保温、隔热不利；最后，幕墙与楼板、柱子之间产生的空隙对防火、隔声不利。所以，在做室内装修时，必须在窗户上、下部位做内衬墙。内衬墙的构造类似于内隔墙的构造。窗台板以下部位可以先立筋，中间填充矿棉或玻璃棉隔热层，再覆以铝箔反射隔汽层，最后封纸面石膏板。内衬墙也可以用加气混凝土板或成型碳化板直接砌筑。

f. 横档的细部处理。分件式玻璃幕墙的横档断面往往比竖梃复杂，主要问题在于通过密封条少量渗漏进框内的雨水也需要及时排除，因此通常将横档中隔做成向外倾斜，并留有泄水孔和滴水口。

g. 立面线型划分。玻璃幕墙的立面线型划分是指金属竖梃和横档组成的框格形状和大小的确定。建筑师往往注重从建筑的立面造型、尺度、比例及室内装修效果诸方面因素来划分线型，而实际上玻璃幕墙立面线型划分还要考虑通风要求开启扇大小、风荷载对金属框料的规格和排列间距及窗的形状的影响。通常分件式玻璃幕墙比板块式玻璃幕墙的立面线型划分稍微灵活一些。

② 板块式玻璃幕墙。

a. 板块式玻璃幕墙构造。板块式玻璃幕墙是由工厂生产的一块块幕墙定型单元组装而成的。这种定型单元有平面的，也有折角的。每一单元一般由多块玻璃组成，其宽度一般为一个开间，高度一般为一个层高。由于高层建筑大多采用空调来调节室内温度，故定型单元只需开启少数窗户，大多数玻璃都是固定的。由于高层建筑上空风大，不宜做平开窗，大多用上悬窗或推拉窗，其位置根据室内布置要求确定。由于板块式玻璃幕墙单元是以一个房间的层高和开间作为基本尺度，故立面线型划分比较简单，建筑师设计的重点只需放在单元线型上。但需要特别注意的是，为了在施工时便于墙板与楼板、墙板与墙板的连接安装，上、下墙板的横缝要高于楼板 200～300 mm，左、右两块墙板的垂直缝也应与框架柱错开。板块式玻璃幕墙立面划分见图 9.37。

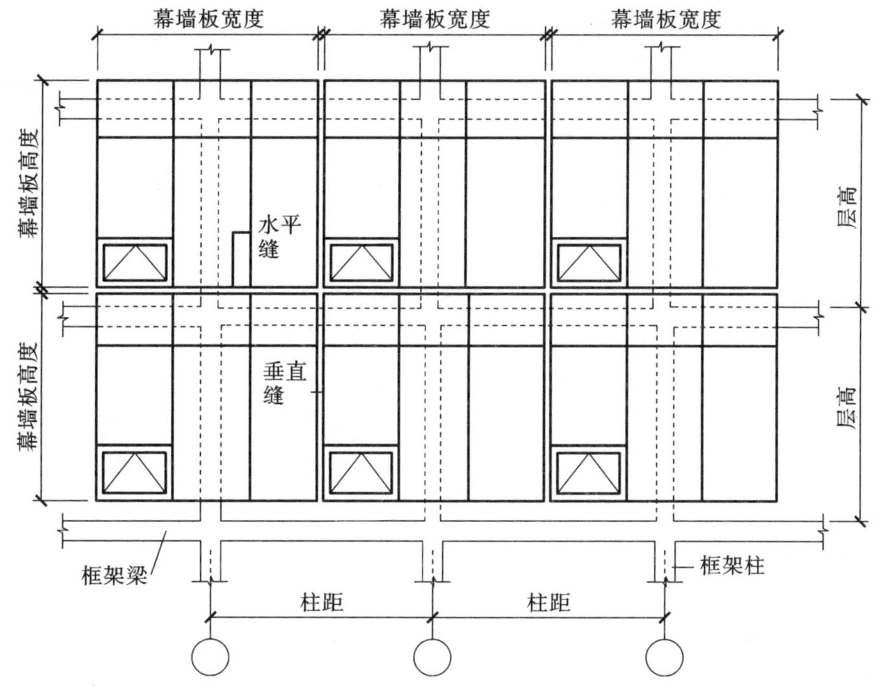

图 9.37　板块式玻璃幕墙立面划分

b. 板块式玻璃幕墙的安装与接缝。为了起到防振和适应结构变形的作用，幕墙板与主体结构的连接应考虑柔性连接，见图 9.38。其方法是先在幕墙板装上一根镀锌钢管，幕墙板再通过这根钢管与楼板上的角钢连接。为了防止振动，连接处均应垫上防振胶垫，而幕墙板之间必须留有一定的变形缝隙，空隙之间用 V 形和 W 形胶条封闭。

③ 隐框式玻璃幕墙。

隐框式玻璃幕墙分为全隐形玻璃幕墙和半隐形玻璃幕墙。

a. 全隐形玻璃幕墙。由于在建筑物的表面不显露金属框，而且玻璃上下、左右结合部位尺寸也相当窄小，因此会产生全玻璃的艺术感觉，故而受到商业建筑的青睐。全隐形玻璃幕墙的发展首先得益于性能良好的结构黏结密封膏的出现，从而省掉了早期全隐形玻璃幕墙每块玻璃必须在四角开孔加扣钉的做法，避免了玻璃扣件开孔处由于变形应

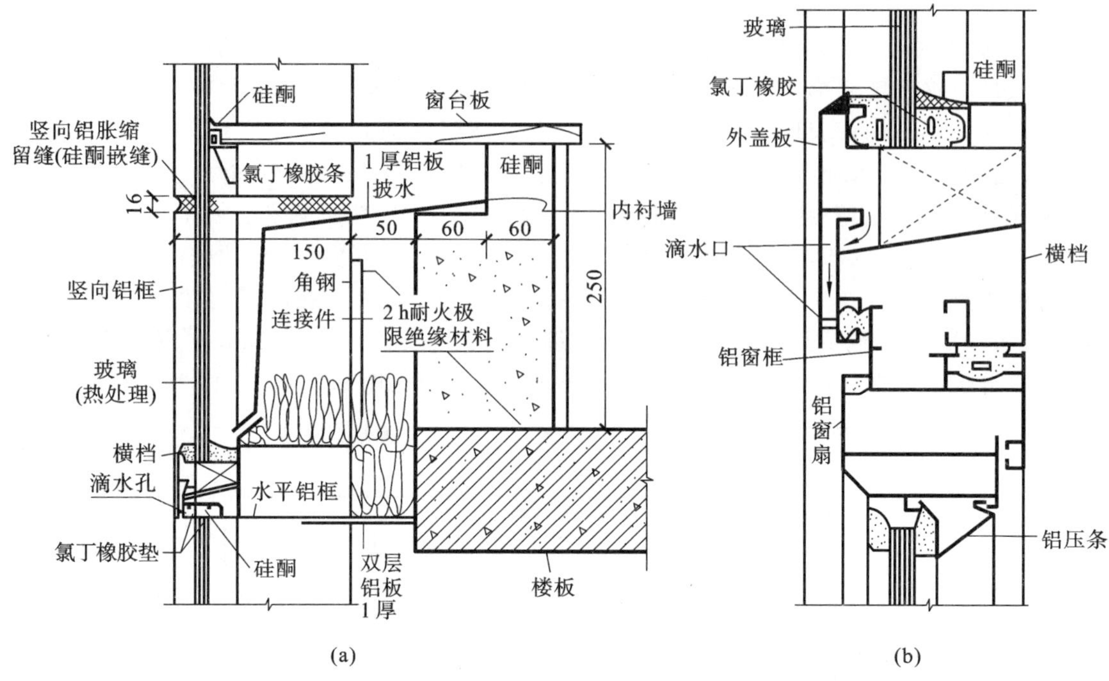

图 9.38 玻璃幕墙细部构造

(a) 幕墙内衬墙和防火;(b) 幕墙排水孔

力不同而产生的断裂破坏。全隐形玻璃幕墙由于玻璃四周用强力密封胶全封闭,因此它是各种玻璃幕墙中无能量消耗的一种,玻璃产生的热胀冷缩变形应力全由密封胶吸收,而且玻璃面所受的水平风压力和自重力也更均匀地传给金属框架和主结构构件,因此安全性得到了加强。全隐形玻璃幕墙立面见图 9.39。

b. 半隐形玻璃幕墙。利用结构硅酮胶为玻璃相对的两边提供结构支持力,另两边则用框料和机械扣件进行固定,这种体系看上去有一个方向的金属线条,不如全隐形玻璃幕墙简洁,立面效果稍差,但安全度比较高。半隐形玻璃幕墙立面见图 9.40。

④ 无框式玻璃幕墙。

无框式玻璃幕墙是指在视线范围内不出现金属框料,形成在某一范围内幅面比较大的无遮挡透明墙面。为了增加玻璃墙面的刚度,必须每隔一定距离用条形玻璃作为加强肋板,称为肋玻璃。可以在面玻璃内外两侧、内侧力口肋玻璃或让肋玻璃整块穿过面玻璃。肋玻璃整块穿过面玻璃的做法适合于面幅大的幕墙。

无框式玻璃幕墙一般选用比较厚的钢化玻璃和夹层钢化玻璃。单片玻璃面积和厚度主要根据最大风压情况下的使用要求选用。无框式玻璃幕墙构造见图 9.41。

无框式玻璃幕墙的面玻璃和肋玻璃有以下 3 种固定方式。

a. 用上部结构梁上悬吊下来的吊钩,将肋玻璃及面玻璃固定,这种方式多用于较高的单块玻璃,见图 9.42(a)。

b. 用金属支架连接玻璃边框固定,见图 9.42(b)。

c. 用密封胶固定,见图 9.42(c)。

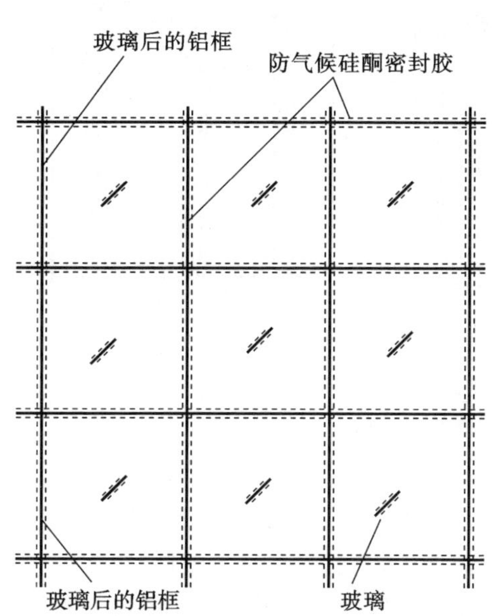

图 9.39 全隐形玻璃幕墙立面

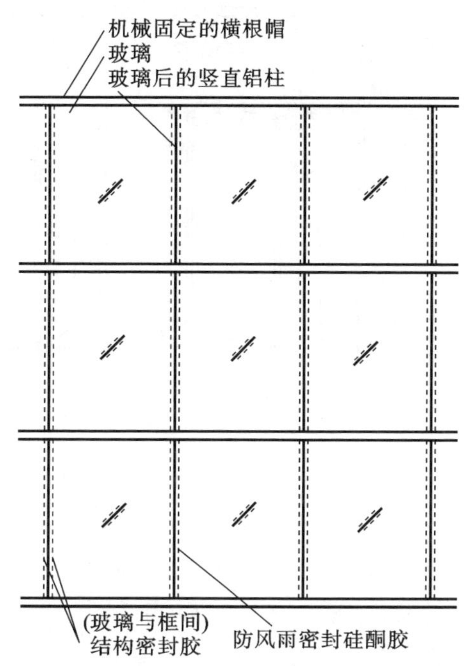

图 9.40 半隐形玻璃幕墙立面

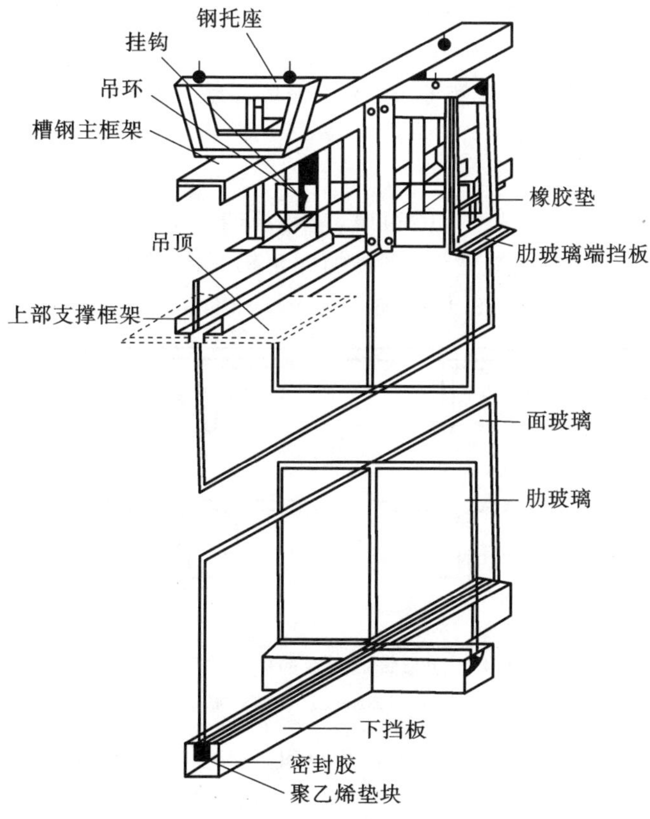

图 9.41 无框式玻璃幕墙构造

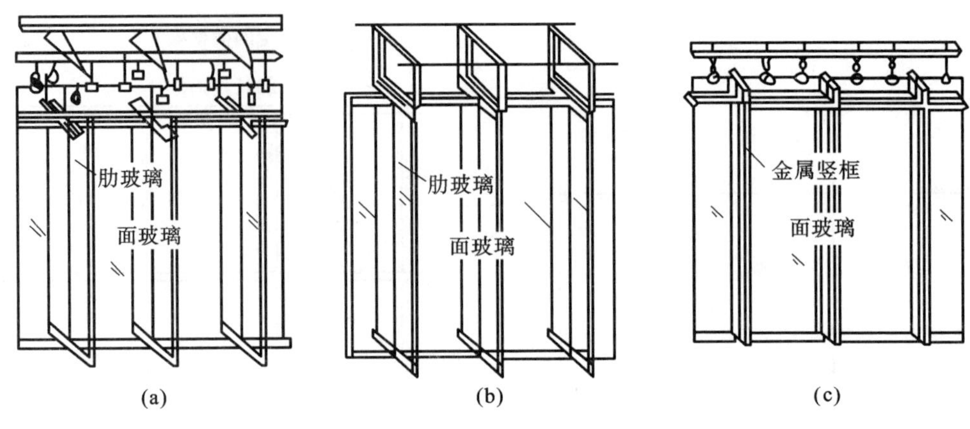

图 9.42 玻璃固定方式

(a) 结构梁悬式固定；(b) 金属支架式固定；(c) 密封胶式固定

面玻璃与肋玻璃相交部位应留出一定的间隙，用硅酮系列密封胶注满，避免"冷桥"出现，并减少金属型材的温度应力。玻璃上、下结合处也应采用密封胶，以提高安全性。

除玻璃幕墙之外，实际工程中，金属幕墙、搪瓷幕墙、石板幕墙等应用也较多。这类幕墙无论在装饰效果上还是在构造上，与玻璃幕墙均有较大区别。另外，将这几种幕墙组合应用，如铝板幕墙与玻璃幕墙组合、石板幕墙与玻璃幕墙组合等，也较为普遍。不同种类幕墙交接处的构造更为复杂。

(2) 金属幕墙

金属幕墙中应用较多的是铝板幕墙、不锈钢板幕墙。下面以铝板幕墙为例介绍金属幕墙的有关构造。

① 饰面铝板的加工处理。

单层饰面铝板的厚度一般不可能很厚，应将板四周折边，或冲成槽形。为加强铝板的刚度，可将铝螺栓焊接在铝板背面，再将加固角铝紧固在螺栓上。或者直接用结构胶将饰面铝板固定在铝方管上。图 9.43 所示为单层饰面铝板的加固处理示意图。

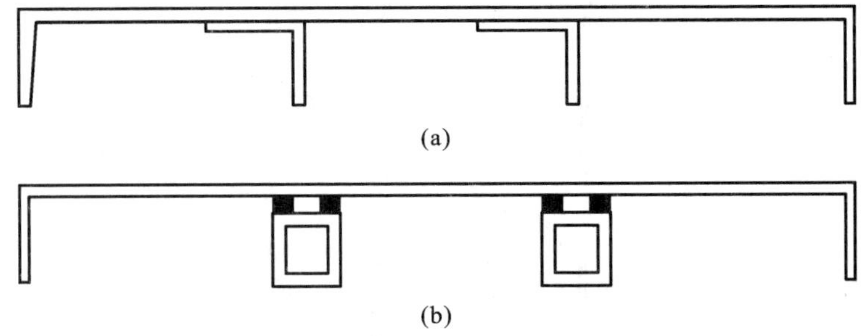

图 9.43 单层饰面铝板的加固处理示意图

(a) 角铝加固；(b) 加劲肋加固

复合铝板一般厚度较大，可根据单块幕墙面积大小将复合纸板加工成图 9.44 所示的几种形式。其中，平板式、槽板式用于面积较小的幕墙，加劲肋式用于面积较大、风荷载较大的幕墙上。复合铝板应在弯折处采用角铝加固，见图 9.44(e)。

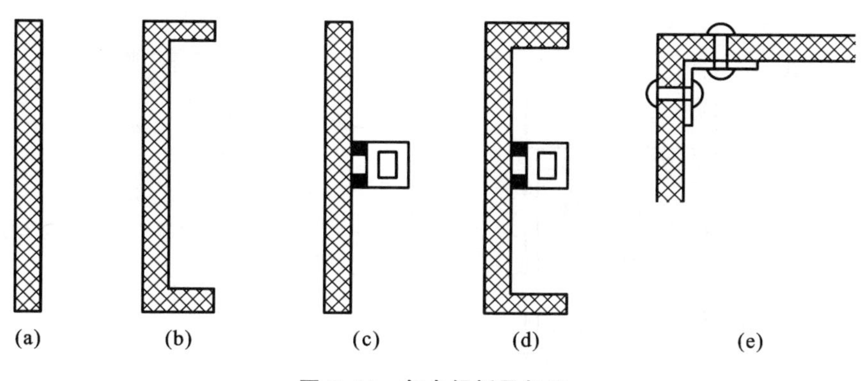

图 9.44　复合铝板及加固

(a) 平板式;(b) 槽板式;(c),(d) 加劲肋加固;(e) 角铝加固

② 饰面铝板与框架的连接构造。

饰面铝板与框架的连接有两种方法:一种是用铝铆钉或铝铆钉加角铝将饰面铝板固定在框架上;另一种是采用结构胶将饰面铝板固定在封框上,然后再将封框固定在框架上。图 9.45 所示为饰面铝板与框架的连接构造举例。

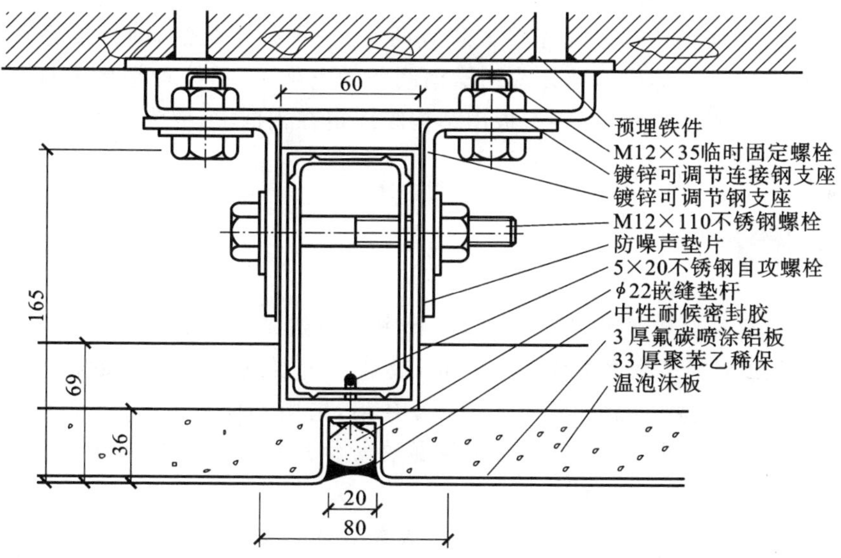

图 9.45　饰面铝板与框架的连接构造举例

③ 铝板幕墙与玻璃幕墙交接的构造处理。

图 9.46 所示为铝板幕墙与玻璃幕墙交接的构造举例。

(3) *石板幕墙*

石板幕墙可以塑造多种与玻璃幕墙截然不同的装饰效果。石板幕墙具有耐久性较好、自重大、造价高的特点,主要用于重要的、有纪念意义的或装修要求特别高的建筑物。

① 石板的要求。

石板幕墙的石板需选用装饰性强、耐久性好、强度高的石材加工而成,并应根据石板与建筑主体结构的连接方式,对石板进行开孔槽加工。石板的面积一般在 1 m^2 以内,厚

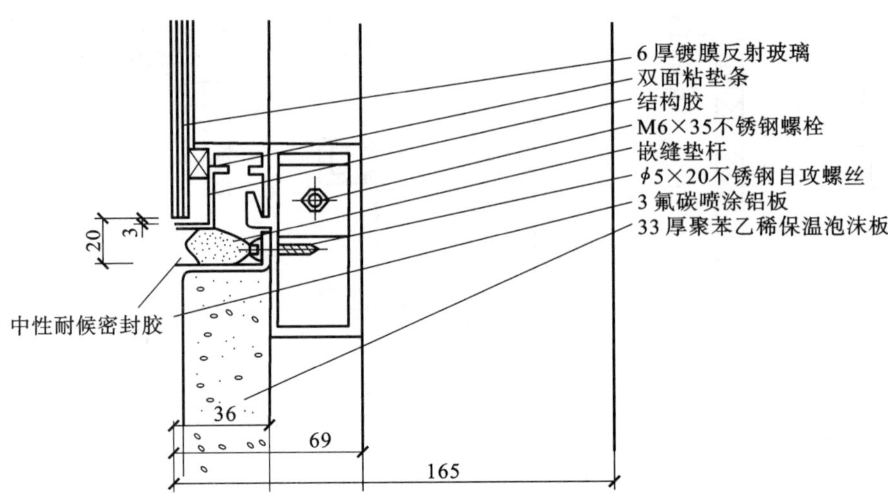

图 9.46 铝板幕墙与玻璃幕墙交接构造举例

度为 20～30 mm，常用 25 mm。

② 石板幕墙的连接构造。

石板与建筑主体结构的装配连接方式有两种：一种是干挂法，即直接将石板通过不锈钢挂件连接固定在主体结构墙体或用槽钢制作的支架上；另一种是采用与隐框式玻璃幕墙类似的结构装配组件法，即将石板用结构胶固定在铝框上，成为结构装配组件。

本章小结

(1) 墙体是建筑物重要的承重结构，设计中需要满足强度、刚度和稳定性的结构要求。同时，墙体也是建筑物重要的围护结构，设计中需要满足不同的要求。墙体按不同的分类方式有多种类型，目前使用最广泛的是砖墙，它既可以是承重墙，也可以是非承重墙。砖墙和砌块墙都是块材墙，都是由砌块和胶结材料组成的。墙身的构造组成包括墙脚构造、门窗洞口构造和墙身加固措施等。

(2) 墙面装修分外墙装修和内墙装修。大量性民用建筑的墙面装修可分为抹灰类、涂料类、贴面类和裱糊类，其中裱糊类墙面装修适用于内墙面。墙面装修的构造层次主要由基层和饰面层两大部分组成，基层要保证饰面材料附着牢固，同时对于有特殊使用要求的场所要有针对性地进行处理；饰面层应保证房屋的美观、清洁，并满足使用要求。

思考题

9-1 简述墙体的分类方式及类别。

9-2 简述砖混结构的几种结构布置方案及特点。

9-3 提高外墙的保温能力有哪些措施？

9-4　墙体设计在使用功能上应考虑哪些设计要求？

9-5　砖墙组砌的要点是什么？

9-6　简述墙脚水平防潮层的设置位置、方式及特点。

9-7　墙身加固措施有哪些？有何设计要求？

9-8　简述墙面装修的基层处理原则。

9-9　简述墙面装修的种类及特点。

10　楼板层与地面

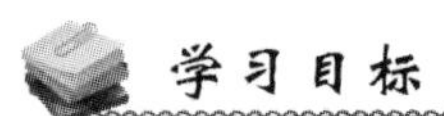

通过本章的学习，掌握钢筋混凝土楼板层的构造原理和结构布置特点，熟悉各种常用地面及顶棚的构造做法，了解阳台和雨篷的构造原理和做法。

10.1　楼地层的构造组成、类型

楼地层包括楼板层和地坪层，是水平方向分隔房屋空间的承重构件，楼板层分隔上、下楼层空间，地坪层分隔大地与底层空间。由于它们均是供人们在上面活动的，故有相同的面层；但由于它们所处位置不同、受力不同，因而其结构层也有所不同。楼板层的结构层为楼板，楼板将所承受的上部荷载及自重传递给墙或柱，并由墙、柱传给基础，楼板层有隔声等功能要求；地坪层的结构层为垫层，垫层将所承受的荷载及自重均匀地传递给夯实的地基（图 10.1）。

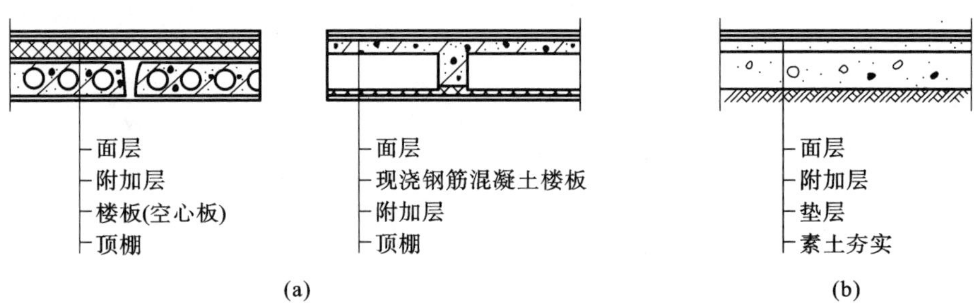

图 10.1　楼地层的组成

（a）楼板层；（b）地坪层

为了满足使用要求，楼板层通常由面层、楼板、顶棚三部分组成。

（1）面层

面层，又称楼面或地面，起着保护楼板、承受荷载并传递荷载的作用，同时对室内有很重要的清洁及装饰作用。

(2) 楼板

楼板是楼板层的结构层，一般包括梁和板。其主要功能在于承受楼板层上的全部静、活荷载，并将这些荷载传给墙或柱，同时还对墙身起水平支撑的作用，并能增强房屋刚度和整体性。

(3) 顶棚

顶棚是楼板层的下面部分。根据其构造不同，有抹灰顶棚、粘贴类顶棚和吊顶棚三种。

现代化多层建筑中，楼板层往往还需设置管道敷设、防水、隔声、保温等各种附加层。

10.2 钢筋混凝土楼板构造

10.2.1 现浇钢筋混凝土楼板构造

现浇钢筋混凝土楼板是经现场支设模板、绑扎钢筋(一般用光圆钢筋，目前正在推广冷拔带肋刻痕钢筋，其具有强度高、与混凝土有较好的黏结力等优点)、浇筑并振捣混凝土养护等工序而制成的楼板。其具有整体性好、抗震性强、防水抗渗性好、适应各种建筑平面形状变化等优点，但仍存在模板用量多、钢筋易锈蚀(故应有足够的保护层厚度，且厚度一般不小于 15 mm)、现场湿作业量大、受季节影响等缺点。目前施工中已采用大规格模板，并通过组织好施工、加强流水作业等方法逐步对其进行改善，所以其正被广泛地采用。

现浇钢筋混凝土楼板可分为板式楼板、肋梁楼板、无梁楼板、钢衬板组合楼板。

(1) 板式楼板

板式楼板是将楼板现浇成一块平板，并直接支承在墙上，且整块板为厚度相同的平板。荷载直接由楼板传给墙体。由于采用大规格模板，板底平整，有时顶棚可不另外抹灰(模板间混凝土的“接缝”需打磨平整)。

(2) 肋梁楼板

肋梁楼板适用于开间、进深尺寸大的房间。如果仍采用板式楼板，必然要加大板的厚度、增加板内配筋，致使其自重加大、不经济，在此情况下，可在适当位置设置肋梁，故称为肋梁楼板，如图 10.2 所示。肋梁楼板具体又可分为单向板楼板、双向板楼板、井式楼板。

① 单向板楼板。

单向板楼板由主梁、次梁、板构成，其板的长边与短边跨度之比大于 2。主梁跨度一般为 6～9 m，截面高度为主梁跨度的 1/14～1/8，宽度为梁高的 1/3～1/2。次梁的跨度(即主梁间距)一般为 4～7 m，截面高度为次梁跨度的 1/18～1/12，宽度为梁高的 1/3～1/2。板的跨度(即次梁间距)一般为 1.8～3 m，板厚不小于其跨度的 1/40(一般取 70～

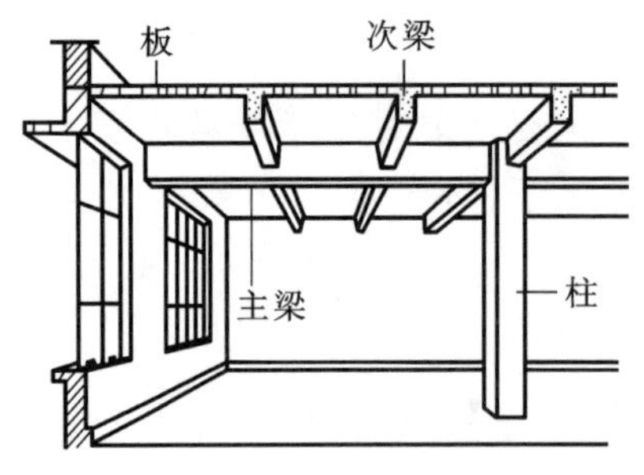

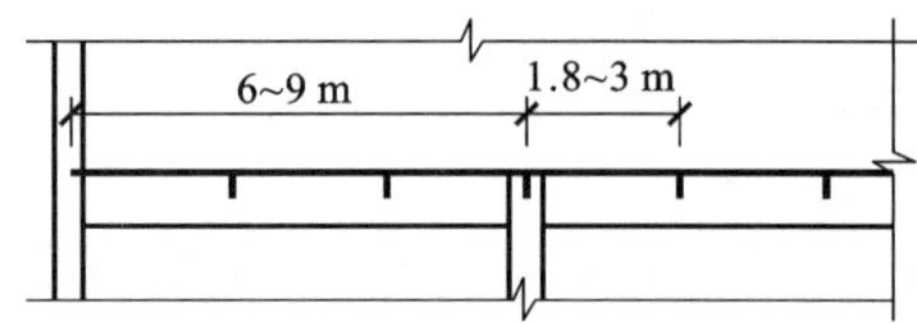

图 10.2　肋梁楼板

100 mm)，板内受力钢筋沿短边方向布置(在板的受拉一侧，并留出保护层厚度)，分布筋沿长边方向布置(在受力钢筋的内侧)。单向板楼板受力与传力方式如图 10.3(a)所示。楼板直接承受荷载并传递给次梁，次梁承受荷载并传递给主梁，主梁将荷载传递给柱或墙体。

② 双向板楼板。

双向板楼板由板、肋梁构成，其板的长边与短边跨度之比小于或等于 2。对于单跨简支板，板厚不小于短边跨度的 1/45，对于连续双向板，板厚不小于短边跨度的 1/50，板的两个方向均布置受力钢筋(短边方向的受力钢筋放在外侧)。双向板楼板的受力与传力方式如图 10.3(b)所示。

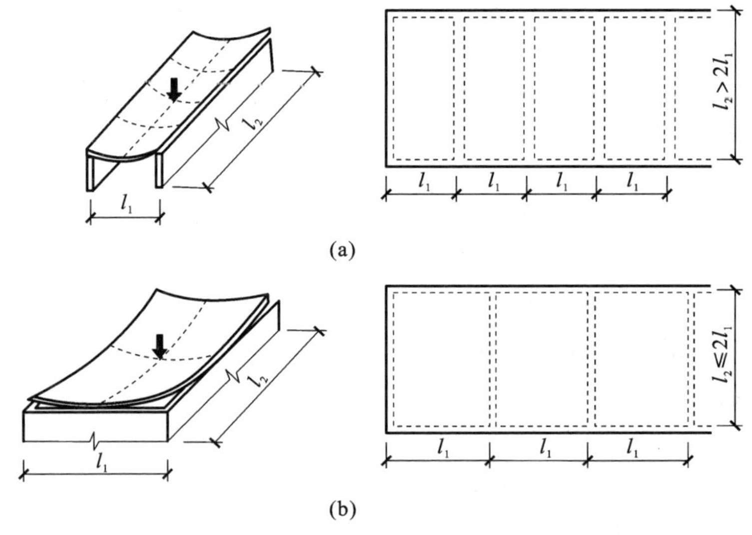

图 10.3　楼板的受力与传力方式

(a) 单向板；(b) 双向板

③ 井式楼板。

房间平面形状为方形或接近方形(长边与短边之比小于 1.5)时，两个方向上的梁正放正交或斜放正交，梁的截面尺寸相同且等距离布置形成方格，方格上布置楼板，这种形式的楼板称为井式楼板，如图 10.4 所示。梁跨可达 30 m，板跨一般为 3 m 左右。井式楼板一般井格外露，房间内不设柱，适用于门厅、大厅、会议室、小型礼堂等。

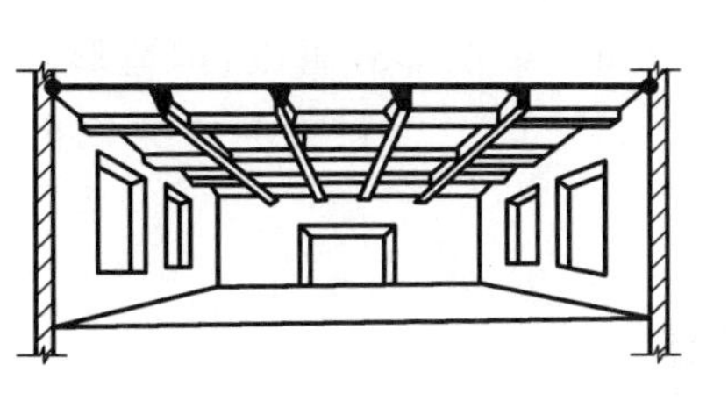

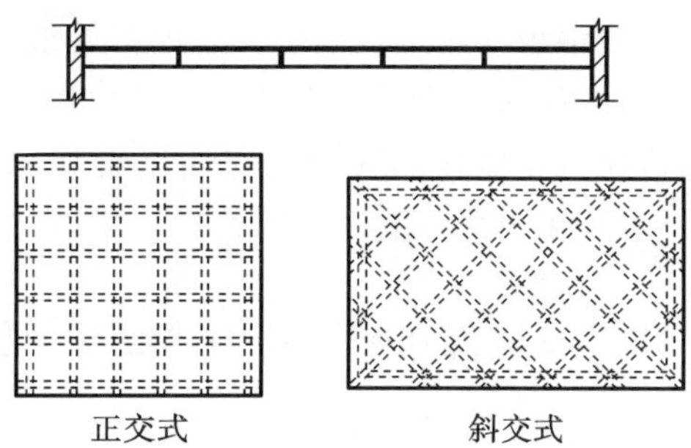

图 10.4 井式楼板

(3) 无梁楼板

无梁楼板是将板直接支承在柱和墙上而不设梁的楼板，如图 10.5 所示。一般在柱顶设置柱帽以增大柱对楼板的支承面积和减小板的跨度，柱网一般为间距不大于 6 m 的方形网格，板厚不小于 120 mm。无梁楼板顶棚平整，楼层净空大，采光、通风好，多用于楼板上活荷载较大的建筑。

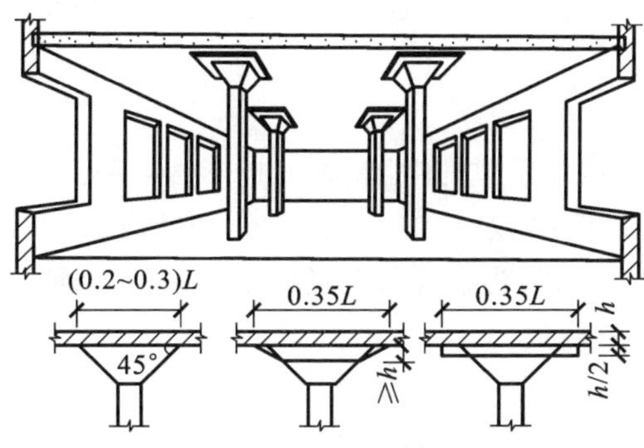

图 10.5 无梁楼板

(4) 钢衬板组合楼板

钢衬板组合楼板是利用压型钢衬板，分单层或双层支承在钢梁上，然后在其上现浇钢筋混凝土而形成的整体式楼板结构，主要用于大空间的高层民用建筑或大跨度的工业建筑，见图 10.6。由于压型钢板作为混凝土永久性模板，简化了施工程序，加快了施工进

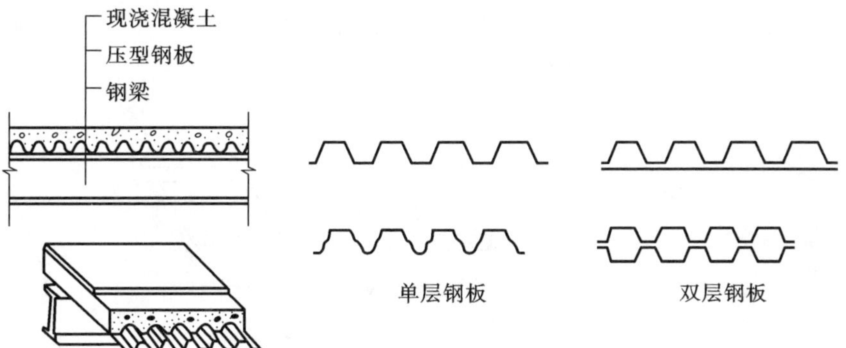

图 10.6 钢衬板组合楼板

度。压型钢板的肋部空间可穿设电力管线的悬吊管道，或者制作吊顶棚的支托。但其造价较高，故目前在我国较少采用。其由楼面层、组合板和钢梁三部分组成，构造形式有单层钢衬板组合楼板和双层钢衬板组合楼板两类，钢衬板之间及钢衬板与钢梁之间的连接，一般采用焊接、螺栓连接、铆钉连接等方法。

10.2.2 预制装配式钢筋混凝土楼板构造

预制装配式钢筋混凝土楼板是指在预制厂或施工现场制作而成并在工地进行安装的楼板。这种楼板可提高工业化施工水平，节约模板、缩短工期，尤其是采用预应力楼板时可减小构件的变形、裂缝。但其整体性较差，故近几年在抗震区的应用范围受到很大限制。

(1) 预制装配式钢筋混凝土楼板的种类

① 实心平板。

预制实心平板跨度一般较小，不超过 2.4 m，预应力实心平板可达 2.7 m，板厚为跨度的 1/30，一般为 60～100 mm，宽度为 600 mm 或 900 mm。预制实心平板的板面平整、制作简单、安装方便。由于跨度较小，通常用作走道板、架空隔板、地沟盖板等。实心平板见图 10.7。

② 槽形板。

在实心平板的两侧或四周设边肋而形成的槽形板，属于梁、板组合构件。由于有小肋承担板上全部荷载，故板厚仅为 25～40 mm，槽形板的跨度可达 7.2 m，宽度有 600 mm、900 mm、1200 mm 等，肋高为板跨的 1/25～1/20，通常为 150～300 mm。槽形板具有自重轻、受力合理等优点。

槽形板依具体安装不同可分为正槽板（板肋朝下）和反槽板（板肋朝上）两种，如图 10.8 所示。正槽板由于板底不平，通常须设吊顶。反槽板受力不如正槽板合理，安装后楼面不平整，可在肋与肋之间填放松散材料，解决隔声、保温、隔热等问题。

③ 空心板。

空心板是把板的内部做成孔洞，如图 10.9 所示。与实心平板相比，在不增加钢筋和混凝土用量的前提下，空心板可提高构件的承载能力和刚度、减轻自重、节省材料，其孔洞有方孔和圆孔两种。空心板制作较方便，自重轻，隔热、隔声效果好，但板面不能随便开洞，以避免破坏板肋从而影响其承载能力。板厚依其跨度大小有 120 mm、180 mm、240 mm 等，板宽有600 mm、900 mm、1200 mm 等。

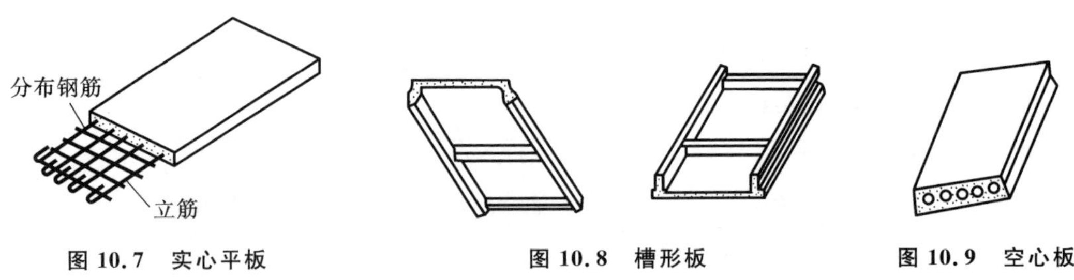

图 10.7 实心平板　　图 10.8 槽形板　　图 10.9 空心板

空心板在安装前，孔洞应用预制混凝土块或砖块砂浆堵严（安装后要穿导线，上部无墙体板除外),以提高其承受上部墙体传来的各种荷载(墙体自重、上部各层楼板的自重和活荷载等)时的板端抗压能力、传载能力,并避免传声、传热、灌浆材料渗入等。

(2) 预制装配式钢筋混凝土楼板的构造

① 安装的一般要求。

a. 支承楼板的墙或梁表面应平整,其上用 M5 水泥砂浆坐浆,厚度为 20 mm,以避免板缝的产生和发展。

b. 板支承在墙上的搁置长度应不小于 100 mm,支承在钢筋混凝土梁上的搁置长度应不小于 80 mm,以满足传递荷载、墙体抗压的要求。

c. 预制板一般为单向受力构件,不得把预制板搭在与长边平行的墙上,也不能将其当作悬臂板使用,以避免无筋一侧受拉而破坏。

d. 预制板上不得凿孔,板端不得开口,板端钢筋不得剪断,否则会因受损而严重影响承载能力,甚至造成板体破坏。

e. 板缝用 C20 细石混凝土灌实,以加强板与板的联系,增强建筑刚度。

② 安装节点构造。

a. 板支承在梁上:因梁的断面形状不同有 3 种情况。当板搁置在梁顶,梁板的高度较大,如图 10.10(a)所示;当梁的截面形状为花篮形、十字形时,可把板搁置在梁侧挑出部分,板不占用高度,当层高不变时,此种安装形式可以提高梁底标高,增大净空高度,如图 10.10(b)、(c)所示。

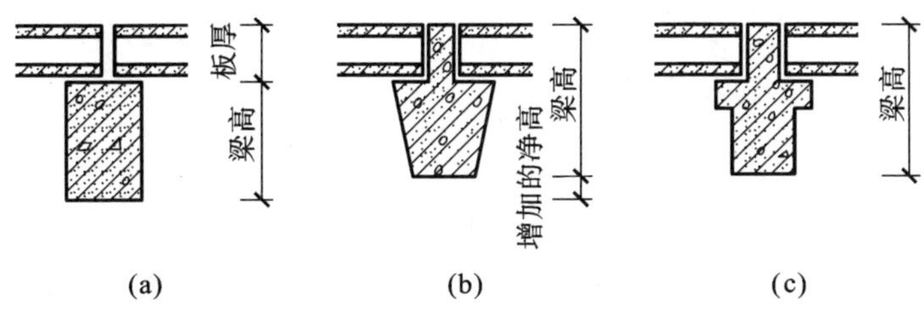

图 10.10 板在梁上的搁置

(a) 矩形梁;(b) 花篮梁;(c) 十字梁

b. 板支承在墙上:用拉结筋将板与墙连接起来。非地震区,拉结筋间距不超过 4 m,地震区依设防要求而不同,如图 10.11(a)、(b)、(c)、(d)所示。

c. 板边与外墙平行:板不得深入平行墙内以免"自由"边受力而破坏,其构造做法如图 10.11(e)、(f)所示。

d. 板边与内墙平行,其构造做法如图 10.11(g)、(h)所示。

③ 板缝的调整。

预制钢筋混凝土板一般均为标准的定型构件,具体布置时,数块板的调度尺寸之和(含板缝)可能与房间的净宽(或净进深)尺寸间出现一个小于一个板宽的空隙。此时可采取下列措施。

a. 调整板缝宽度:一般板缝宽为 10 mm,必要时可把板缝加大到 20 mm 或更宽。但

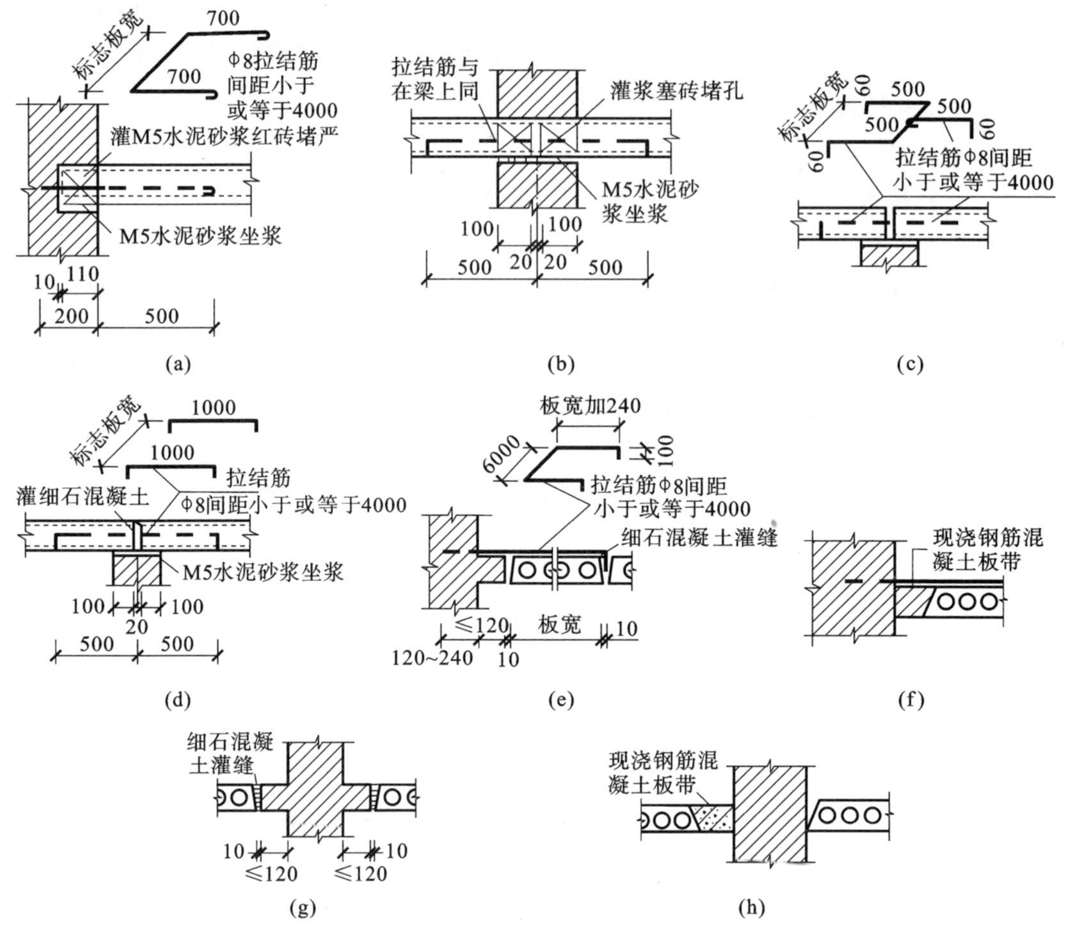

图 10.11　预制板安装节点构造

超过 20 mm 时，板缝内应计算配筋，支模板并用 C20 以上的混凝土浇筑板缝。

b. 挑砖：由平行于板长边的墙砌出长度不超过 120 mm 与板上、下表面平齐的挑砖，以此来调整板缝。此法由于浪费工时，应用较少。

c. 交替采用不同宽度的板：通过计算，选择不同规格的板进行组合，以避免出现大于 20 mm 的板缝。

d. 采用调缝板：制作相应数量（经计算）的宽度为 400 mm 的拼缝板，用以调整板的空隙。

e. 现浇板带：在板间大于 20 mm 的板缝内（按预制板的配筋）做现浇板带，可调整任意宽度板缝，同时也增强了板与板之间的连接，可避免在使用阶段产生板缝，故此法应用较多。

④ 楼板层的细部构造。

a. 楼板层的防水与排水：为了便于排出室内积水，楼面应有 1%～1.5%的坡度。同时为防止室内积水外溢，有水房间（如厨房、卫生间等）楼地面标高应比其他房间及走廊低 20～30 mm，或设相同高度的门槛。有水房间楼板应采用现浇楼板并设一道防水层，一般采用防水卷材、防水砂浆或防水涂料等。防水层沿房间四周墙边向上深入 150 mm，同屋面泛水构造做法，如图 10.12 所示。给排水管道穿过楼板处的防渗漏有两种方法，如图 10.13 所示。一种是对于冷水管道，可在管道穿过楼板处用 C20 干硬性细石混凝土填实，再用防水涂料或防水砂浆做密封处理；另一种是对于热水管道穿过楼板处，考虑热胀冷缩的变化影响，在管道与楼板相交处安装直径稍大的套管，并高出楼地面 30 mm 以上，套管与管道间缝隙内填塞弹性防水材料，如沥青麻丝上嵌防水油膏，如图 10.13 所示。

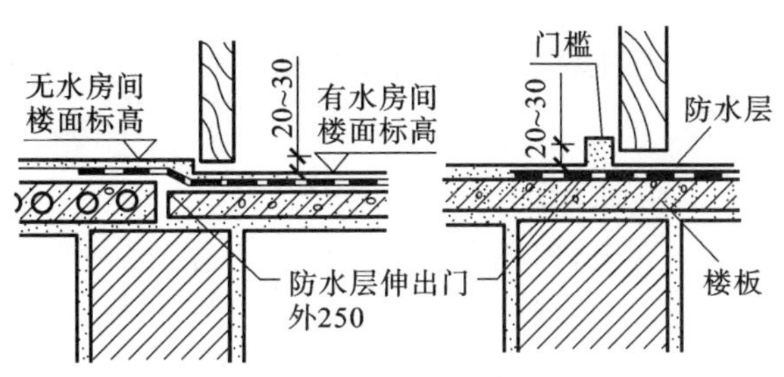

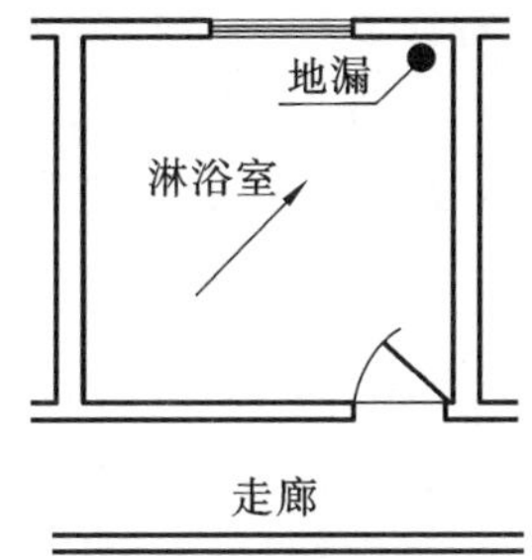

图 10.12 楼板层的防水与排水

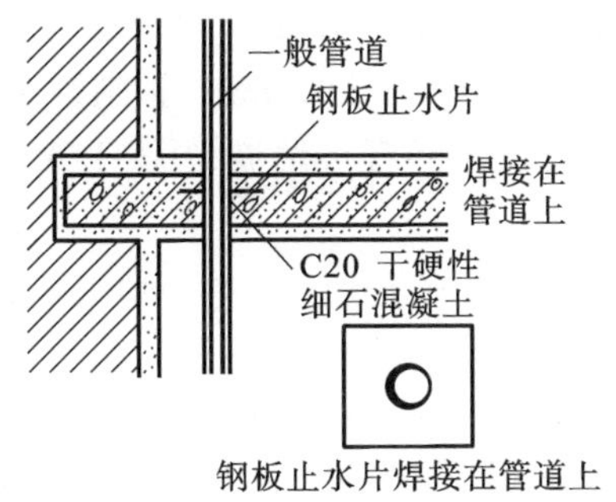

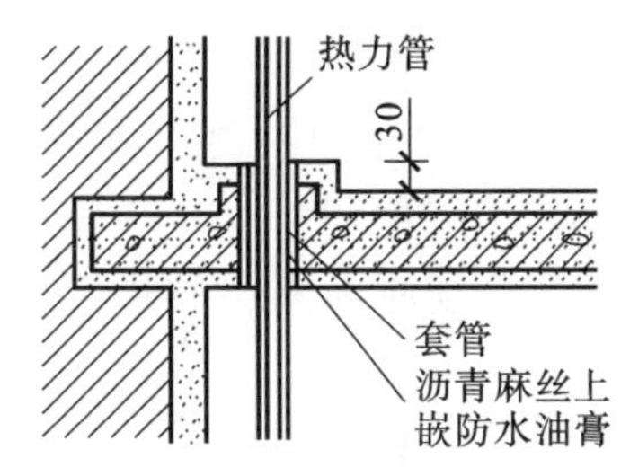

图 10.13 管道穿过楼板

b. 楼板与隔墙：隔墙若设置在楼板上，一定要使隔墙沿楼板的受力方向布置以保证安全、适用。尽量选轻质材料隔墙以减小楼板受力，且尽量避免由一块板承受隔墙。另外，可以在隔墙对应的楼板下设梁，如图 10.14(a)所示；或将隔墙设在槽形板的纵肋上，如图 10.14(b)所示；或将隔墙设在板缝间的暗梁上，如图 10.14(c)所示。

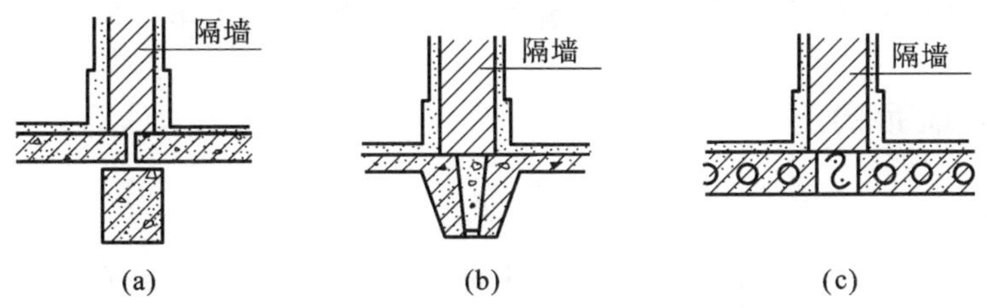

图 10.14 隔墙在楼板上的搁置

(a) 板下设梁；(b) 槽形板纵肋；(c) 板缝间暗梁

10.3 地坪层与地面构造

10.3.1 地坪层构造

地坪层是建筑物底层与土壤相接的构件，和楼板层一样，它承受着底层地面上的荷载，并将荷载均匀地传给地基。

地坪层由素土夯实层、垫层、面层构成。根据需要还可以设各种附加构造层，如找平层、结合层、防潮层、保温层、管道敷设层等。

(1) 素土夯实层

素土夯实层是地坪的基层，也称地基。素土，即不含杂质的砂质黏土，经夯实后，才能承受垫层传下来的地面荷载。通常是填 300 mm 厚的土，然后夯实到 200 mm 厚，使之能均匀承受荷载。

(2) 垫层

垫层是承受并传递荷载给地基的结构层，垫层有刚性垫层和非刚性垫层之分。刚性垫层常用低标号混凝土，一般为 C10 混凝土，其厚度为 80～100 mm，非刚性垫层常用 50 mm 厚砂垫层、80～100 mm 厚碎石灌浆、50～70 mm 厚石灰炉渣、70～120 mm 厚三合土(石灰、炉渣、碎石)。

刚性垫层用于地面要求较高且薄而脆的面层，如水磨石地面、瓷砖地面、大理石地面等。

非刚性垫层常用于厚而不易断裂的面层，如混凝土地面、水泥制品块地面等。

对于某些室内荷载大且地基又较差的并且有保温等特殊要求的地方，或面层装修标准较高的地面，可在地基上先做非刚性垫层，再做一层刚性垫层，即复式垫层。

(3) 面层

地坪面层与楼板面层一样，是人们日常生活、工作、生产直接接触的地方，不同房间对面层有不同的要求，面层应坚固耐磨、表面平整、光洁、易清洁、不起尘。对于居住和人们长时间停留的房间，要求有较好的蓄热性和弹性；对于浴室、厕所，则要求耐潮湿、不透水；对于厨房、锅炉房，则要求地面防水、耐火；对于实验室，则要求耐酸碱、耐腐蚀等。

10.3.2 地面构造

(1) 楼地面

楼地面的名称是以面层的材料和做法来命名的，如面层为水磨石，则该地面称为水磨石地面，面层为木材，则称为木地面。

地面按其材料和做法可分为四大类，即整体地面、块料地面、塑料地面和木地面。

① 整体地面。

整体地面包括水泥砂浆地面、水泥石屑地面、水磨石地面等现浇地面。

a. 水泥砂浆地面。

水泥砂浆地面，即在混凝土垫层或结构层上抹水泥砂浆。一般有单层和双层两种做法。单层做法只抹一层 20～25 mm 厚 1∶2 或 1∶2.5 水泥砂浆；双层做法是增加一层 10～20 mm 厚 1∶3 水泥砂浆找平层，表面只抹 5～10 mm 厚 1∶2 水泥砂浆。双层做法虽增加了工序，但不易开裂。

水泥砂浆地面通常用于对地面要求不高的房间或进行二次装饰的商品房。原因在于水泥砂浆地面构造简单、坚固，能防潮、防水且造价又较低。但水泥地面蓄热系数大，空气湿度大时易产生凝结水，而且表面易起灰，不易清洁。

b. 水泥石屑地面。

水泥石屑地面是以石屑替代砂的一种水泥地面，亦称豆石地面或瓜米石地面。这种地面性能近似水磨石，表面光洁、不起尘、易清洁，其造价仅为水磨石地面的 50%。水泥石屑地面构造也有一层和两层做法，一层做法是在垫层或结构层上直接做 25 mm 厚1∶2 水泥石屑提浆抹光；两层做法是增加一层 15～20 mm 厚 1∶3 水泥砂浆找平层，面层铺 15 mm 厚 1∶2 水泥石屑，提浆抹光即成。

c. 水磨石地面。

水磨石地面(图 10.15)一般分两层施工。在刚性垫层或结构层上用 10～20 mm 厚的 1∶3 水泥砂浆找平，面铺 10～15 mm 厚 1∶2～1∶1.5 的水泥白石子，待面层达到一定强度后加水用磨石机磨光、打蜡即成。其所用水泥为普通水泥，所用石子为中等硬度的方解石、大理石、白云石等。

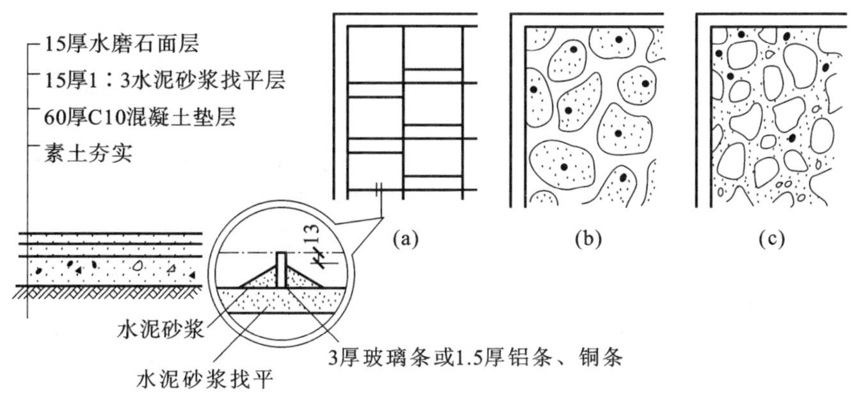

图 10.15 水磨石地面

(a) 嵌分格条；(b) 无分格条；(c) 混合石屑

为适应地面变形可能引起的面层开裂及方便施工和维修，做好找平层后，用嵌条把地面分成若干小块，尺寸约 1000 mm。分块形状可以设计成各种图案。嵌条用料常为玻璃、塑料或金属条(铜条、铝条)，嵌条高度同磨石面层厚度，用 1∶1 水泥砂浆固定。嵌固砂浆不宜过高，否则会造成面层在嵌条两侧仅有水泥而无石子，影响美观。如果将普通水泥换成白水泥，并掺入不同颜料做成各种彩色地面，谓之美术水磨石地面，但造价较普通水磨石高约4倍。

水磨石地面具有良好的耐磨性、耐久性、防水性、防火性，且具有质地美观、表面光洁、不起尘、易清洁等优点。通常应用于居住建筑的浴室、厨房、厕所和公共建筑的门厅、走道及主要房间地面、墙裙等。

② 块料地面。

块料地面是把地面材料加工成块（板）状，然后借助胶结材料贴或铺砌在结构层上。胶结材料既起胶结作用，又起找平作用，也有先做找平层再做胶结层的。常用胶结材料有水泥砂浆、油膏等，也有用细砂和细炉渣做结合层的。块料地面种类很多，常用的有黏土砖、水泥制品块、缸砖、陶瓷锦砖、陶瓷地砖等。

a. 黏土砖地面。

黏土砖地面用普通标准砖，有平砌和侧砌两种。这种地面施工简单、造价低廉，适用于要求不高或临时建筑地面以庭园小道等。

b. 水泥制品块地面。

水泥制品块地面常用的有水泥砂浆砖（尺寸常为150～200 mm见方，厚10～20 mm）、水磨石块、预制混凝土块（尺寸常为400～500 mm见方，厚20～50 mm）。水泥制品块与基层黏结方式有两种。当预制块尺寸较大且较厚时，常在板下干铺一层20～40 mm厚细砂或细炉渣，待校正后，板缝用砂浆嵌填。这种做法施工简单、造价低，便于维修、更换，但不易平整。城市人行道常按此方法施工，如图10.16(a)所示。当预制块小而薄时，则采用12～20 mm厚1∶3水泥砂浆做结合层，铺好后再用1∶1水泥砂浆嵌缝。这种做法坚实、平整，但施工较复杂，造价也较高，如图10.16(b)所示。

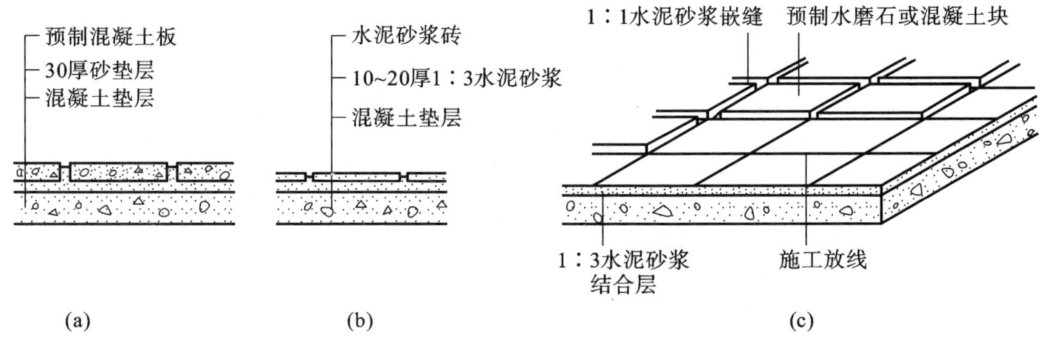

图10.16　水泥制品块地面

c. 缸砖及陶瓷锦砖地面。

缸砖是用陶土焙烧而成的一种无釉砖块。形状有正方形（尺寸为100 mm×100 mm和150 mm×150 mm，厚10～19 mm）、六边形、八角形等。颜色也有多种，但以红棕色和深米黄色居多。由不同形状和色彩可以组合成各种图案。缸砖背面有凹槽，使砖块和基层黏结牢固，铺贴时一般用15～20 mm厚1∶3水泥砂浆做结合材料，要求平整，横平竖直（图10.17）。缸砖具有质地坚硬、耐磨、耐水、耐酸碱、易清洁等特点。

陶瓷锦砖又称马赛克，是以优质瓷土烧制而成的小尺寸瓷砖，其特点与面砖相似。

陶瓷锦砖有不同大小、形状和颜色，并可以组合成各种图案，使饰面能达到一定的艺术效果。陶瓷锦砖块小缝多，主要用于防滑要求较高的卫生间、浴室等房间的地面。

d. 陶瓷地砖地面。

陶瓷地砖又称墙地砖，其类型有釉面地砖、无光釉面砖和无釉防滑地砖及抛光同质地砖。

陶瓷地砖有红、浅红、白、浅黄、浅绿、浅蓝等各种颜色。地砖色调均匀，砖面平整，抗腐耐磨，施工方便，且块大缝少，装饰效果好。特别是防滑地砖和抛光地砖具有防滑功能，因而越来越多地用于商店、旅馆和住宅中。陶瓷地砖一般厚 6～10 mm，其规格有 500 mm×500 mm、400 mm×400 mm、300 mm×300 mm、250 mm×250 mm、200 mm×200 mm。块越大，价格越高，装饰效果越好。

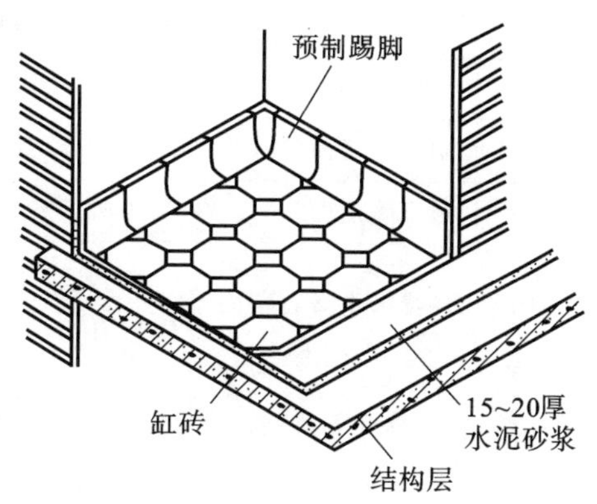

图 10.17 缸砖地面

常用地面做法见表 10.1，常用楼面做法见表 10.2。

表 10.1 **常用地面做法**

名称	材料及做法
水泥砂浆地面	25 厚 1：2 水泥砂浆面层铁板赶光、水泥浆结合层一道，80～100 厚 C10 混凝土垫层、素土夯实
水泥豆石地面	30 厚 1：2 豆石(瓜米石)面层铁板赶光、水泥浆结合层一道，80～100 厚 C10 混凝土垫层、素土夯实
水磨石地面	15 厚 1：2 水泥白石子面层表面草酸处理后打蜡上光、水泥浆结合层一道，25 厚 1：2.5 水泥砂浆找平层、水泥浆结合层一道、80～100 厚 C10 混凝土垫层、素土夯实
聚乙烯醇缩丁醛地面	面漆三道，清漆二道，填嵌并满抹腻子，清漆一道，25 厚 1：2.5 水泥砂浆找平层、80～100 厚 C10 混凝土垫层、素土夯实
陶瓷锦砖(马赛克)地面	陶瓷锦砖面层白水泥浆擦缝、25 厚 1：2.5 干硬性水泥砂浆结合层，上洒 1～2 厚干水泥并洒清水适量、水泥浆结合层一道、80～100 厚 C10 混凝土垫层、素土夯实
缸砖地面	缸砖(防潮砖、地红砖)面层配色白水泥砂浆擦缝、25 厚 1：2.5 干硬性水泥砂浆结合层，上洒 1～2 厚干水泥并洒清水适量、水泥浆结合层一道、80～100 厚 C10 混凝土垫层、素土夯实
陶瓷地砖地面	厚陶瓷地砖面层白水泥浆擦缝、25 厚 1：2.5 干硬性水泥砂浆结合层，上洒 1～2 厚干水泥并洒清水适量、水泥浆结合层一道、80～100 厚 C10 混凝土垫层、素土夯实

表 10.2　　常用楼面做法

名称	材料及做法
水泥砂浆楼面	25 厚 1∶2 水泥砂浆面层铁板赶光、水泥浆结合层一道，结构层
水泥石屑楼面	30 厚 1∶2 水泥砂浆面层铁板赶光、水泥浆结合层一道，结构层
水磨石楼面(美术水磨石楼面)	15 厚 1∶2 水泥白石子面层表面草酸处理后打蜡上光、水泥浆结合层一道，25 厚 1∶2.5 水泥砂浆找平层、水泥浆结合层一道、结构层
陶瓷锦砖(马赛克)楼面	陶瓷锦砖面层白水泥浆擦缝、25 厚 1∶2.5 干硬性水泥砂浆结合层，上洒 1～2 厚干水泥并洒清水适量、水泥浆结合层一道、结构层
陶瓷地砖楼面	10 厚陶瓷地砖面层配色水泥浆擦缝、25 厚 1∶2.5 干硬性水泥砂浆结合层，上洒 1～2 厚干水泥并洒清水适量、水泥浆结合层一道、结构层
大理石楼面	20 厚大理石块面层配色水泥浆擦缝、25 厚 1∶2.5 干硬性水泥砂浆结合层，上洒 1～2 厚干水泥并洒清水适量、水泥浆结合层一道、结构层

③ 塑料地面。

从广义上讲，塑料地面包括一切以有机物质为主所制成的地面覆盖材料。如以一定厚度平面状的块材或卷材形式的油地毡、橡胶地毯、涂料地面和涂布无缝地面。

塑料地面装饰效果好、色彩鲜艳、施工简单、维修保养方便、有一定弹性、脚感舒适、步行时噪声小，但其有易老化、日久失去光泽、受压后产生凹陷、不耐高热、硬物刻画易留痕等缺点。

下面重点介绍聚氯乙烯塑料地面、涂料地面。

a. 聚氯乙烯塑料地面。

聚氯乙烯塑料地面是以聚氯乙烯树脂为主要胶结材料，配以增塑剂、填充料、稳定剂、润滑剂和颜料，经高速混合、塑化、辊压或层压成型而得到。聚氯乙烯塑料地面品种繁多，就外形看，有块材和卷材之分；就材质看，有软质和半硬质之分；就结构看，有单层和多层复合之分；就颜色看，有单色和复色之分。聚氯乙烯地面所用黏结剂也有多种，如溶剂性氯丁橡胶黏结剂、聚酯酸乙烯黏结剂、环氧树脂黏结剂、水乳型氯丁橡胶黏结剂等。

下面介绍两种常用的聚氯乙烯地面。

聚氯乙烯石棉地面一般含有 20%～40%的聚氯乙烯树脂及其共聚物和 60%～80%的填料及添加剂。聚氯乙烯石棉地面质地较硬，常做成块状，规格为 300 mm 见方，厚 1.5～3 mm，另外还有三角形、长方形等形状。其施工方法是在清理基层后，根据房间大小设计图案排料编号，在基层上弹线定位，由中心向四周铺贴。

软质聚氯乙烯地面由于增塑剂较多而填料较少，故较柔软，有一定弹性，且耐凹陷性能好，但不耐燃，尺寸稳定性差，主要用于医院、住宅等。软质聚氯乙烯地面规格为：宽

800～1240 mm，长 12～20 m，厚 1～6 mm。施工是在清理基层后按设计弹线，在塑料板底满涂氯丁橡胶黏结剂 1～2 遍后进行铺贴。地面的拼接方法是将板缝先切割成 V 形，然后用三角形塑料焊条、电热焊枪焊接，并均匀加压。塑料地面施工见图 10.18。

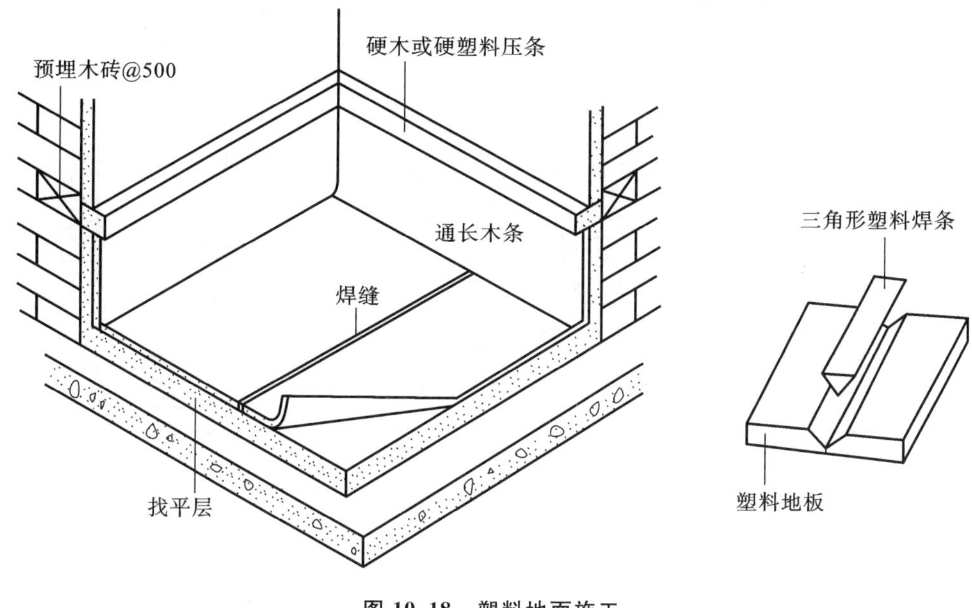

图 10.18 塑料地面施工

半硬质聚氯乙烯地面规格为 100～700 mm 见方，厚 1.5～1.7 mm，黏结剂与软质地面相同。施工时，先将黏结剂均匀地刮涂在地面上，几分钟后，将塑料地板按设计图案贴在地面上，并用抹布擦去缝中多余的黏结剂。尺寸较大者，如 700 mm 见方的，可不用黏结剂，铺平后即可使用。

b. 涂料地面。

涂料地面和涂布无缝地面，它们的区别在于：前者以涂刷方法施工，涂层较薄；后者以刮涂方式施工，涂层较厚。

用于地面的涂料有地板漆、过氯乙烯地面涂料、苯乙烯地面涂料等。这些涂料施工方便，造价较低，可以提高地面耐磨性和韧性及不透水性。其适用于民用建筑中的住宅、医院等。但由于过氯乙烯、苯乙烯地面涂料是溶剂型的，施工时有大量有机溶剂逸出，污染环境。另外，由于涂层较薄，耐磨性差，故不适用于人流密集、经常受到物体摩擦的公共场所。

④ 木地面。

木地面的主要特点是有弹性、不起火、不反潮、导热系数小，常用于住宅、宾馆、体育馆、剧院舞台等建筑。木地面按其板材规格常采用拼花木地面和条木地面。拼花木地面是由长度为 200～300 mm 的窄条硬木地板纵横穿插镶铺而成的，铺设时在搁栅上斜铺毛板，拼花木地面铺设于毛板上，如图 10.19(a)所示。条木地面一般为长条企口地板，50～150 mm 宽，左右板缝具有凹凸企口，铺设于基层木搁栅上，如图 10.19(b)所示。

木地面按其构造方法有空铺、实铺和粘贴三种。空铺耗木料多，已少用。实铺木地面是直接在实体基层上铺设木地板。木搁栅固定在结构层上，可采用埋铅丝绑扎或V形铁件嵌固等方式。底层地面为了防潮，在结构层上涂刷冷底子油和热沥青。粘贴木地面为直接粘贴在找平层上。粘贴材料常用沥青胶、环氧树脂、乳胶等。粘贴木地面省去搁栅，构造简单，但应注意保证粘贴质量和基层平整，如图10.19(c)所示。

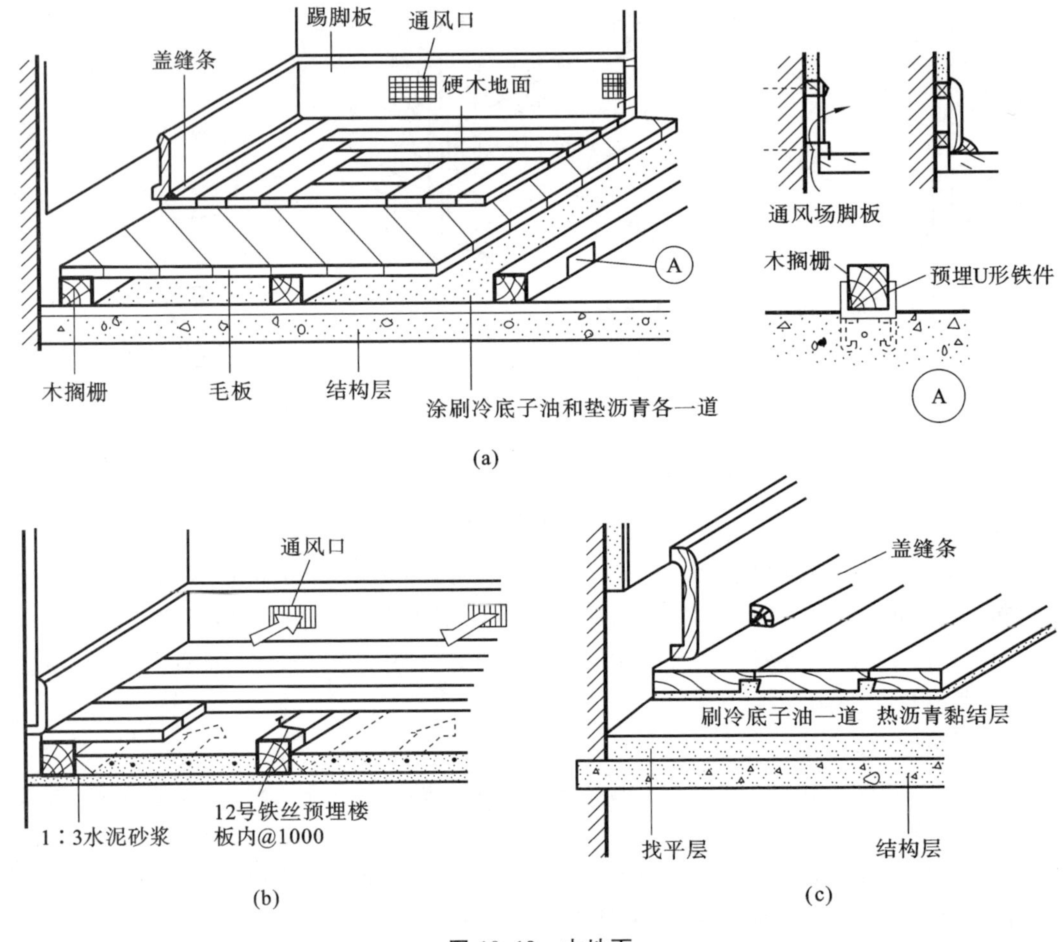

图10.19 木地面

(a) 拼花木地面；(b) 条木地面；(c) 粘贴木地面

(2) 地面变形缝

地面变形缝包括温度伸缩缝、沉降缝和防震缝。其位置和大小应与墙面、屋面变形缝一致，大面积的地面还应适当增加伸缩缝。构造上要求从基层到饰面层脱开，缝内常用可压缩变形的玛瑞脂、金属调节片、沥青麻丝等材料做封缝处理。为了美观，还应在面层和顶棚加设盖缝板，盖缝板应不妨碍构件之间变形需要(伸缩、沉降)。此外，金属调节片要做防锈处理，盖缝板形式和色彩应和室内装修协调。图10.20所示为楼地面变形缝构造。

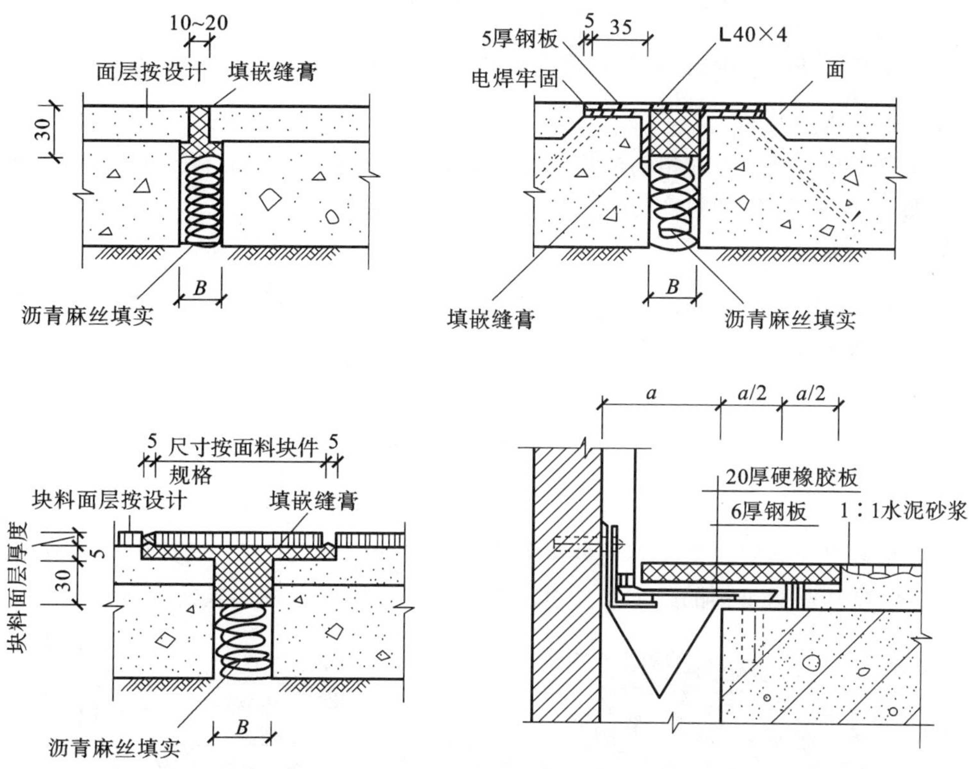

图 10.20 楼地面变形缝

10.4 顶 棚

顶棚同墙面、楼地面一样，是建筑物的主要装修部位之一。

10.4.1 顶棚类型

(1) 直接顶棚

直接顶棚包括一般楼板板底、屋面板板底直接喷刷、抹灰、贴面。

(2) 吊顶

在较大空间和装饰要求较高的房间中，因建筑声学、保温隔热、清洁卫生、管道敷设、室内美观等特殊要求，常用顶棚把屋架、梁板等结构构件及设备遮盖起来，形成一个完整的表面。由于顶棚是采用悬吊方式支承于屋顶结构层或楼板层的梁板之下，所以称之为吊顶。吊顶的构造设计应从多方面进行综合考虑。吊顶构造将在第 11 章屋顶中讲述。

10.4.2 直接顶棚做法分类

直接顶棚包括直接喷刷涂料顶棚、直接抹灰顶棚、直接贴面顶棚三种做法。

(1) 直接喷刷涂料顶棚

当要求不高或楼板底面平整时,可在板底嵌缝后喷(刷)石灰浆或涂料二道。

(2) 直接抹灰顶棚

对板底不够平整或要求稍高的房间,可采用板底抹灰,常用的有纸筋石灰浆顶棚、混合砂浆顶棚、水泥砂浆顶棚、麻刀石灰浆顶棚、石膏灰浆顶棚。

(3) 直接贴面顶棚

对于某些装修标准较高或有保温吸声要求的房间,可在板底直接粘贴装饰吸声板、石膏板、塑胶板等。

10.5 阳台和雨篷

阳台是多层或高层建筑中不可缺少的室内外过渡空间,并为人们提供户外活动的场所。阳台的设置对建筑物的外部形象也起着重要的作用。各种形式的阳台见图 10.21。

图 10.21 各种形式的阳台

10.5.1 阳台的类型、组成及要求

阳台按使用要求不同可分为生活阳台和服务阳台。根据阳台与建筑物外墙的关系,其可分为挑(凸)阳台、凹阳台(凹廊)和半挑半凹阳台,如图 10.22 所示。按阳台在外墙上所处的位置不同,有中间阳台和转角阳台之分。当阳台的长度占两个或两个以上开间时,称为外廊。

阳台由承重结构(梁、板)和栏杆组成。阳台的结构及构造设计应满足以下要求。

(1) 安全、坚固

挑阳台及半挑半凹阳台出挑部分的承重结构均为悬臂结构,阳台挑出长度应满足结

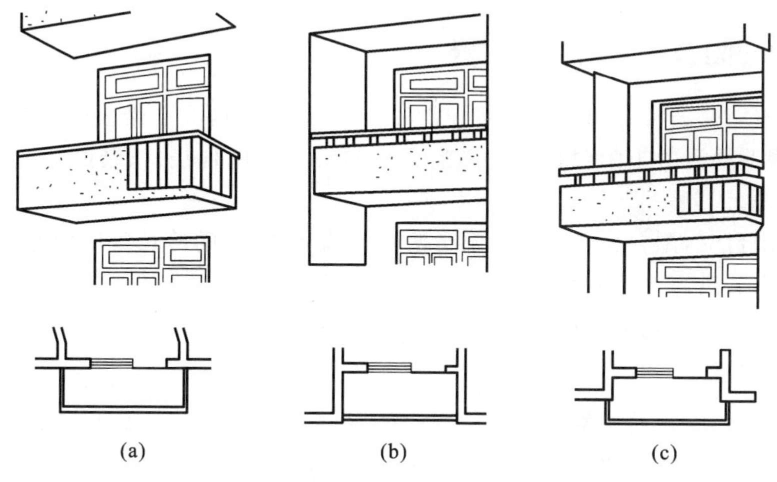

图 10.22 阳台类型

(a) 挑阳台;(b) 凹阳台;(c) 半挑半凹阳台

构抗倾覆的要求,以保证结构安全。阳台栏杆、扶手构造应坚固、耐久,并给人以足够的安全感,栏杆高度一般不低于 1 m。

(2) 适用、美观

阳台挑出长度根据使用要求确定,一般为 1～1.5 m。阳台地面应低于室内地面 60 mm 左右,以免雨水流入室内,并应做一定坡度和布置排水设施,使排水顺畅(图 10.23)。阳台栏杆应结合地区气候特点,并满足立面造型的要求。

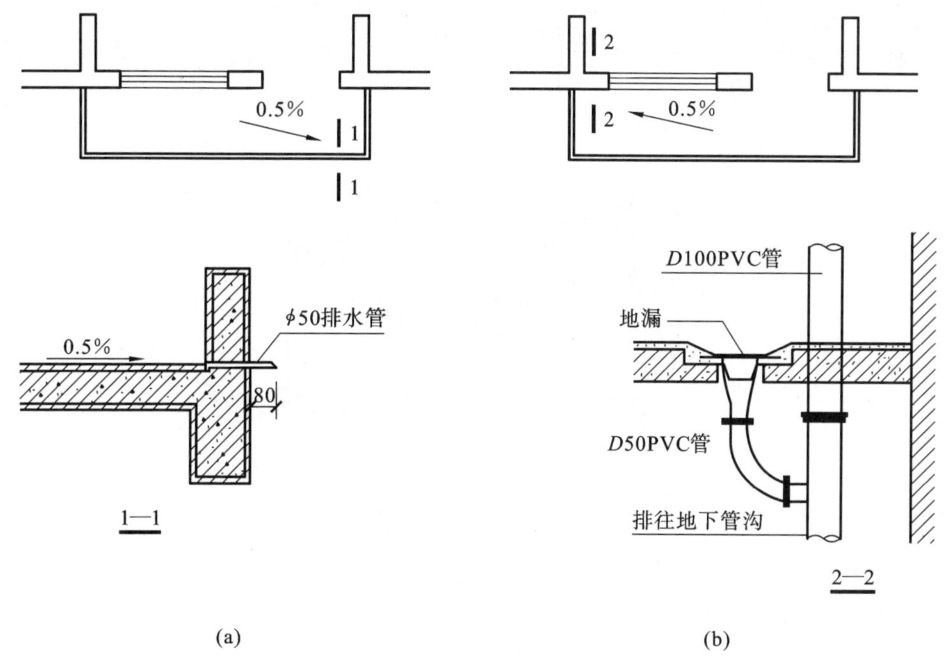

图 10.23 阳台排水构造

(a) 水舌排水;(b) 排水管排水

10.5.2 阳台承重结构的布置

阳台承重结构通常是楼板的一部分,因此阳台承重结构应与楼板的结构布置统一考虑,主要采用钢筋混凝土阳台板。钢筋混凝土阳台可采用现浇式、装配式或现浇与装配相结合的方式。

当为凹阳台时,阳台板可直接由阳台两边的墙支承,板的跨长与房屋开间尺寸相同。也可采用与阳台进深尺寸相同的板铺设。

挑阳台的结构布置可采用挑梁搭板及悬挑阳台板。

(1) 挑梁搭板

挑梁搭板,即在阳台两端设置挑梁,挑梁上搁板(图 10.24)。此种方式构造简单、施工方便,阳台板与楼板规格一致,是常采用的一种方式。在处理挑梁与板的关系上有 3 种方式:第一种是挑梁外露,如图 10.24(a)所示,阳台正立面上露出挑梁梁头;第二种是在挑梁梁头设置边梁,如图 10.24(b)所示,在阳台外侧边上加一边梁封住挑梁梁头,使阳台外形较简洁;第三种如图 10.24(c)所示,设置 L 形挑梁,梁上搁置卡口板,使阳台底面平整,外形简洁、轻巧、美观。

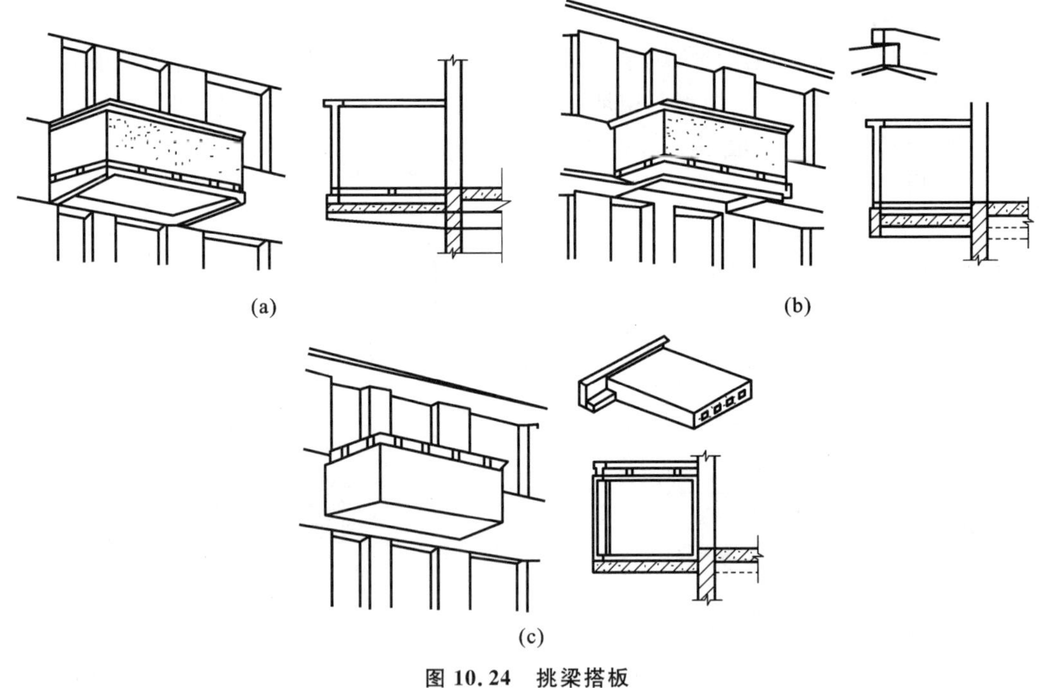

图 10.24 挑梁搭板

(a) 挑梁外露;(b) 设置边梁;(c) L 形挑梁卡口板

(2) 悬挑阳台板

悬挑阳台板,即阳台的承重结构是由楼板挑出的阳台板构成(图 10.25)。此种方式阳台板底平整,造型简洁,阳台长度可以任意调整,但施工较麻烦。悬挑阳台板具体的悬挑方式有以下两种:一种是楼板悬挑阳台板,如采用装配式楼板,则会增加板的类型，如图 10.25(a)所示；另一种方式是墙梁悬挑阳台板，通常将阳台板与墙梁浇在一起，外墙不承重时，阳台板靠墙梁(可加长)与梁上外墙的自重平衡，如图 10.25(b)所示；外墙承重时，阳台板靠墙梁和梁上支承的楼板荷载平衡，如图 10.25(c)所示；在条件许可的情况下，可将阳台板与墙梁做成整块预制构件，吊装就位后用铁件与大型预制板焊接，如图 10.25(d)所示。

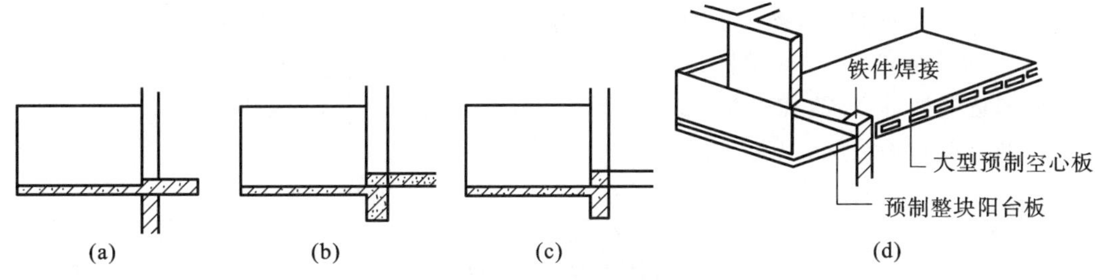

图 10.25　悬挑阳台板

(a) 楼板悬挑阳台板；(b) 墙梁悬挑阳台板(外墙不承重)；
(c) 墙梁悬挑阳台板(外墙承重)；(d) 预制整块阳台板

10.5.3　阳台栏杆

根据阳台栏杆使用的材料不同，有金属栏杆、钢筋混凝土栏杆、砖栏杆(图 10.26)，还有不同材料组成的栏杆。金属栏杆如采用钢栏杆易锈蚀，如为其他合金，则造价较高；砖栏杆自重大，抗震性能差，且立面显得厚重；钢筋混凝土栏杆造型丰富，可虚可实，耐久、整体性好，自重较砖栏杆轻并常做成钢筋混凝土栏板，拼装方便。因此，钢筋混凝土栏杆应用较为广泛。

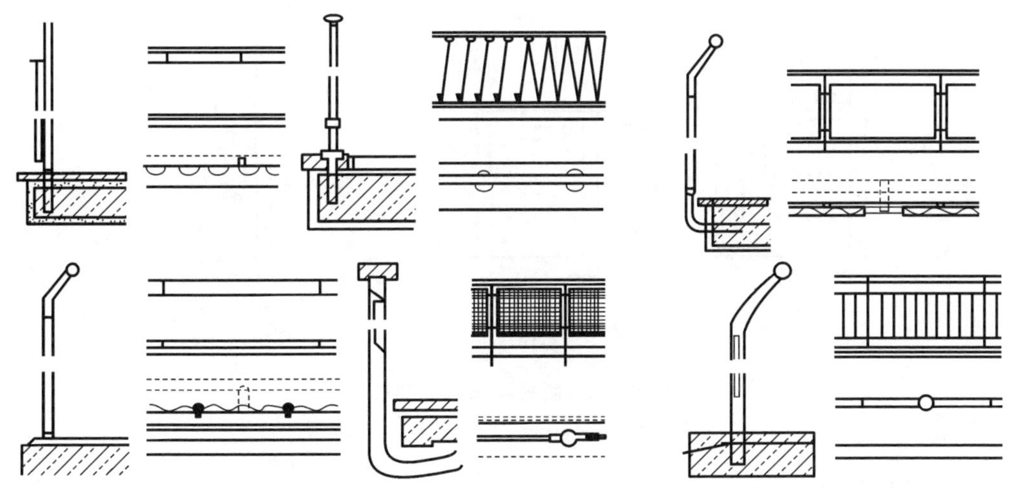

图 10.26　各种栏杆、栏板形式

按阳台栏杆空透的情况不同有实心栏板、空花栏杆和部分空透的组合式栏杆。栏杆的类型应结合立面造型的需要、使用的要求、地区气候特点、人的心理要求、材料的供应情况等多种因素确定。

下面以钢筋混凝土栏杆为例详细讲解其构造。

(1) 栏杆压顶

钢筋混凝土栏杆通常设置钢筋混凝土压顶，并根据立面装修的要求进行饰面处理。预制钢筋混凝土压顶与下部的连接可采用预埋铁件焊接，如图 10.27(a)所示，也可采用榫接坐浆的方式，即在压顶底面留槽，将栏杆插入槽内，并用 M10 水泥砂浆坐浆填实，以保证连接的牢固性，如图 10.27(b) 所示。还可以在栏杆上留出钢筋，现浇压顶，如图 10.27(c)所示，这种方式整体性好，但现场施工较麻烦。另外，也可采用钢筋混凝土栏板顶部加宽的处理方式，如图 10.27(d)所示，其上可放置花盆，当采用这种方式时，宜在压顶外侧采取防护措施，以防花盆坠落。

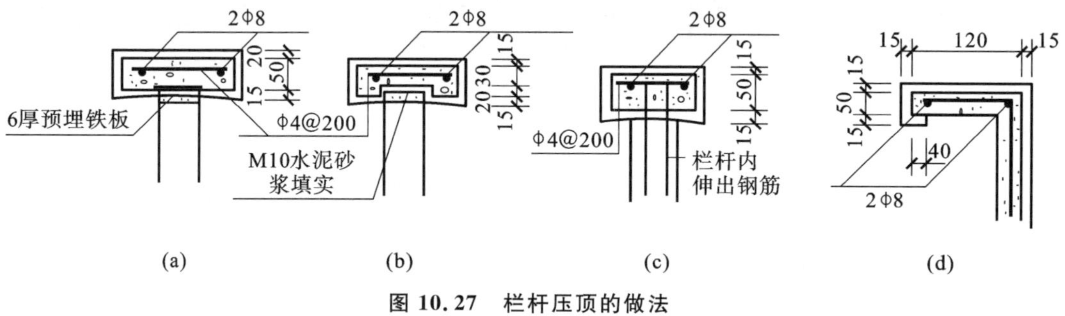

图 10.27　栏杆压顶的做法

(2) 栏杆与阳台板的连接

为了阳台排水和防止物品由阳台板边坠落，栏杆与阳台板的连接处需采用 C20 混凝土沿阳台板边现浇挡水带。栏杆与挡水带采用预埋铁件焊接，或榫接坐浆，或插筋连接(图 10.28)。如采用钢筋混凝土栏板，可设置预埋铁件直接与阳台板预埋件焊接。

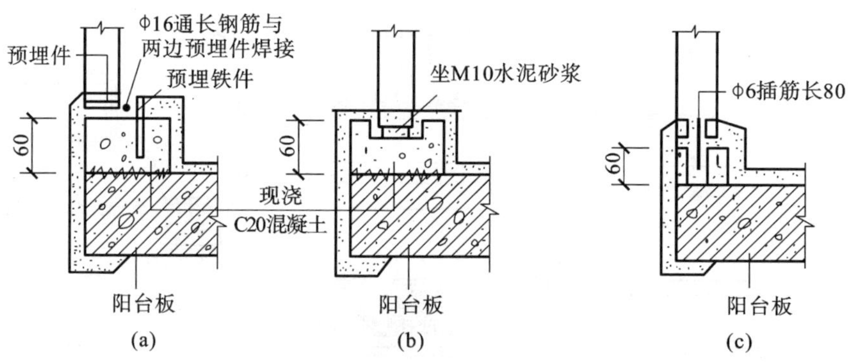

图 10.28　栏杆与阳台板的连接

(a) 预埋铁件焊接；(b) 榫接坐浆；(c) 插筋连接

(3) 栏板的拼接

钢筋混凝土栏板的拼接有以下几种方式：一是直接拼接法，即在栏板和阳台板预埋铁件焊接(图 10.29)，其构造简单、施工方便；二是立柱拼接法(图 10.30)，由于立柱为现浇钢筋混凝土，柱内设有立筋并与阳台预埋件焊接，所以整体刚度好，但施工也较麻烦，这种方式在长外廊中采用得较多。

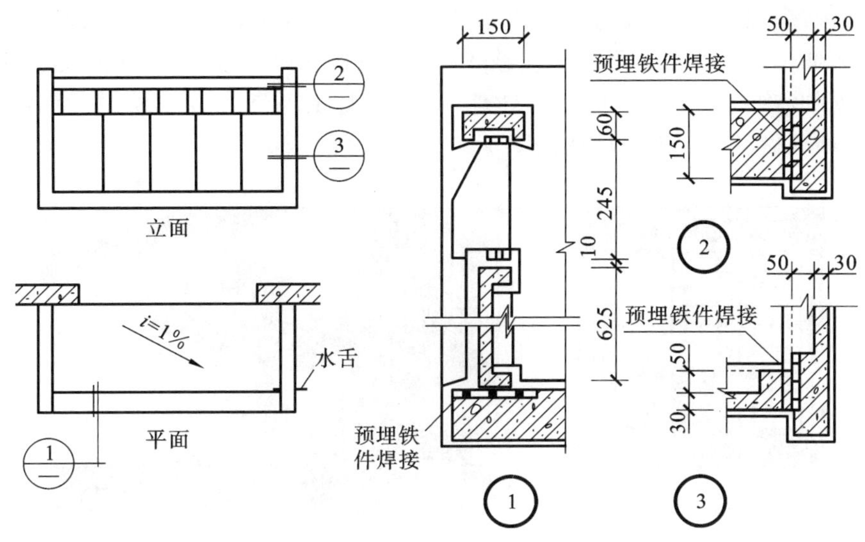

图 10.29 栏板拼接构造之一

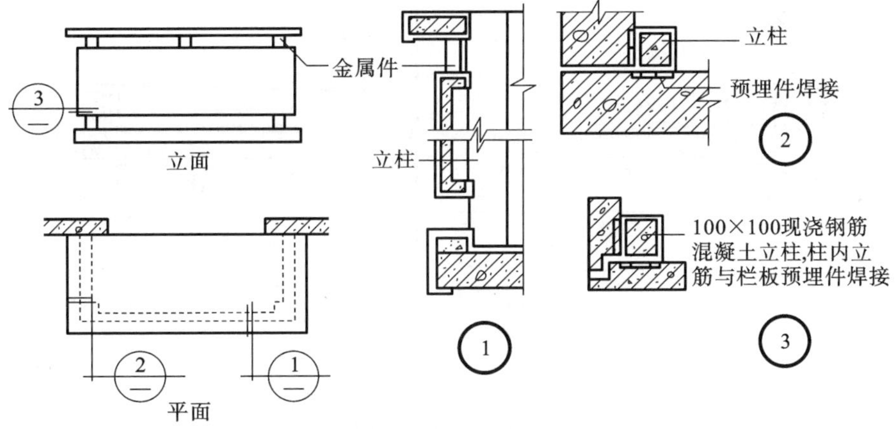

图 10.30 栏板拼接构造之二

(4) 栏杆与墙的连接

栏杆与墙连接的一般做法是在砌墙时预留 240 mm(宽)×180 mm(深)×120 mm(高)的洞,将压顶伸入锚固。采用栏板时,将栏板的上、下肋伸入洞内,或在栏板上预埋钢筋伸入洞内,再用 C20 细石混凝土填实。

10.5.4 雨篷

通常,雨篷设在房屋出入口的上方,为了雨天人们在出入口处做短暂停留时不被雨淋,并起到保护门和丰富建筑立面的作用。

由于房屋的性质、出入口的大小和位置、地区气候特点,以及立面造型的要求等因素的影响,雨篷的形式可做成多种多样,雨篷形式见图 10.31。根据雨篷板的支承不同有采用门洞过梁悬挑板的方式,也有采用墙或柱支承的方式。其中最简单的是过梁悬挑板式，即悬挑雨篷。悬挑板板面与过梁顶面可不在同一标高上，梁面较板面标高高，对于防止雨水浸入墙体有利。由于雨篷上荷载不大，悬挑板的厚度较薄，为了板面排水的组织和立面造型的需要，板外沿常做加高处理，采用混凝土现浇或砖砌成，板面需做防水处理，并在靠墙处做泛水。雨篷构造见图 10.32。

图 10.31　雨篷形式举例

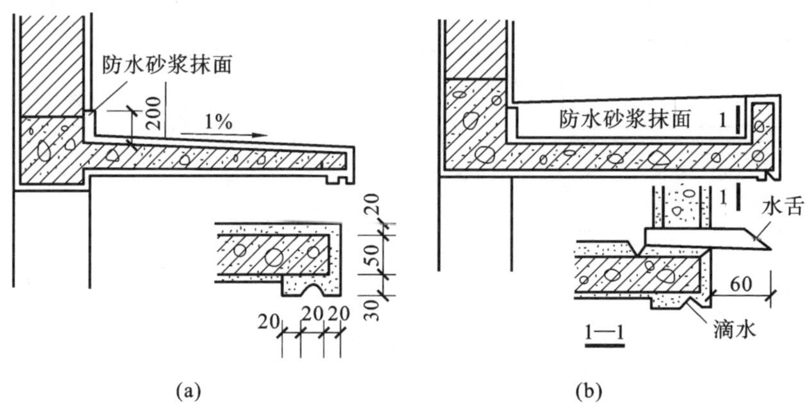

图 10.32　雨篷构造

(a) 板式雨篷；(b) 梁板式雨篷

本章小结

(1) 楼地层是水平方向分隔房屋空间的承重构件。楼板层主要由面层、楼板、顶棚三部分组成，楼板层的设计应满足建筑的使用、结构、施工及经济等方面的要求。

(2) 钢筋混凝土楼板根据其施工方法不同可分为现浇式、装配式和装配整体式三种。装配式钢筋混凝土楼板，常用的板型有实心平板、槽形板、空心板。为加强楼板的整体性，应注意楼板的细部构造，现浇式钢筋混凝土楼板有现浇肋梁楼板、井式楼板和无梁楼板。装配整体式楼板有密肋填充块楼板和叠合式楼板。

(3) 地坪层由面层、垫层和素土夯实层构成。

(4) 楼地面按其材料和做法可分为四大类，即整体地面、块料地面、塑料地面和木地面。

(5) 顶棚分为直接顶棚和吊顶。

(6) 阳台、雨篷也是水平方向的构件，阳台应满足安全坚固、实用、美观的要求，中间阳台的结构布置可采用挑梁搭板和悬挑阳台板的方式。阳台栏杆按其空透情况的不同可分为实心栏杆、空花栏杆和组合式栏杆。雨篷常采用过梁悬挑板式。

思考题

10-1 简述楼板层与地坪层相同和不同之处。

10-2 楼板层的基本组成及设计要求有哪些?

10-3 简述常用的装配式钢筋混凝土楼板的类型及其特点和适用范围。

10-4 简述装配式钢筋混凝土楼板的细部构造。

10-5 简述现浇肋梁楼板的布置原则。

10-6 简述井式楼板和无梁楼板的特点及适用范围。

10-7 简述地坪层的组成及各层的作用。

10-8 简述水泥砂浆地面、水泥石屑地面、水磨石地面的组成、优缺点及适用范围。

10-9 简述常用的块料地面的种类、优缺点及适用范围。

10-10 简述塑料地面的优缺点及主要类型。

10-11 简述直接抹灰顶棚的类型及适用范围。

10-12 绘图说明中间挑阳台的结构布置。

10-13 绘图说明钢筋混凝土栏杆压顶及栏杆与阳台板的连接构造。

11 屋　顶

学习目标

通过本章的学习，了解民用建筑屋顶的类型、作用和要求，掌握屋顶的排水组织方法，熟悉平屋顶的防水、泛水构造方法和保温与隔热措施、了解坡屋顶的类型、组成、特点及屋顶承重结构的布置，掌握坡屋顶的防水、泛水构造和保温与隔热措施。

11.1　屋顶的类型及设计要求

11.1.1　屋顶的类型

屋顶的类型与建筑物的屋面材料、屋顶结构类型、屋面排水坡度及建筑造型要求等因素有关。常见的屋面类型有平屋顶、坡屋顶和曲面屋顶三种。

(1) 平屋顶

平屋顶是指屋面排水坡度小于5%的屋顶，常用的坡度为2%～3%。平屋顶的主要特点是坡度平缓、构造简单、节约材料、造价经济，上部可做成露台、屋顶花园等，在建筑工程中应用最为广泛。平屋顶的形式图11.1所示。

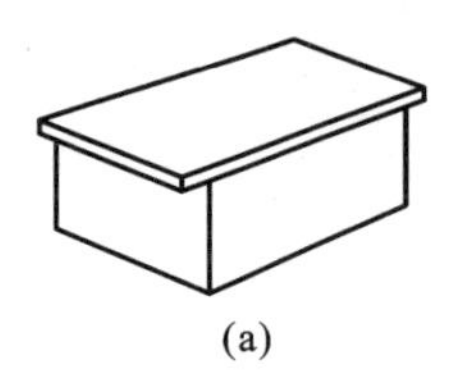

(a)

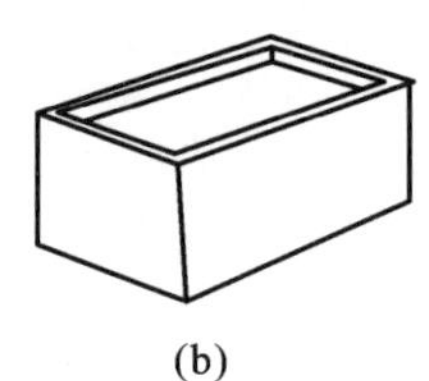

(b)

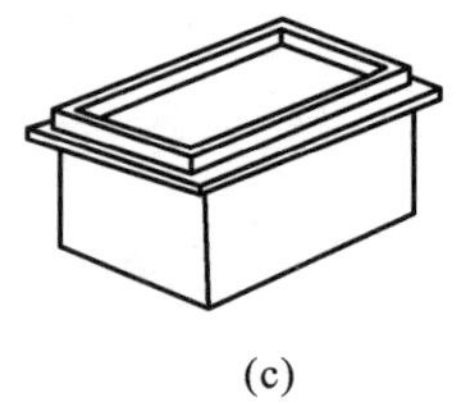

(c)

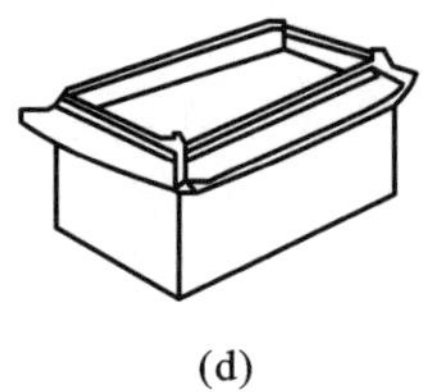

(d)

图11.1　平屋顶的形式

(a) 挑檐平屋顶；(b) 女儿墙平屋顶；(c) 挑檐女儿墙平屋顶；(d) 盝顶平屋顶

(2) 坡屋顶

坡屋顶是指屋面排水坡度在10%以上的屋顶。坡屋顶在我国有着悠久的历史，由于坡屋顶造型丰富，能就地取材，并能满足人们的审美要求，故至今仍被广泛采用。坡屋顶的形式如图11.2所示。

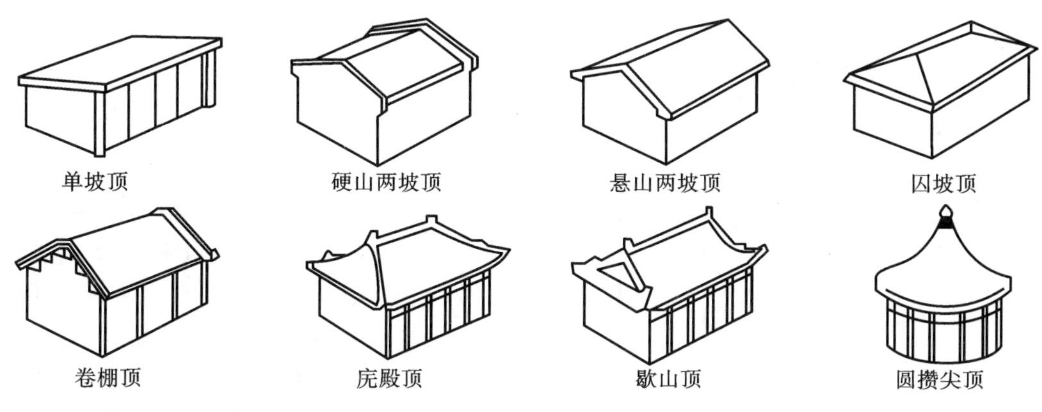

图 11.2　坡屋顶的形式

(3) 曲面屋顶

曲面屋顶是指由各种薄壳结构、悬索结构、张拉膜结构和网架结构等作为屋顶承重结构的屋顶。曲面屋顶的承重结构多为空间结构,这些空间结构具有受力合理、节约材料的优点,但施工复杂、造价高,一般适用于大跨度的公共建筑。曲面屋顶的形式如图 11.3 所示。

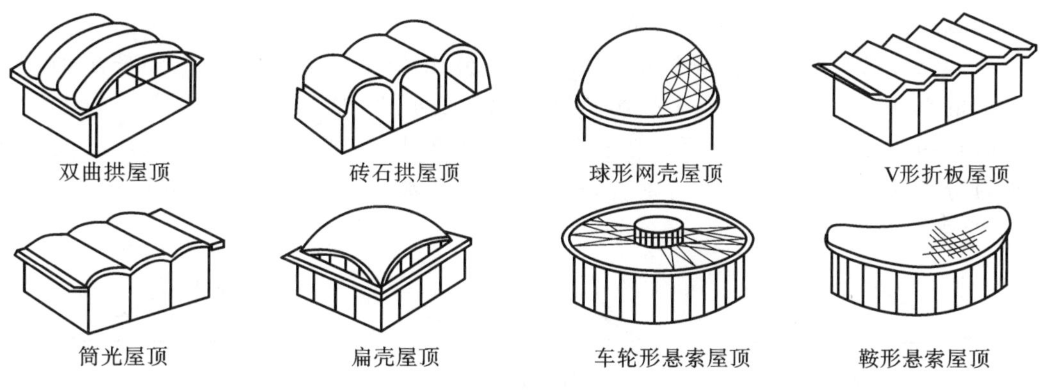

图 11.3　曲面屋顶的形式

11.1.2　屋顶的设计要求

屋顶位于建筑物的最顶部,主要有三个作用:一是承重作用,承受作用于屋顶上的风、雨、雪、检修、设备荷载和屋顶的自重等;二是围护作用,防御自然界的风、雨、雪、太阳辐射热和冬季低温等的影响;三是装饰建筑立面,屋顶的色彩及造型等对建筑艺术和风格有着十分重要的影响,是建筑造型的重要组成部分。

由于以上作用,屋顶应满足如下设计要求:

① 结构布置合理,坚固耐久,整体性好;

② 具有良好的防水、保温、隔热、隔声等性能,能够抵御自然界对室内的影响;

③ 构造简单、自重轻、取材方便、经济合理;

④ 具有良好的色彩和造型,满足建筑艺术的要求。

11.1.3 屋面坡度

屋面坡度是由多方面因素决定的，它与屋面材料、当地降雨量大小、屋顶结构形式、建筑造型要求及经济条件等因素有关。屋面坡度大小应适当，坡度太小易渗漏，坡度太大浪费材料、空间。所以确定屋面坡度时，要综合考虑各方面的因素。从排水角度考虑，排水坡度越大越好；但从结构、经济及上人活动等角度考虑，又要求坡度越小越好。如上人屋面一般采用1%～2%的坡度。此外，屋面坡度的大小还取决于屋面材料的防水性能。采用防水性能好、单块面积大、接缝少的屋面材料，如防水卷材、镀锌铁皮等，屋面坡度可以小一些；采用黏土瓦、小青瓦等单块面积小、接缝多的屋面材料时，坡度就必须大一些。图11.4列出了不同屋面材料适宜的坡度范围，粗线部分为常用坡度。

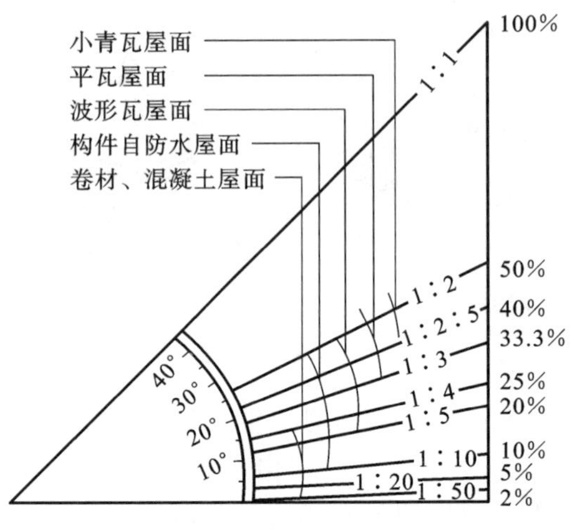

图11.4 屋面坡度

屋面坡度的表示方法有斜率法、角度法和百分比法，如图11.5所示。斜率法是以屋顶斜面的垂直投影高度与其水平投影长度之比来表示的，如1∶2、1∶10等。较大的坡度有时也用角度，即以倾斜屋面与水平面所成的夹角表示，如30°、45°等。较小的坡度则常用百分率，即以屋顶倾斜面的垂直投影高度与其水平投影长度的百分比来表示，如2%、5%等。

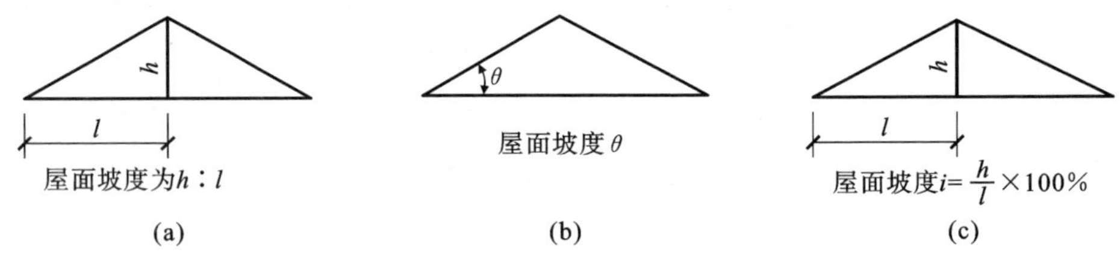

图11.5 屋面坡度表示方法

(a) 斜率法；(b) 角度法；(c) 百分比法

11.2 屋顶排水

11.2.1 平屋顶的排水

平屋顶的屋面应设置一定的坡度来排除屋顶的雨水、雪水，防止屋顶因积水而产生渗漏情况。

(1) 屋顶坡度的形成

① 材料找坡。

材料找坡也称垫置坡度，是在水平的屋面板上面利用材料厚度不同形成一定的坡度。找坡材料多用炉渣等轻质材料加水泥和石灰形成，一般设在承重屋面板与保温层之间。平屋顶材料找坡见图11.6。

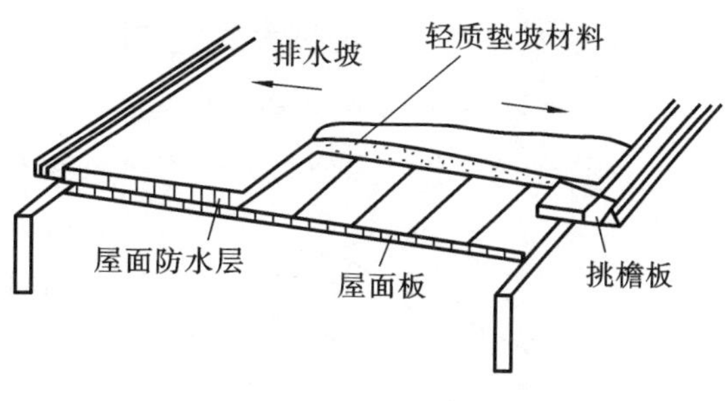

图11.6 平屋顶材料找坡

材料找坡形成的坡度不宜过大，否则找坡层的平均厚度增加，使屋顶荷载过大，从而导致屋顶造价增加。

当保温材料为松散状时，也可不另设找坡层，而把保温材料做成不均匀厚度来形成一定的坡度。材料找坡可使室内获得水平的顶棚层，但会增加屋顶自重。

② 结构找坡。

结构找坡也称搁置坡度，它是将屋面板搁放在有一定倾斜度的梁或墙上，来形成屋面的坡度。这种做法，顶棚是倾斜的，屋面板以上各构造层厚度不发生变化。平屋顶结构找坡见图11.7。

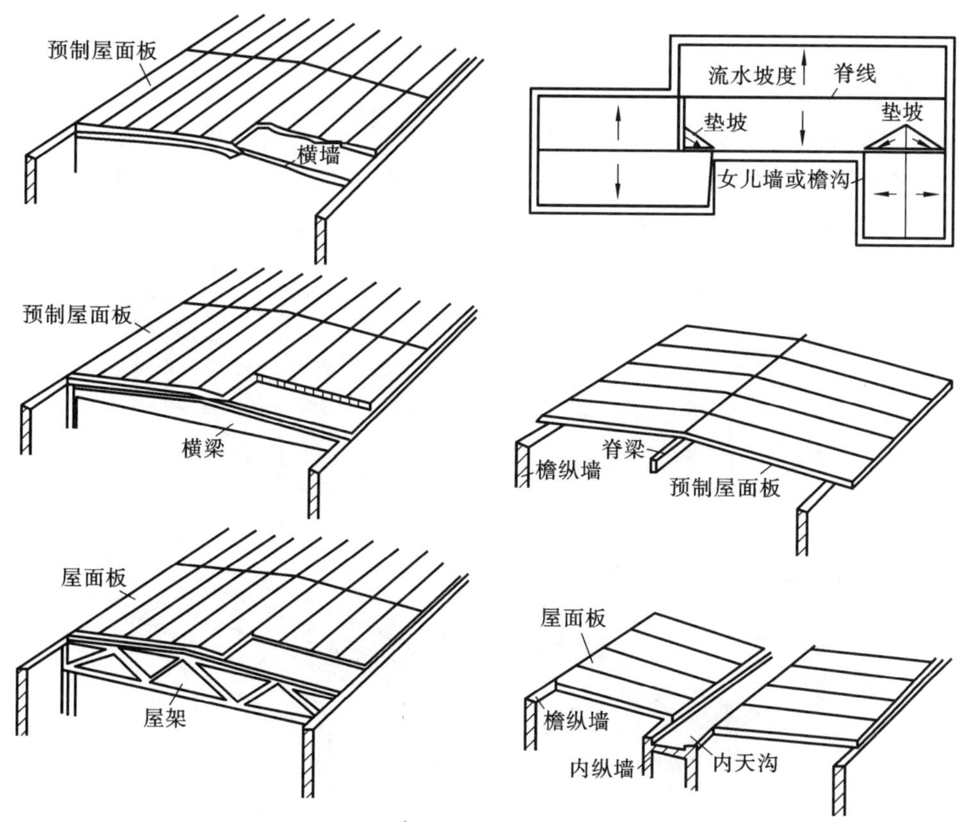

图11.7 平屋顶结构找坡

结构找坡不需另做找坡层，减少了屋顶荷载。其施工简单、造价低、但顶棚是斜面，室内空间高度不相等，使用上不习惯，往往需设吊顶棚。因此，这种做法在一般民用建筑中采用较少，多用于跨度较大的生产性建筑和有吊顶的公共建筑。

(2) 平屋顶的排水方式

平屋顶的排水方式分为无组织排水和有组织排水两大类。

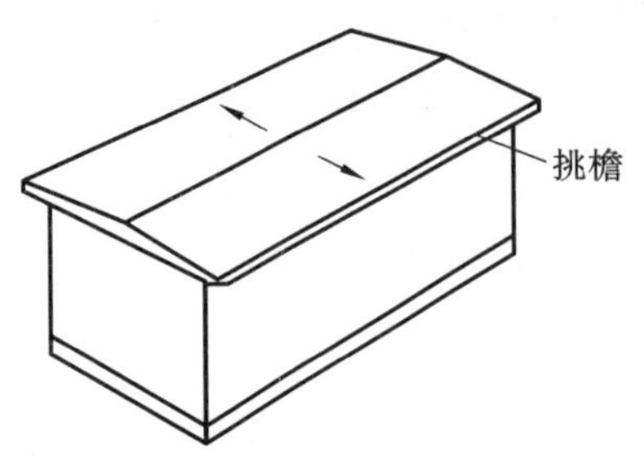

图 11.8 平屋顶四周挑檐自由落水

① 无组织排水。

无组织排水是指屋面的雨水由檐口自由滴落到室外地面，又称自由落水。当平屋顶采用无组织排水时，需把屋顶在外墙四周挑出，形成挑檐(图 11.8)。

无组织排水不需在屋顶上设置排水装置，其构造简单、造价低，但沿檐口下落的雨水会溅湿墙脚，有风时雨水还会污染墙面。因此，无组织排水一般适用于低层或次要建筑及降雨量较小地区的建筑物。

② 有组织排水。

有组织排水是在屋顶设置与屋面排水方向相垂直的纵向天沟，汇集雨水后，将雨水由雨水口、雨水管有组织地排到室外地面或室内地下排水系统，这种排水方式称为有组织排水。有组织排水的屋顶构造较复杂、造价较高，但避免了雨水自由下落对墙面和地面的冲刷和污染。

按照雨水管的位置，有组织排水分为外排水和内排水。

a. 外排水。

外排水是屋顶雨水由室外雨水管排到室外的排水方式。这种排水方式构造简单，造价较低，应用较广。按照檐沟在屋顶的位置，外排水的屋顶形式有沿屋顶四周设檐沟、沿纵墙设檐沟、女儿墙外设檐沟、女儿墙内设檐沟等(图 11.9)。

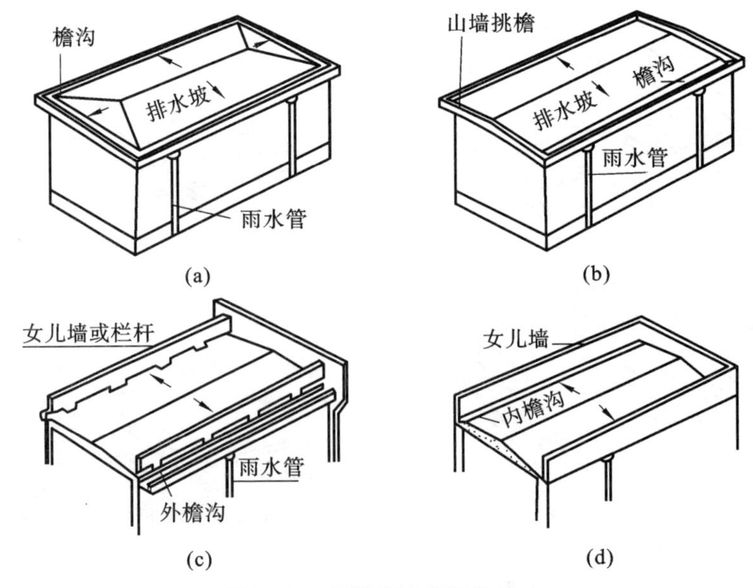

图 11.9 平屋顶有组织外排水

(a) 沿屋顶四周设檐沟；(b) 沿纵墙设檐沟；(c) 女儿墙外设檐沟；(d) 女儿墙内设檐沟

b. 内排水。

内排水是屋顶雨水由设在室内的雨水管排到地下排水系统的排水方式。这种排水方式构造复杂，造价及维修费用高，而且雨水管占室内空间，一般适用于大跨度建筑、高层建筑、严寒地区及对建筑立面有特殊要求的建筑(图 11.10)。

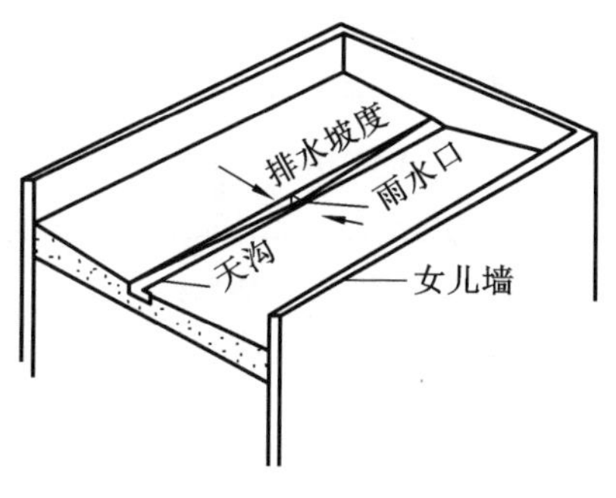

图 11.10 平屋顶有组织内排水

雨水口的位置和间距要尽量使其排水负荷均匀，有利于雨水管的安装，且不影响建筑美观。雨水口的数量主要根据屋面集水面积、不同直径雨水管的排水能力计算确定。在工程实践中，一般在年降雨量大于 900 mm 的地区，每一直径为 100 mm 的雨水管，可排集水面积 150 m^2 的雨水；年降雨量小于 900 mm 的地区，每一直径为 100 mm 的雨水管可排集水面积 200 m^2 的雨水。雨水口的间距不宜超过 18 m，以防垫置纵坡过厚而增加屋顶或天沟的荷载。雨水口布置见图 11.11。

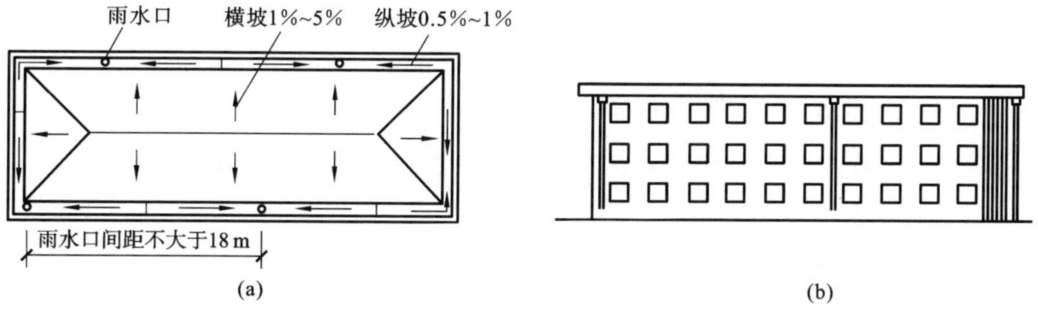

图 11.11 雨水口布置

(a) 屋面排水平面图；(b) 雨水管在立面中的表现

11.2.2 坡屋顶的排水

坡屋顶排水有两种形式：无组织排水和有组织排水。

(1) 无组织排水

一般在少雨地区或低层及次要建筑中采用这种排水方式，其构造简单、施工方便且造价低廉，见图 11.12(a)。

(2) 有组织排水

有组织排水又分为挑檐沟外排水和女儿墙檐沟外排水。

① 挑檐沟外排水。

在坡屋顶挑檐处悬挂檐沟，雨水先流向檐沟，再经雨水管排至地面，见图 11.12(b)。

② 女儿墙檐沟外排水。

在屋顶四周做女儿墙，女儿墙内再做檐沟，雨水流向檐沟后，经雨水管排至地面，见图 11.12(c)。

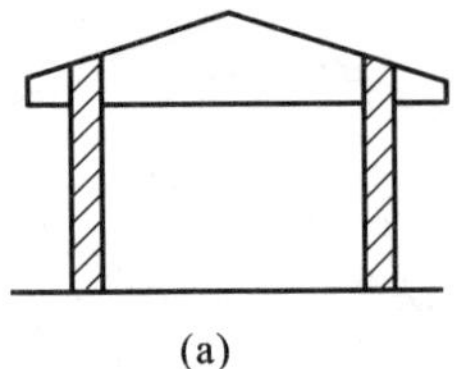
(a)

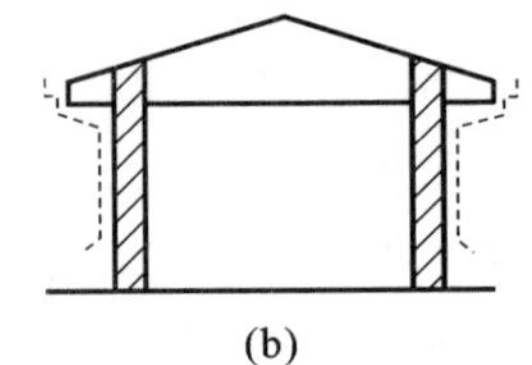
(b)

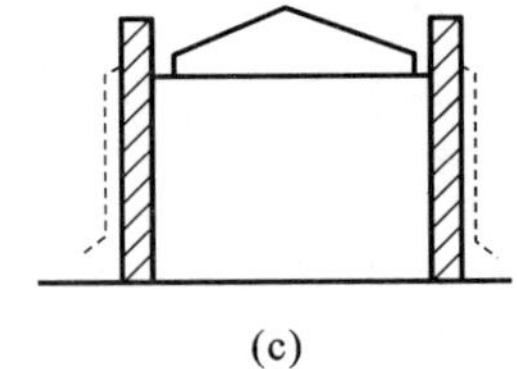
(c)

图 11.12　坡屋顶排水方式

(a) 无组织排水；(b) 挑檐沟外排水；(c) 女儿墙檐沟外排水

11.3　平屋顶构造

平屋顶具有构造简单、节约材料、造价低廉、施工方便、屋面便于利用的优点，同时也存在着造型单一、易产生渗漏现象且维修较困难等缺点。目前，平屋顶仍是我国一般建筑工程中较为常见的屋顶形式。

11.3.1　平屋顶的组成

平屋顶一般由面层(防水层)、保温层或隔热层、结构层和顶棚层四部分组成。由于各地气候条件不同，所以其组成也略有差异。比如，在我国南方地区，以前多数不设保温层，但是现在对于节能的要求越来越高，一般也都要求有保温层，而北方地区则很少设隔热层。

(1) 面层(防水层)

平屋顶坡度较小、排水缓慢，所以要加强面层的防水构造处理。平屋顶一般选用防水性能好且单块面积较大的屋面防水材料，并采取有效的接缝处理措施来增强屋面的抗渗能力。目前，在工程中常用的防水方式有柔性防水和刚性防水。

(2) 保温层或隔热层

为防止冬、夏季顶层房间过冷或过热，需在屋顶构造中设置保温层或隔热层。保温层、隔热层通常设置在结构层和防水层之间。常用的保温材料有无机粒状材料和块状制品，如膨胀珍珠岩、水泥蛭石、聚苯乙烯泡沫塑料板等。

(3) 结构层

平屋顶主要采用钢筋混凝土结构。按施工方法不同，有现浇钢筋混凝土结构、预制装配式钢筋混凝土结构和装配整体式钢筋混凝土结构三种形式。目前多采用现浇钢筋混凝土结构。

(4) 顶棚层

顶棚层的作用及构造做法与楼板层的顶棚层基本相同，有直接抹灰顶棚和吊顶两大类。

11.3.2 平屋顶的防水构造

按防水层的做法不同，平屋顶的防水构造分为柔性防水屋面、涂膜防水屋面和刚性防水屋面等几种形式。

(1) 柔性防水屋面

柔性防水屋面是将柔性的防水卷材相互搭接，并用胶结料粘贴在屋面基层上形成防水能力的。由于卷材有一定的柔性，能适应部分屋面变形，所以称为柔性防水屋面(也称卷材防水屋面)。

我国过去数十年一直使用沥青和油毡作为屋面防水层。油毡比较经济，也有一定的防水能力，但须热施工，会污染环境，且高温易流淌，老化周期只有 6～8 年。随着近年来部分新型屋面防水卷材的出现，沥青油毡已经被淘汰替代。这些新型卷材主要有两类：一类是高聚物改性沥青卷材，如 SBS 改性沥青卷材、APP 改性沥青卷材、OMP 改性沥青卷材等；另一类是合成高分子卷材，如三元乙丙橡胶类、聚氯乙烯类、氯化聚乙烯类和改性再生胶类等。这些卷材具有很好的发展前景。新型屋面防水材料的施工方法和要求虽然各不相同，但在构造处理上都比较类似。

① 卷材防水屋面各构造层次。

a. 找平层。卷材防水层应铺设在平整且具有一定整体性的基层上，一般应在结构层或保温层上做 15～25 mm 厚 1∶2.5 水泥砂浆找平层，也可以采用细石混凝土找平层。找平层表面应设置分格缝，分格缝的间距不大于 6 m，具体示例做法见图 11.13。

b. 保温层。根据现行公共建筑节能设计标准，屋面一般都应设置保温层。保温层应根据屋面所需传热系数或热阻选择轻质、高效的保温材料。保温层厚度应根据所在地区现行建筑节能设计标准，经计算确定。

当寒冷地区屋面结构冷凝界面内侧实际具有的蒸汽渗透阻小于所需值，或其他地区室内湿气有可能透过屋面结构层进入保温层时，应设置隔汽层。隔汽层应设置在结构层上、保温层下。隔汽层应选用气密性、水密性好的材料。隔汽层应沿周边墙面向上连续铺设，高出保温层上表面不得小于 150 mm。

屋面还需要排气构造。找平层设置的分格缝可兼作排气道，排气道的宽度宜为 40 mm；排气道应纵横贯通，并应与大气连通的排气孔相通，排气孔可设在檐口下或纵横排气道的交叉处。排气道纵横间距宜为 6 m，屋面面积每 36 m^2 宜设置一个排气孔，排气孔应做防水处理，如图 11.14 所示。

c. 防水层。屋面卷材防水层是整个屋面构造层次中的核心层次，现在二毡三油、三毡四油等传统普通石油沥青防水卷材已经被淘汰。前述的高聚物改性沥青卷材和合成高分子卷材的施工更加清洁，防水效果更好。具体的施工方法有冷黏法、热黏法、热熔法、自黏法、焊接法、机械固定法等。

d. 保护层。卷材防水层如果裸露在屋顶上，受温度、阳光及氧气等作用容易老化。为保护防水层、增加使用年限，卷材表面需设保护层。上人屋面保护层可采用块体材料、细石混凝土等材料，不上人屋面保护层可采用浅色涂料、铝箔、矿物粒料、水泥砂浆等材料。例如：当为不上人屋面时，可以用 20 mm 厚 1∶2.5 或 M15 水泥砂浆。

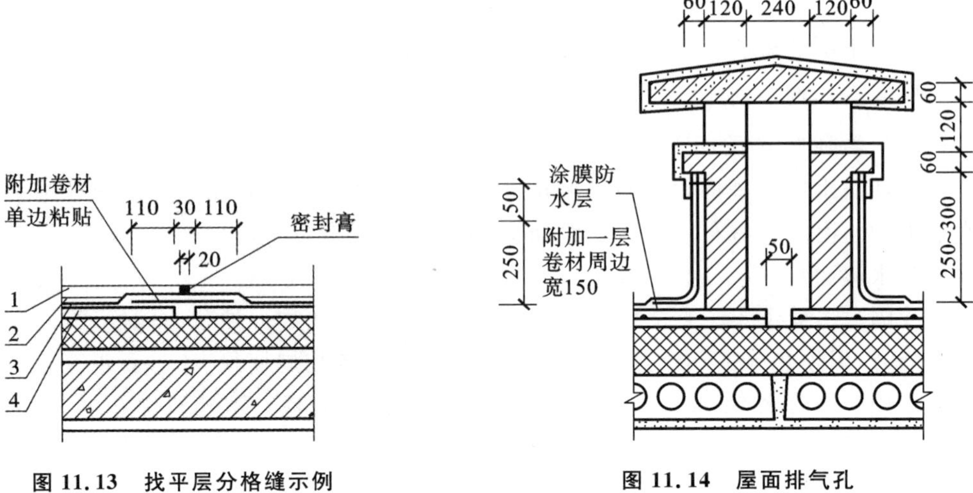

图 11.13　找平层分格缝示例

1—保护层；2—保温层；3—卷材或涂膜防水层；4—找平层

图 11.14　屋面排气孔

② 卷材防水屋面的檐口及泛水构造。

卷材防水屋面的檐口一般有自由落水、挑檐沟、女儿墙带檐沟、女儿墙外排水、女儿墙内排水等形式。其构造处理关键是卷材在檐口处的收头处理和雨水口处构造。其构造处理分别见图 11.15～图 11.18。

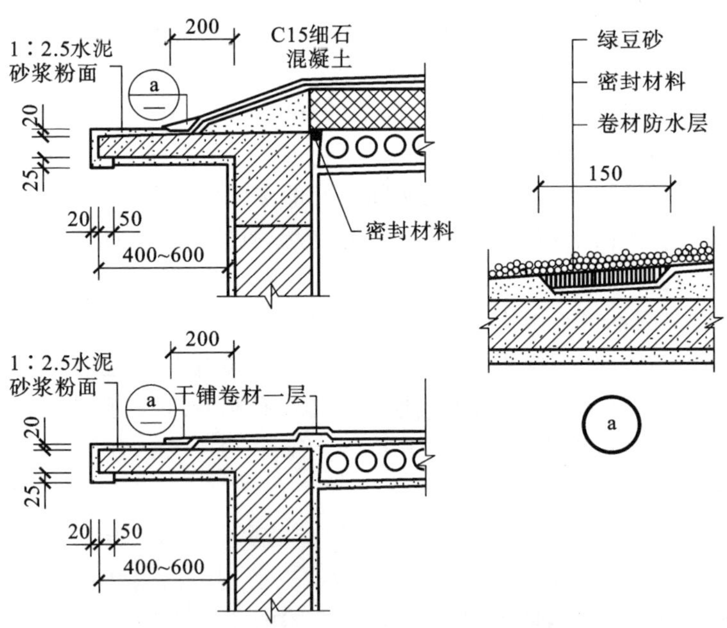

图 11.15　卷材防水自由落水檐口构造

泛水主要是指屋面防水层与垂直墙交接处的防水构造处理。卷材防水屋面垂直墙处泛水需注意三方面内容：一是屋面与墙面相交处应用砂浆做成弧形，防止卷材直角折曲；二是卷材在垂直墙面上的铺设方法也是水泥砂浆抹光加冷底子油；三是防水卷材在

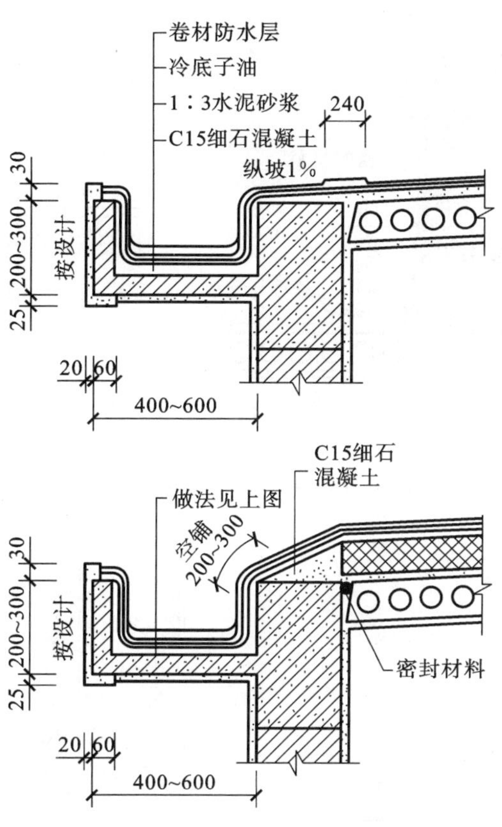

图 11.16　卷材防水挑檐沟构造

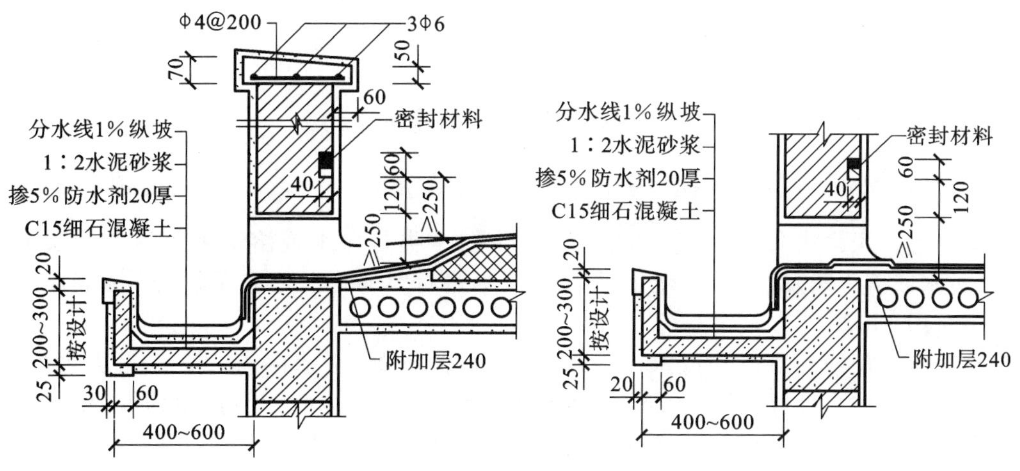

图 11.17　卷材防水女儿墙带檐沟构造

墙上至少需上翻 250 mm 高度，并做好卷材的收头处理。卷材泛水构造见图 11.19。

(2) 涂膜防水屋面

涂膜防水是将可塑性和黏结力较强的高分子防水涂料直接涂刷在屋面基层上，形成一层满铺的不透水薄膜层，以形成屋面的防水能力，主要有乳化沥青、氯丁橡胶类、丙烯

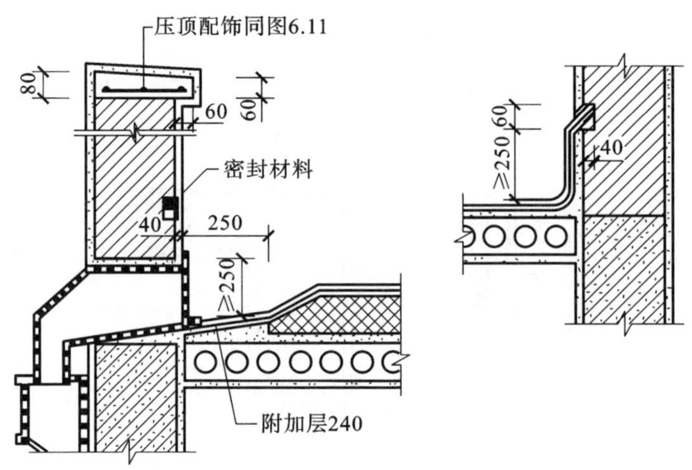

图 11.18 卷材防水女儿墙构造

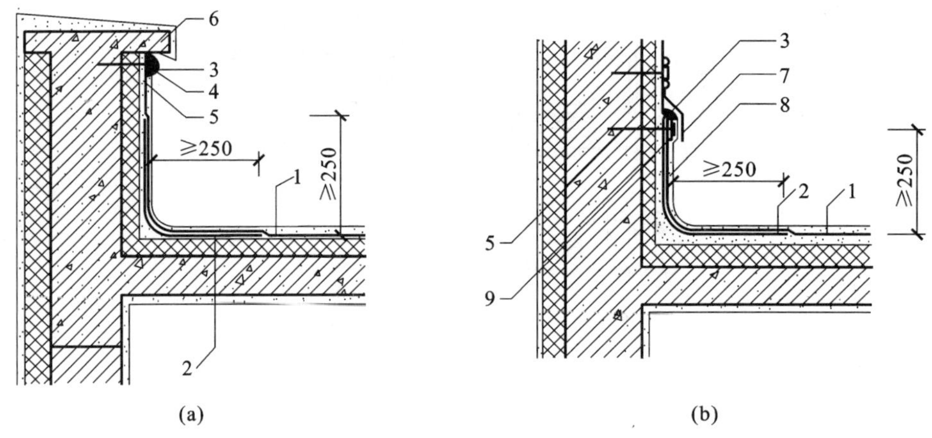

图 11.19 卷材泛水构造

(a) 低女儿墙;(b) 高女儿墙

1—防水层;2—附加层;3—密封材料;4—金属压条;5—水泥钉;6—压顶;7—金属盖板;8—保护层;9—金属压条

酸树脂类等。按涂膜防水原理通常分为两大类,一类是用水或溶剂溶解后在基层上涂刷,通过水或溶剂蒸发而干燥、硬化;另一类是通过材料的化学反应而硬化。涂膜防水屋面构造见图 11.20。

涂膜的基层应为混凝土或水泥砂浆,要求平整、干燥,含水率为 8%~9%方可施工。涂膜材料由于防水性好、黏结力强、延伸性大和耐腐蚀、耐老化、无毒、冷作业、施工方便等优点,具有很好的发展前景。但目前涂膜防水的价格较昂贵。

(3) 其他防水屋面

刚性防水屋面是指以密实性混凝土或防水砂浆等刚性材料作为屋面防水层的防水构造方法,主要是指细石混凝土防水层的屋面。其优点是施工简单、经济,但是在长期的工程实践中,逐渐发现其施工技术要求高,防水层对结构变形敏感,易裂缝而导致渗漏水。因此,细石混凝土屋面已经被淘汰。但是随着社会上对于屋面材料的进一步研究和探索,又发展出了金属板平屋面等新型屋面,见图 11.21。

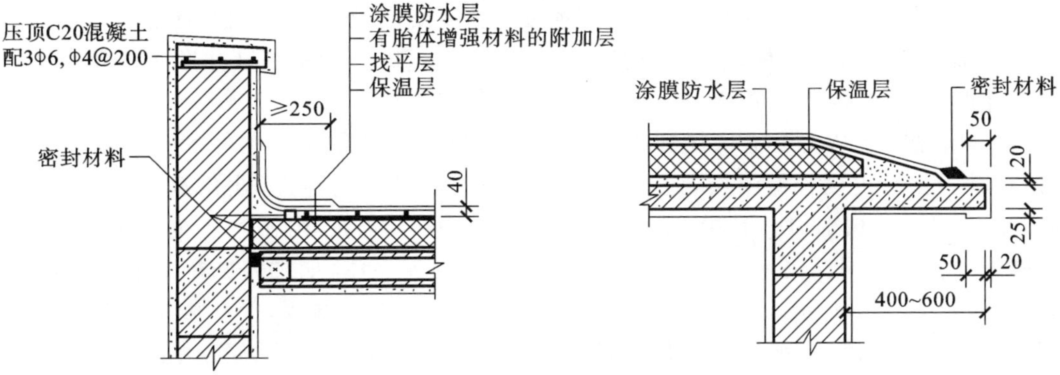

图 11.20 涂膜防水屋面构造

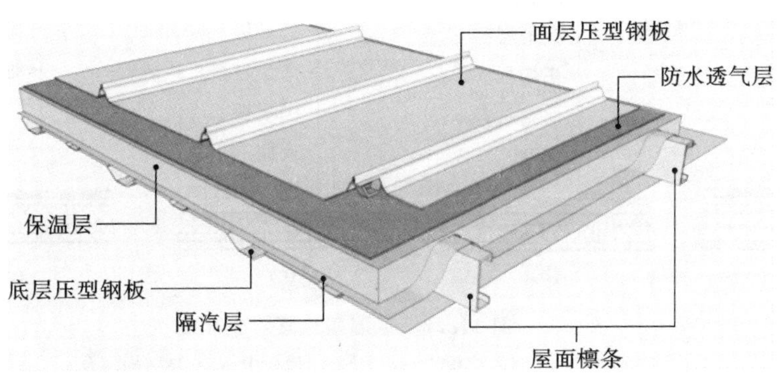

图 11.21 金属板平屋面

11.3.3 平屋顶的保温与隔热

屋顶属于建筑的围护结构，不但有遮蔽风雨的功能，还应有保温与隔热的功能。

(1) 平屋顶保温

为了防止室内热量散失过多、过快，须在围护结构中设置保温层，以满足室内有一个便于人们生活和工作的环境。保温层的构造方案和材料做法是根据使用要求、气候条件、屋顶的结构形式、防水处理方法、施工条件等综合因素考虑确定的。

① 屋面保温材料。

屋面保温材料一般选用空隙多、表观密度小、导热系数小的材料，分为纤维材料、整体材料、板块材料三大类。

a. 纤维材料保温层，如聚苯乙烯泡沫塑料、硬质聚氨酯泡沫塑料、膨胀珍珠岩制品、泡沫玻璃制品、加气混凝土砌块、泡沫混凝土砌块。

b. 整体材料保温层。一般在结构层上用轻骨料(矿渣、陶粒、蛭石、珍珠岩等)与石灰或水泥拌和、浇筑而成。这种保温层可浇筑成不同厚度，并可与找坡层结合处理。

c. 板块材料保温层。常见的有水泥、沥青、水玻璃等胶结的预制膨胀珍珠岩板、膨胀蛭石板、加气混凝土块、泡沫塑料等块材或板材。上面做找平层再铺防水层，屋面排水一般用结构找坡，或用轻混凝土在保温层下先做找坡层。

② 屋顶保温层位置。

屋顶中按照结构层、防水层和保温层所处的位置不同，有以下几种情况：

a. 保温层设在防水层之下、结构层之上，如图 11.22(a)所示。这种形式一般称为正置式保温屋面，其构造简单，施工方便，目前采用较多。

b. 保温层与结构层组合复合板材，既是结构构件，又是保温构件。一般有两种做法：一种为槽板内设置保温层，这种做法可减少施工工序，提高工业化水平，但成本偏高，见图 11.22(b)、(c)。其中，把保温层设在结构层下面者，由于产生内部凝结水，从而降低了保温效果。另一种为保温材料与结构层融为一体，如加气的配筋混凝土屋面板如图 11.22(d)所示。这种构件既能承重，又能达到保温效果，简化施工，降低成本。但其板的承载力较小，耐久性较差，因此适用于标准较低且不上人的屋顶中。

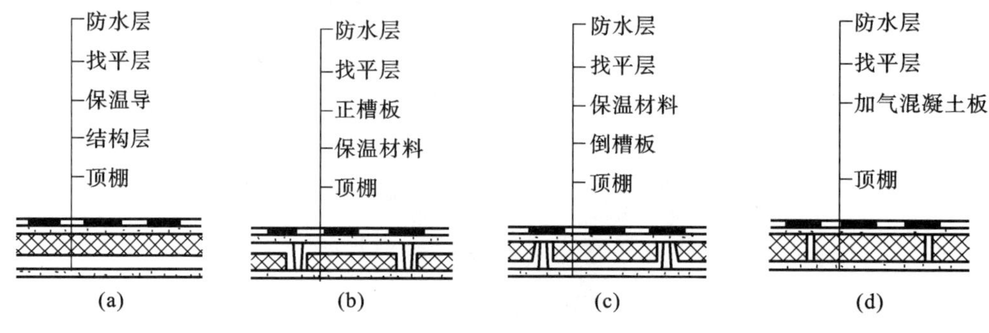

图 11.22　保温层位置

(a) 在结构层上；(b) 嵌入槽板中；(c) 嵌入倒槽板中；(d) 与结构层合一

c. 保温层设置在防水层上面，其构造层次为保温层、防水层、结构层，见图 11.23。

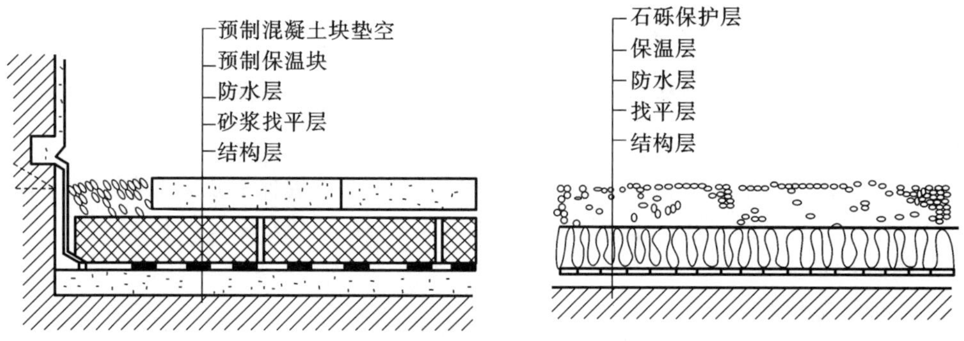

图 11.23　倒置式保温屋面构造

将保温层设在防水层之上，称为倒置式保温屋面，亦称“倒铺法”保温。其优点是防水层被掩盖在保温层之下，不受阳光及气候变化的影响，热温差较小，同时防水层不易受到来自外界的机械损伤。该屋面保温材料宜采用吸湿性小的憎水材料，如聚苯乙烯泡沫塑料板或聚氨酯泡沫塑料板，而加气混凝土或泡沫混凝土吸湿性较强，故不宜选用。在保温层上应设保护层，以防表面破损和延缓保温材料的老化。保护层应选择有一定荷载并足以压住保温层的材料，使保温层在下雨时不致漂浮。可选择大粒径的石子或混凝土做保护层，而不能采用绿豆砂做保护层。

d. 防水层与保温层之间设空气间层的保温屋面。由于空气间层的设置，室内采暖的热量不能直接影响屋面防水层，故把它称为“冷屋顶保温体系”。这种做法的保温屋顶，无论是平屋顶或坡屋顶均可采用。

平屋顶的冷屋面保温做法常用垫块架空预制板，形成空气间层，再在上面做找平层和防水层。其空气间层的主要作用是带走穿过顶棚和保温层的蒸汽及保温层散发出来的蒸汽，并防止屋顶深部水的凝结；另外，带走太阳辐射热通过屋面防水层传下来的部分热量。因此，空气间层必须保证通风流畅，否则会降低保温效果。平屋顶冷屋面保温构造见图 11.24。

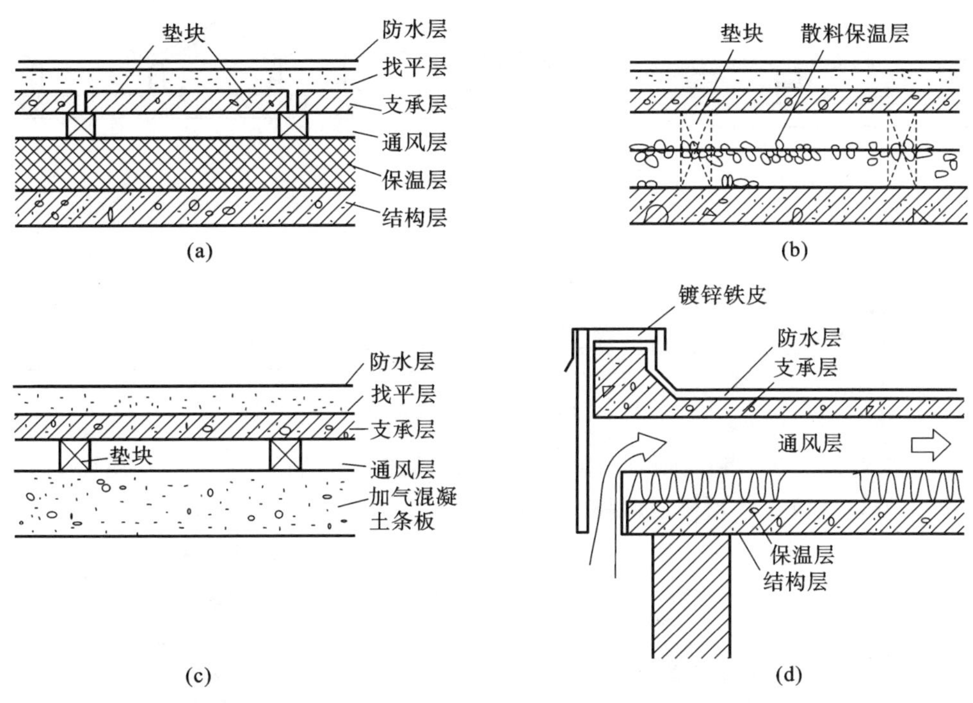

图 11.24　平屋顶冷屋面保温构造

(a) 带通风层平屋顶保温；(b) 散料保温；(c) 加气混凝土条板通风保温；(d) 檐口进风口

③ 隔汽层的设置。

当严寒地区屋面结构冷凝界面内侧实际具有的蒸汽渗透阻小于所需值，或其他地区室内湿气有可能透过屋面结构层进入保温层时，应设置隔汽层。隔汽层应设置在结构层上、保温层下。隔汽层应选用气密性、水密性好的材料。隔汽层应沿周边墙面向上连续铺设，高出保温层上表面不得小于 150 mm。

(2) 平屋顶的隔热降温措施

夏季在太阳辐射热和室外空气温度的综合作用下，从屋顶传入室内的热量要比从墙体传入室内的热量多得多。尤其在我国南方地区，屋顶的隔热与降温问题更为突出，必须从构造上采取隔热措施。

屋顶隔热降温的基本原理是减少直接作用于屋顶表面的太阳辐射热。隔热降温的构造做法主要有通风隔热、蓄水隔热、反射降温隔热、植被隔热等。

① 通风隔热。

通风隔热屋面就是在屋顶中设置通风间层，其上层表面可遮挡太阳辐射热，由于风压和热压作用把间层中的热空气不断带走，使下层板面传至室内的热量大为减少，以达到隔热降温的目的。通风间层通常有两种设置方式，一种是在屋面上的架空通风隔热，另一种是利用顶棚内的空间通风隔热。

a. 架空通风隔热。在屋面防水层上用适当的材料或构件制品做架空隔热层，见图 11.25。这种屋面既能达到通风降温、隔热防晒的目的，又可以保护屋面防水层。

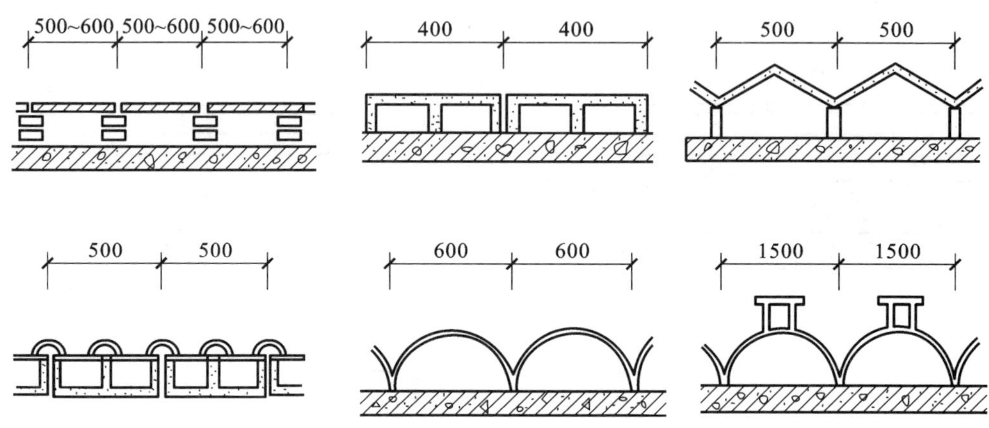

图 11.25 架空通风隔热屋面

b. 顶棚通风隔热。利用顶棚与屋顶之间的空间做通风隔热层，一般在屋面板下吊顶棚，檐墙上开设通风口。顶棚通风隔热屋面见图 11.26。

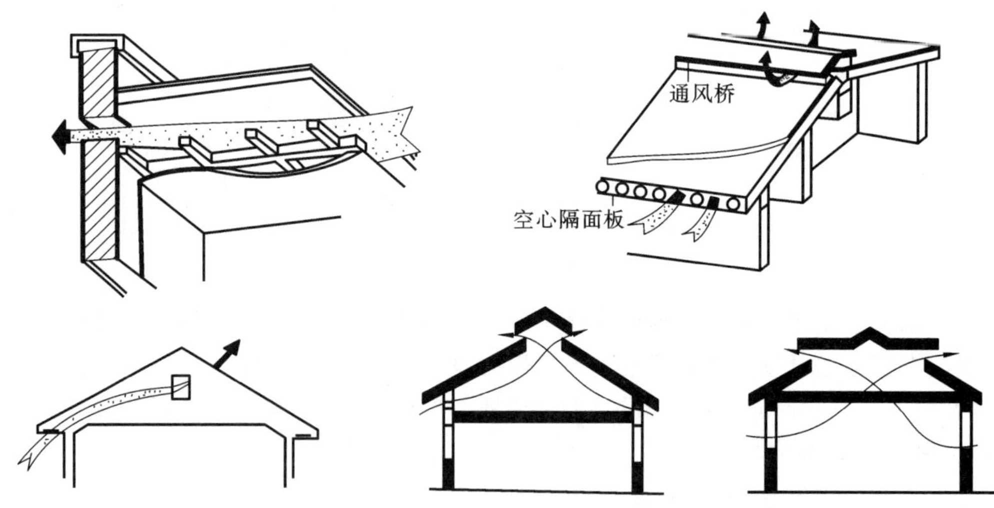

图 11.26 顶棚通风隔热屋面

② 蓄水隔热。

蓄水屋面就是在平屋顶上蓄积一层水，利用其吸收大量太阳辐射热和室外气温的热量，而水又将热量散发，以减少屋顶吸收热能，从而达到降温隔热的目的。不仅如此，水面还可反射阳光，减少阳光对屋顶的直射作用。另外，水层对屋面还可以起到保护作用。如混凝土防水屋面在水的养护下，可以减轻由于温度变化引起的裂缝和延缓混凝土的碳化。如沥青材料和嵌缝胶泥等防水屋面，在水的养护下，可以推迟老化过程，延长使用寿命。因此，蓄水屋面既可隔热，又能减轻防水层的裂缝，提高耐久性，在我国南方地区采用较多，蓄水屋面见图11.27。

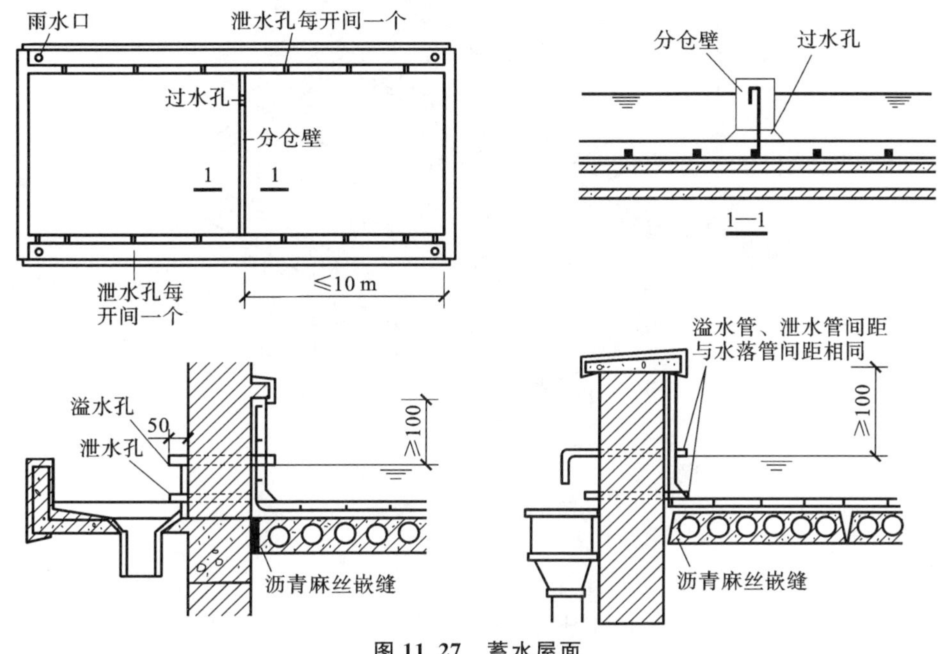

图 11.27 蓄水屋面

③ 反射降温隔热。

屋面受到太阳辐射后，一部分辐射热量被屋面材料所吸收，另一部分被反射出去，反射的辐射热量与入射热量之比称为屋面材料的反射率(用百分数表示)。这一比值的大小取决于屋面表面材料的颜色和粗糙程度。色浅而光滑的表面比色深而粗糙的表面具有更大的反射率。在设计中，应恰当地利用材料的这一特性，例如，采用浅颜色的砾石铺面，或在屋面上涂刷一层白色涂料，对隔热降温均可起显著作用。铝箔反射屋面见图11.28。

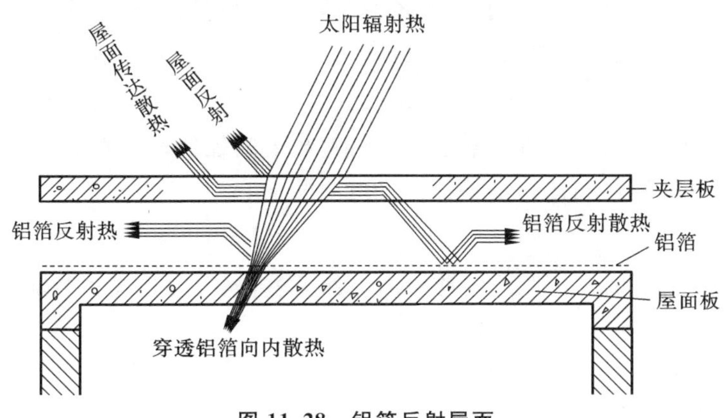

图 11.28 铝箔反射屋面

④ 植被隔热。

在屋面防水层上覆盖种植土，种植各种绿色植物。利用植物的蒸发和光合作用，吸收太阳辐射热，因此可以达到隔热降温的作用。这种屋面有利于美化环境、净化空气，但增加了屋顶荷载，结构处理较复杂。植被屋面见图 11.29。

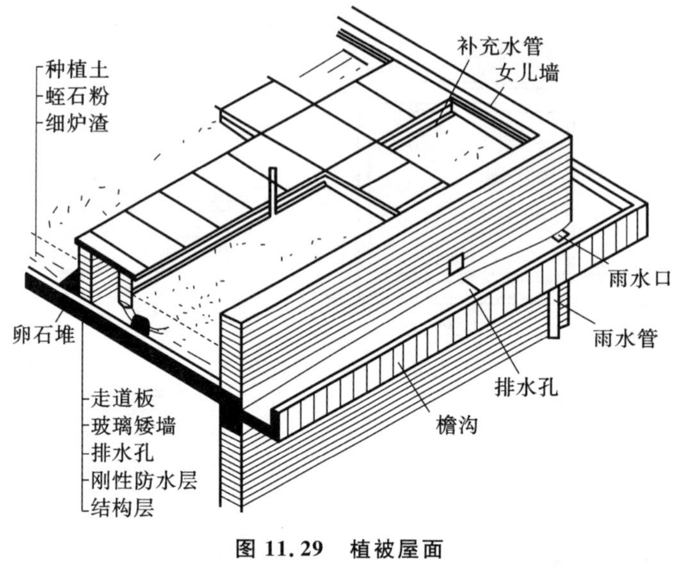

图 11.29　植被屋面

11.4　坡屋顶构造

11.4.1　坡屋顶的组成

坡屋顶由承重结构、屋面和顶棚等部分组成，根据使用要求不同，有时还需增设保温层或隔热层等。

(1) 承重结构

承重结构主要承受作用在屋面上的各种荷载，并把它们传到墙或柱上。坡屋顶的承重结构一般由椽条、檩条、屋架或大梁等组成。

(2) 屋面

屋面是屋顶的上覆盖层，直接承受风、雨、雪和太阳辐射等大自然的作用。它包括屋面覆盖材料和基层材料，如挂瓦条、屋面板等。

(3) 顶棚

顶棚是屋顶下面的遮盖部分，可使室内上部平整，起反射光线和装饰作用。

(4) 保温层或隔热层

保温层或隔热层可设在屋面层或顶棚处。

11.4.2　坡屋顶的承重结构

坡屋顶与平屋顶相比坡度较大，故其承重结构的顶面是一斜面。承重结构系统可分为砖墙承重、梁架承重和屋架承重等。

(1) 砖墙承重(硬山搁檩)

横墙间距过小(不大于 4 m)且具有分隔和承重功能的房屋,可将横墙顶部做成坡形以支承檀条,即为砖墙承重。这类结构形式亦叫作硬山搁檩(图 11.30)。

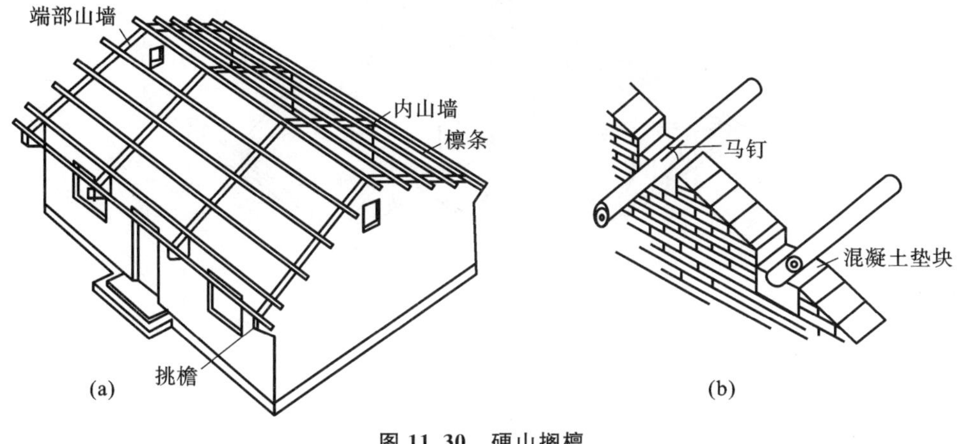

图 11.30　硬山搁檩

(a) 山墙支檩;(b) 檩条搁置

(2) 梁架承重

这是我国传统的结构形式,它由柱和梁组成排架,檩条置于梁间承受屋面荷载并将各排架连成一完整骨架。内外墙体均填充在骨架之间,仅起分隔和围护作用,不承受荷载。梁架交接点为榫齿结合,整体性和抗震性较好。这种结构形式的梁受力不够合理,梁截面面积较大,总体耗木料较多,耐火及耐久性均差,维修费用高,现已很少采用。梁架结构见图 11.31。

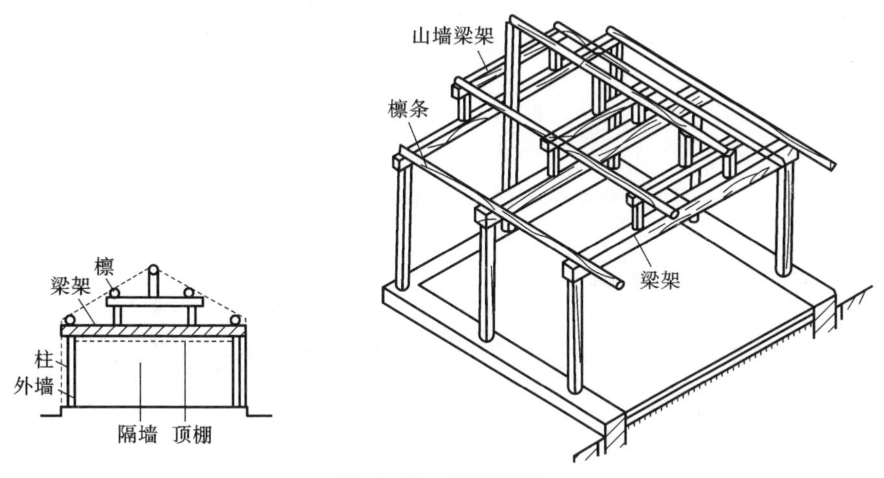

图 11.31　梁架结构

(3) 屋架承重

用在屋顶承重结构的桁架叫屋架,屋架结构见图 11.32。屋架可根据排水坡度和空间要求,组成三角形、梯形、矩形、多边形。屋架中各杆件受力较合理,因而杆件截面较小，且能获得较大跨度和空间。木制屋架跨度可达 18 m，钢筋混凝土屋架跨度可达 24 m，钢屋架跨度可达 26 m 以上。如利用内纵墙承重，还可将屋架制成三支点或四支点，以减小跨度、节约用材。

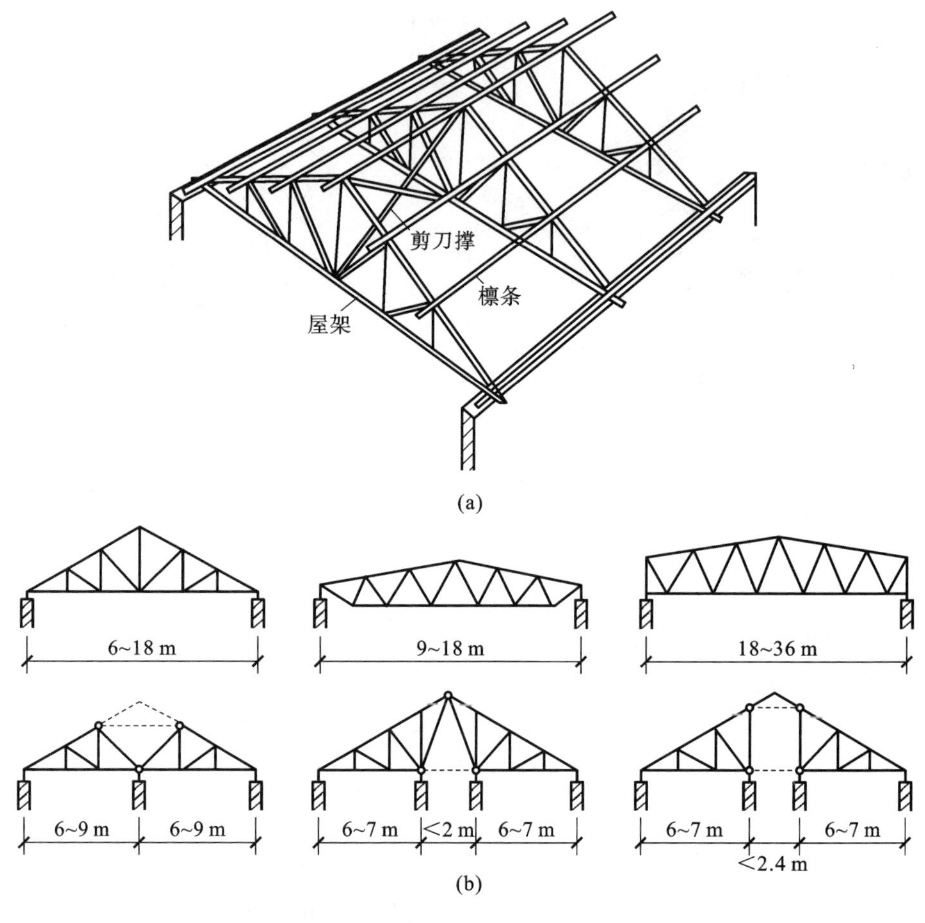

图 11.32　屋架结构

(a) 屋架承重示意；(b) 常用屋架形式

当房屋屋顶为平台转角、纵横交接、四面坡和歇山屋顶时，可制成异形屋架(图 11.33)。

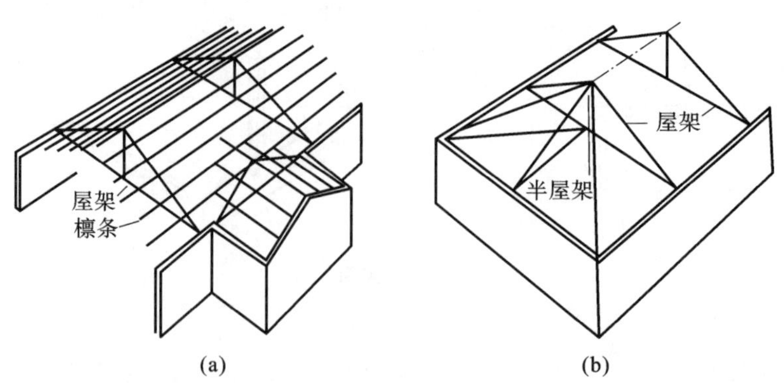

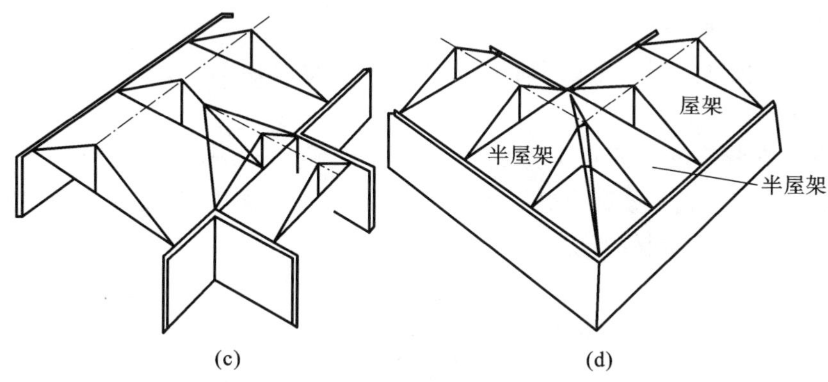

图 11.33 屋架布置示意

(a) 屋顶直角相交,屋架上搁置檩条;(b) 四坡顶端部,半屋架搁在全屋架上;
(c) 屋顶直角相交,斜梁搁在屋架上;(d) 屋顶转角处,半屋架搁在全屋架上

11.4.3 坡屋顶的屋面构造

坡屋顶的屋面坡度较大,可采用各种小尺寸的瓦材相互搭盖来防水。由于瓦材尺寸小、强度低,不能直接搁置在承重结构上,需在瓦材下面设置基层将瓦材连接起来,构成屋面。因此,坡屋顶屋面一般由基层和面层组成。工程中常用的面层材料有平瓦、油毡瓦、压型钢板等,屋面基层因面层不同而有不同的构造形式,一般由檩条、椽条、木望板、挂瓦条等组成。

(1) 平瓦屋面

平瓦又称机平瓦,有黏土瓦、水泥瓦、琉璃瓦等,一般尺寸为:长 380～420 mm,宽 240 mm,净厚 20 mm,适宜的排水坡度为 20%～50%。根据基层的不同做法,平瓦屋面有下列不同的构造类型。

① 木望板平瓦屋面。

木望板平瓦屋面是在檩条或椽条上钉木望板,木望板干铺一层防水卷材,用顺水条固定后,再钉挂瓦条挂瓦所形成的屋面,如图 11.34 所示。这种屋面构造层次多,屋顶的防水、保温效果好,应用最为广泛。

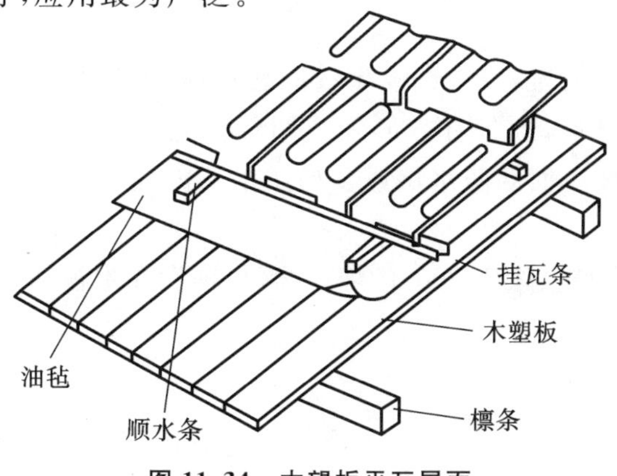

图 11.34 木望板平瓦屋面

② 钢筋混凝土板平瓦屋面。

钢筋混凝土板平瓦屋面是以钢筋混凝土板为屋面基层的平瓦屋面。这种屋面的构造有以下两种形式。

a. 将断面形状呈倒T形或F形的预制钢筋混凝土挂瓦板固定在横墙或屋架上，然后在挂瓦板的板肋上直接挂瓦，如图11.35所示。这种屋面中，挂瓦板即为屋面基层，其具有构造层次少、节省木材的优点。

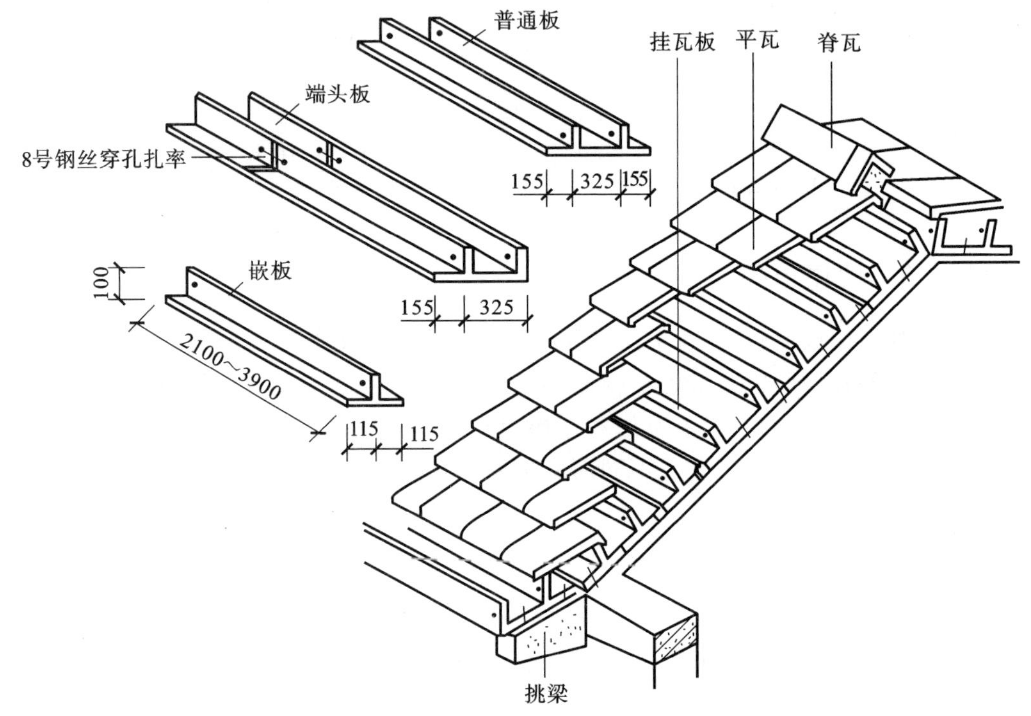

图11.35 钢筋混凝土挂瓦板平瓦屋面

b. 采用现浇钢筋混凝土屋面板作为屋顶的结构层，上面固定挂瓦条挂瓦，或用水泥砂浆等固定平瓦，如图11.36所示。

(2) 油毡瓦屋面

油毡瓦是以玻璃纤维为胎基，经浸涂石油沥青后，面层热压各色彩砂，背面撒以隔离材料而制成的瓦状材料，形状有方形和半圆形。它具有柔性好、耐酸碱、不褪色、质量轻的优点。适用于坡屋面的防水层或多层防水层的面层。油毡瓦的规格如图11.37所示。

油毡瓦适用于排水坡度大于20%的坡屋面，可铺设在木板基层和混凝土基层的水泥砂浆找平层上，如图11.38所示。

(3) 压型钢板屋面

压型钢板是将镀锌钢板轧制成型，表面涂刷防腐涂层或彩色烤漆而成的屋面材料，具有多种规格，有的中间填充了保温材料，成为夹芯板，可提高屋顶的保温效果。这种屋

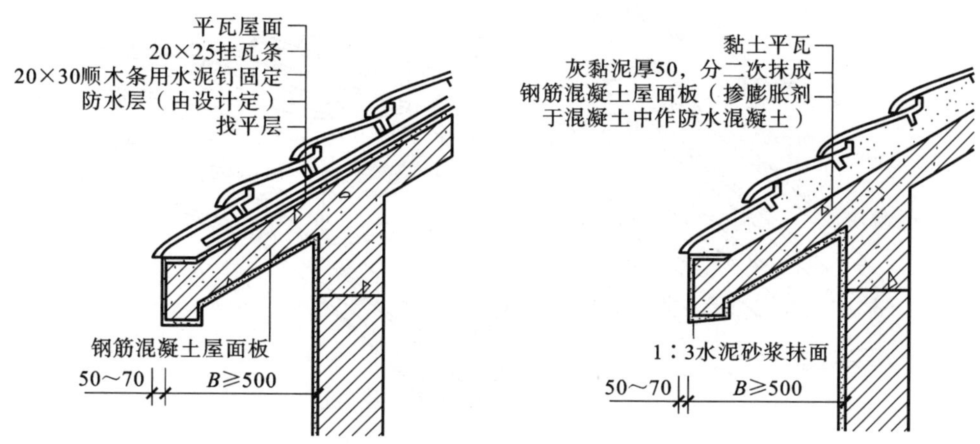

图 11.36 现浇板基层平瓦屋面

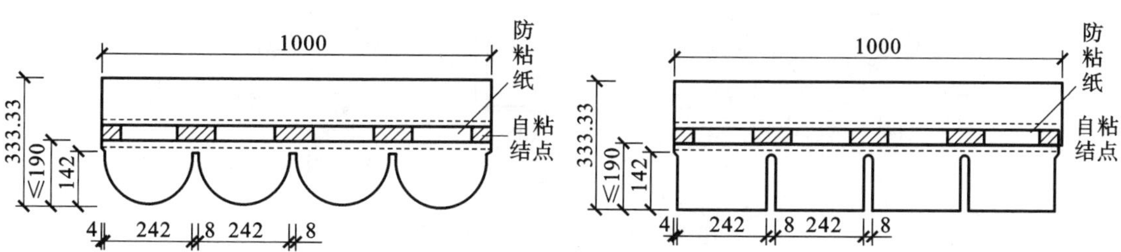

图 11.37 油毡瓦的规格

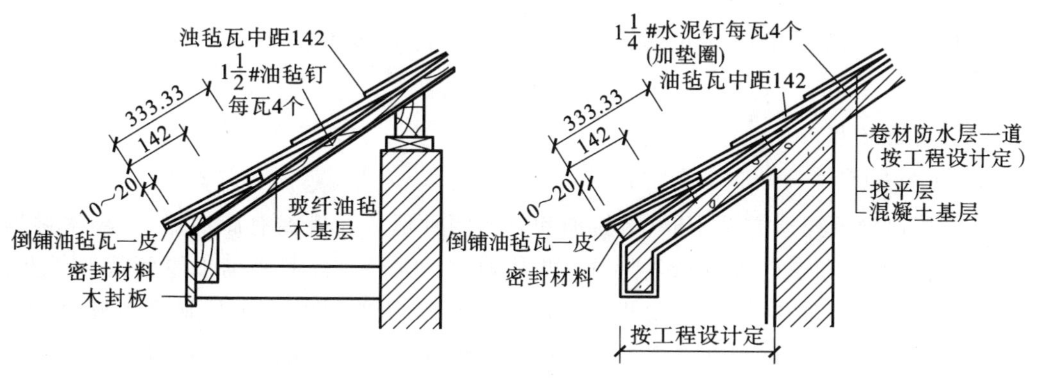

图 11.38 油毡瓦屋面

面具有自重轻、施工方便、装饰性与耐久性强的优点，一般用于对屋顶的装饰性要求较高的建筑中。

压型钢板屋面一般与钢屋架相配合。先在钢屋架上固定工字形或槽形檩条，然后在檩条上固定钢板支架，彩色压型钢板与支架用钩头螺栓连接。梯形压型钢板屋面见图 11.39。

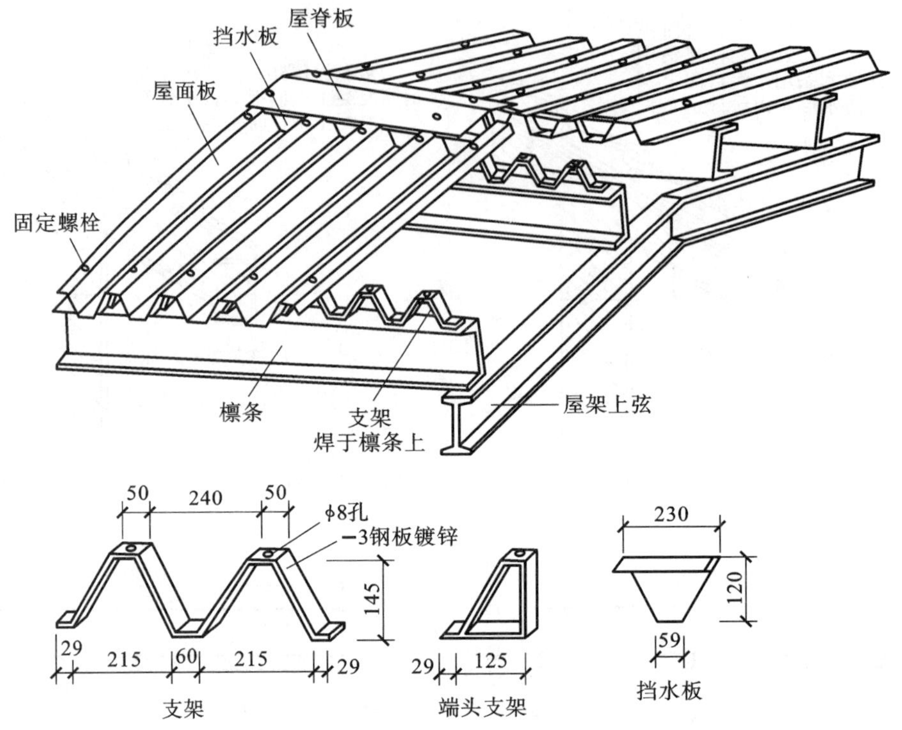

图 11.39　梯形压型钢板屋面

11.4.4　坡屋顶的细部构造

平瓦屋面是坡屋顶中应用最多的一种形式，其细部构造主要包括檐口、天沟、屋脊等。

(1) 檐口构造

① 纵墙檐口。

纵墙檐口根据构造方法不同，有挑檐和封檐两种形式。挑檐有砖挑檐、挑檐木挑檐、椽挑檐、附木挑檩和屋面板挑檐等形式，如图 11.40 所示。将檐墙砌出屋面就形成女儿墙包檐口构造。此时，在屋面与女儿墙处必须设天沟，天沟最好采用预制天沟板，沟内铺防水卷材，并将其一直铺到女儿墙上形成泛水。包檐檐口构造如图 11.41 所示。

② 山墙檐口。

山墙檐口可分为山墙挑檐(悬山)和山墙封檐(硬山)两种做法。

悬山屋顶的檐口构造，先将檩条挑出山墙形成悬山，檩条端部钉木封檐板，沿山墙挑檐的一行瓦，应用 1∶2.5 的水泥砂浆做出披水线，将瓦封固，如图 11.42 所示。

硬山的做法有山墙与屋面等高或山墙高出屋面形成山墙女儿墙两种。等高做法是山墙砌至屋面高度，屋面铺瓦盖过山墙，然后用水泥麻刀砂浆嵌填，再用 1∶3 水泥砂浆抹出“瓦出线”。当山墙高出屋面时，女儿墙与屋面交接处应做泛水处理，一般用水泥石灰麻刀砂浆抹成泛水，如图 11.43 所示。

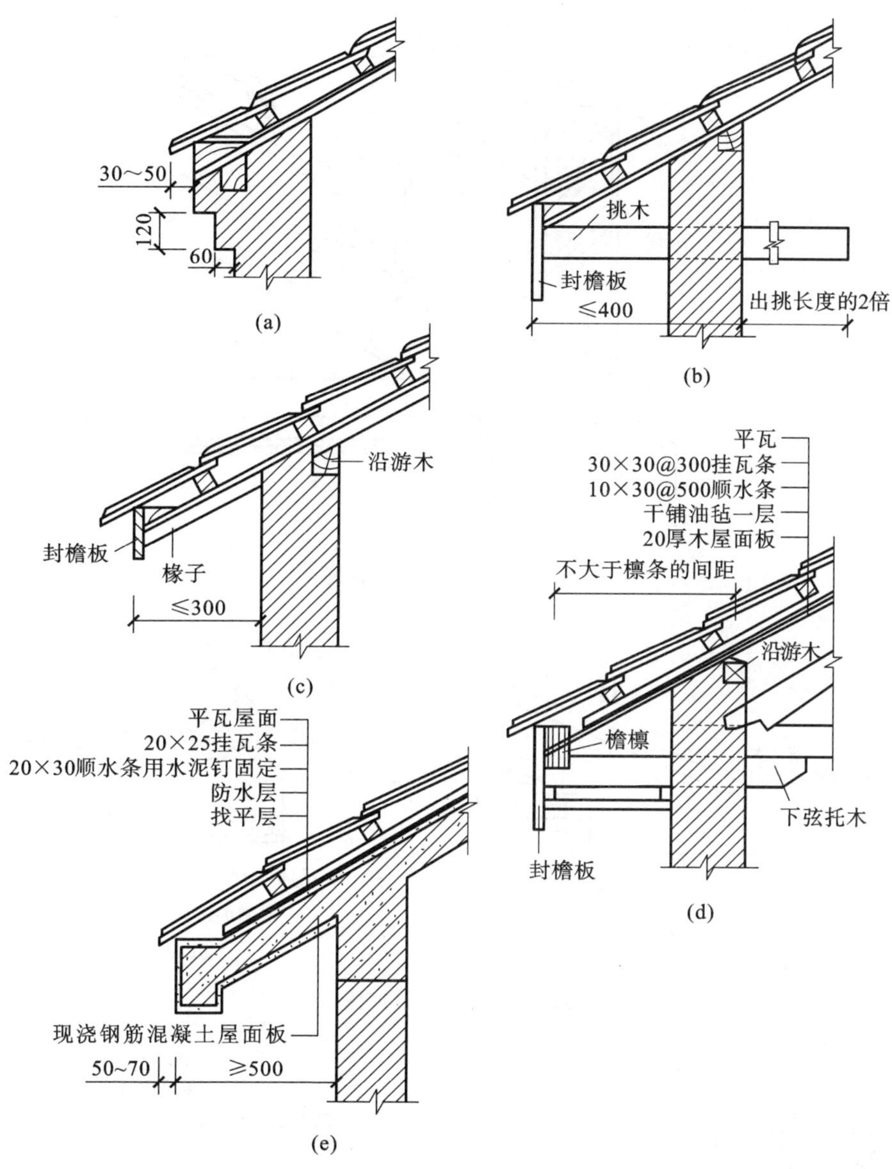

图 11.40　平瓦屋面挑檐构造

(a) 砖挑檐；(b) 挑檐木挑檐；(c) 椽挑檐；(d) 附木挑檩；(e) 屋面板挑檐

(2) 天沟和斜沟构造

在等高跨和高低跨相交处，通常需要设置天沟，而两个相互垂直的屋面相交处则形成斜沟。斜沟应有足够的断面，上口宽度不宜小于 300～500 mm，一般用镀锌铁皮铺于木基层上，镀锌铁皮伸入瓦片下面至少 150 mm。高低跨和包檐天沟若采用镀锌铁皮防水层时，应从天沟内延伸到立墙上形成泛水，如图 11.44 所示。

(3) 烟囱出屋面处的构造

烟囱穿过屋面，其构造问题是防水和防火。因屋面木基层与烟囱接触易引起火灾，

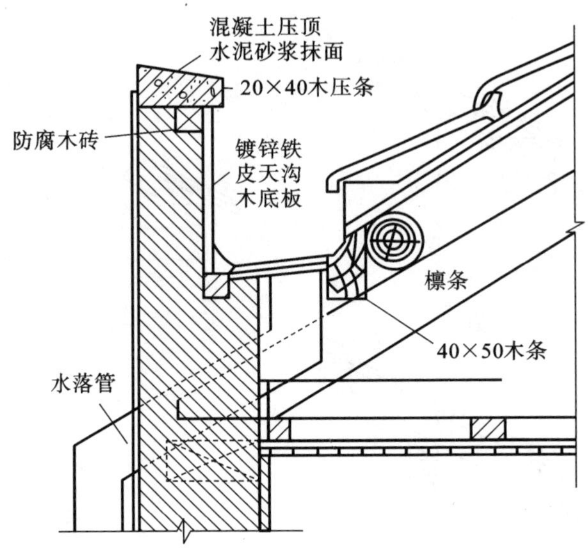

图 11.41 包檐檐口构造

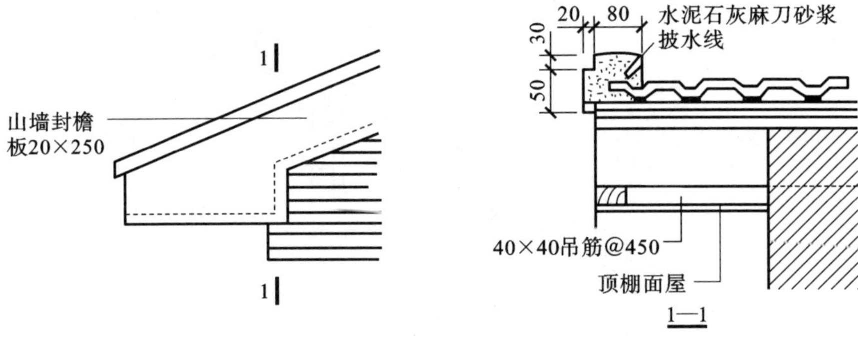

图 11.42 悬山屋顶檐口

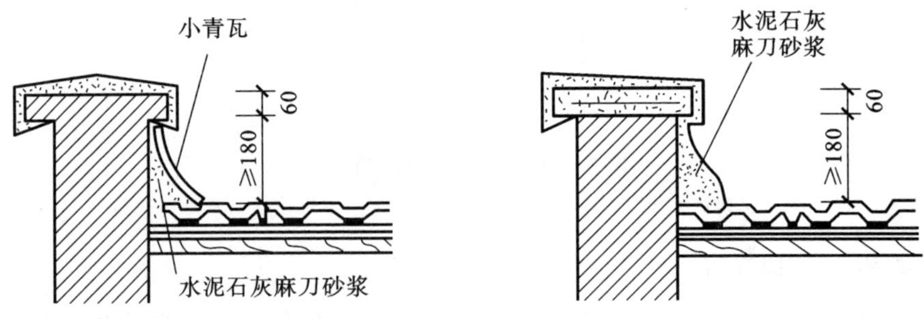

图 11.43 硬山屋顶檐口

故《建筑设计防火规范》(GB 50016—2014)要求木基层距烟囱内壁应保持一定距离，一般不小于 370 mm。为了不使屋面雨水从四周渗漏，应在交界处做泛水处理，一般采用水泥石灰麻刀砂浆抹面做泛水。图 11.45 所示为烟囱泛水构造的示例。通风道出屋面的构造也可参照处理。

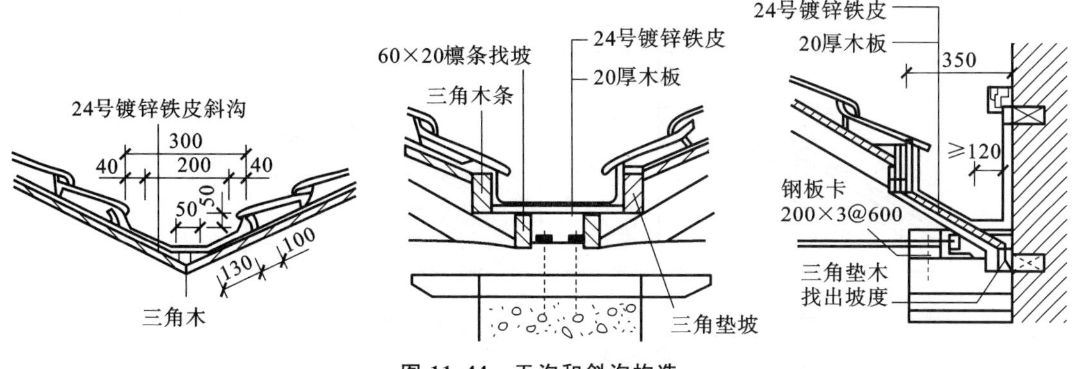

图 11.44 天沟和斜沟构造

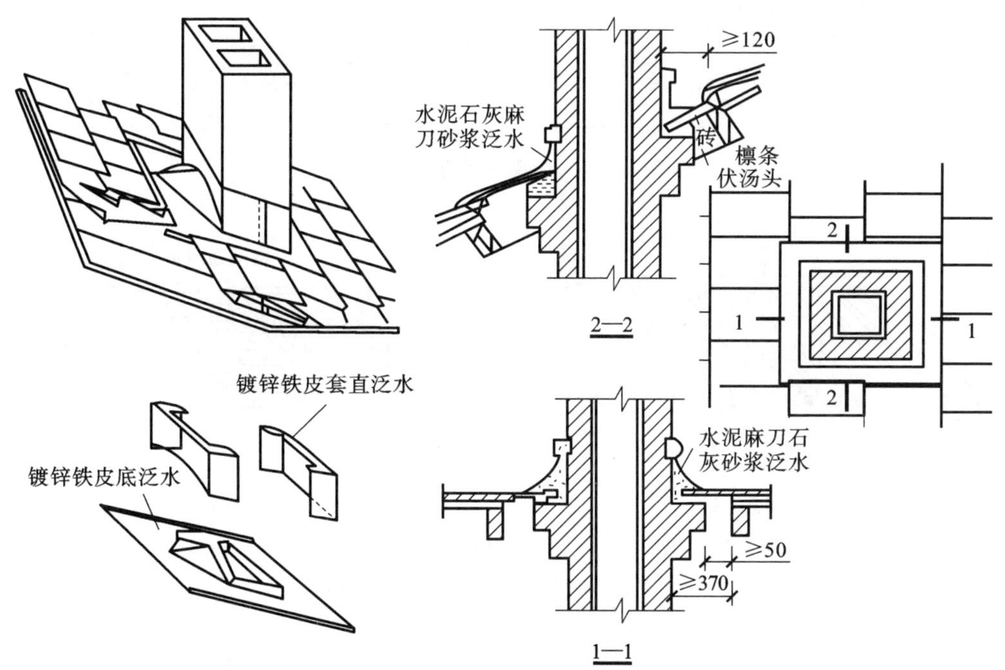

图 11.45 烟囱泛水构造

11.4.5 坡屋顶的保温与隔热

(1) 坡屋顶的保温

坡屋顶的保温层一般布置在瓦材和檩条之间或吊顶上面，如图 11.46 所示。保温材料可根据工程具体要求选用松散材料、块体材料或板状材料。在一般的小青瓦屋面中，采用基层上满铺一层黏土稻草泥作为保温层，小青瓦片黏结在该层上。在平瓦屋面中，可将保温层填充在檩条之间；在设有吊顶的坡屋顶中，常将保温层铺设在顶棚上面，可起到保温和隔热双重作用。

(2) 坡屋顶的隔热

炎热地区将坡屋顶做成双层，由檐口处进风，屋脊处排风，利用空气流动带走一部分热量，以降低瓦底面的温度，也可利用檩条的间距通风。通风隔热屋面见图 11.47。

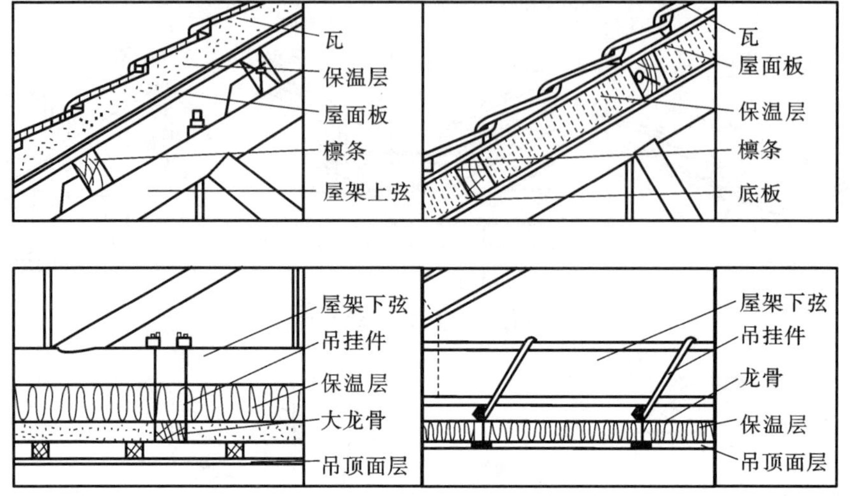

图 11.46　坡屋顶保温层的位置

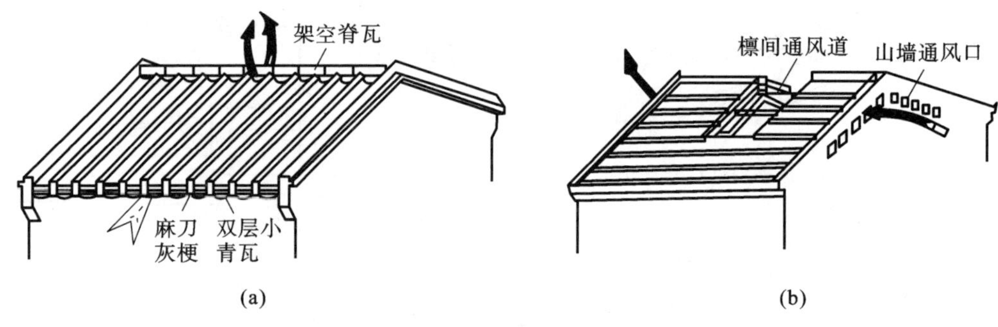

图 11.47　通风隔热屋面

(a) 双层瓦通风屋面；(b) 檩条间通风屋面

另外，坡屋顶设吊顶时，可在山墙上、屋顶的坡面、檐口及屋脊等处设通风口，由于吊顶空间较大，可利用组织穿堂风达到隔热降温的效果。这种做法对木结构屋顶还能起到驱潮防腐作用。坡屋顶吊顶隔热屋面见图 11.48。

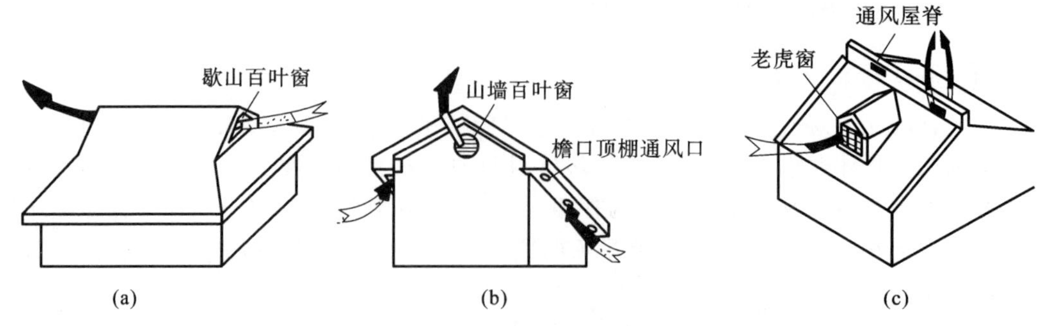

图 11.48　坡屋顶吊顶隔热屋面

(a) 歇山百叶窗；(b) 山墙百叶窗和檐口顶棚通风口；(c) 老虎窗与通风屋脊

本章小结

(1) 屋面类型有平屋顶、坡屋顶和曲面屋顶三种类型。平屋顶是指屋面排水坡度小于5%的屋顶，坡屋顶是指屋面排水坡度在10%以上的屋顶，曲面屋顶是指由各种薄壳结构、悬索结构、张拉膜结构和网架结构等作为屋顶承重结构的屋顶。

(2) 平屋顶的排水方式分为无组织排水和有组织排水两大类。有组织排水分为外排水和内排水。按照檐沟在屋顶的位置，外排水的屋顶形式有沿屋顶四周设檐沟、沿纵墙设檐沟、女儿墙外设檐沟、女儿墙内设檐沟等。

(3) 坡屋顶排水也有两种形式：无组织排水和有组织排水。有组织排水又分为挑檐沟外排水和女儿墙檐沟外排水。

(4) 平屋顶一般由面层(防水层)、保温层或隔热层、结构层和顶棚层等四部分组成。平屋顶的防水构造分为柔性防水屋面、刚性防水屋面和涂膜防水屋面等几种形式。屋顶隔热降温的基本原理是减少太阳辐射热直接作用于屋顶表面。隔热降温的构造做法主要有通风隔热、蓄水隔热、植被隔热、反射降温隔热等。

(5) 坡屋顶由承重结构、屋面和顶棚等部分组成，根据使用要求不同，有时还需增设保温层或隔热层等。坡屋顶屋面一般由基层和面层组成。工程中常用的面层材料有平瓦、油毡瓦、压型钢板等，屋面基层因面层不同而有不同的构造形式，一般由檩条、椽条、木望板、挂瓦条等组成。

思考题

11-1　屋顶有哪些类型？其作用是什么？

11-2　如何形成屋顶的排水坡度？各有何特点？

11-3　平屋顶排水组织有哪些类型？各有什么优缺点？

11-4　柔性防水层施工时应注意哪些问题？

11-5　卷材防水层上人时如何做保护层？

11-6　什么是泛水？并图示其构造。

11-7　什么是刚性防水？其优缺点是什么？

11-8　提高刚性防水层防水性能的措施有哪些？

11-9　提高平屋顶保温、隔热性能的措施有哪些？

11-10　坡屋顶的承重方式有哪几种？各有何特点？

11-11　坡屋顶在檐口、山墙等处有哪些形式？如何进行防水及泛水处理？

11-12　坡屋顶的保温与隔热有哪些措施？

12 门 与 窗

学习目标

通过本章的学习，熟悉门、窗的分类及作用，掌握平开木门、窗的组成和各部分构造，了解塑钢窗，铝合金门、窗的组成和基本构造原理。

12.1 门、窗的作用与分类

12.1.1 门、窗的作用

门和窗是建筑物的重要组成部分，也是主要围护构件之一。门和窗虽不具备结构方面的功能，但对保证建筑物正常、安全、舒适地使用具有很大的作用。

窗的主要作用是采光、通风、接受日照和供人眺望；门的主要作用是交通联系、紧急疏散，并兼有采光、通风的作用。门和窗位于外墙上时，作为建筑物外墙的组成部分，对于建筑立面装饰和造型起着非常重要的作用。因此，门和窗除了要满足开启灵活、关闭紧密、坚固持久、便于擦洗、造型美观等要求外，还要尽量符合建筑模数等方面的要求。

12.1.2 门的分类

(1) 按门在建筑物中所处的位置分

① 内门。

内门位于内墙上，有分隔空间及隔声、隔视线的作用。

② 外门。

外门位于外墙上，主要起围护作用，如保温、隔热、隔声、防风雨等。

(2) 按门的材料分

有木门、铝合金门、塑钢门、钢门、玻璃门及混凝土门等。木门、铝合金门、塑钢门、玻璃门具有自重轻、开启方便、外观精美、加工方便等优点，在民用建筑中被大量采用，混凝土门主要用于人防工程等特殊场合。

(3) 按门的使用功能分

有普通门和特殊门。普通门是满足人们最基本要求(通行、分隔、保温等)的门;特殊门除了满足人们的基本要求外,还具有特殊功能。特殊门一般用于对门有特别的使用要求时,如保温门、百叶门、防盗门、防火门、防爆门等。

(4) 按门扇的开启方式分

有平开门、弹簧门、推拉门、折叠门、旋转门、卷帘门等,如图 12.1 所示。

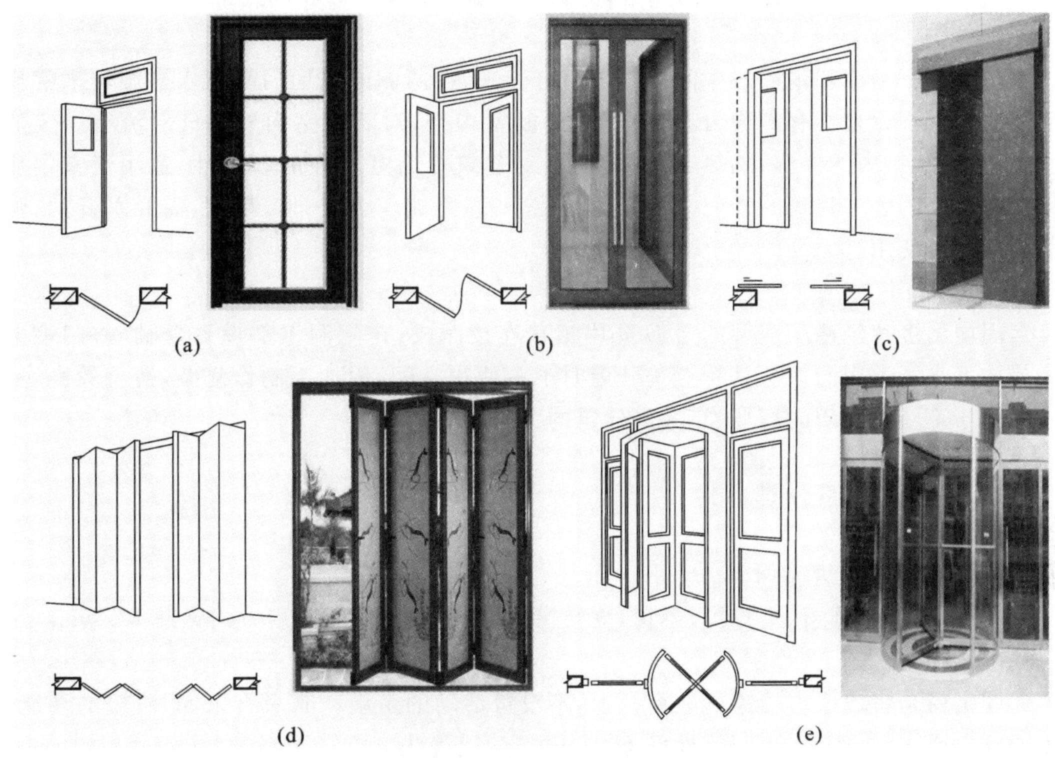

图 12.1 门按开启方式分类

(a) 平开门;(b) 弹簧门;(c) 推拉门;(d) 折叠门;(e) 旋转门

① 平开门。

门扇与门框用铰链连接,铰链安装在侧边,门扇水平开启,有单扇、双扇,向内开、向外开之分。安全疏散门一般外开,开向疏散方向;普通房间门一般向房间内开,以免妨碍交通,满足防火要求。平开门构造简单、开启灵活、安装和维修方便,是建筑中使用最广泛的门。

② 弹簧门。

门扇与门框用弹簧铰链连接,门扇水平开启,可单向或内外弹动且开启后可自动关闭。适用于人流较多或有自动关闭要求的建筑,如商店、医院、会议厅等。弹簧门一般应安装玻璃,以免相互碰撞。弹簧门可以分为单面弹簧、双面弹簧、地弹簧几种。幼儿园、托儿所等建筑中不应采用弹簧门。

③ 推拉门。

门扇沿设置在门上部或下部的轨道左右滑移来启闭，有单扇和双扇之分，有普通推拉门，也有电动及感应推拉门等。推拉门开启时不占空间，受力合理，不易变形，多用于分隔室内空间的轻便门和公共建筑的外门。

④ 折叠门。

门扇由一组宽度约为 600 mm 的窄门扇组成，窄门扇之间用铰链连接。简单的折叠门，可以只在侧边安装铰链，复杂的还要在门的上边或下边装导轨及转动五金配件。开启时，窄门扇相互折叠推移到侧边，其占空间少，但构造复杂，适用于宽度较大的门。

⑤ 旋转门。

门扇由三扇或四扇通过中间的竖轴组合起来，在两侧的弧形门套内水平旋转来实现启闭。转门不论是否有人通行，均有门扇隔断室内外，对防止室内外空气对流有一定的作用，有利于室内的保温、隔热和防风沙，并对建筑立面有较强的装饰性，适用于室内环境等级较高的公共建筑的大门。但其通行能力差，不能作为安全疏散门，需和平开门、弹簧门等组合使用。

⑥ 卷帘门。

门扇由多片经冲压成型的金属页片相互连接而成，在门洞上部设置卷轴，将门帘上卷或放下来开关门洞口。其特点是开启时不占使用空间，但加工制作复杂，造价较高，主要适用于不经常启闭的商场、车库等建筑的大门。

12.1.3 窗的分类

(1) 按窗扇的开启方式分

有固定窗、平开窗、推拉窗、悬窗、立转窗、百叶窗等。窗的开启方式见图 12.2。

① 固定窗。

固定窗是将玻璃直接镶嵌在窗框上，不设可活动的窗扇。其只有采光、眺望的功能，不能开启通风，构造简单，密闭性好。

② 平开窗。

平开窗是将玻璃安装在窗扇上，窗扇一侧用铰链与窗框相连，窗扇可向外或向内水平开启。其是目前常用的开启方法，在一般建筑中应用最广泛。

③ 推拉窗。

窗扇沿着导轨或滑槽推拉开启，有水平推拉窗和竖直提拉窗两种。其中水平推拉窗是常用的开启方式。推拉窗开启后不占室内空间，窗扇的受力状态好、构造简单、安全可靠、窗扇尺寸可较大，但通风面积受限制，多用于铝合金窗和塑钢窗。

④ 悬窗。

窗扇绕水平轴转动的窗为悬窗。按照旋转轴的位置不同，可分为上悬窗、中悬窗和下悬窗。上悬窗和中悬窗向外开，防雨、通风效果好，开启方便，常用作门上的亮子并在大面积幕墙中使用。下悬窗防雨性较差，且开启时占用较多的室内空间，多用于有特殊要求的房间。

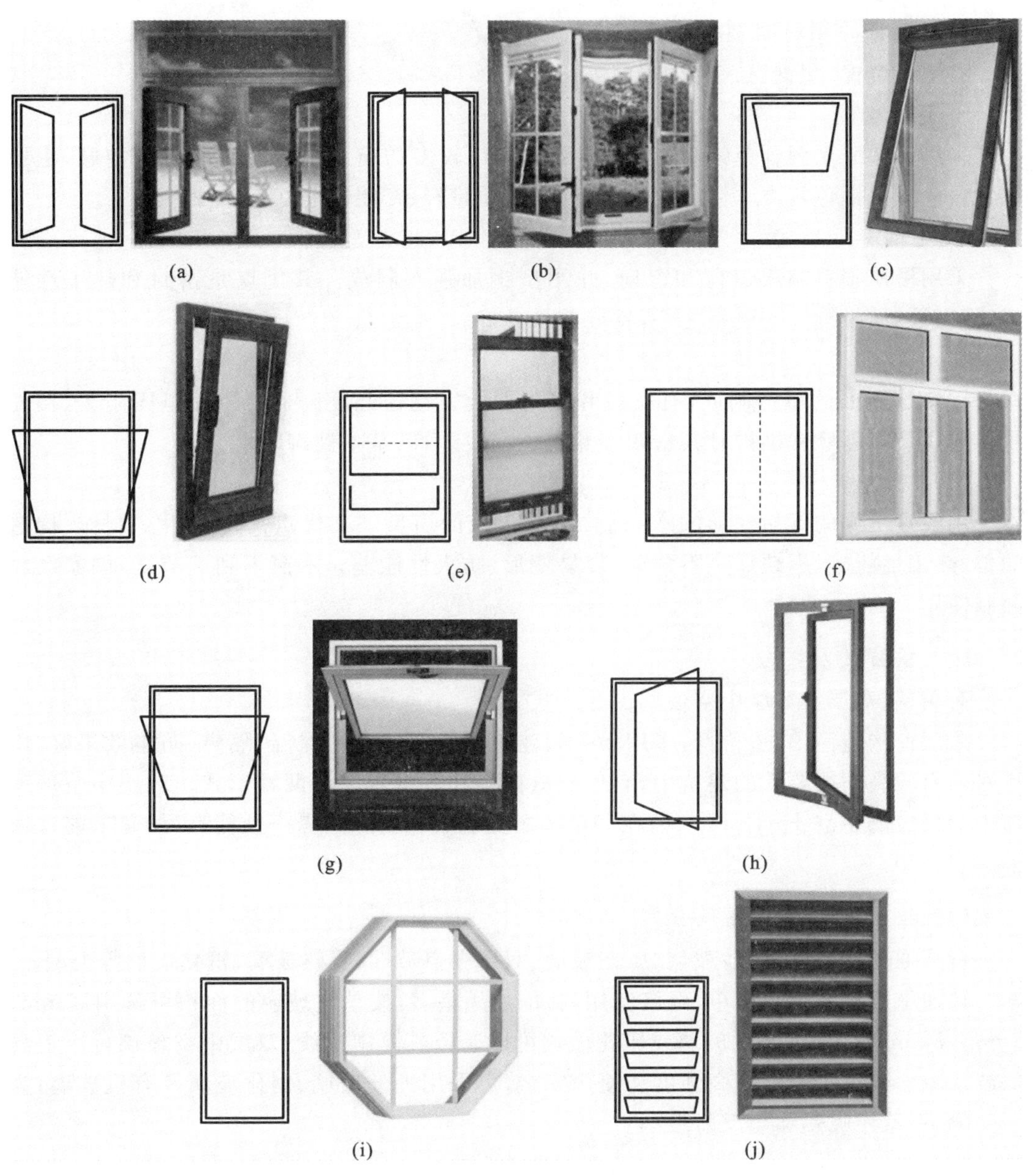

图 12.2 窗的开启方式

(a) 外平开;(b) 内平开;(c) 上悬;(d) 下悬;(e) 垂直推拉;(f) 水平推拉;
(g) 中悬;(h) 立转;(i) 固定;(j) 百叶

⑤ 立转窗。

窗扇绕垂直中轴转动的窗为立转窗。这种窗通风效果好,但安装纱窗不便、密闭性较差。

⑥ 百叶窗。

窗扇一般用塑料、金属或木材等制成小板材,与两侧框料相连接,有固定式和活动式两种。百叶窗的采光效率低,主要作用是遮阳、通风。

(2) 按窗的框料材质分

有铝合金窗、塑钢窗、钢窗、木窗等。

① 铝合金窗。

采用铝镁硅系列合金钢材制成,是目前应用较多的窗型之一。其断面为空腹,主要有银白色和古铜色两类。铝合金窗外观精美、质量轻、密闭性能好。

② 塑钢窗。

采用硬质塑料制成窗框和窗扇,并用型钢加强而制成。其优点是密封和热工性能好、耐腐蚀,属于推广的窗型之一,发展前景良好。

③ 钢窗。

用特殊断面的型钢制成,有实腹和空腹两类。钢窗强度高、断面小、坚固耐久、挡光少,但易生锈,需经常维护且其密闭和热工性能较差,已基本被淘汰。

④ 木窗。

用经过干燥的不易变形的木材制成,是传统的窗型。其优点是适合手工制作、构造简单、热工性能较好,缺点是不耐久、容易变形、防火性能差。木窗不利于节能,国家已经限制使用。

(3) 按窗的层数分

有单层、双层及双层中空玻璃窗等形式。

单层窗构造简单、造价低,多用于一般建筑中。双层窗的保温、隔声、防尘效果好,用于对窗有较高功能要求的建筑中,有单框双窗扇和双框双窗扇两种形式。双层中空玻璃窗由双层玻璃中空 4～12 mm、装在一个窗扇上制成,其保温、隔声性能良好,是节能型窗的理想类型。

(4) 按窗所选用的玻璃分

有普通平板玻璃、磨砂玻璃、压花玻璃、双层中空玻璃、吸热玻璃、钢化玻璃等类型。

普通平板玻璃生产简单、经济实用,目前使用最多,按单块玻璃的面积可选用 3 mm、5 mm、7 mm 等厚度;磨砂玻璃或压花玻璃可以遮挡或模糊视线;双层中空玻璃可以提高保温及隔声效果。为了提高强度和使用安全,可采用夹丝玻璃、钢化玻璃及有机玻璃;为了防晒,可选用吸热和热反射玻璃。

12.2 窗的构造

12.2.1 窗的组成和尺度

(1) 窗的组成

窗一般由窗框、窗扇和五金零件组成,见图 12.3。窗扇通过五金零件固定于窗框上。窗框是窗与墙体的连接部分,由上框、下框、边框、中横框和中竖框组成。窗扇是窗的主体部分，分为活动扇和固定扇两种，一般由上冒头、下冒头、边梃和窗芯组成骨架，中间固定玻璃、窗纱或百叶。五金零件包括铰链、插销、风钩、拉手、轨道、滑轮等。

当建筑的室内装修标准较高时，窗洞口周围可增设贴脸、筒子板、压条、窗台板及窗帘盒等附件。窗的装饰构件见图 12.4。

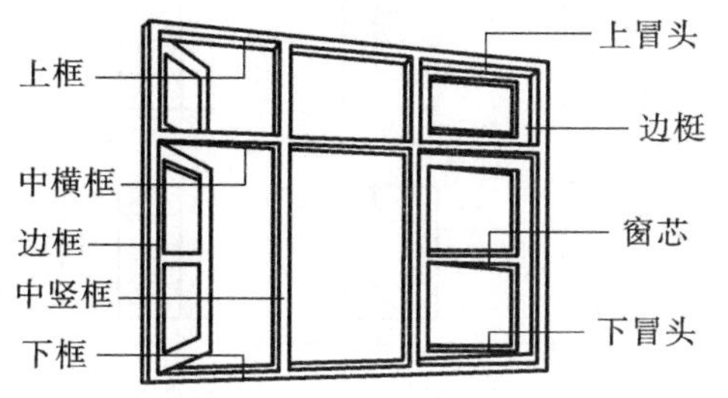

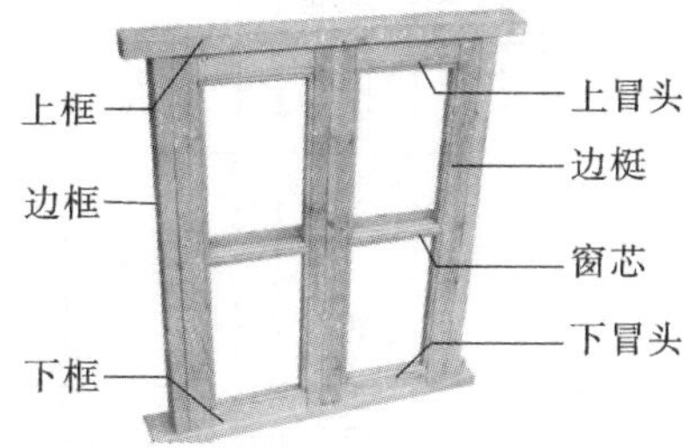

图 12.3 窗的组成图

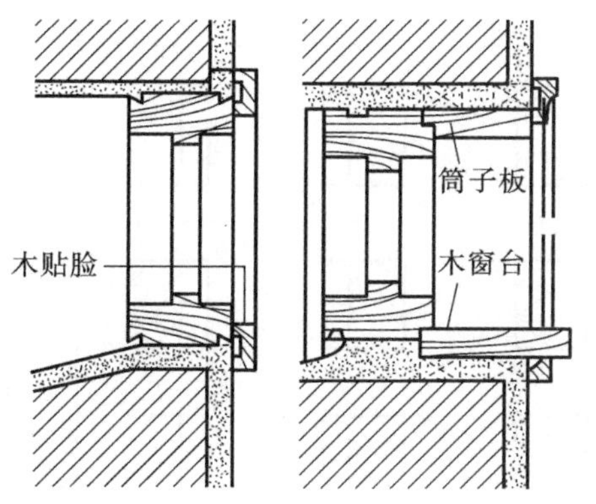

图 12.4 窗的装饰构件

(2) 窗的尺度

窗的尺度应根据采光、通风的需要来确定，同时兼顾建筑造型和《建筑模数协调标准》(GB/T 50002—2013)等的要求。按照门窗工业化定型生产及建筑模数制要求，窗洞口尺寸应符合 3M 模数系列尺寸，其高度和宽度主要有 600 mm、900 mm、1200 mm、1500 mm、1800 mm、2100 mm 等尺寸。当洞口尺寸较大时，可进一步进行窗扇的组合。表 12.1 为各类平开窗的标准尺寸。

12.2.2 窗在墙洞中的位置和窗框的安装

(1) 窗在墙洞中的位置

窗在墙洞中的位置主要根据房间的使用要求和墙体的厚度来确定。一般有三种形式。

① 窗框内平，即窗框内表面与墙体装饰层内表面相平，窗扇开启时紧贴墙面，不占室内空间，如图 12.5(a)所示。

② 窗框外平，这时增加了内窗台的面积，但窗框的上部易进雨水，需在洞口上方加设

表 12.1

平开窗的标准尺寸

洞口宽		600		900	1200	1500		1800		2100		2400		
窗宽		570		870	1170	1470		1770		2070		2370		
		570	570	870	1170	L/3 L/3 L/3	L/3 L/3 L/3	L/3 L/3 L/3	L/3 L/3 L/3	600 870 600	535 1000 535	L/4 L/2 L/4	585 1200 585	1185 1185
600	570	570												
900	870	870												
1200	1170	1170												
1500	1470	1470												
1800	1770	600 1170												
2100	2070	1470 600												

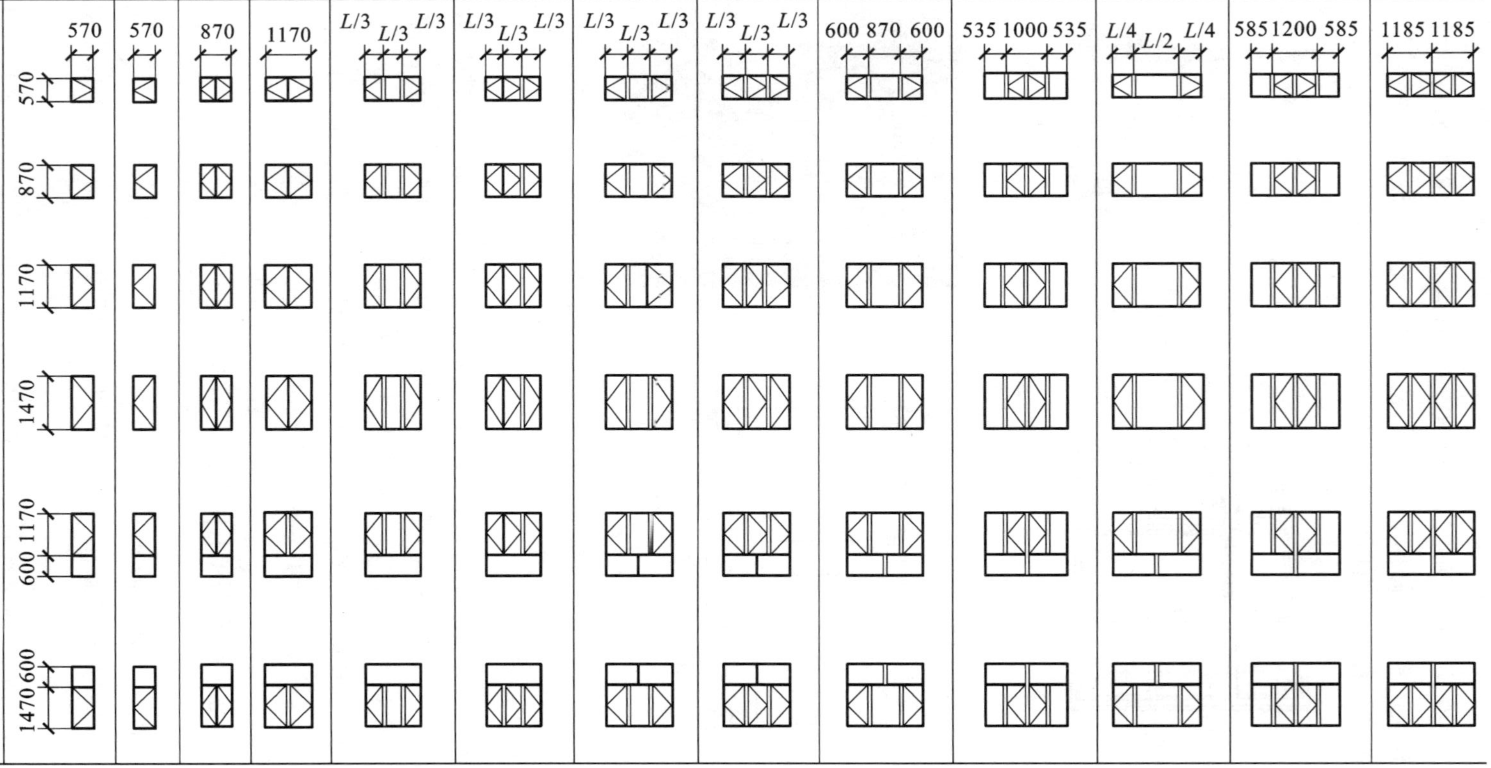

雨篷，以提高其防水性能，如图 12.5(b)所示。

③ 窗框居中，即窗框位于墙厚的中间或偏向室外一侧，下部留有内外窗台以利于排水，如图 12.5(c)所示。

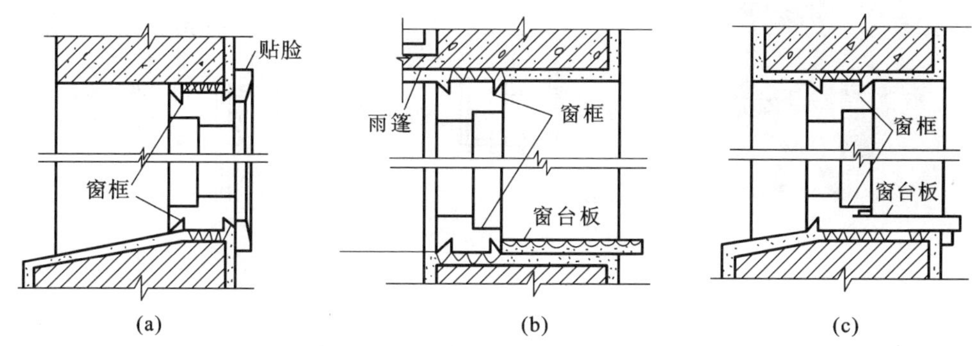

图 12.5　窗框在墙洞中的位置

(a) 窗框内平；(b) 窗框外平；(c) 窗框居中

(2) 窗框的安装

窗框的安装分为立口安装和塞口安装两种。

① 立口安装。

立口安装是砌墙时就将窗框立在相应的位置，找正后继续砌墙。这种安装方法能使窗框与墙体连接紧密，但安装窗框和砌墙两种工序相互交叉进行，会影响施工进度，而且窗框在施工过程中容易受损。

② 塞口安装。

塞口安装又称后立口安装，是砌墙时将窗洞口预留出来，预留的洞口一般比窗框外包尺寸大 30～40 mm 的空隙，当整幢建筑的墙体砌筑完工后，再将窗框塞入洞口固定。这种安装方法窗框与墙体之间的缝隙较大，应加强牢固性和对缝隙的密闭处理。目前，铝合金窗、塑钢窗等多采用塞口法进行安装，安装前用塑料保护膜包裹窗框，以防止施工中损害成品。

12.2.3　铝合金窗构造

铝合金窗是以铝合金型材来做窗框和窗扇，具有重量轻、强度高、耐腐蚀、密封性较好、开闭轻便灵活、便于工业化生产的优点。其框料还可通过表面着色、涂膜处理等获得多种色彩和花纹，具有良好的装饰效果，是我国目前建筑中使用的基本窗型。

铝合金窗多采用水平推拉式的开启方式，窗扇在窗框的轨道上滑动开启。窗扇与窗框之间用尼龙密封条进行密封，以避免金属材料间的相互摩擦。窗玻璃也用专用密封条嵌固。玻璃卡在铝合金窗框料的凹槽内，并用橡胶压条固定。70 系列铝合金推拉窗构造见图 12.6。

框料的安装一般采用塞口法。框与墙之间的缝隙大小视面层材料而定。一般情况下洞口做抹灰处理，其间隙不小于 20 mm。洞口采用石材、陶瓷面砖等贴面时，间隙可增大到 35～45 mm，并保证面层与框垂直相交处正好与窗扇边缘相吻合，不能将框遮盖。框体与墙体之间采用预埋铁件、燕尾铁脚、膨胀螺栓、射钉固定等方式连接，如图 12.7 所示。

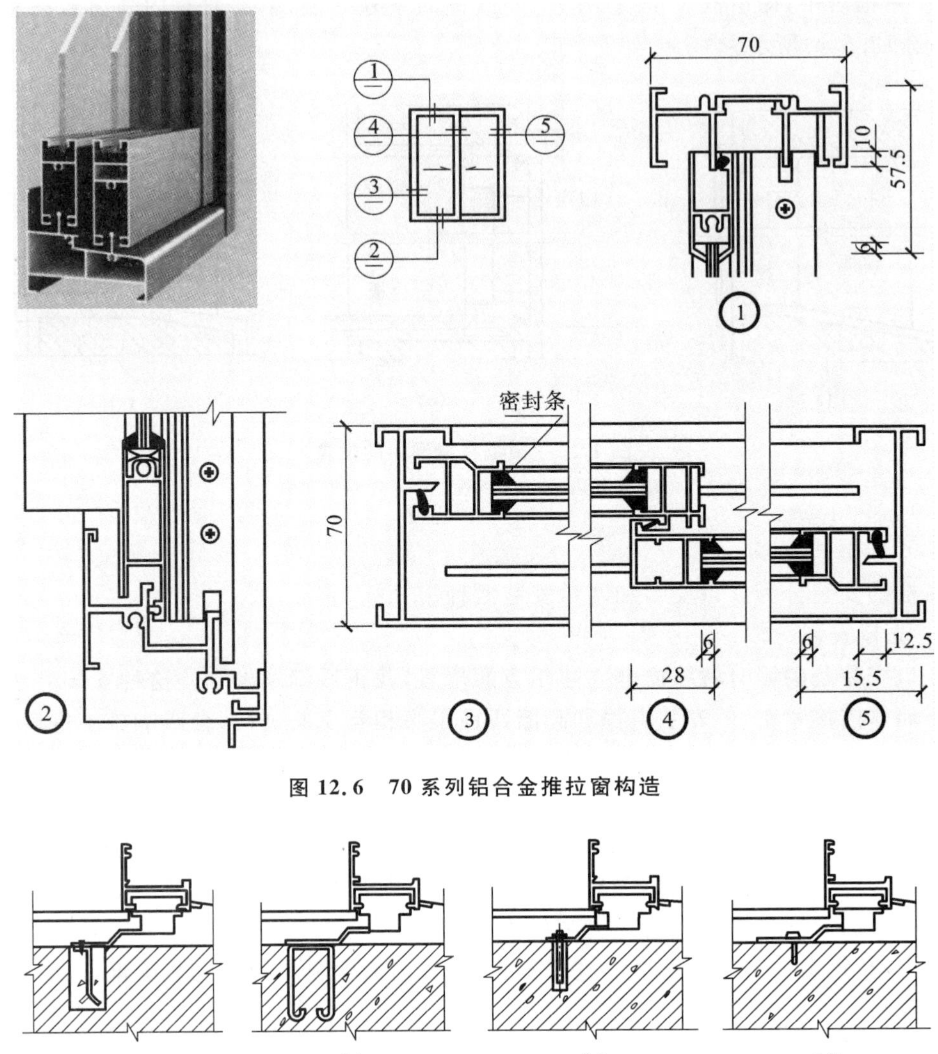

图 12.6　70 系列铝合金推拉窗构造

图 12.7　铝合金窗框与墙体的连接方式

(a) 预埋铁件；(b) 燕尾铁脚；(c) 膨胀螺栓；(d) 射钉固定

12.2.4　塑钢窗构造

塑钢窗是用增强塑料 PVC 空腹型材做窗框及窗扇，并在空腔中加入型钢加强的窗。由于塑钢窗强度高、密闭性好、隔音、隔热、防火、耐潮湿、耐腐蚀性能优越，使用耐久，加工精密，是住房和城乡建设部推荐的节能产品，目前在我国被大力推广使用。

塑钢窗主要有平开、推拉和上悬、中悬等开启方法。图 12.8 所示为塑钢窗专用型材示意图，图 12.9 所示为 60 系列推拉塑钢窗构造示意图。

塑钢窗的安装构造与铝合金窗基本相同。

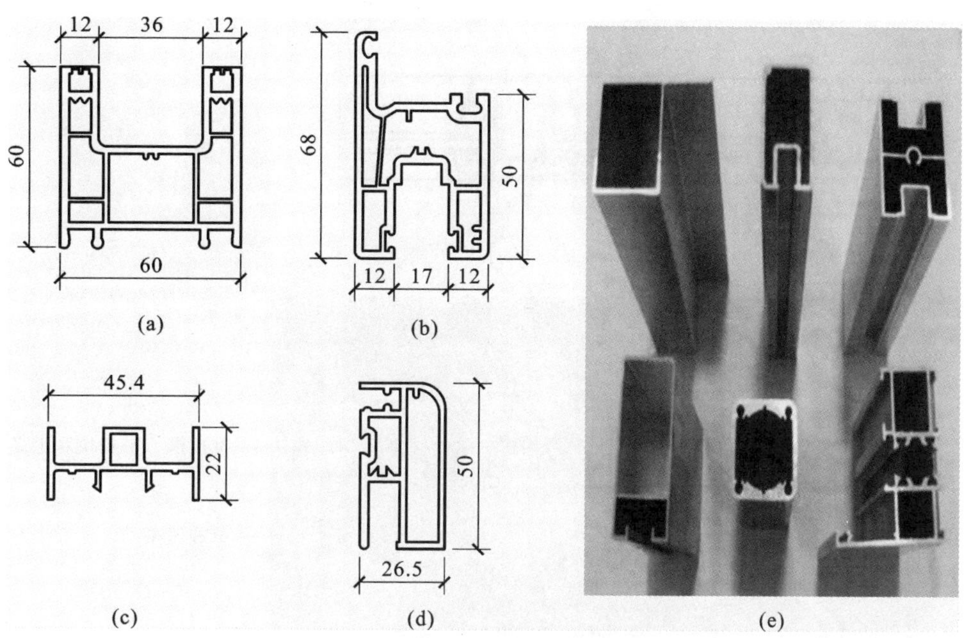

图 12.8　塑钢窗专用型材示意图

(a) 60 系列推拉框；(b) 60、90 系列推拉扇；(c) 60、90 系列，经济 90 系列接口梃；

(d) 60、90 系列纱窗；(e) 实物图

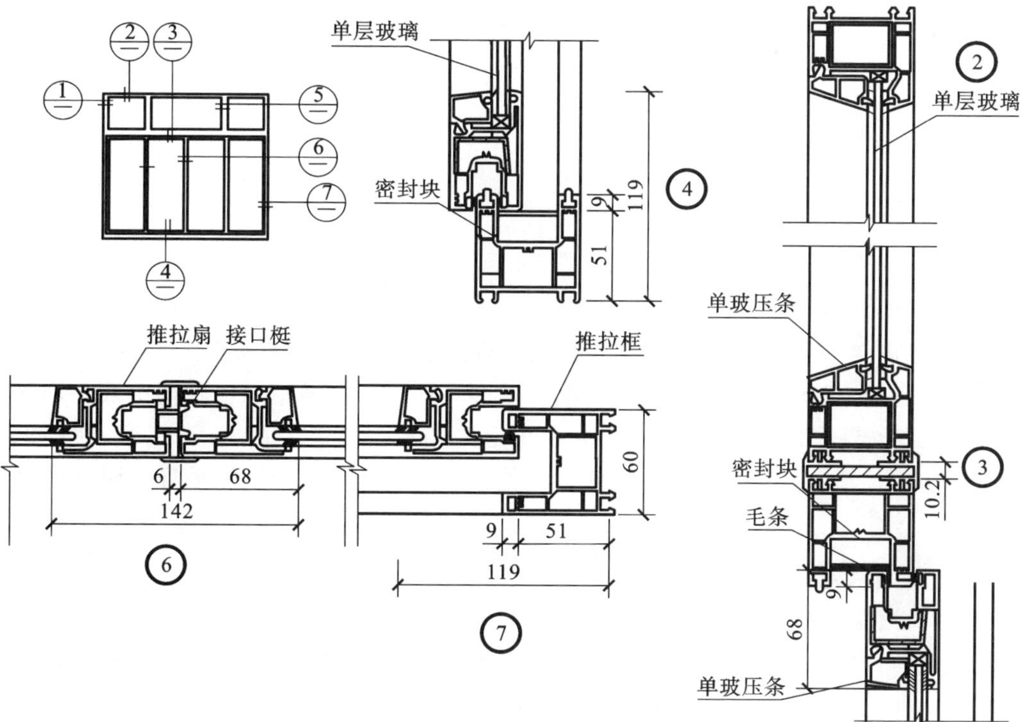

图 12.9　60 系列推拉塑钢窗构造示意图

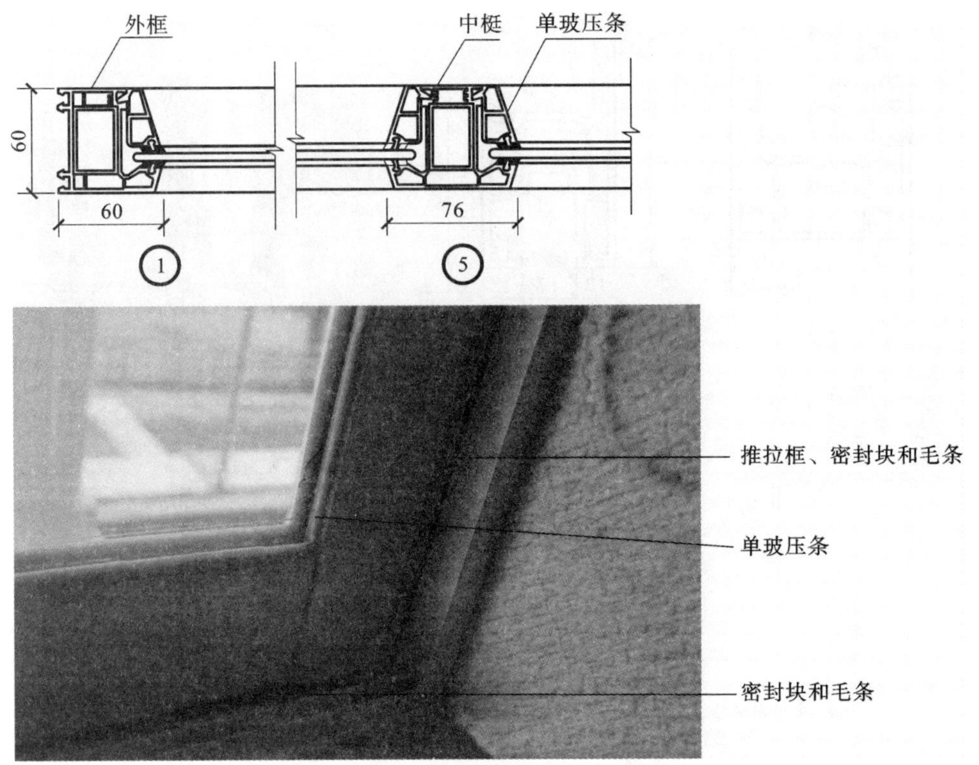

图 12.9　60 系列推拉塑钢窗构造示意图(续)

12.3　门的构造

12.3.1　门的组成和尺度

(1) 门的组成

门一般由门框、门扇、腰窗、五金零件及附件组成，如图 12.10 所示。

门框是门与墙体的连接部分，由门框上槛、门樘边框、中横框和中竖框组成。门扇一般由上、中、下冒头和边梃组成骨架，中间固定门芯板。腰窗俗称亮子、气窗，在门的上方，主要作用是辅助采光和通风。五金零件包括铰链、插销、门锁、拉手等。附件有贴脸板、筒子板等。

(2) 门的尺度

门的尺度是指门洞的高宽尺寸，应满足人流疏散，搬运家具、设备的要求，并应符合《建筑模数协调标准》(GB/T 50002—2013)的规定。一般情况下，门保证通行的高度不小于 2100 mm。当门的上方设亮子时，应加高 300～600 mm。门的宽度应满足一个人通行，并考虑必要的间隙，一般为 700～1000 mm，通常设置为单扇门。当需要设置双扇门时，门宽一般为 1200～1800 mm。对于人流量较大的公共建筑的门，其宽度应满足疏散

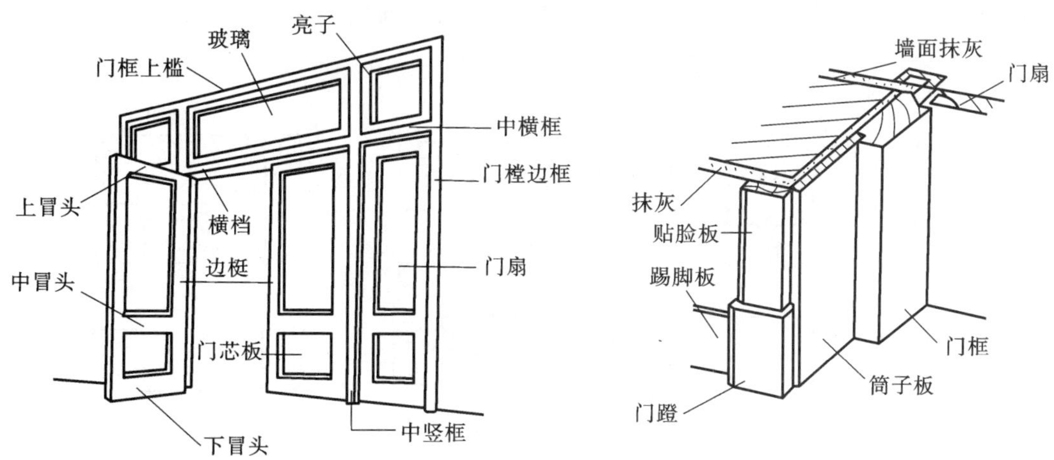

图 12.10 门的组成

要求，可设置两扇以上的门并可以视需要适当提高高度。辅助房间(如储藏室、厕所、浴室等)的门宽度较窄，一般为 700～800 mm。表 12.2 为门的标准尺寸。

表 12.2 **门的标准尺寸**

洞口宽		700	800	900	1000	1200			1500	1800
门宽		670	770	870	970	1170			1470	1770
2100	2090	670; 2090; 950	770	870	970	1170	370 800	800 370	1470	1770
2400	2390		2390; 950							
2500	2490		2040 450; 950							
2700	2690		2090 600; 950							
3000	2990		2090 900; 950							

12.3.2 平开木门构造

(1) 门框

门框的断面形状与尺寸取决于门扇的开启方式和门扇的层数，由于门框要承受各种撞击荷载和门扇的重量，应有足够的强度和刚度，故其断面尺寸较大。平开门门框的断面形式及尺寸见图 12.11。

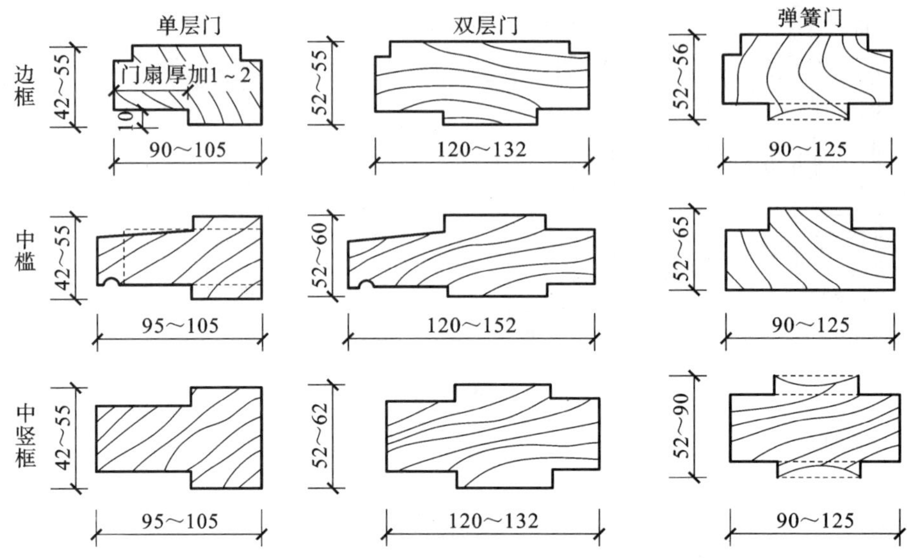

图 12.11　平开门门框的断面形式及尺寸

门框的安装方法与窗框一样分立口和塞口两种。门框与墙体之间的缝隙一般用面层砂浆直接填塞或用贴脸板封盖，寒冷地区缝内应填毛毡、矿棉、沥青麻丝或聚乙烯泡沫塑料等。门框两边框的下端应埋入地面，设门槛时，门槛也应部分埋入地面。

门框在洞口中的位置，根据门的开启方式及墙体厚度不同分为外平、居中、内平、内外平四种，如图 12.12 所示。一般多与门扇开启方向一侧平齐，以尽可能使门扇开启后能贴近墙面。为了美观，门框与墙体的接缝处应用木压条盖缝，装修标准较高时，还可加设筒子板和贴脸(简称门套)。

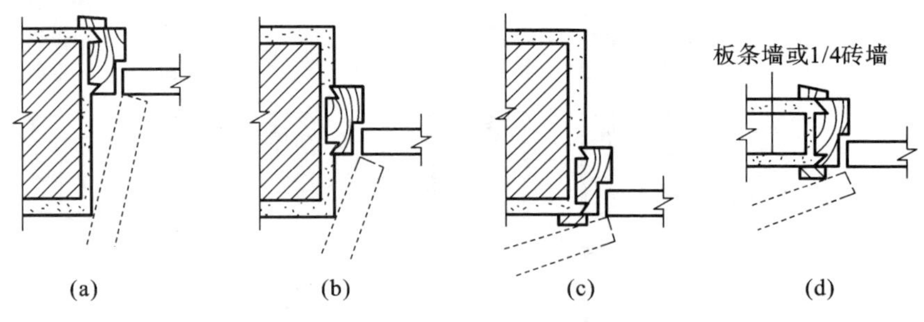

图 12.12　门框在洞口中的位置

(a) 门框外平；(b) 门框居中；(c) 门框内平；(d) 门框内外平

(2) 门扇

木门扇按门板的材料分为全玻璃门、半玻璃门、镶板门、拼板门、夹板门、纱门、百叶门等类型，如图 12.13 所示。

图 12.13 门的类型

下面简要介绍镶板门、拼板门和夹板门的构造。

① 镶板门。镶板门由上、中、下冒头和边梃组成骨架，中间镶嵌门芯板，门芯板可采用 15 mm 厚的木板拼接而成，也可采用细木工板、硬质纤维板或玻璃等，如图 12.14 所示。

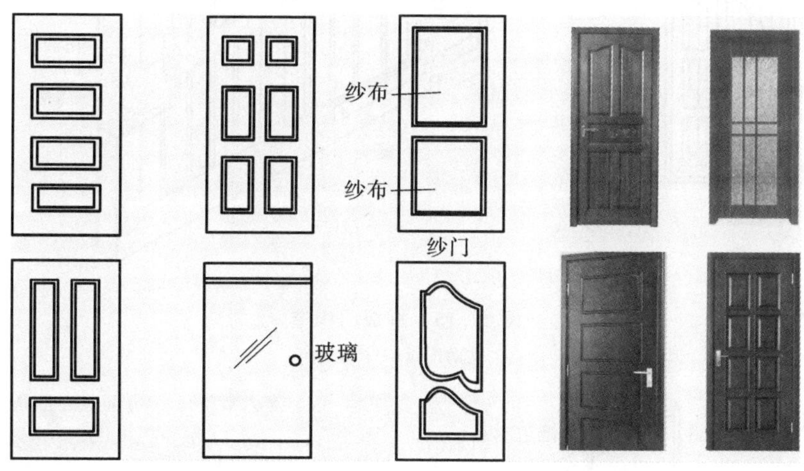

图 12.14 镶板门

② 拼板门。拼板门的构造与镶板门相同，由骨架和拼板组成，只是拼板门的拼板用 35～45 mm 厚的木板拼接而成，因而自重较大，但坚固耐久，多用于库房、车间的外门。拼板门的构造如图 12.15 所示。

③ 夹板门。夹板门是用小截面的木条(35 mm×50 mm)组成骨架，在骨架的两面铺钉胶合板或纤维板等。夹板门构造简单，自重轻、外形简洁，但不耐潮湿与日晒，多用于干燥环境中的内门。夹板门的构造如图 12.16 所示。

(3) 腰窗

腰窗构造同窗构造基本相同，一般采用中悬开启方法，也可以采用上悬、平开及固定窗形式。

(4) 门的五金零件

门的五金零件主要有铰链、门锁、插销、拉手、门吸(停门器)等。在选型时，铰链需特别注意其强度，以防止变形，影响门的使用；拉手需结合建筑装修进行选型。

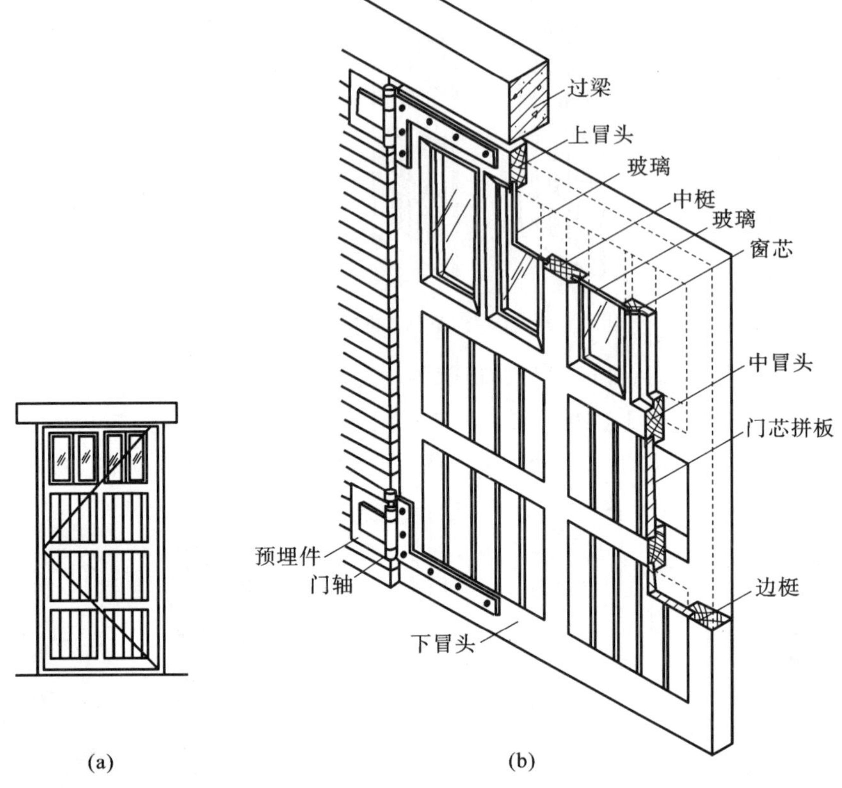

图 12.15　拼板门构造

(a) 立面图；(b) 构造示意

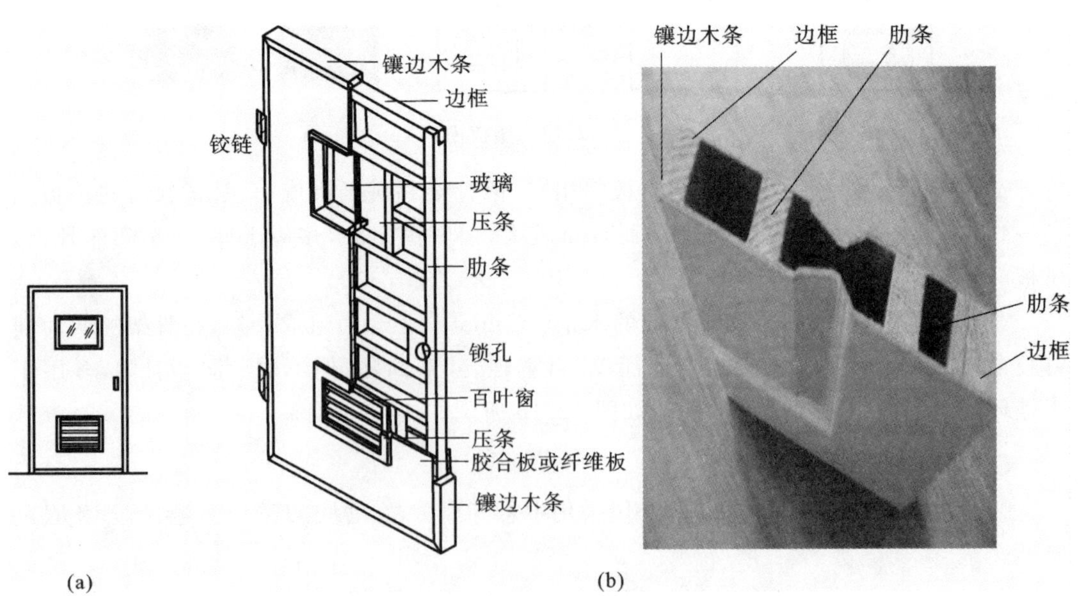

图 12.16　夹板门构造

(a) 立面图；(b) 构造示意

12.3.3 铝合金门构造

铝合金门是目前常用门之一，其优缺点与铝合金窗类似。铝合金门也由铝合金门框、门扇、腰窗及五金零件组成，按其门芯板的镶嵌材料有铝合金条板门、半玻璃门、全玻璃门等形式，主要有平开、弹簧、推拉三种开启方法。

铝合金门构造和铝合金窗一样，有国家标准图集，各地区也有相应的通用图供选用。图12.17为铝合金弹簧门的构造示意图。铝合金门的安装除门框边框伸入地面面层20 mm以上外，其边框和上槛与墙或柱的连接与铝合金窗相同。

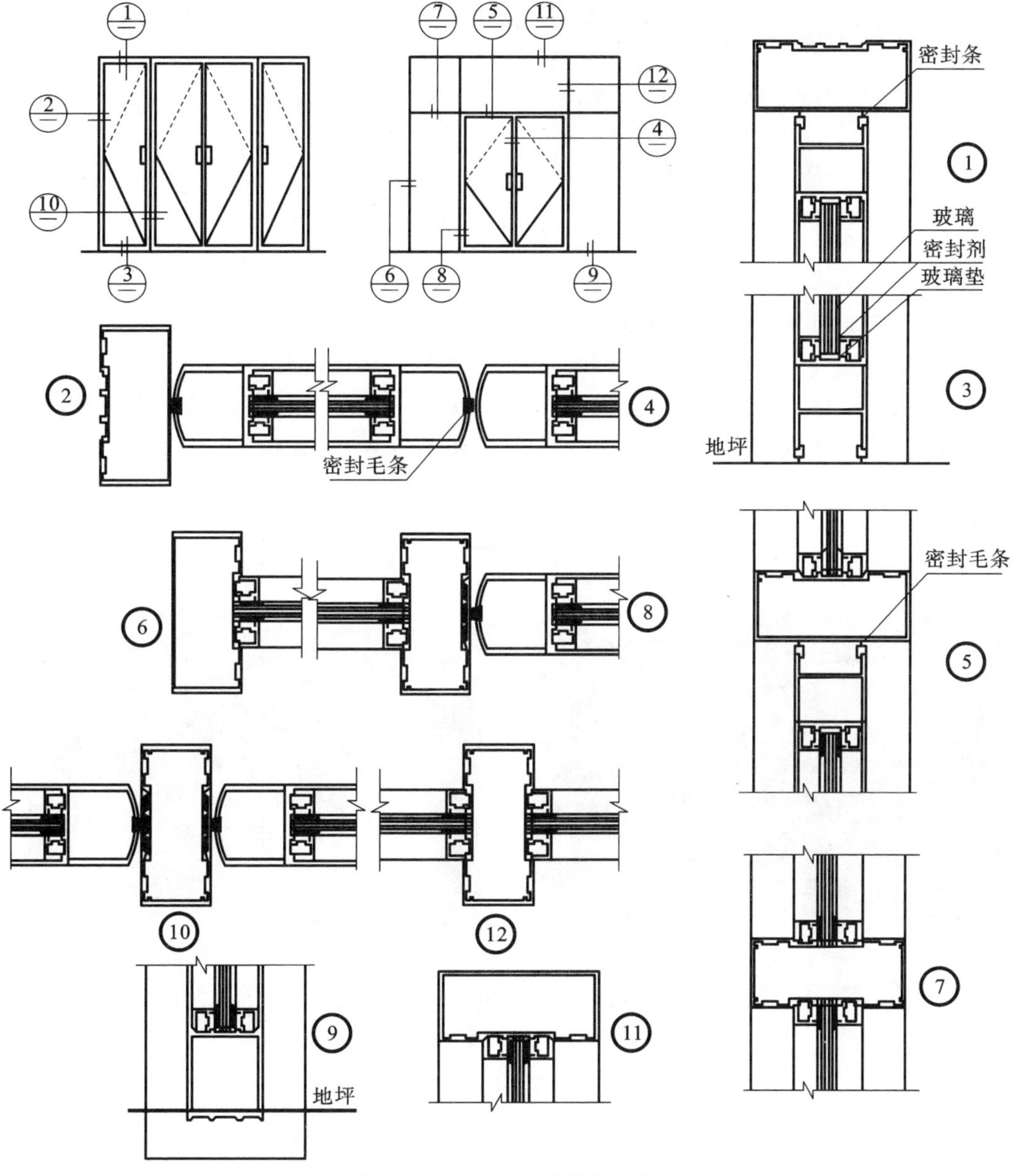

图 12.17 铝合金弹簧门构造

12.3.4 其他形式门构造

(1) 旋转门构造

旋转门可分为普通旋转门和自动旋转门。旋转门构造如图 12.18 所示。普通旋转门为手动旋转，自动旋转门采用声波、微波或红外线传感装置和电脑控制系统相连，自动控制旋转。旋转门构造复杂，结构严密，防风保温效果好，并能控制人流通行量。其不适用于人流量大的场所，不能作为疏散门使用。旋转门两边必须设置平开疏散门。

图 12.18 旋转门构造

旋转门按圆形门罩内门扇的数量分为三扇式和四扇式，按材质分为铝合金、钢质、钢木结合三种类型。多设置在高档宾馆、酒店、银行、商厦、候机厅等场所。

(2) 感应式电子自动门构造

感应式电子自动门是利用电脑、光电感应装置等高科技发展起来的一种新型高级自动门。它由传感部分、驱动操作部分和门体部分组成。传感部分是自动检测人体或通过人工操作将检测信号传给控制部分的装置。按照感应方式不同，感应式电子自动门可分为探测传感式和踏板传感式。驱动操作部分由驱动装置和控制装置构成。门体部分由门框、门扇、门楣及导轨组成，如图 12.19 所示。感应式电子自动门具有运行平稳、动作协调、运行效率高、安全可靠、环境适应性强、密闭性好、自动启闭、使用方便、节约能源等优点，多用于楼宇、大厦等建筑外门及内门。

(a)

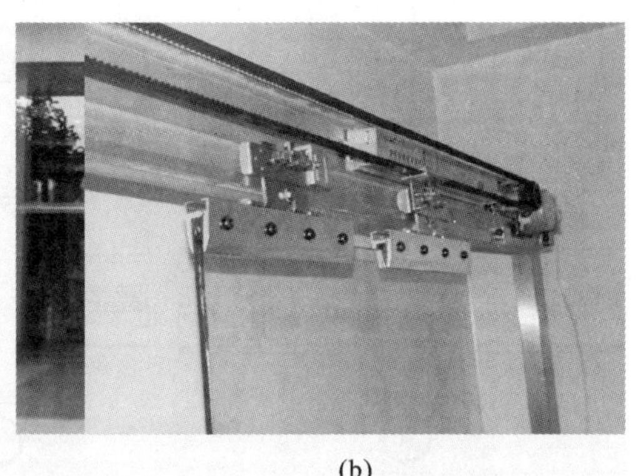

(b)

图 12.19 感应式电子自动门构造

(a) 感应式电子自动门；(b) 感应式电子自动门门体部分

(3) 全玻璃无框门构造

全玻璃无框门通常采用 10 mm 以上厚度的平板玻璃、钢化玻璃板，按照一定规格加工后直接用作全玻璃无框门的玻璃门。其玻璃的上部及下部用装饰框或直接用夹子固定，安装时地面需埋设地弹簧。其构造如图 12.20 所示。

全玻璃无框门区别于铝合金门、塑钢门等普通门最大的特点是它的门扇（玻璃）周边没有固结的边框。

全玻璃无框门几乎是全透明的，因此其采光性好，可以任意组合使用。一般用于商场、酒店、办公等场所。

图 12.20 全玻璃无框门构造

本章小结

（1）门和窗是建筑物的重要组成部分，也是主要围护构件之一。窗的主要作用是采光、通风、接受日照和供人眺望；门的主要作用是交通联系、紧急疏散，并兼有采光、通风的作用。

（2）门的类型：按门在建筑物中所处的位置分，有内门和内门；按门的材料分，有木门、铝合金门、塑钢门、钢门、玻璃门及混凝土门；按门的使用功能分，有普通门和特殊门；按门扇的开启方式分，有平开门、弹簧门、推拉门、折叠门、旋转门、卷帘门。

（3）窗的类型有：按窗扇的开启方式分，有固定窗、平开窗、推拉窗、悬窗、立转窗、百叶窗；按窗的框料材质分，有铝合金窗、塑钢窗、钢窗、木窗；按窗的层数分，有单层、双层及双层中空玻璃窗等形式。

（4）窗一般由窗框、窗扇和五金零件组成。窗框的安装分为立口和塞口两种。

（5）门一般由门框、门扇、腰窗、五金零件及附件组成。木门扇按门板的材料分为全玻璃门、半玻璃门、镶板门、拼板门、夹板门、纱门、百叶门等类型。

思考题

12-1 门和窗的作用分别是什么？

12-2 门有哪些种类？

12-3 窗有哪些种类？

12-4 门和窗的组成部分分别有哪些？

12-5 窗框的安装有哪两种形式？各有什么优缺点？

12-6 铝合金窗有哪些优点？其构造如何？

12-7 塑钢窗有哪些优点？其构造如何？

12-8 平开木门的构造如何？

13 楼梯与电梯

学习目标

通过本章的学习，掌握楼梯的组成、钢筋混凝土楼梯的主要构造、楼梯踏步面层的构造、栏杆的构造，熟悉楼梯类型及尺度要求，了解电梯与自动扶梯的构造、室外台阶与坡道的构造。

建筑空间的竖向组合体系，主要依靠楼梯、电梯、自动扶梯、台阶、坡道及爬梯等竖向交通设施。其中，楼梯作为竖向交通和人员紧急疏散的主要交通设施，使用最为广泛。垂直升降电梯则用于高层建筑或使用要求较高的宾馆等多层建筑物；自动扶梯仅用于人流量大且使用要求高的公共建筑，如商场、候车楼等；台阶用于室内外高差之间和室内局部高差之间的联系；坡道则由于其无障碍流线，多用于多层车库通行汽车和医疗建筑中通行担架车等，在其他建筑中，坡道也作为残疾人轮椅车专用交通设施；爬梯专用于不常用的安装和检修等。

本章仅讨论一般大量民用建筑中广泛使用的楼梯、电梯、自动扶梯、台阶和坡道。

13.1 楼梯的组成、形式及尺度

13.1.1 楼梯的组成

楼梯一般由楼梯段、平台、栏杆(板)扶手三部分组成，如图 13.1 所示。

(1) 楼梯段

楼梯段是指两平台之间带踏步的斜板，俗称梯跑。踏步的水平面称为踏面，其宽度为踏步宽。踏步的垂直面称为踢面，其数量称为级数，高度称为踏步高。每一楼梯段的级数一般不应超过 18 级，同时考虑人们行走的习惯，楼梯段的级数也不应少于 3 级，这是因为级数太少不易被人们察觉，容易摔倒。公共建筑中的装饰性弧形楼梯可略超过 18 级。

(2) 平台

平台是两楼梯段之间的水平连接部分。根据其位置的不同，可分为中间平台和楼层平

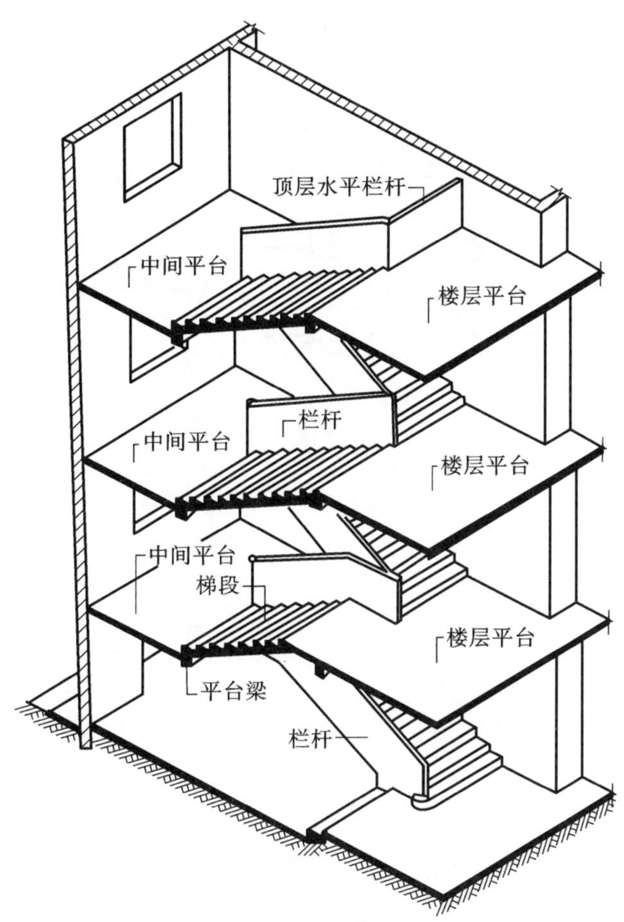

图 13.1 楼梯的组成

台。中间平台的主要作用是楼梯转换方向和缓解人们上楼梯的疲劳,故又称休息平台。

楼层平台与楼层地面标高平齐,除起中间平台的作用外,还可用来分配从楼梯到达各层的人流。

(3) 栏杆扶手

栏杆扶手是设在梯段及平台边缘的安全保护构件。当梯段宽度不大时,可只在梯段临空面设置。当梯段宽度较大的时,非临空面也应加设靠墙扶手。当梯段宽度很大时,则需在梯中间加设中间扶手。

楼梯作为建筑空间竖向联系的主要部件,其位置应明显,起到提示、引导人流的作用,要充分考虑其造型美观、人流通行顺畅、行走舒适、结构坚固、防火安全,同时还应满足施工和经济条件的要求。因此需要合理地选择楼梯的形式、坡度、材料、构造做法,精心地处理好其细部构造。

13.1.2 楼梯的形式

楼梯形式(图 13.2)的选择取决于其所处的位置、楼梯间的平面形状与大小、楼层高低与层数、人流多少与缓急等因素，设计时需综合权衡这些因素。

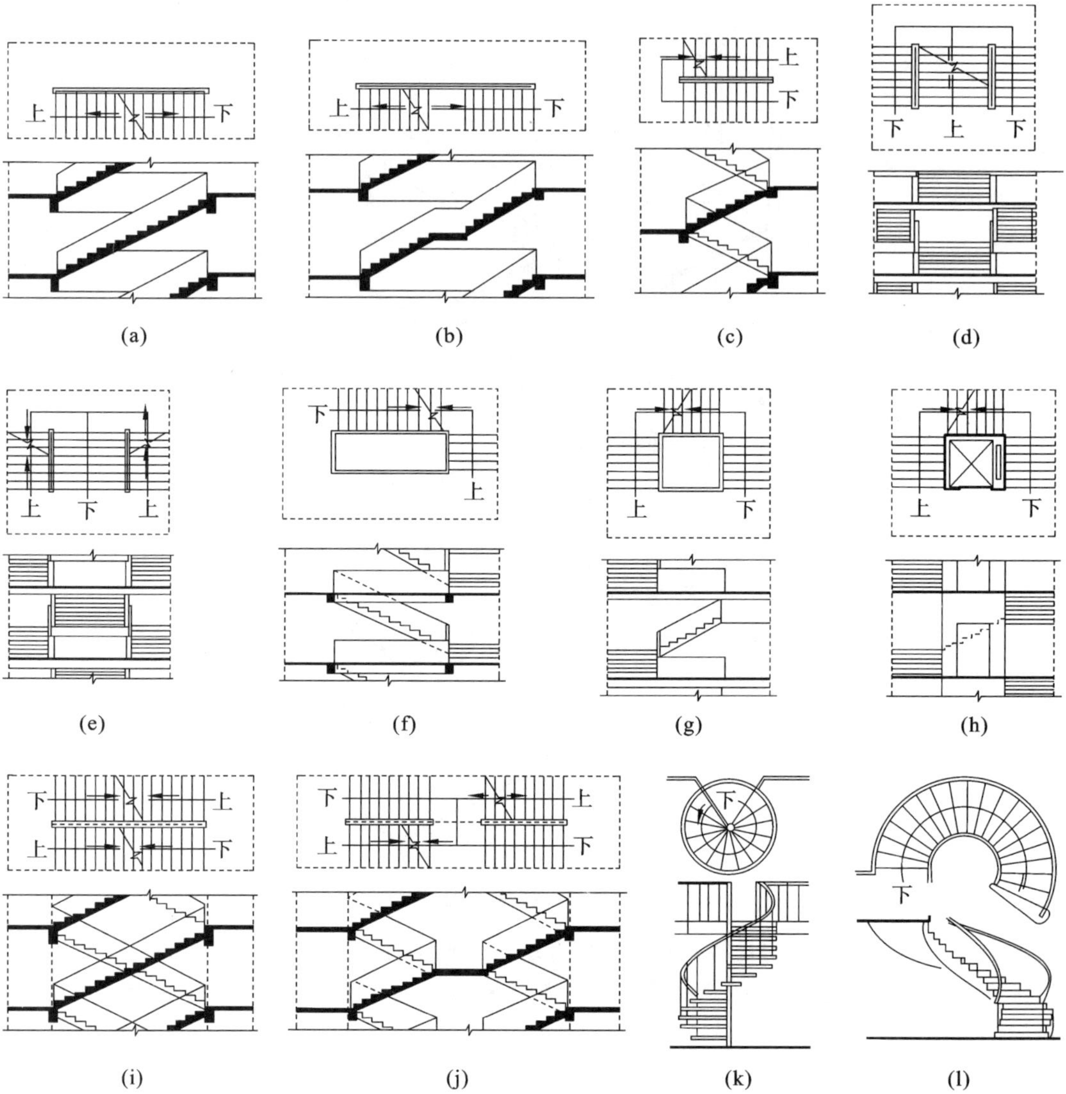

(a) (b) (c) (d)

(e) (f) (g) (h)

(i) (j) (k) (l)

图 13.2　楼梯形式

(a) 直行单跑楼梯；(b) 直行多跑楼梯；(c) 平行双跑楼梯；(d) 平行双分楼梯；(e) 平行双合楼梯；(f) 折行双跑楼梯；(g) 折行三跑楼梯；(h) 设电梯的折行三跑楼梯；(i)、(j) 交叉跑(剪刀)楼梯；(k) 螺旋形楼梯；(l) 弧形楼梯

(1) 直行单跑楼梯

如图 13.2(a)所示，此种楼梯无中间平台，由于单跑梯段踏步数一般不超过 18 级，故仅用于层高不大的建筑。

(2) 直行多跑楼梯

如图 13.2(b)所示，此种楼梯是起先单跑楼梯的延伸，仅增设了中间平台，将单梯段变为多梯段。一般为双跑梯段，适用于层高较大的建筑。

直行多跑楼梯给人以直接、顺畅的感觉，导向性强，在公共建筑中常用于人流较多的大厅。但是由于其缺乏方位上回转上升的连续性，当用于需上多层楼面的建筑时，会增加交通面积，并会延长行走距离。

(3) 平行双跑楼梯

如图 13.2(c)所示，此种楼梯由于上完一层楼刚好回到原起步方位，与楼梯上升的空间回转往复性吻合，比直跑楼梯节约面积并缩短人流行走距离，是最常用的楼梯形式之一。

(4) 平行双分、双合楼梯

图 13.2(d)所示为平行双分楼梯，此种楼梯形式是在平行双跑楼梯基础上演变产生的。其梯段平行而行走方向相反，且第一跑在中部上行，然后自中间平台处往两边以第一跑的 1/2 梯段宽，各上一跑到楼层面。通常在人流多、梯段宽度较大时采用。由于其造型的对称严谨性，过去常用作办公类建筑的主要楼梯。

图 13.2(e)所示为平行双合楼梯。此种楼梯与平行双分楼梯类似，区别仅在于楼层平台起步第一跑梯段前者在中间，而后者在两边。

(5) 折行多跑楼梯

图 13.2(f)所示为折行双跑楼梯，此种楼梯人流导向性较自由，折角可变，可为 90°，也可大于或小于 90°。当折角大于 90°时，由于其行进方向性类似于直行双跑梯，故常用于仅上一层楼面的剧院、体育馆等建筑的门厅中。当折角小于 90°时，其行进方向回转延续性有所改观，形成三角形楼梯间，可用于上多层楼面的建筑中。

图 13.2(g)、(h)所示为折行三跑楼梯，此种楼梯中部形成较大梯井，在设有电梯的建筑中，可利用梯井作为电梯井位置。由于有三跑梯段，常用于层高较大的公共建筑中，当楼梯井未作为电梯井时，因楼梯井较大、不安全，因此供少年儿童使用的建筑不能采用此种楼梯。

(6) 交叉跑(剪刀)楼梯

图 13.2(i)所示为交叉跑(剪刀)楼梯，可认为是由两个直行单跑楼梯并列布置而成，通行的人流量大，且为上下楼层的人流提供了两个方向，对于空间开敞、楼层人流多方向进入有利，但仅适合层高小的建筑。

图 13.2(j)所示为交叉跑(剪刀)楼梯，当层高较大时，设置中间平台，中间平台为人流变换方向提供了条件，适用于层高较大且有楼层人流多向性选择要求的建筑，如商场、多层食堂等。

在图 13.2(i)、(j)交叉跑(剪刀)楼梯中间加上防火分隔墙(图中虚线所示)，并在楼梯周边设防火墙，开门形成楼梯间，就变成了防火交叉跑(剪刀)楼梯。其特点是两边空间互不相通，形成两个各自独立的空间通道。这种楼梯可以视为两部独立的疏散楼梯，满足双向疏散的要求。由于其水平投影面积小，节约了建筑空间，在有双向疏散要求的高层建筑中经常采用。

(7) 螺旋形楼梯

如图 13.2(k)所示，螺旋形楼梯通常是围绕一根单柱布置，平面呈圆形。其平台和踏步均为扇形平面，由于平台占去1/4圆左右，踏步必须在3/4左右水平投影圆范围内解决平台下过人高度。因此，踏步内侧宽度很小，并形成较陡的坡度，行走时不安全，且构造较复杂。这种楼梯不能作为主要疏散楼梯，但由于其流线型造型美观，常作为建筑小品布置在庭院或室内。

为了克服螺旋形楼梯内侧坡度过陡的缺点，在较大型的楼梯中，可将其中间的单柱变为群柱或筒体。

(8) 弧形楼梯

如图13.2(l)所示，弧形楼梯与螺旋形楼梯的不同之处在于它围绕一个较大的轴心空间旋转，未构成水平投影圆，仅为一段弧环，并且曲率半径较大。其扇形踏步的内侧宽度也较大，使坡度不至于过陡，可以用来通行较多的人流。弧形楼梯也是折行楼梯的演变形式，当布置在公共建筑的门厅时，具有明显的导向性和优美、轻盈的造型。但结构和施工难度较大，通常采用现浇混凝土结构。

13.1.3 楼梯的尺度

(1) 楼梯的坡度

楼梯的坡度即楼梯段的坡度，可以采用两种方法表示，一种是用楼梯段与水平面的夹角表示，另一种是用踏步的高宽比表示。普通楼梯的坡度范围一般为20°～45°，合适的坡度一般为30°左右，最佳坡度为26°34′。当坡度小于20°时，采用坡道；当坡度大于45°时，采用爬梯。

确定楼梯的坡度应从房屋的使用性质、行走的方便和节约楼梯间的面积等多方面因素综合考虑。对于使用的人员情况复杂且使用较频繁的楼梯，其坡度应比较平缓，一般可采用1∶2的坡度，反之，坡度可以较大些，一般采用1∶1.5左右的坡度。

(2) 踏步尺寸

踏步的高度，成人以150 mm左右较适宜，不应高于175 mm。踏步的宽度(水平投影宽度)以300 mm左右为宜，不应窄于260 mm。当踏步宽过宽时，将导致梯段水平投影面积增加；而踏步宽过窄时，会使人流行走不安全。通常踏步尺寸按下列经验公式确定：

$$2h+b=600\sim620\ \text{mm} \quad 或 \quad h+b=450\ \text{mm}$$

式中 h——踏步高度，mm；

b——踏步宽度，mm。

一般民用建筑楼梯踏步尺寸可参见表13.1。

表13.1 **常用楼梯踏步尺寸** (单位：mm)

名称	住宅	幼儿园	学校、办公楼	医院	剧院、会堂
踏步高	150～175	120～150	140～160	120～150	120～150
踏步宽	260～300	260～280	280～340	300～350	300～350

为了在踏步宽一定的情况下增加行走舒适度，常将踏步出挑20～30 mm，使踏步的实际宽度大于其水平投影宽度，如图13.3所示。

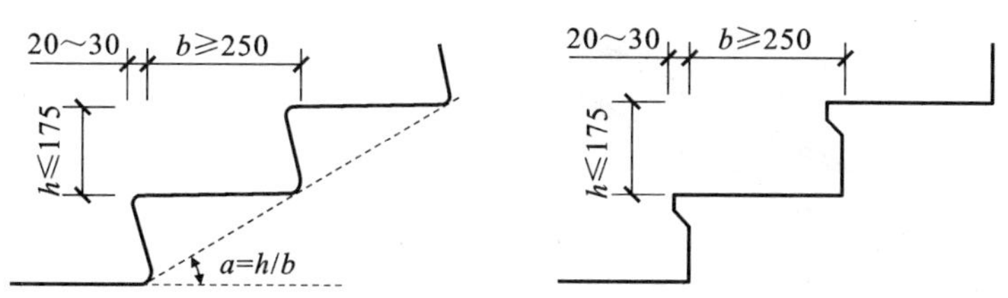

图 13.3 踏步出挑形式

(3) 梯段尺度

梯段尺度分为梯段宽度和梯段长度。梯段宽度应根据紧急疏散时要求通过的人流股数多少来确定。每股人流按 500～600 mm 宽度考虑,双人通行时为 1000～1200 mm,三人通行时为 1500～1800 mm,以此类推。同时,需满足各类建筑设计规范中对梯段宽度的限定,如住宅大于或等于 1100 mm,公共建筑大于或等于 1300 mm 等。

梯段长度(L)则是每一梯段的水平投影长度,其值为 $L=b\times(N-1)$,其中 b 为踏面水平投影步宽,N 为梯段踏步数。

(4) 平台宽度

平台宽度分为中间平台宽度和楼层平台宽度,对于平行和折行多跑楼梯等类型的楼梯,其转向后的中间平台宽度应不小于梯段宽度,以保证通行和梯段同股数人流,同时应便于家具搬运。医院建筑还应保证担架在平台处能转向通行,其中间平台宽度应不小于 1800 mm。对于直行多跑楼梯,其中间平台宽度等于梯段宽,或者不小于 1000 mm。对于楼层平台宽度,则应比中间平台更轻松一些,以利于人流分配和停留。

(5) 梯井宽度

所谓梯井,是指梯段之间形成空当,此空当从顶层到底层贯通。在平行多跑楼梯中,可无梯井,但为了梯段安装和平台转弯缓冲,可设梯井。为了安全,其宽度应小些,以 60～200 mm 为宜。

(6) 栏杆扶手尺度

楼梯栏杆扶手的高度是指从踏步面中心到扶手面的垂直高度。它与楼梯的坡度大小有关,一般情况下,栏杆扶手的高度为 900 mm,平台处水平栏杆扶手的高度不小于 1050 mm,供儿童使用的楼梯扶手高为 500～600 mm,如图 13.4 所示。

(7) 楼梯净空高度

楼梯净空高度是指楼梯平台上部和下部过道处的净空高度,以及上下两层楼梯段间的净空高度。为保证人流通行和家具搬运,要求平台处的净高不应小于 2 m,楼梯段间的净高不应小于 2.2 m,如图 13.5 所示。

当采用平行双跑楼梯且在底层中间平台下设置出入口时,为保证中间平台下的净高,可采用以下措施解决。

① 将底层第一楼梯段加长,第二楼梯段缩短,变成长短跑楼梯段。这种方法只有在楼梯间进深较大时采用,但不能把第一楼梯加得过长,以免减少中间平台上部的净高。如图 13.6(a)所示。

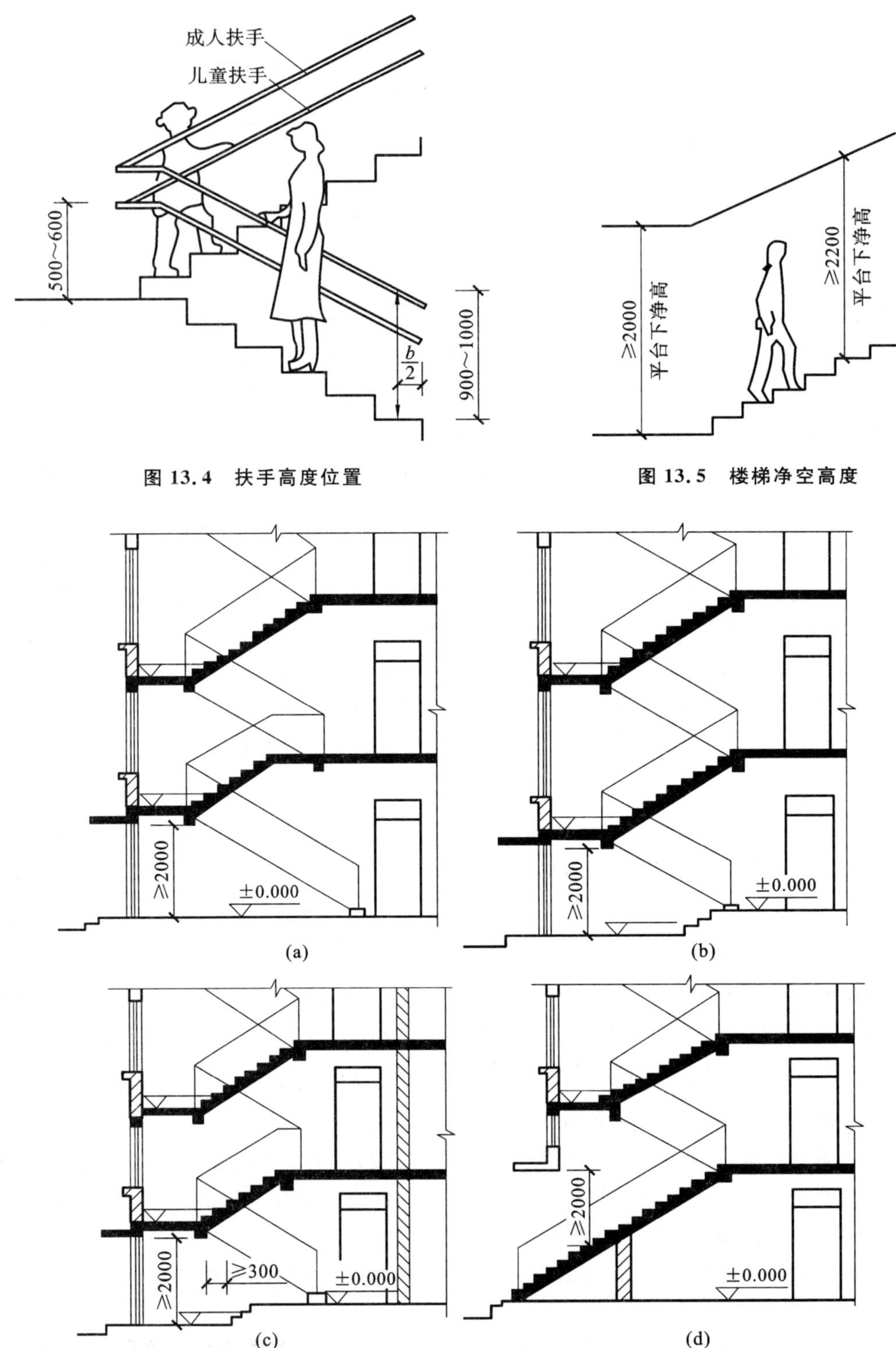

图 13.4 扶手高度位置

图 13.5 楼梯净空高度

图 13.6 底层中间平台下设出入口时的处理方式

(a) 底层长短跑；(b) 局部降低地坪；(c) 底层长短跑并局部降低地坪；(d) 底层直跑

② 将楼梯间地面标高降低。这种方法楼梯段长度保持不变，构造简单，但降低后的楼梯间地面标高应高于室外地坪标高 100 mm 以上，以保证室外雨水不致流入室内，如图 13.6(b)所示。

③ 将上述两种方法综合采用，可避免前两种方法的缺点，如图 13.6(c)所示。

④ 底层采用直跑道楼梯。这种方法常用于南方地区的住宅建筑，此时应注意入口处雨篷底面标高的位置，保证净空高度在 2 m 以上，如图 13.6(d)所示。

13.2 钢筋混凝土楼梯

钢筋混凝土楼梯具有坚固耐久、节约木材、防火性能好、可塑性强等优点，得到广泛应用。按其施工方式可分为现浇整体式和预制装配式。

13.2.1 现浇整体式钢筋混凝土楼梯

现浇整体式钢筋混凝土楼梯整体性好，能适应各种楼梯间平面和楼梯形式，充分发挥钢筋混凝土的可塑性。但由于其需要现场支模，模板耗费较大，施工周期较长，并且抽孔困难，不便做成空心构件，所以混凝土用量和自重较大。

按其传力特点及结构形式的不同，可分为板式楼梯和梁板式楼梯。

(1) 板式楼梯

板式楼梯是将楼梯段做成一块板底平整、板面上带有踏步的板，与平台板、平台梁现浇在一起。作用在楼梯段上和平台上的荷载同时传给平台梁，再由平台梁传到承重横墙上或柱上。板式楼梯也可不设平台梁，将梯段板和平台板现浇为一体，将楼梯段和平台上的荷载直接传给承重横墙。这种楼梯构造简单、施工方便，但自重大、材料消耗多，适用于荷载较小、楼梯跨度不大的房屋。现浇钢筋混凝土板式楼梯见图 13.7。

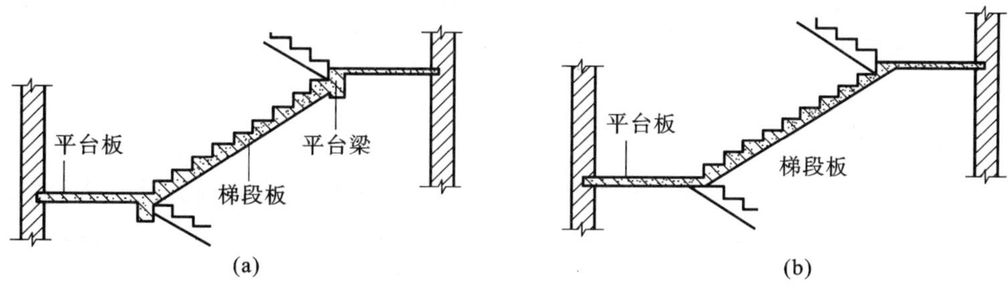

图 13.7 现浇钢筋混凝土板式楼梯

(a) 有平台梁；(b) 无平台梁

(2) 梁板式楼梯

梁板式楼梯是指在板式楼梯的梯段板边缘处设有斜梁的楼梯。作用在楼梯段上的荷载通过楼梯段斜梁传至平台梁，再传到墙或柱上。根据斜梁与楼梯段位置的不同，分为明步楼梯段和暗步楼梯段。明步楼梯段是将斜梁设在踏步板之下，暗步楼梯是将斜梁设在踏步板的上面，踏步包在梁内。这种楼梯传力线路明确、受力合理，适用于荷载较大、楼梯跨度较大的房屋。现浇梁板式钢筋混凝土楼梯如图 13.8 所示。

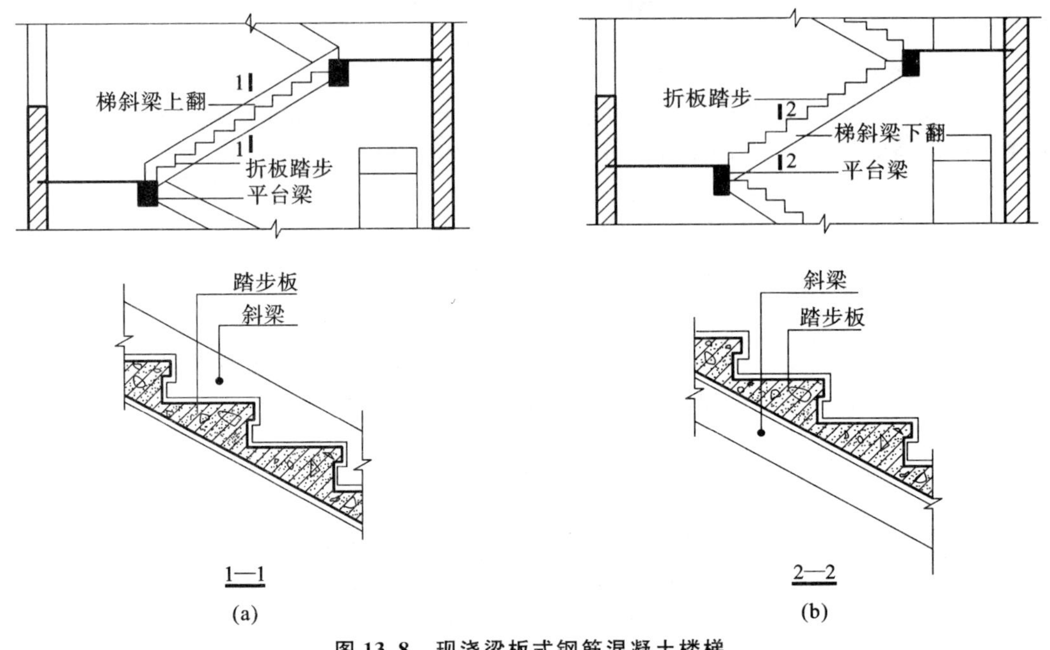

图 13.8　现浇梁板式钢筋混凝土楼梯

(a) 梯斜梁上翻；(b) 梯斜梁下翻

13.2.2　预制装配式钢筋混凝土楼梯

预制装配式钢筋混凝土楼梯是将组成楼梯的各个部分分成若干个小构件，在预制厂或现场预制，再到现场组装。其具有提高建筑工业化程度、减少作业现场湿作业、加快施工进度等优点。

预制装配式钢筋混凝土楼梯按其构件尺寸和施工现场吊装能力的不同，可分为小型构件装配式楼梯和中型及大型构件装配式楼梯。

(1) 小型构件装配式楼梯

① 小型构件。

小型构件包括踏步板、斜梁、平台梁、平台板等单个构件。预制踏步板的断面形式通常有一字形、L 形和三角形三种。楼梯段斜梁通常做成锯齿和 L 形，平台梁的断面形式通常为 L 形和矩形。

② 装配式楼梯形式。

小型构件装配式楼梯常用的形式有悬挑式、墙承式和梁承式。

a. 悬挑式楼梯。

悬挑式楼梯是将单个踏步板的一端嵌固于楼梯间侧墙中，另一端自由悬空而形成的楼梯段。踏步板的悬挑长度一般在 1.2 m 左右，最大不超过 1.8 m。踏步板的断面一般采用 L 形，伸入墙体长度不小于 240 mm。伸入墙体部分截面通常为矩形。这种构造的楼梯不宜在地震区使用。预制装配墙悬挑式钢筋混凝土楼梯如图 13.9 所示。

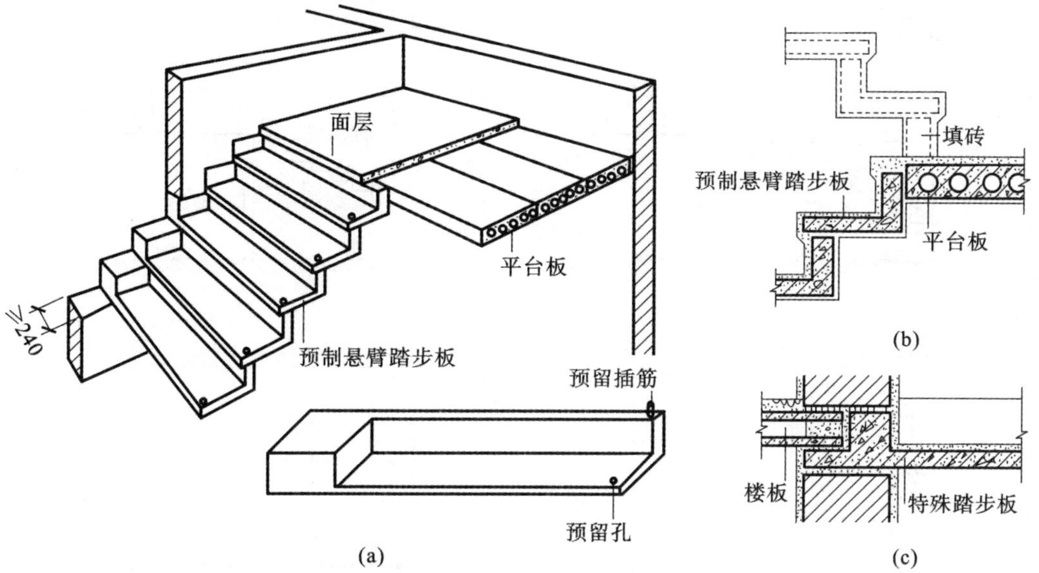

图 13.9 预制装配墙悬挑式钢筋混凝土楼梯

(a) 安装示意图;(b) 平台转弯处节点;(c) 遇楼板处节点

b. 墙承式楼梯。

墙承式楼梯是将一字形或 L 形踏步板直接搁置于两端墙上,这种楼梯最适用于直跑式楼梯。当采用平行双跑楼梯时,需在楼梯间中部加设一道墙以支承两侧踏步板,由于楼梯间中部增设墙后,会阻挡行人视线,对搬运物品也不方便。为保证采光并解决行人视线被阻问题,通常在加设的墙上开设窗洞,如图 13.10 所示。

c. 梁承式楼梯。

梁承式楼梯的楼梯段由踏步板和楼梯段斜梁组成。楼梯段斜梁通常做成锯齿形或矩形。锯齿形斜梁支承 L 形踏步板,矩形斜梁支承三角形踏步板,三角形踏步板与斜梁之间用水泥砂浆由下而上逐个叠砌,如图 13.11 所示。

(2) 中型及大型构件装配式楼梯

中型构件装配式楼梯一般是由楼梯段、平台梁、中间平台板几个构件组合而成。大型构件装配式楼梯是将楼梯段与中间平台板一起组成一个构件,从而可以减少预制构件的种类和数量、简化施工过程、减轻劳动强度、加快施工速度,但施工时需用中型及大型吊装设备。大型构件装配式楼梯主要用于装配工业化建筑中。

① 楼梯段。

楼梯段按其构造形式的不同可分为板式和梁板式两种。

a. 板式楼梯段:板式楼梯段为一整块带踏步的单向板。为了减轻楼梯的自重,一般沿板的横向抽孔,形成空心楼梯段。

b. 梁板式楼梯段:梁板式楼梯段是在预制梯段的两侧设斜梁,梁板形成一个整体构件。这种结构形式比板式楼梯段受力更合理,并减轻了自重。

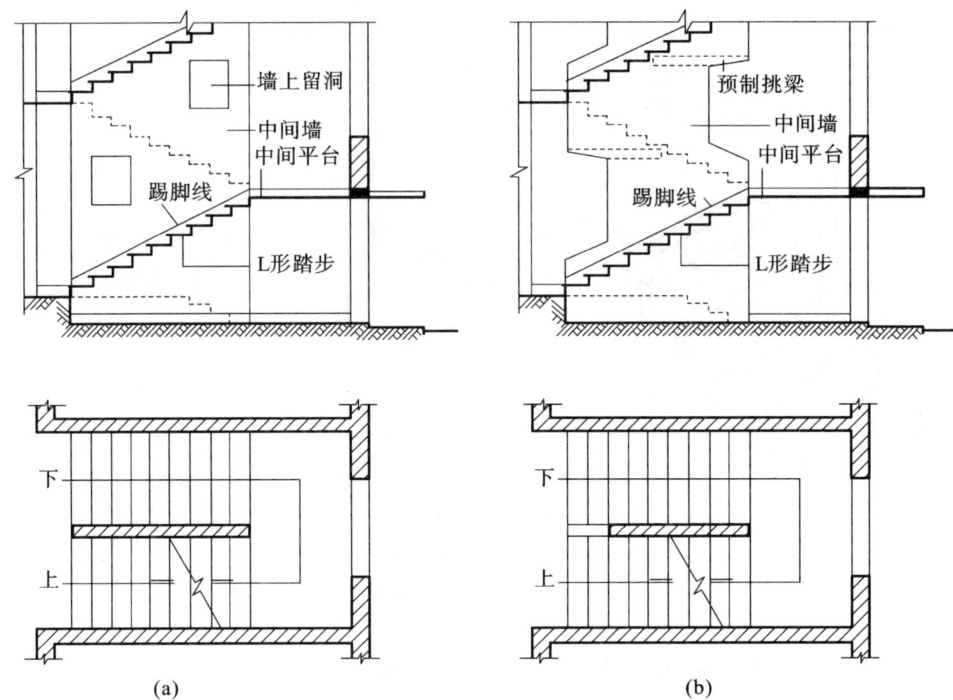

图 13.10　预制装配墙承式钢筋混凝土楼梯

(a) 中间墙上设观察窗;(b) 中间墙局部收进

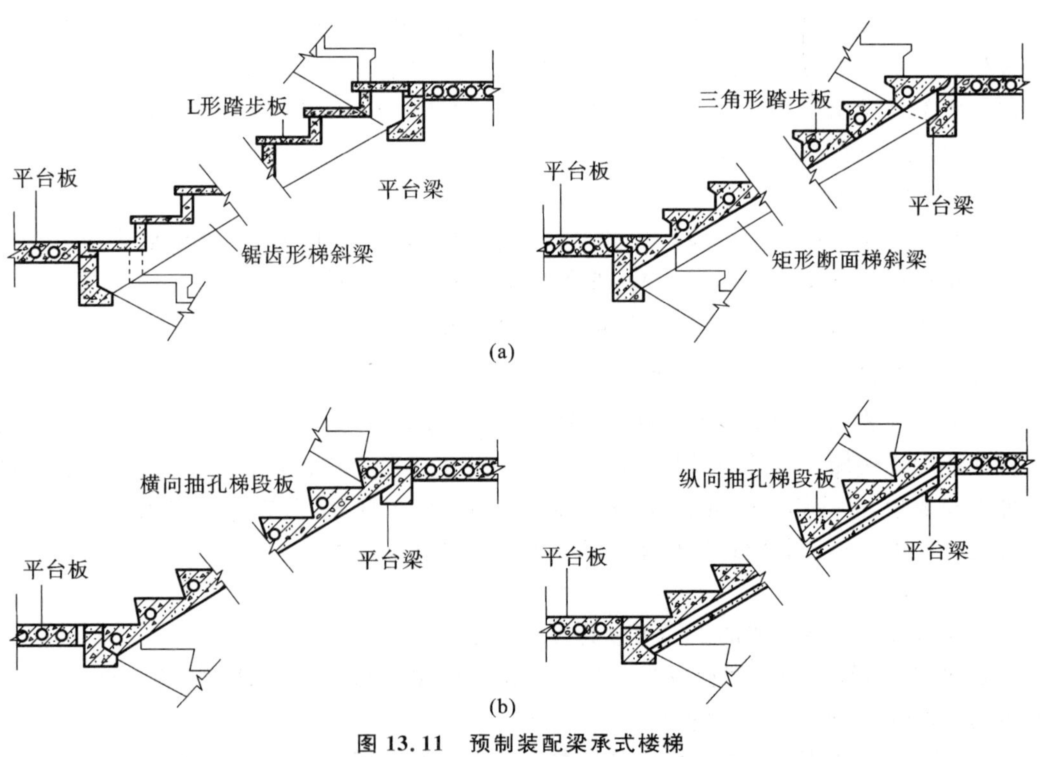

图 13.11　预制装配梁承式楼梯

(a) 梁板式梯段;(b) 板式梯段

② 平台梁。

平台梁是楼梯中的主要承重构件之一。平台梁的形式很多，常见平台梁的断面形式有L形、矩形、花篮形。

③ 平台板。

平台板可采用预制钢筋混凝土空心板、槽形板或平板。采用空心板或槽形板时，一般平行于平台梁布置；采用平板时，一般垂直于平台梁布置。

④ 踏步板与梯斜梁连接。

一般在梯斜梁支承踏步板处用水泥砂浆坐浆连接。如需加强，可在梯斜梁上预埋插筋，与踏步板支承端预留孔插接，用高强度水泥砂浆填实。踏步板与梯斜梁的连接如图13.12所示。

⑤ 楼梯段与平台梁的连接。

楼梯段与平台梁的连接通常采用先坐浆并将楼梯段与平台梁内的预埋钢板焊接的方式，以保证接缝处的密实、牢固。也可采用承插式连接，将平台或平台梁上的预埋筋插入楼梯段的预留孔内，然后再灌浆。楼梯段与平台梁的连接如图13.13所示。

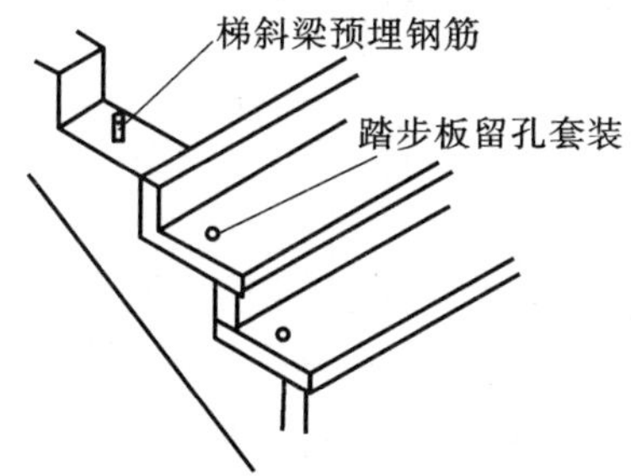

图13.12 踏步板与梯斜梁连接

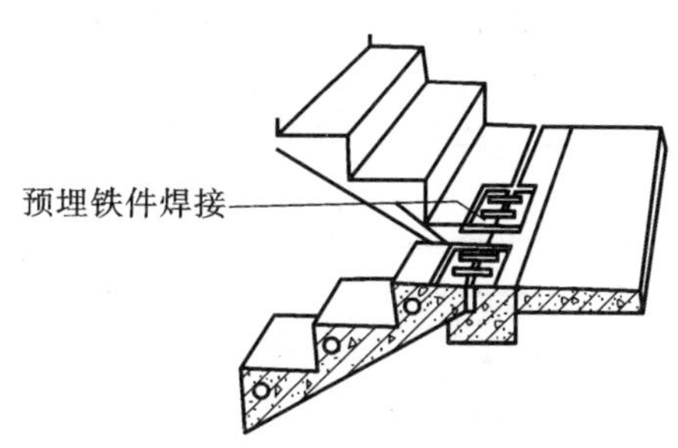

图13.13 楼梯段与平台梁的连接

⑥ 楼梯段与楼梯基础的连接。

房屋底层第一梯段的下部应设基础，其基础的形式一般为条形，可采用砖石砌筑或浇筑混凝土，也可采用平台梁代替。楼梯段与楼梯基础的连接如图13.14所示。

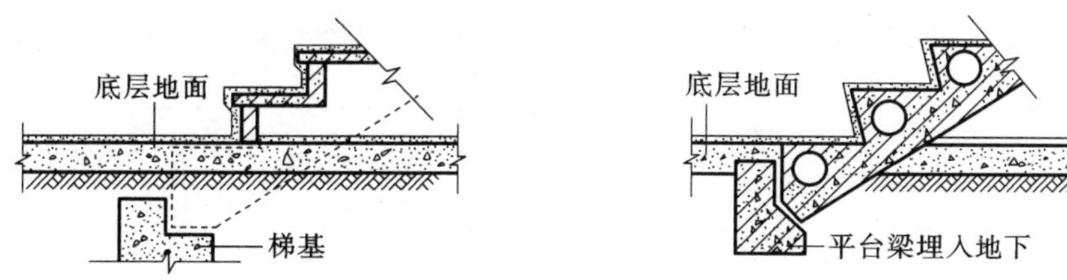

图13.14 楼梯段与楼梯基础的连接

13.3 楼梯的细部构造

踏步面层装修和栏杆扶手处理的好坏直接影响楼梯的使用安全和美观，在设计中应引起足够的重视。

13.3.1 踏步面层及防滑处理

（1）踏步面层

楼梯踏步面层的装修做法与楼层面层装修的做法基本相同。但由于楼梯是一幢建筑中的主要交通疏散部件，其对人流的导向性要求较高，装修用材标准高于或至少不低于楼地面的装修用材标准，这样可使其在建筑中具有醒目的地位。同时，由于楼梯人流量大，使用率高，在考虑装修面层做法时应选用耐磨、美观、不起尘的材料。根据造价和装修标准的不同，常用的有水泥豆石面层、彩色水磨石面层、缸砖面层、大理石面层、花岗石面层等，还可以在面层上铺设地毯，如图 13.15 所示。

（2）防滑处理

在踏步板上设置防滑条的目的在于避免人滑倒，并起到保护阳角的作用。在人流量较大的楼梯中均应设置防滑条。其设置位置靠近踏步阳角处。常用的防滑条材料有水泥铁屑、金刚砂、铸铁、有色金属、陶瓷锦砖及带防滑条缸砖等，如图 13.15 所示。需要注意的是，防滑条应高出踏步面 2～3 mm，但不能太高，实际工程常常做得太高，反使行走不便。

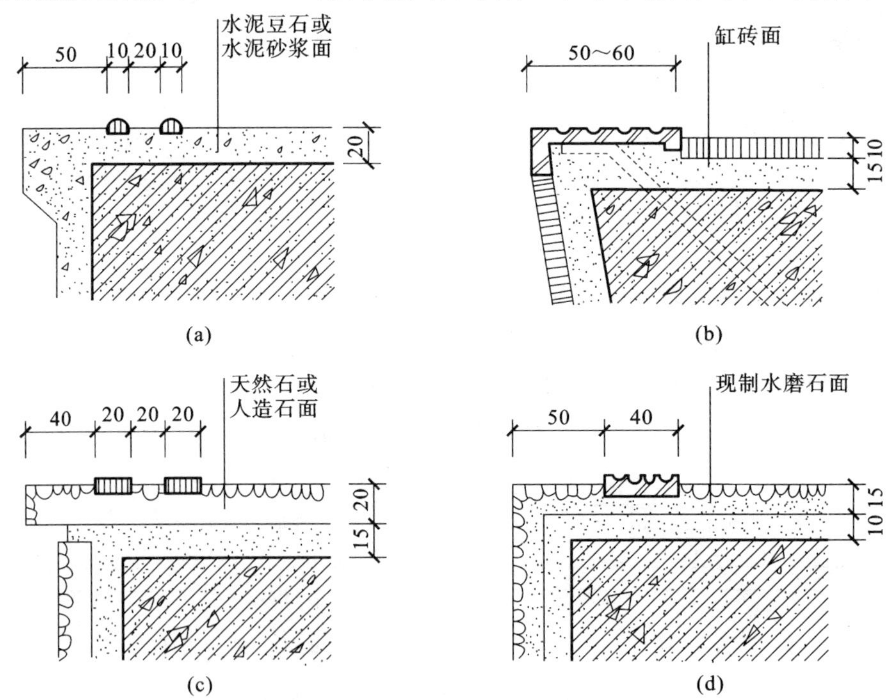

图 13.15 踏步面层及防滑处理

(a) 金刚砂防滑条；(b) 铸铁防滑条；(c) 陶瓷锦砖防滑条；(d) 有色金属防滑条

13.3.2 栏杆、扶手的形式与构造

（1）栏杆的形式与构造

栏杆可分为空花式、栏板式、混合式等类型。

空花栏杆多采用扁钢、圆钢、方钢及钢管等金属型材焊接而成。其杆件形成的空花尺寸不宜过大，通常控制在 120～150 mm，特别是供少年儿童使用的楼梯尤应注意。在住宅、幼儿园、小学等建筑中不宜做易攀爬的横向栏杆。空花栏杆示意图见图 13.16。

图 13.16 空花栏杆

栏板式取消了杆件，一般采用砖钢丝网水泥、钢筋混凝土、有机玻璃或钢化玻璃等材料制作，见图 13.17。当采用砖砌栏板时，宜采用高强度等级的水泥砂浆砌筑 1/2、1/4 砖样板，并在适当部位加设拉筋，在顶部浇筑钢筋混凝土把它连成整体，以增加强度。

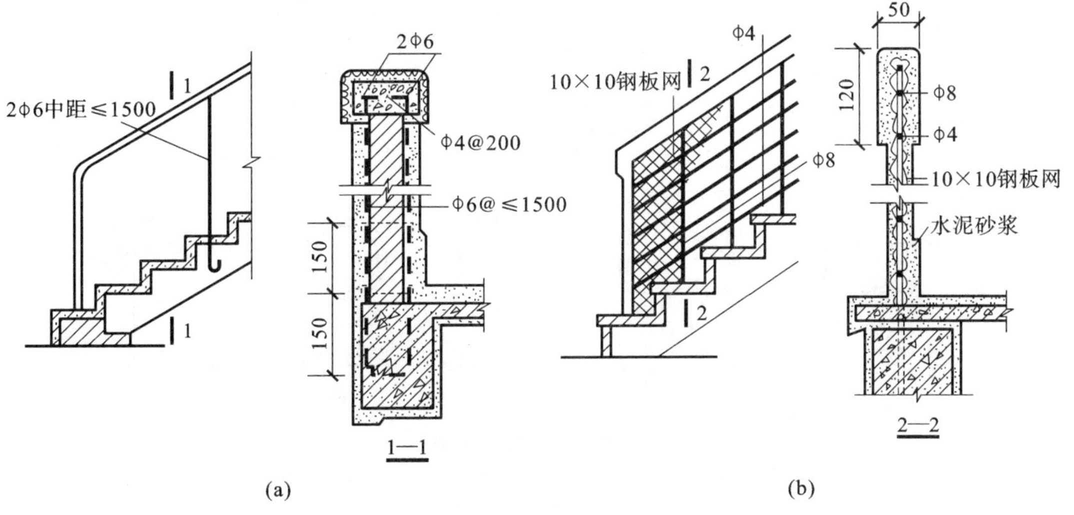

图 13.17 栏板式栏杆

(a) 1/4 砖砌栏板；(b) 钢板网水泥栏板

混合式是指空花式和栏板式两种的组合，见图 13.18。栏杆作为主要的抗侧力构件，常采用钢材或不锈钢等材料。栏板则作为防护和美观装饰构件，常采用轻质、美观材料制作，如木板、塑料贴面、铝板、有机玻璃或钢化玻璃。

(2) 扶手

扶手常用木材、塑料、金属管材（钢管、铝合金、铜管和不锈钢管等）制作。木扶手和

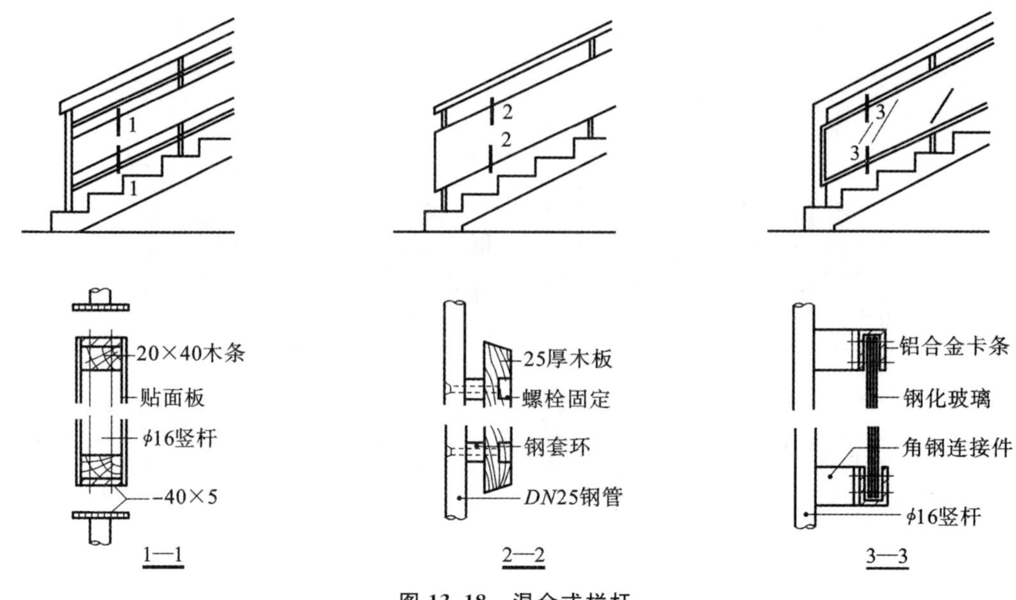

图 13.18　混合式栏杆

塑料扶手具有手感舒适、断面形式多样的特点，使用较为广泛。金属管材扶手由于其具有可弯性，常用于螺旋形、弧形楼梯扶手，但其断面形式单一。钢管扶手表面涂层易脱落，铝管和不锈钢管扶手则造价偏高，使用受限。扶手类型如图 13.19 所示。

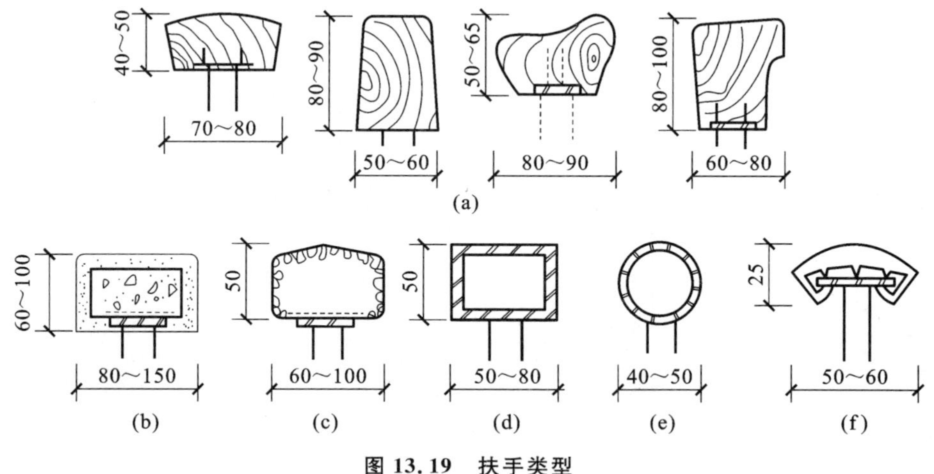

图 13.19　扶手类型

(a) 木扶手；(b) 混凝土扶手；(c) 水磨石扶手；(d) 角钢或扁铁扶手；(e) 金属管扶手；(f) 塑料扶手

(3) 栏杆与扶手连接

当采用金属栏杆与金属扶手时，一般采用焊接或铆接；当采用金属栏杆，扶手为木材或硬塑料时，一般在栏杆顶部设通长扁铁与扶手底面或侧面槽口榫接，用木螺钉固定。

(4) 栏杆与梯段及平台的连接

栏杆与梯段及平台的连接一般在梯段和平台上预埋钢板焊接或预留孔插接。为了使栏杆免受锈蚀和增强美观，常在竖杆下部装设套环，覆盖住栏杆与梯段或平台的接头处。栏杆与梯段及平台的连接如图 13.20 所示。

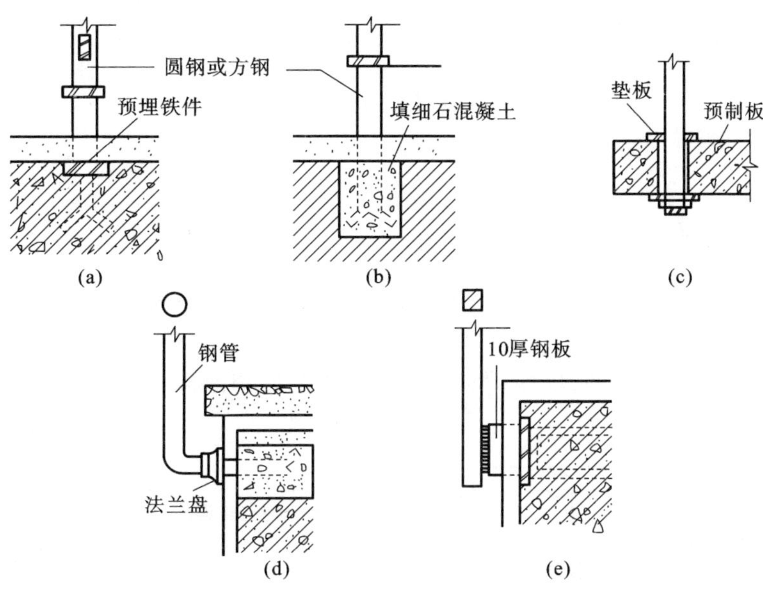

图 13.20 栏杆与梯段及平台的连接

(a) 梯段内预埋铁件;(b) 梯段预留孔砂浆固定;(c) 预留孔螺栓固定;
(d) 踏步两侧预留孔;(e) 踏步两侧预埋铁件

(5) 扶手与墙面连接

当直接在墙上装设扶手时,扶手应与墙面保持 100 mm 左右的距离。一般在砖墙上留洞,将扶手连接杆件伸入洞内,用细石混凝土嵌固。当扶手与钢筋混凝土墙或柱连接时,一般采取用预埋钢板焊接。在扶手结束处与墙、柱面相交,也应有可靠连接。扶手端部与墙(柱)的连接如图 13.21 所示。

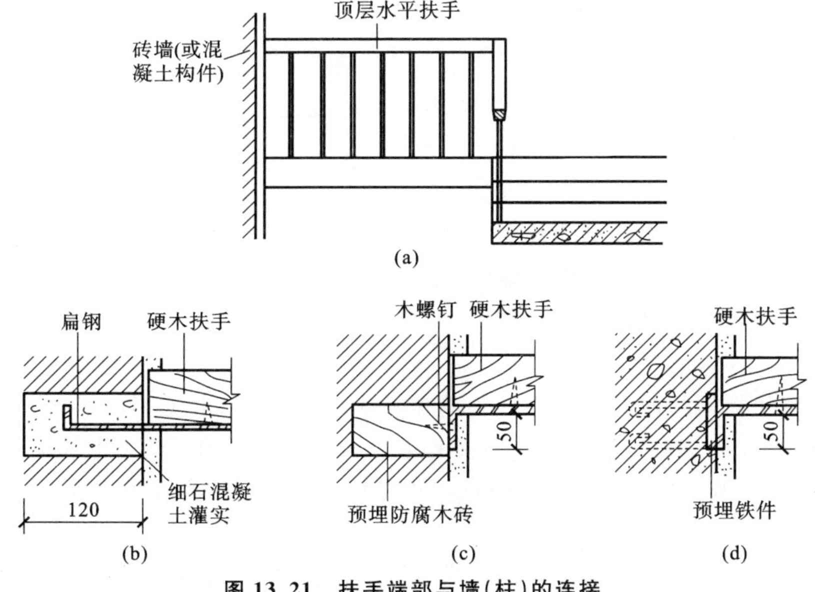

图 13.21 扶手端部与墙(柱)的连接

(a) 立面;(b) 预留孔洞插接;(c) 预埋防腐木砖用木螺钉连接;(d) 预埋铁件焊接

13.4 电梯与自动扶梯

13.4.1 电梯

在多层和高层建筑中，为了上下运行方便、快速和实际需要，常设有电梯。例如，七层及七层以上住宅或住户入口层楼面距室外设计地面的高度超过 16 m 以上的住宅必须设置电梯。电梯类型有客梯、货梯、专用电梯、消防电梯和液压电梯等。电梯分类与井道平面如图 13.22 所示。

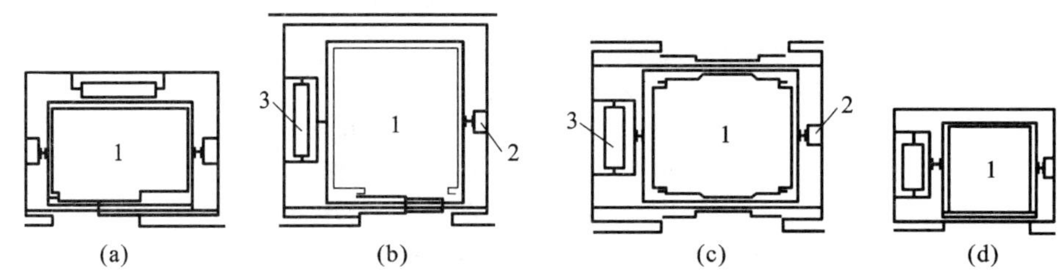

图 13.22 电梯分类与井道平面

(a) 客梯（双扇推拉门）；(b) 病床梯（双扇推拉门）；(c) 货梯（中分双扇推拉门）；(d) 小型杂物梯

1—电梯轿厢；2—导轨及撑架；3—平衡重

电梯通常由电梯井道、电梯轿厢和运载设备三部分组成，见图 13.23。不同的厂家提供的设备尺寸、运行速度及对土建的要求都不同，在设计时应按厂家提供的产品尺度进行设计。按照电梯的构造，分为井道、门套和机房三个部分。

(1) 电梯井道

电梯的井道是电梯运行的通道，井道内除电梯及出入口外尚安装有导轨、平衡重及缓冲器等，如图 13.23 所示。

① 井道的防火。

井道是高层建筑穿通各层的垂直通道，火灾事故中火焰及烟气容易从中蔓延。因此井道围护构件应根据有关防火规定设计，较多采用钢筋混凝土墙。高层建筑的电梯井道内，超过两部电梯时应用墙隔开。

② 井道的隔声。

为了减轻机器运行时对建筑物产生的振动和噪声，应采取适当的隔振及隔声措施。一般情况下，只在机房机座设置弹性垫层来达到隔振和隔声的目的。电梯运行速度超过 1.5 m/s 者，除设弹性垫层外，还应在机房与井道间设隔声层，高度为 1.5～1.8 m。

③ 井道的通风。

井道除设排烟通风口外，还要考虑电梯运行中井道内空气的流动问题。一般运行速度在 2m/s 以上的乘客电梯，在井道的顶部和底坑应有不小于 300 mm×600 mm 的通风孔，上部可以和排烟孔（井道面积的 3.5%）结合。层数较高的建筑，中间也可酌情增加通风孔。

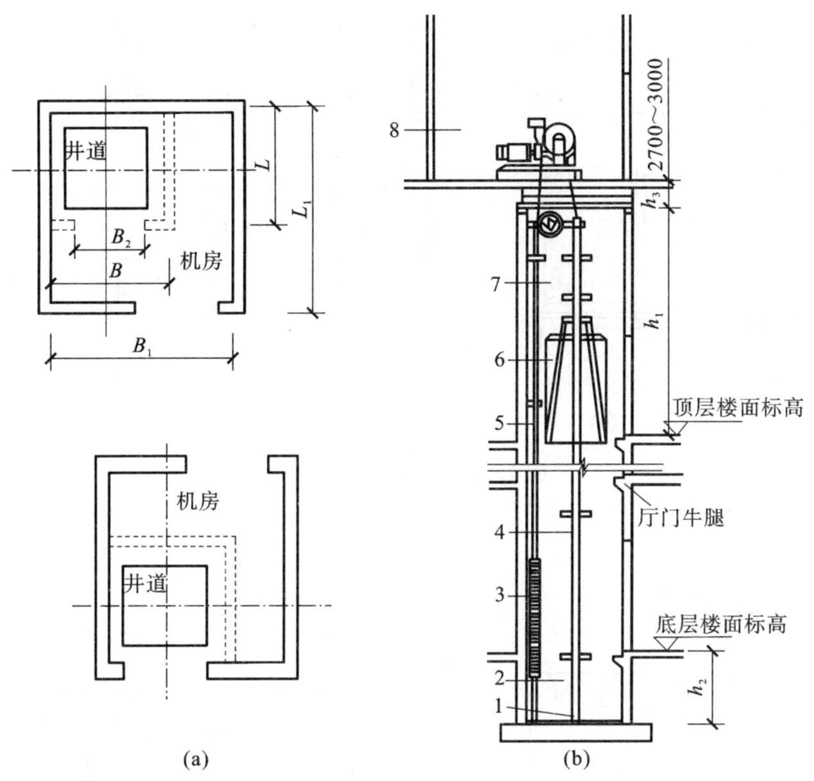

图 13.23 电梯组成示意图

(a) 平面；(b) 剖面

1—缓冲器；2—地坑；3—平衡重；4—轿厢导轨；5—平衡重导轨；6—轿厢；7—井道；8—机房

④ 井道的检修。

为在井道内进行安装、检修，井道的上下均须留有必要的空间。井道底坑壁及坑底均须做防水处理。消防电梯的井道底坑还应有排水设施。为了便于检修，须考虑在坑壁设置爬梯和检修灯槽，坑底位于地下室时，宜从侧面开一检查用小门，坑内预埋件按电梯厂家要求确定。

(2) 电梯门套

电梯厅门套装修构造的做法应与电梯厅的装修统一考虑。可用水泥砂浆抹灰、水磨石或木板装修，高级的可采用大理石或金属装修，如图 13.24 所示。

电梯门一般为双扇推拉门，宽 800～1500 mm，有中央分开推向两边和双扇推向同一边两种。推拉门的滑槽通常安置在门套下楼板边梁如牛腿状挑出部分。电梯厅地面的牛腿如图 13.25 所示。

(3) 电梯机房

电梯机房一般设置在电梯井道的顶部，也有少数设在底层井道旁边的。机房平面尺寸须根据机械设备尺寸的安排及管理、维修等需要决定，一般至少有两个面每边扩出 600 mm 以上的宽度，高度多为 2.7～3.0 m。

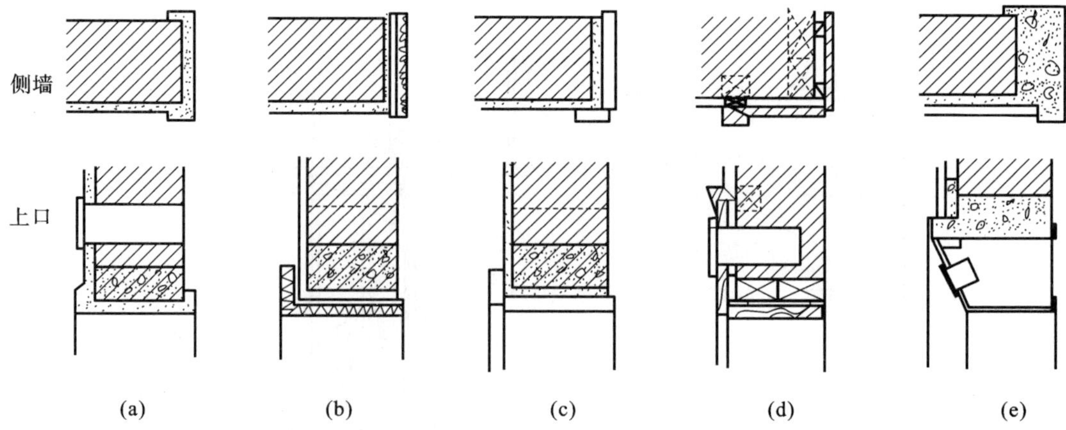

图 13.24 电梯厅门套构造

(a) 水泥砂浆门套;(b) 水磨石门套;(c) 大理石门套;(d) 木板门套;(e) 钢板门套

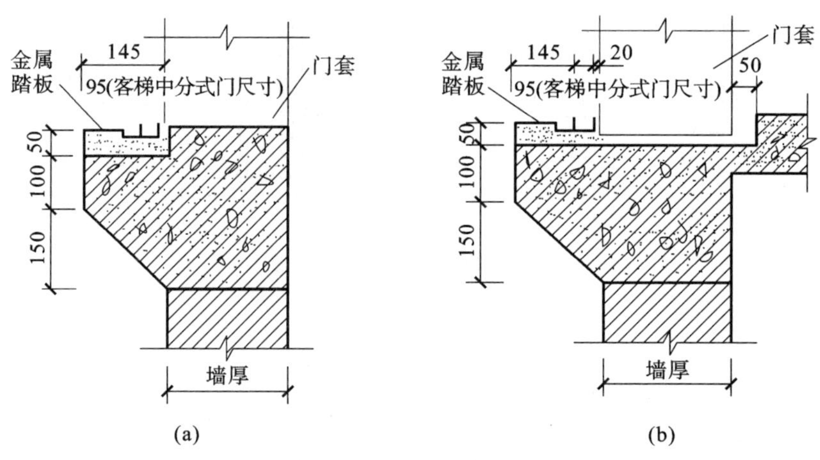

图 13.25 电梯厅地面的牛腿

(a) 预制钢筋混凝土;(b) 现浇钢筋混凝土

机房围护构件的防火要求应与井道一样。为了便于安装和修理,机房的楼板应按机器设备要求的部位预留孔洞。电梯机房平面示例见图 13.26。

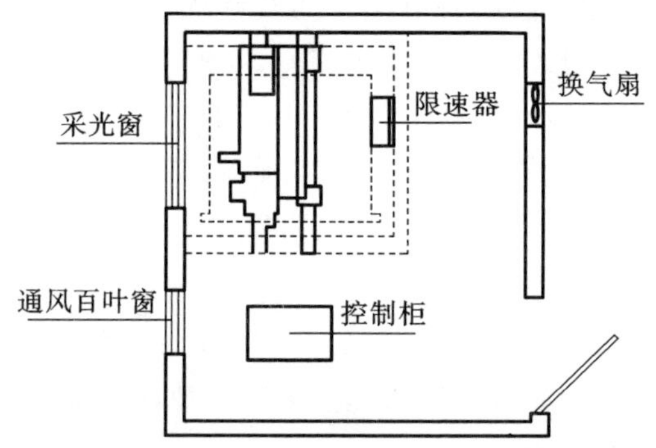

图 13.26 电梯机房平面示例

13.4.2 自动扶梯

自动扶梯适用于有大量人流上下的公共场所，坡度一般采用 30°，按运输能力分为单人、双人两种型号，且应设在大厅的明显位置。

自动扶梯的布置方式有折返式、平行式、连贯式和交叉式几种，见图 13.27。

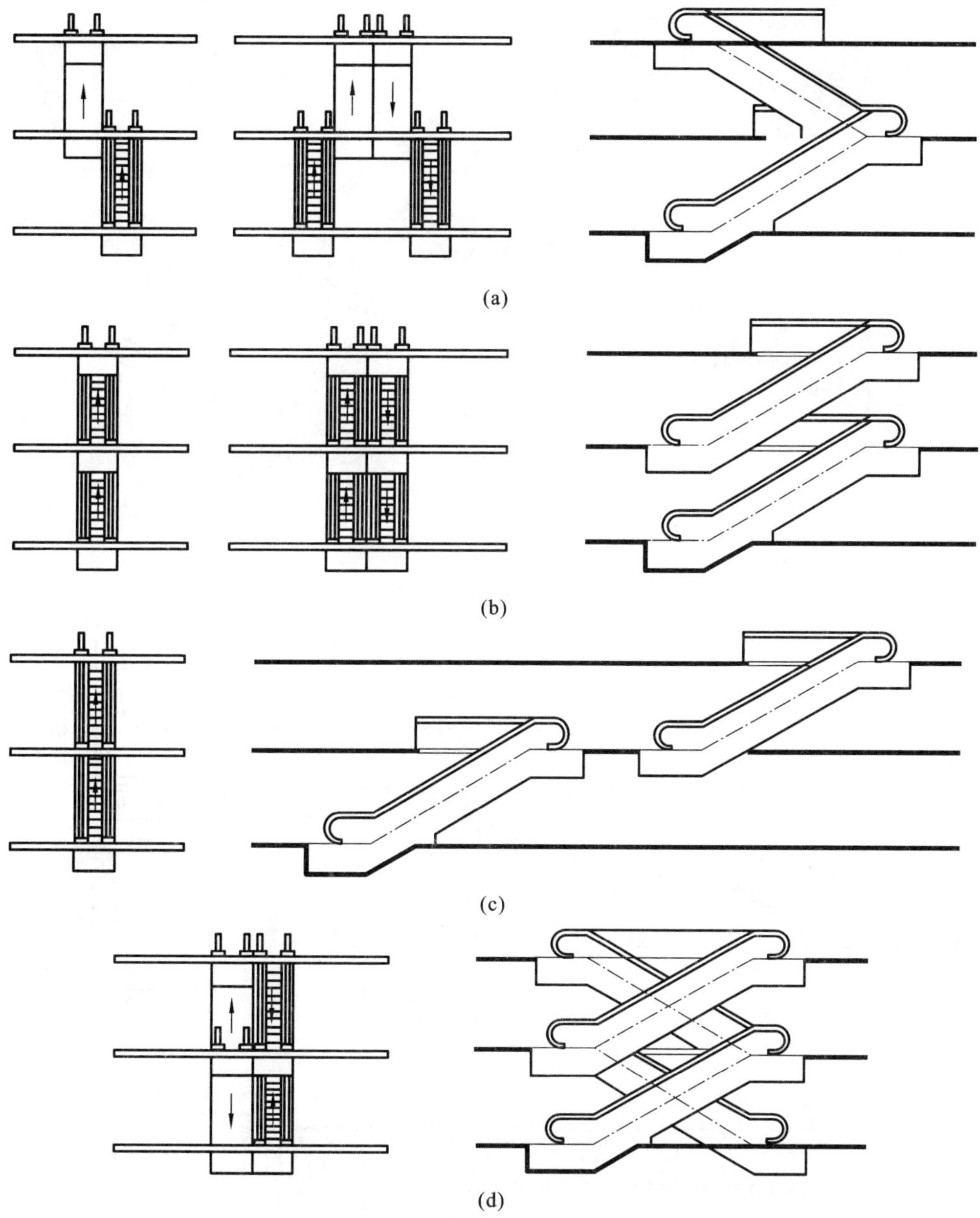

图 13.27 自动扶梯布置方式

(a) 折返式；(b) 平行式；(c) 连贯式；(d) 交叉式

自动扶梯由电动机械牵引，机房悬挂在楼板的下方，踏步与扶手同步，可以正向、逆向运行。在机械停止运转时，自动扶梯可作为普通楼梯使用，自动扶梯的构造示意与基本尺寸分别见图13.28、图13.29。

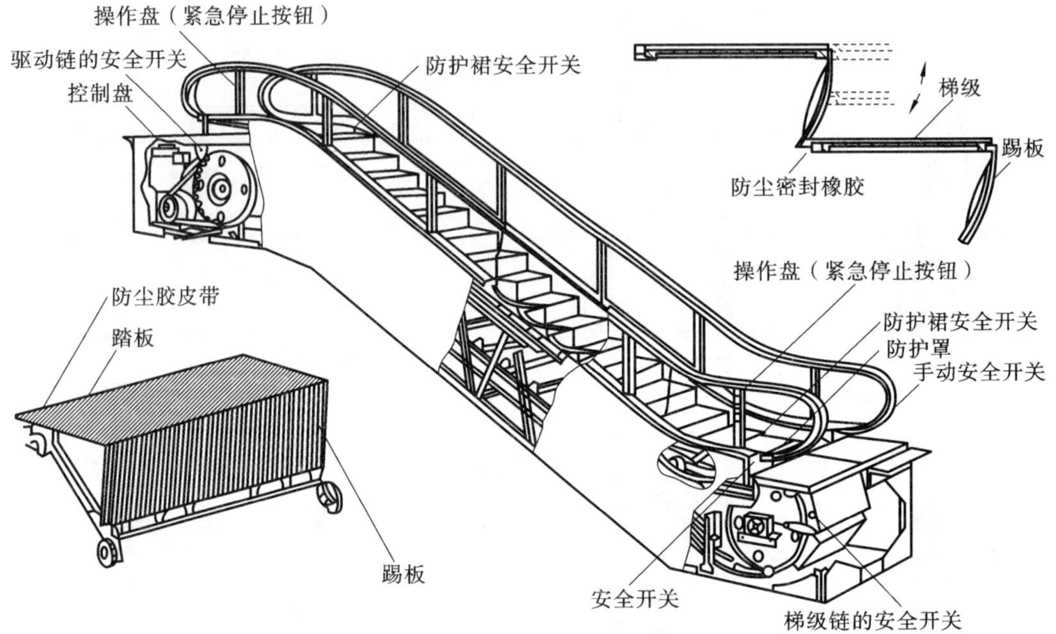

图13.28 自动扶梯构造示意

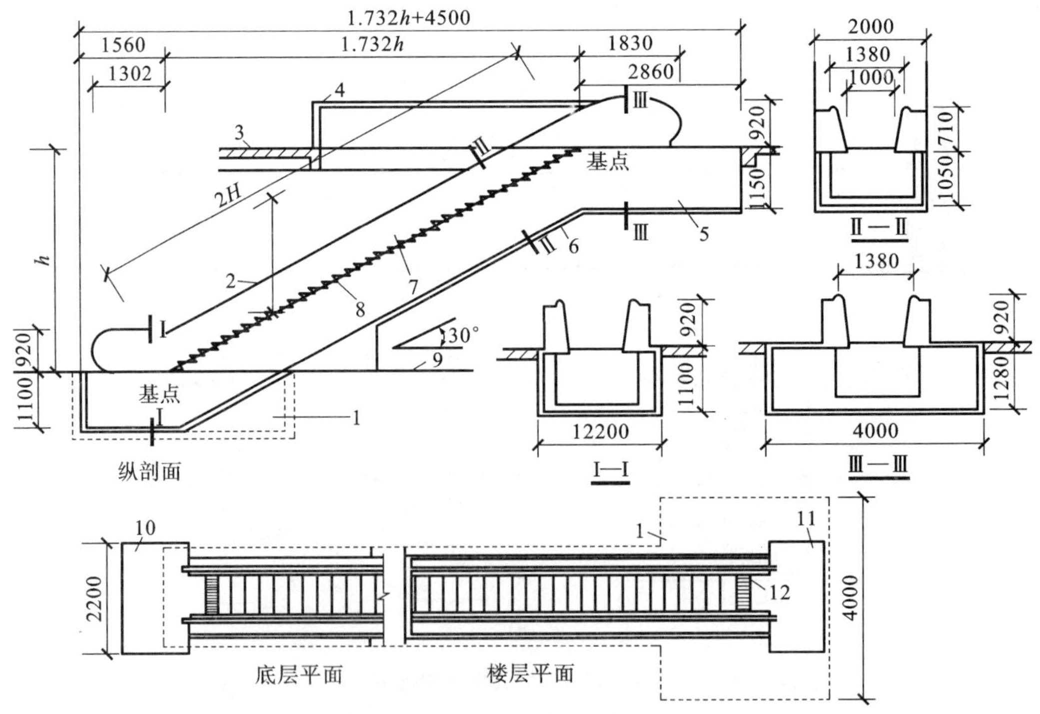

图13.29 自动扶梯基本尺寸

13.5 室外台阶与坡道

房屋底层为了防水、防潮，一般室内外地面设有高差。民用房屋室内地面通常高于室外地面 300 mm 以上，单层工业厂房室内地面通常高于室外地面 150 mm。因此在房屋出入口处，应设置台阶或坡道，以满足室内外的交通联系方便等要求，见图 13.30。

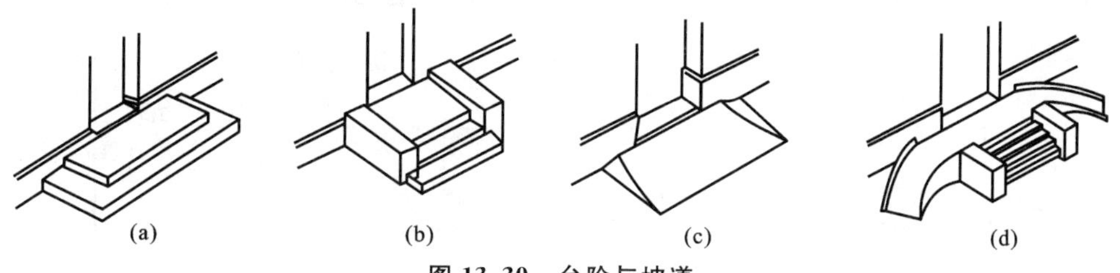

图 13.30 台阶与坡道

(a) 三面踏步式；(b) 单面踏步式；(c) 坡道式；(d) 踏步坡道结合式

13.5.1 室外台阶

室外台阶由平台和踏步组成。

台阶应等建筑物主体工程完成后再进行施工，并与主体结构之间留出约 10 mm 的沉降缝。

台阶由面层、垫层、基层等组成，面层应采用水泥砂浆、混凝土、水磨石、缸砖、天然石材等耐气候作用的材料。台阶类型及构造见图 13.31。

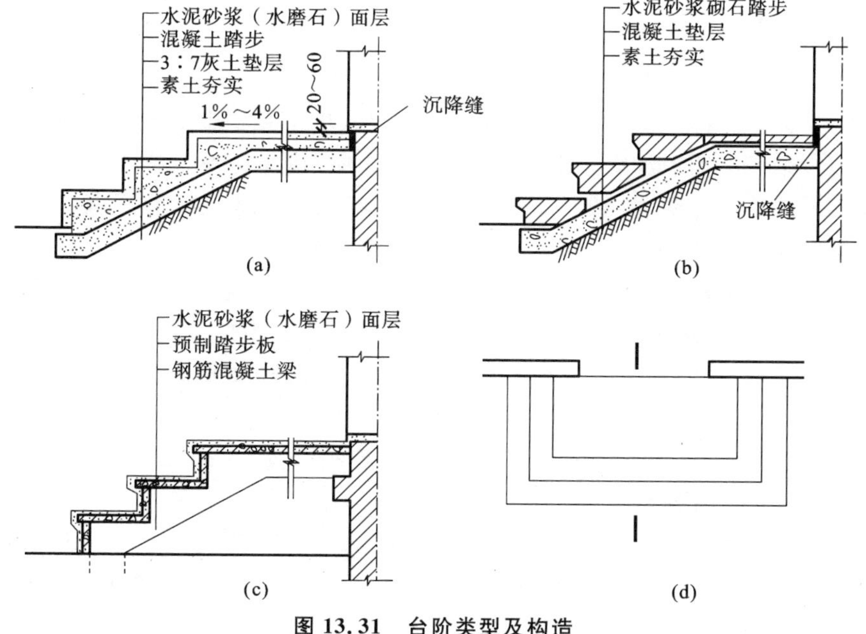

图 13.31 台阶类型及构造

(a) 混凝土台阶；(b) 石台阶；(c) 钢筋混凝土架空台阶；(d) 平面

13.5.2　坡道

坡道分为行车坡道和轮椅坡道，行车坡道又分为普通坡道和回车坡道。

考虑人在坡道上行走时的安全，坡道的坡度受面层做法的限制：光滑面层坡道不大于1∶12，粗糙面层坡道不大于1∶6，带防滑齿坡道不大于1∶4。

坡道的构造与台阶基本相同，垫层的强度和厚度应根据坡道上的荷载来确定，季节冰冻地区的坡道需在垫层下设置非冻胀层，各种坡道构造见图13.32。

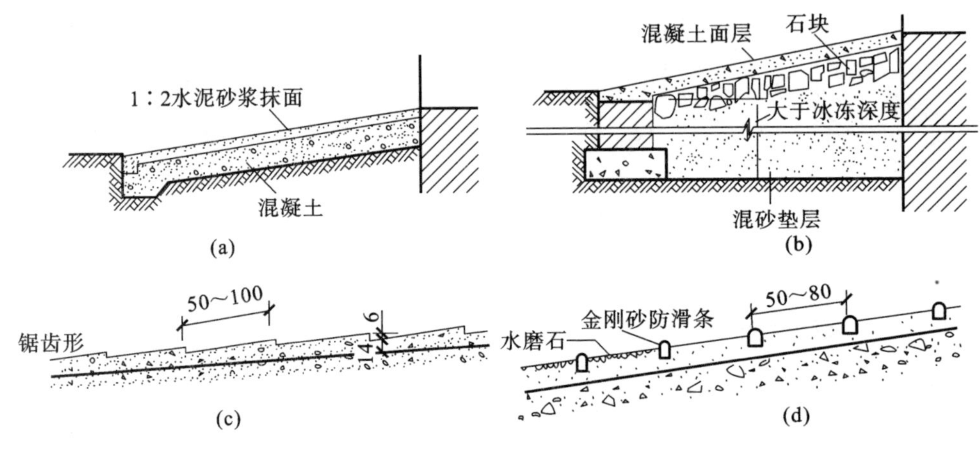

图13.32　坡道构造

(a) 混凝土坡道；(b) 块石坡道；(c) 防滑锯齿槽坡道；(d) 防滑条坡道

本章小结

(1) 楼梯是建筑中楼层间的垂直交通联系设施，应满足交通和疏散的要求。楼梯由楼梯段、平台、栏杆及扶手组成。楼梯段的宽度、坡度、楼梯的净空高度、栏杆的高度、踏步尺寸等均应满足有关要求。钢筋混凝土楼梯包括现浇整体式钢筋混凝土楼梯和预制装配式钢筋混凝土楼梯，现浇整体式钢筋混凝土楼梯有板式和梁板式两种结构形式，预制装配式钢筋混凝土楼梯的预制构件有小型、中型和大型三类。小型构件装配式楼梯的预制踏步有三角形、L形和一字形等，预制踏步的支撑方式有梁承式、墙承式和悬挑式等。平台板可采用预制空心板、槽形板等，中型构件装配式楼梯的预制梯段有板式和梁板式两种形式。

(2) 楼梯踏步面层应耐磨、便于行走、易于清洁，踏面通常应做防滑处理。楼梯栏杆与踏步及与扶手应有可靠的连接。

(3) 电梯和自动扶梯都是用电作为动力的垂直交通设施。电梯由轿厢、电梯井道及运载设备三部分组成。细部构造包括厅门的门套装修、厅门牛腿的处理、导轨与井壁的固结处理。

(4) 室外台阶和坡道均为建筑物入口处连接室外不同标高地面的构件，台阶和坡道应坚固耐磨，且具有良好的耐久性、抗冻性。坡道要有相应的防滑措施。

思考题

13-1 楼梯的组成部分有哪些？各组成部分分别有何要求？

13-2 楼梯的坡度为多少？楼梯踏步尺寸如何确定？

13-3 楼梯段宽度由哪些因素决定？楼梯的净空高度有何规定？

13-4 现浇整体式钢筋混凝土楼梯常见的结构形式有哪些？各有何特点？

13-5 小型构件装配式钢筋混凝土楼梯的构件有哪些？常用的结构形式有哪几种？

13-6 楼梯踏步面层防滑处理的措施有哪些？

13-7 简述楼梯栏杆与踏步的连接方法。

13-8 简述楼梯段与楼梯基础的连接构造方法。

14　工业建筑构造

学习目标

通过学习工业建筑构造，了解工业建筑的特点、分类及结构组成，熟悉单层工业厂房基础、墙体、连系梁、圈梁的构造要求，熟悉单层工业厂房的节点构造和细部构造（如大门、侧窗、地面、地沟等），了解天窗的形式、类别及挡雨片的构造。

14.1　工业建筑概述

工业建筑是为满足工业生产需要而建造的各种不同用途的建筑物和构筑物的总称，包括进行各种工业生产活动的生产用房（工业厂房）及必需的辅助用房。

工业建筑是根据生产工艺流程和机械设备布置的要求而设计的，通常把按生产工艺进行生产的单位称为生产车间。一个工厂除了有若干个生产车间外，还要有辅助用房，如办公室、锅炉房、仓库、生活用房等，此外还有附属设施的构筑物，如烟囱、水塔、冷却塔、水池等。工业建筑与民用建筑相比，基建投资多，占地面积大，除应满足生产工艺要求外，还应符合坚固适用、经济合理和技术先进的设计要求。同时，必须为广大工人创造一个良好的生产环境。

14.1.1　工业建筑的特点

（1）生产工艺决定厂房的结构形式和平面布置

每一种工业产品的生产都有一定的生产程序，即生产工艺流程。为了保证生产的顺利进行，保证产品质量和提高劳动生产率，厂房设计必须满足生产工艺要求。不同生产工艺的厂房有不同的特征。

（2）内部空间大

由于厂房中的生产设备多、体积大，各部分生产联系密切，并有多种起重运输设备通行，厂房内部具有较大的空间。工业厂房对结构要求较高，例如，有桥式吊车的厂房，室内净高一般均在 8 m 以上；厂房长度一般均在数十米，有些大型轧钢厂，其长度可达数百米。

(3) 厂房屋顶面积大，构造复杂

当厂房宽度较大时，特别是多跨厂房，为满足室内采光、通风的需要，屋顶上往往设有天窗。为了屋面防水、排水的需要，还应设置屋面排水系统(天沟及落水管)，这些设施均使屋顶构造复杂。

(4) 荷载大

工业厂房由于跨度大，屋顶自重大，并且一般都设置一台或数台起重量为数十吨的吊车，同时还要承受较大的振动荷载，因此，多数工业厂房采用钢筋混凝土骨架承重。对于特别高大的厂房、有重型吊车的厂房、高温厂房及地震烈度较高地区的厂房，需要采用钢骨架承重。

(5) 需满足生产工艺的某些特殊要求

对于一些有特殊要求的厂房，为保证产品质量和产量、保护工人身体、保证生产安全，在设计时常采取一些技术措施来满足这些特殊要求。生物制剂、制药等厂房要求车间内空气保持一定的温度、湿度、洁净度，有的厂房还需采取防震、防辐射措施等。

14.1.2 工业建筑的分类

由于现代工业生产类别繁多，生产工艺多样化、复杂化，因此工业建筑类型很多。在建筑设计中通常按厂房的用途、层数、生产状况等进行分类。

(1) 按厂房的用途分类

① 主要生产厂房。

主要生产厂房是指各类工厂的主要产品从备料、加工到装配等主要工艺流程的厂房，如机械制造厂的机械加工与机械制造车间，钢铁厂的炼钢、轧钢车间。在主要生产厂房中常常布置有较大的生产设备和起重设备。

② 生产辅助厂房。

生产辅助厂房是指不直接加工产品，只是为生产服务的厂房，如机修、工具、模型车间等。

③ 动力用厂房。

动力用厂房是指为全厂提供能源和动力的厂房，如发电站、锅炉房、氧气站等。

④ 材料仓库建筑。

材料仓库建筑是指贮存原材料、半成品、成品的房屋(一般称仓库)，如机械厂的金属料库、油料库、燃料库等。由于贮存物质不同，在防火、防爆、防潮、防腐等方面有不同的设计要求。

⑤ 运输用建筑。

运输用建筑是指贮存及检修运输设备及起重消防设备等的房屋，如汽车库、机车库、起重机库、消防车库等。

⑥ 其他建筑。

不属于上述类型用途的建筑，如水泵房、污水处理建筑等。

(2) 按厂房的层数分类

① 单层工业厂房。

这类厂房多用于冶金、机械等重工业。其特点是设备体积大、质量重、车间内以水平运输为主,大多靠厂房中的起重运输设备和车辆进行运输。厂房内的生产工艺路线和运输路线较容易组织,但单层厂房占地面积大、维护结构多、单路管线长、立面较单调。单层工业厂房又分为单跨厂房、高低跨厂房和多跨厂房,如图 14.1 所示。

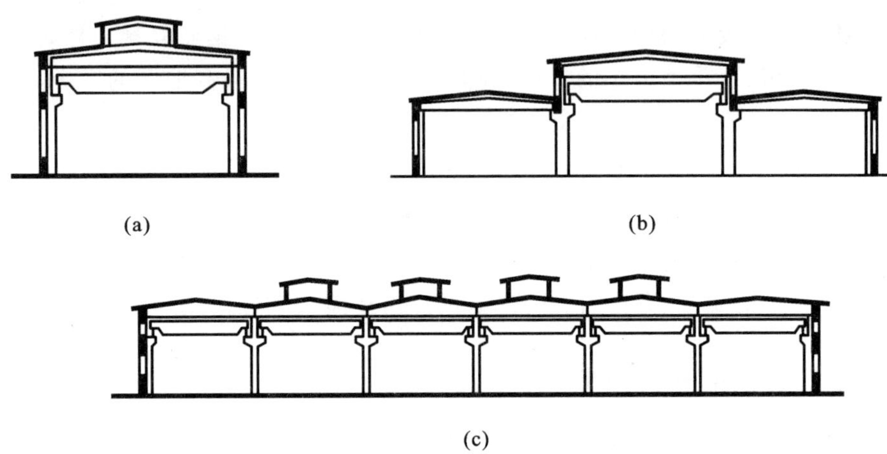

图 14.1　单层工业厂房

(a) 单跨厂房;(b) 高低跨厂房;(c) 多跨厂房

② 多层工业厂房。

多层工业厂房是指层数在 2 层以上,一般为 2～5 层的厂房。多层厂房对于垂直方向组织生产及工艺流程的生产企业(如面粉厂)和设备及产品较轻的企业具有较大的适用性,多用于精密仪器、电子、轻工、食品、服装加工工业等,如图 14.2 所示。

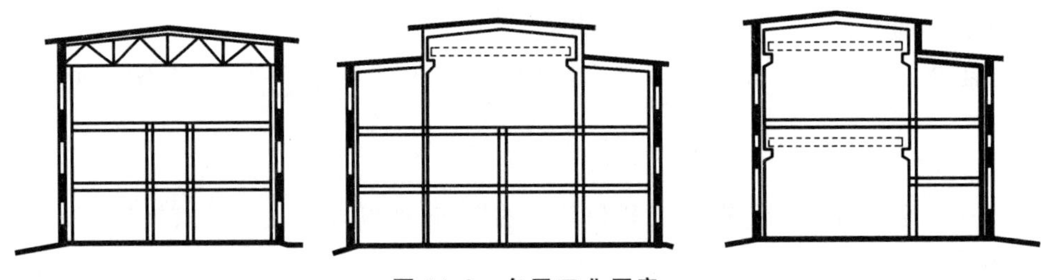

图 14.2　多层工业厂房

③ 层数混合的工业厂房。

层数混合的工业厂房,即在厂房中既有单层又有多层,这种厂房常用于化工、热电站的主厂房等。如热电厂主厂房,汽机间设在单层单跨内,其他可设在多层内;又如化工车间,高大的生产设备可设在单层单跨内,其他可设在多层内。混合层数厂房如图 14.3 所示。

(3) 按厂房的生产状况分类

① 冷加工车间。

冷加工车间是指在常温、常湿条件下进行生产的车间,如机械制造类的金工车间,机

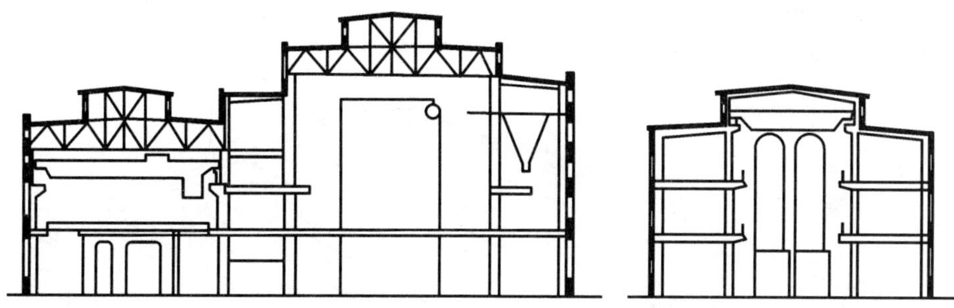

图 14.3 混合层数厂房

修、装配等车间，生产要求车间内部有良好的采光和通风。

② 热加工车间。

热加工车间是指生产过程是在高温和熔化状态下，加工非燃烧材料的生产车间，生产中散发大量的余热、废气等，如铸造、锻压、冶炼、热轧、热处理等车间。由于热加工生产对人的健康、厂房结构的坚固耐久性均有直接影响，故而要求厂房内部加强通风措施。

③ 恒温、恒湿车间。

恒温、恒湿车间是指产品生产需要在恒定的温度、湿度条件下进行的车间，如精密仪器、纺织等车间。这些车间除应装有空调设备外，还应采取其他措施，以减少室外气候对室内温度、湿度的影响。

④ 洁净车间。

洁净车间是指产品生产需要在空气净化、无尘甚至无菌的条件下进行的车间，如药品、电视机显像管、集成电路车间等。这些车间除要经过净化处理，将空气中的含尘量控制在允许范围内以外，车间围护结构应保证严密，以免大气灰尘的侵入，并应确保生产条件。

⑤ 其他特种情况的车间。

有的产品生产对环境有特殊的需要，如防爆、防腐蚀、防放射性物质、防电磁波干扰、高度隔声等的车间。

(4) 按厂房的跨度尺寸分类

① 小跨度厂房。

小跨度厂房是指小于或等于 15 m 的单层工业厂房。这类厂房的结构类型以砖混结构为主。

② 大跨度厂房。

大跨度厂房是指跨度为 15～36 m 及 36 m 以上的单层工业厂房。其中，跨度为 15～30 m 的厂房以钢筋混凝土结构为主，跨度在 36 m 及 36 m 以上时，一般以钢结构为主。

14.1.3 单层工业厂房的结构组成

单层工业厂房的结构支承方式基本上可分为承重墙结构与骨架结构两类。仅当厂房的跨度、高度、吊车荷载较小及地震烈度较低时才用承重墙结构；当厂房的跨度、高度、吊车荷载较大及地震烈度较高时，应广泛采用骨架承重结构。骨架结构由柱子、梁、屋架等组成，以承受各种荷载，这时，墙体在厂房中只起围护或分隔作用。单层工业厂房装配式钢筋混凝土骨架及主要构件如图 14.4 所示。

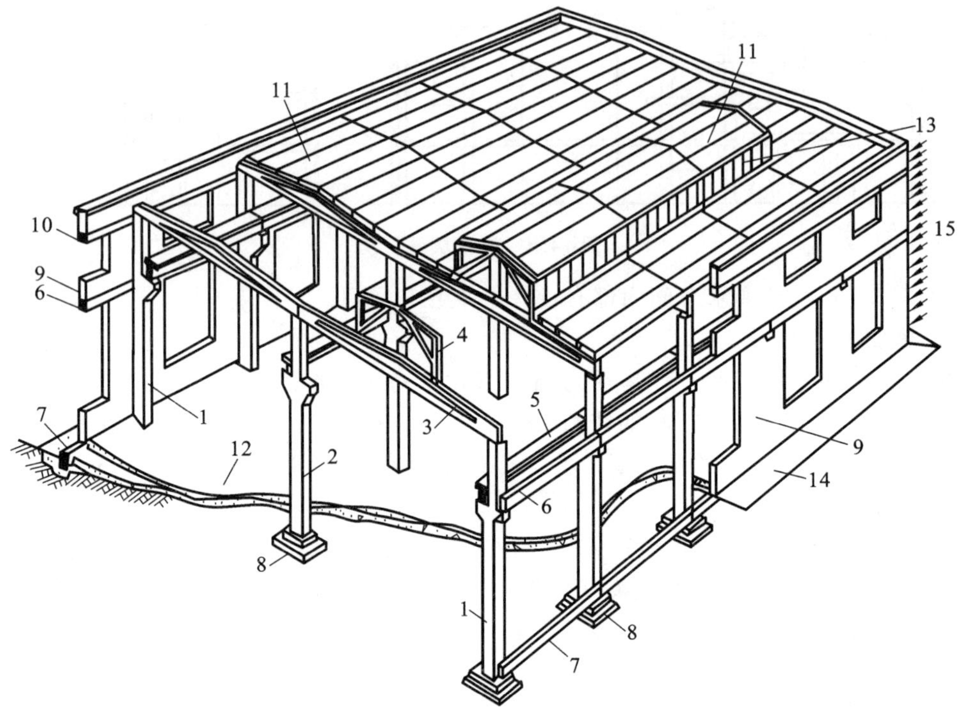

图 14.4　单层工业厂房装配式钢筋混凝土骨架及主要构件

1—边列柱；2—中列柱；3—屋面大梁；4—天窗架；5—吊车梁；6—连系梁；7—基础梁；8—基础；9—外墙；10—圈梁；11—屋面板；12—地面；13—天窗扇；14—散水；15—风力

(1) 墙体承重结构

墙体承重结构采用外墙砖墙、砖柱承重，屋架采用钢筋混凝土屋架或木屋架、钢木屋架的结构形式。这种结构的构造简单、造价低、施工方便，但承载力低，只适用于无吊车荷载或吊车荷载小于 5 t 的厂房及辅助性建筑，其跨度一般应控制在 15 m 以内。墙体承重结构见图 14.5。

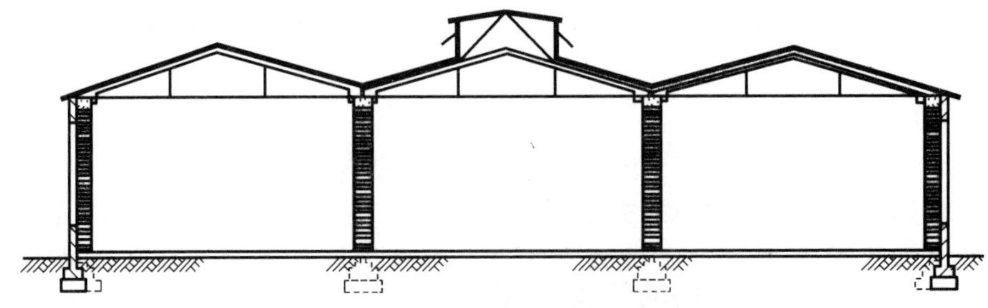

图 14.5　墙体承重结构

(2) 排架结构

排架结构由横向排架和纵向排架两个方向的骨架体系组成。厂房横向排架示意图见图 14.6。从厂房横剖面来看，由柱、基础和屋架（或屋面梁）构成横向排架，其基本特点是把屋架视作刚度很大的横梁。屋架（或屋面梁）与柱的连接为铰接，柱与基础的连接为刚接。从厂房的纵向列柱来看，由柱、基础、基础梁、吊车梁、连系梁（墙梁或圈梁）、柱间支撑、屋盖支撑及屋面板等构成纵向排架结构，保证了横向排架的稳定性，从而形成了厂房的整个骨架结构体系。排架结构的优点是整体刚度好和稳定性强。

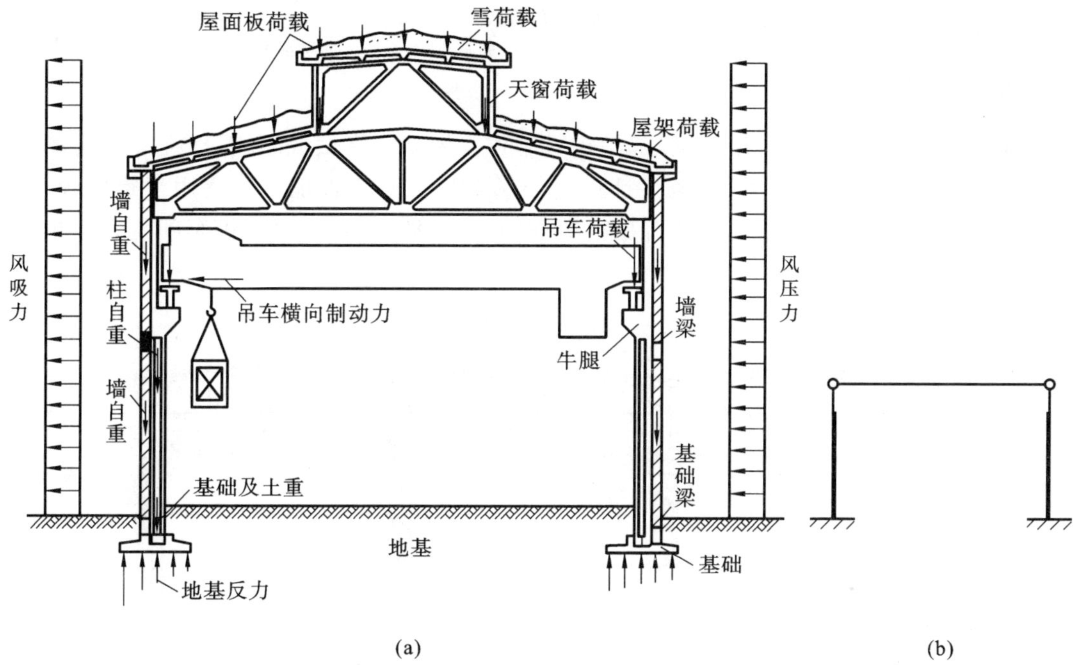

图 14.6 厂房横向排架示意图

(a) 厂房横剖面；(b) 横向排架结构简图

排架结构可由一种或几种材料组成，按用料不同分为如下几种常见类型：

① 装配式钢筋混凝土结构。

这类排架结构采用的是钢筋混凝土或预应力混凝土构件（标准构配件），它的适用范围很广，跨度可达 30 m 以上，高度可达 20 m 以上，吊车起重量可达 150 t。同时也适用于特殊要求（有侵蚀性介质和空气潮湿度较高）的厂房。

② 钢屋架与钢筋混凝土柱组成的结构。

其适用跨度为 30 m 以上，吊车起重量可达 150 t 以上的厂房。

(3) 刚架结构

前述排架结构中，柱与横梁为铰接。刚架与排架的不同之处在于柱与横梁为刚性连接。

① 装配式钢筋混凝土门式刚架。

这种结构将屋架（屋面梁）与柱子合并成一个构件。柱子与屋架（屋面梁）连接处为一整体刚性节点，柱子与基础的连接为铰接，其结构截面根据柱子受力情况的不同而有所区别。装配式钢筋混凝土门式刚架如图 14.7 所示。

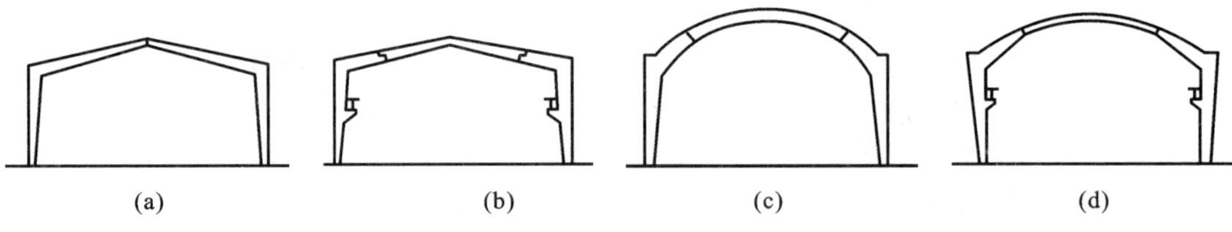

图 14.7 装配式钢筋混凝土门式刚架

(a) 人字形刚架；(b) 带吊车人字形刚架；(c) 弧形拱刚架；(d) 带吊车弧形拱刚架

② 钢结构刚架。

其主要构件(屋架、柱、吊车梁)都用钢材制作。屋架与柱做成刚接,以提高厂房的横向刚度。这种结构承载力大、抗震性能好,但耗钢量大、耐火性能差。适用于跨度较大、空间较高、吊车起重量大的重型和有振动荷载的厂房,如炼钢厂、水压机车间等。钢结构厂房如图 14.8 所示。

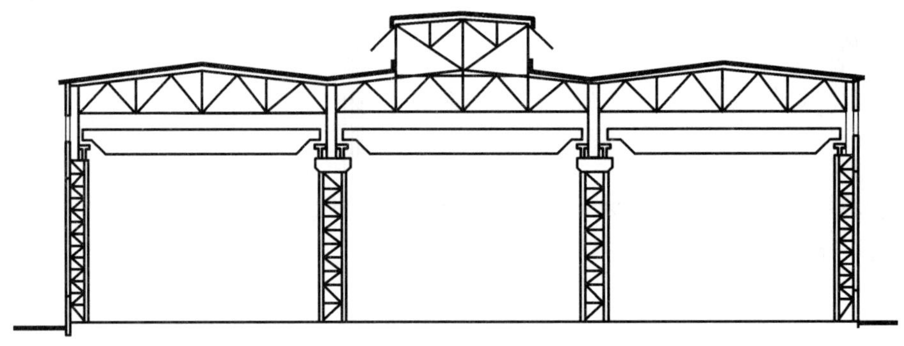

图 14.8 钢结构厂房

14.1.4 单层工业厂房内部起重运输设备

为了满足生产工艺布置的需要,便于生产过程中原材料、半成品、成品的装卸、搬运及设备的检修等,厂房内部需设置适当的起重运输设备。厂房内部的起重运输设备主要有三类:一是地面运输设备,如板车、电瓶车、汽车、火车等;二是垂直运输设备,如安装在厂房上部空间的各种类型的起重吊车;三是辅助运输设备,如各种输送管道、传送带等。在这些起重设备中,各种形式的吊车对厂房的布置、结构选型等影响最大。常见的起重吊车设备主要有单轨悬挂式吊车、梁式吊车、桥式吊车和悬臂式吊车等。

(1) 单轨悬挂式吊车

单轨悬挂式吊车是在屋架(或屋面梁)下弦悬挂钢轨,轨梁安装可以水平移动的滑轮组(俗称电动葫芦),利用滑轮组升降起重的一种起重设备,其起重量一般在 5 t 以下,有手动和电动两种类型。单轨悬挂式吊车如图 14.9 所示。

(2) 梁式吊车

梁式吊车是由梁架和电动葫芦组成,分为悬挂式和支承式两种。悬挂式是在屋架(或屋面梁)下弦悬挂梁式钢轨,钢轨呈两平行直线状,钢轨梁上安放滑行的单梁,单梁上

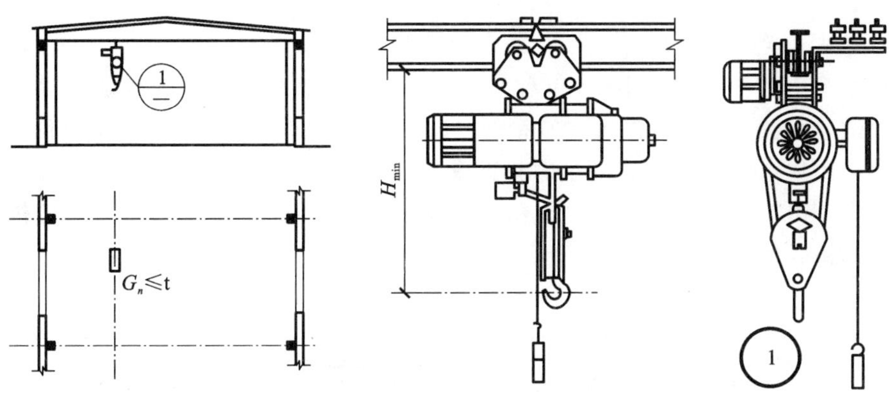

图 14.9 单轨悬挂式吊车

设有可移动的滑轮组(即电动葫芦)以升降重物。支承式是在排架柱上设牛腿,牛腿上搁置吊车梁,吊车梁上安装钢轨,钢轨上设有可滑行的单梁,在单梁上设有可移动的滑轮组(即电动葫芦)以升降重物。梁式吊车的起重量一般不超过 50 t,梁式吊车如图 14.10 所示。

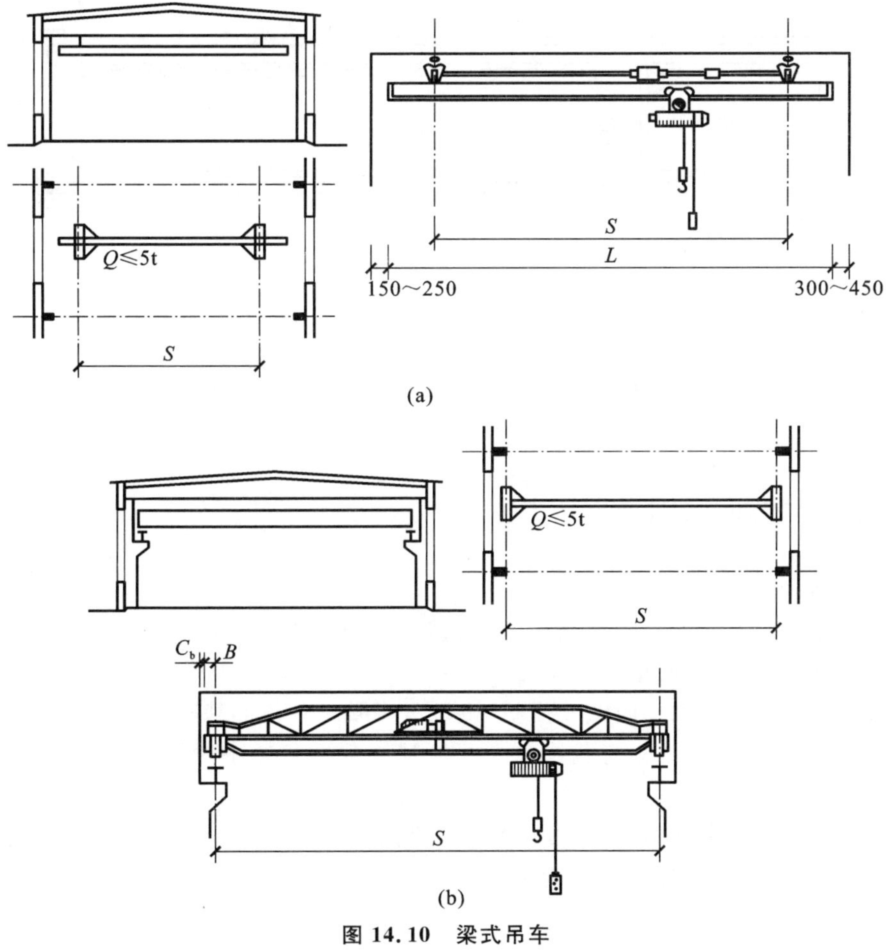

图 14.10 梁式吊车

(a) 悬挂式电动单梁吊车;(b) 吊车梁支承电动单梁吊车

(3) 桥式吊车

桥式吊车由桥架及起重小车(也称行车)组成。通常在排架柱的牛腿上设置的吊梁上安放轨道,桥架行驶在吊梁上。在桥架上设置起重小车,小车沿桥架横向移动。小车上有供起重用的滑轮组。桥式吊车的起重量为50～400 t,甚至更大。桥式吊车适用于大跨度的厂房。吊车一般由专职人员在吊车一端的司机室内操作,厂房内应设置供人员上下的钢梯。桥式吊车如图14.11所示。

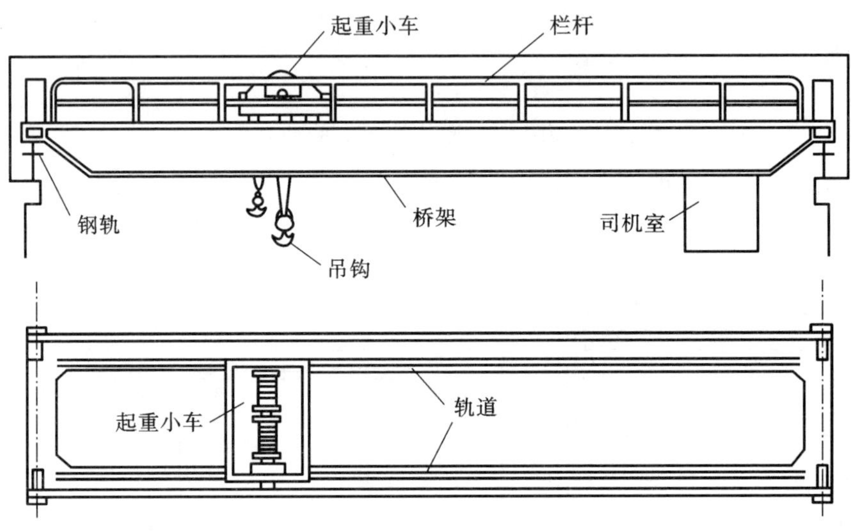

图14.11　桥式吊车

14.2　单层工业厂房的主要结构构件

14.2.1　基础、基础梁及柱

(1) 基础

基础支撑厂房上部的全部荷载,并将荷载传递到地基中去。因此,基础起着承上传下的作用,是厂房结构中的重要构件之一。

单层工业厂房的基础一般做成独立柱基础,其形式有杯形基础、板肋基础、薄壳基础等,如图14.12所示。当结构荷载比较大而地基承载力又较小时,则可采用杯形基础或桩基础。

基础所用混凝土等级不低于C20,为了方便施工放线和保护钢筋,基础底部通常要铺设C10的素混凝土垫层,厚度一般为100 mm。独立式基础目前常采用现场浇制的方法。

(2) 基础梁

单层工业厂房中当柱为支承构件、外墙仅做围护墙时,为避免柱与墙的不均匀沉降,墙身一般支承在基础梁上,基础梁的两端放在杯形基础杯口上。当基础埋深不大时,基

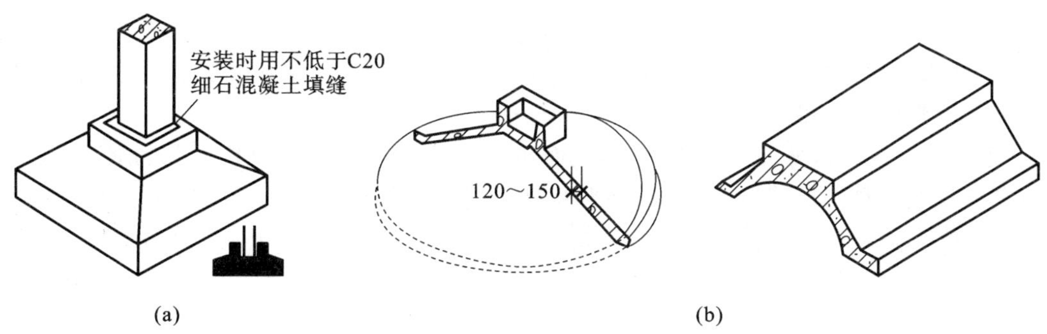

图 14.12　单层工业厂房的基础形式

(a) 杯形基础；(b) 薄壳基础

础梁可直接搁置在柱基础的杯口顶面上，如图 14.13(a)所示；如果基础较深，可将基础梁设置在柱基础杯口的混凝土垫块上或采用高杯基础，如图 14.13(b)、(c)所示；当埋深更大时，也可设置在排架柱底部的小牛腿上，如图 14.13(d)所示。

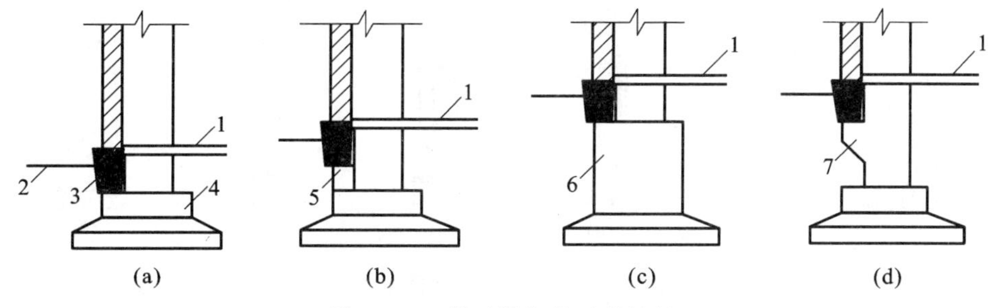

图 14.13　基础梁与基础的连接

1—室内地面；2—散水；3—基础梁；4—柱杯形基础；5—垫块；6—高杯形基础；7—牛腿

基础梁顶面标高至少应低于地面 50 mm，比室外地坪至少应高 100 mm，并且不单做防潮层。在保温、隔热厂房中，为防止热量沿基础梁流失，可铺设松散的保温、隔热材料，如炉渣、干砂等。松散材料的厚度宜大于 300 mm。基础梁搁置构造要求及保温措施如图 14.14 所示。

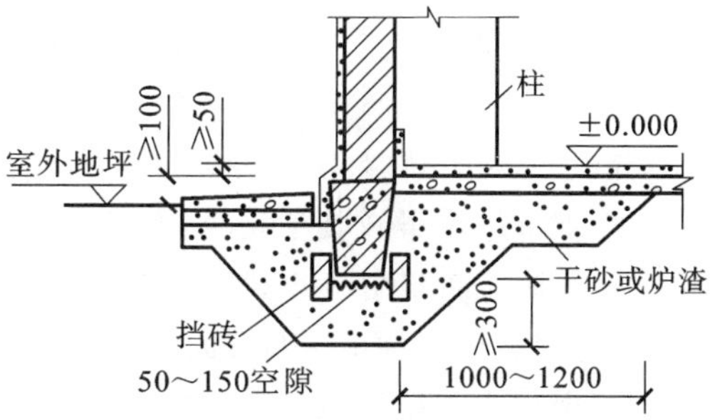

图 14.14　基础梁搁置构造要求及保温措施

(3) 柱

① 承重柱。

承重柱(即排架柱)是厂房的竖向承重构件，它承受垂直荷载和水平荷载，并且将这些荷载连同自重全部传递至基础。柱与厂房外墙相连接。

柱子从位置上可分为边列柱、中列柱、高低跨柱等。

柱子按材料可分为钢柱、钢筋混凝土柱、砖柱。砖柱的截面一般为矩形，钢柱的截面一般采用格构形。目前钢筋混凝土柱应用较广泛。

单层工业厂房的钢筋混凝土柱基本上可分为单肢柱、双肢柱两大类。单肢柱的截面形式有矩形、工字形、工字形带孔等。

矩形柱外形简单，自重大，混凝土用量较大，适用于中小厂房。

工字形柱比矩形柱省混凝土 30%～50%，截面高度较大，可适用于中型、大型厂房。此外，工字形带孔柱可利用空腹板穿孔架设一些管道。

双肢柱是由两肢矩形截面或圆形截面用腹杆连接而成。平腹杆制作方便、节省材料，便于安装各种不同管线；斜腹杆比平腹杆的受力性能更为合理。双肢管柱在离心制管机上成型，质量好，便于拼装，预埋件较多，与墙体连接不如工字形柱方便，也可在钢管内注入混凝土做成管柱。双肢柱一般应用于大吨位吊车的厂房中。各类型钢筋混凝土柱子见图 14.15。

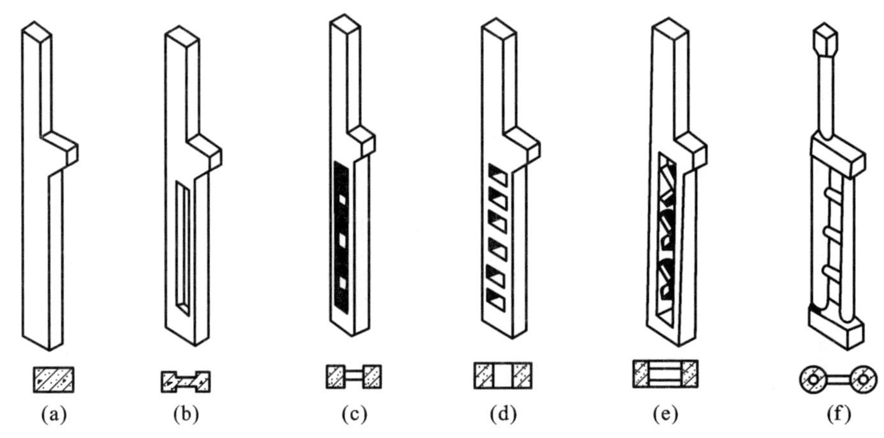

图 14.15　钢筋混凝土柱子类型

(a) 矩形；(b) 工字形；(c) 工字形带孔；(d) 平腹杆；(e) 斜腹杆；(f) 双肢管柱

柱的截面尺寸应根据柱的高度及受力等情况由计算确定，同时还必须满足构造方面的要求。柱的上柱(牛腿以上部分)截面尺寸一般为 400 mm×400 mm、400 mm×500 mm、400 mm×600 mm；下柱(牛腿以下部分)截面尺寸一般为 400 mm×600 mm、400 mm×800 mm、400 mm×1000 mm。

为支承吊车梁或其他构件，柱上设有牛腿。同时为方便柱子和其他构件的连接，需在柱身不同位置设置预埋件。在进行柱的设计及施工时，应根据具体情况将这些预埋件准确、无误地埋在柱上。柱子的构造如图 14.16 所示。

厂房柱应与墙体相连接，最简单、常用的做法是采用钢筋拉结，如图 14.17 所示。

② 抗风柱。

单层工业厂房的山墙面积较大，所受到的风荷载也较大，因此必须在山墙上设置抗风柱，使墙上的风荷载一部分由抗风柱传至基础，另一部分则由抗风柱上端通过屋盖系统传到厂房的纵向排架上去。厂房高度及跨度不大时，抗风柱可采用砖柱，其他情况一般采用钢筋混凝土柱。

抗风柱除了按外墙与柱的连接方式压砌钢筋外，在抗风柱的顶部还留有预埋件，其与折形弹簧板焊接在一起并与屋架上弦连接。在垂直方向应允许屋架和抗风柱有相对的竖向位移，同时屋架与抗风柱间留有不小于 150 mm 的空隙。当厂房沉降较大时，可采用螺栓连接。

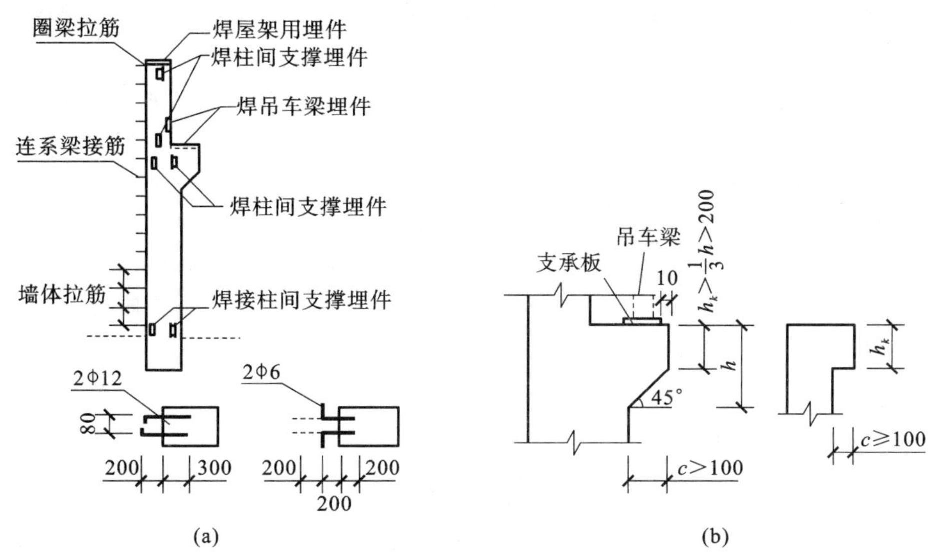

图 14.16 柱子的构造

(a) 柱子的埋筋与埋件;(b) 牛腿的构造

抗风柱与山墙及屋架的连接见图 14.18。

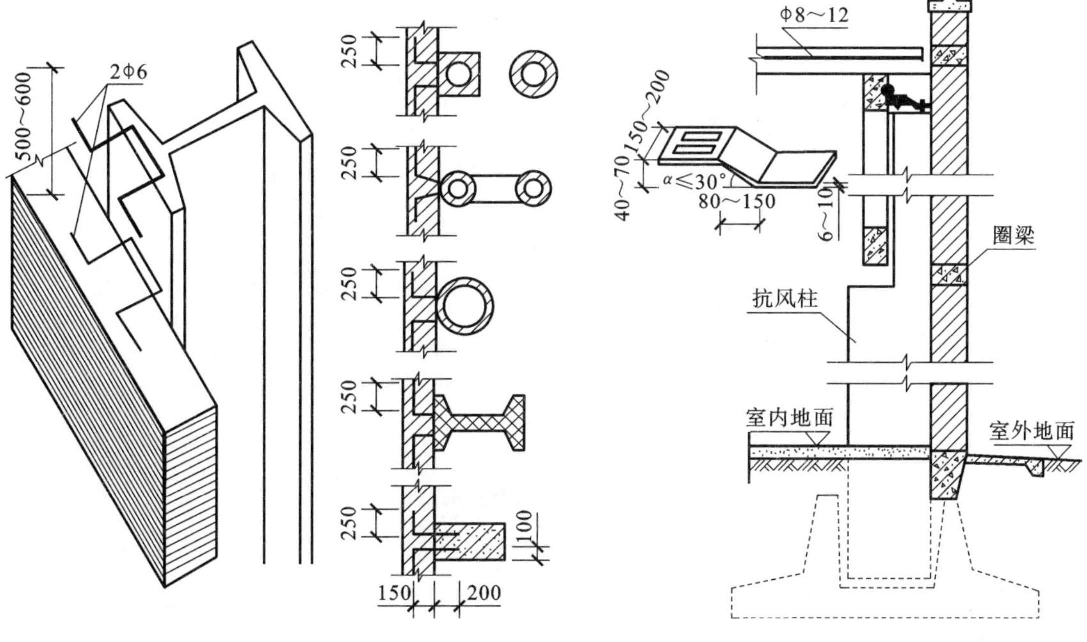

图 14.17 柱和墙的连接

图 14.18 抗风柱与山墙及屋架的连接

14.2.2 吊车梁、连系梁与圈梁

(1) 吊车梁

单层工业厂房一般都设有桥式吊车(或梁式吊车),需要在柱子的牛腿处设置吊车

梁。吊车在吊车梁上铺设的轨道上行走。吊车梁直接承受吊车的自重和起吊物件的重量，以及刹车时产生的水平荷载。

吊车梁一般用钢筋混凝土做成，也可用型钢及砖拱等制作。常见的吊车梁截面形式有等截面和变截面两种，等截面如 T 形、工字形等，变截面有折线形、鱼腹形、格架式等。T 形吊车梁的上部翼缘较宽，扩大了梁的受压面积，安装轨道也更方便，如图 14.19 所示。这种吊车梁适用于 6 m 柱距，5～75 t 的重级工作制，3～30 t 的中级工作制。T 形吊车梁的自重轻、省材料、施工方便，吊车梁的梁端上下表面均留有预埋件，以便安装、焊接，梁身的圆孔为电线穿越留孔。钢筋混凝土吊车梁与柱牛腿一般采用预埋件焊接相连，梁、柱之间的空隙处用 C20 混凝土填实，如图 14.20 所示。

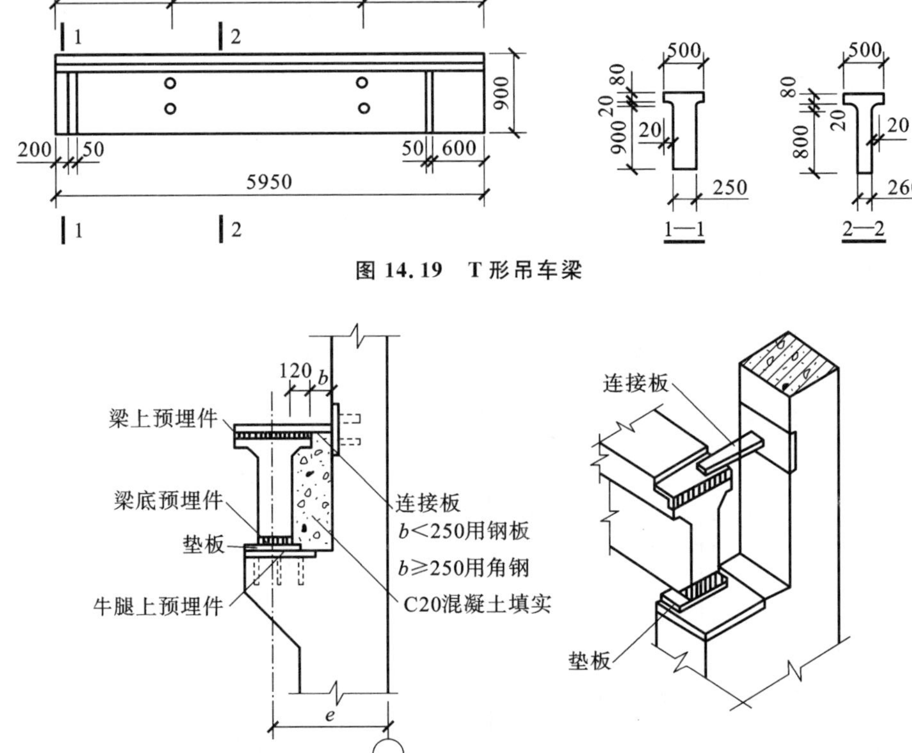

图 14.19　T 形吊车梁

图 14.20　吊车梁与柱的连接

吊车梁钢轨的截面有方形和工字形两种，吊车梁与轨道的安装通过垫木、橡胶垫等进行减震。

(2) 连系梁

连系梁是厂房纵向柱列的水平连系构件，设在柱与柱之间，常做在窗口上皮，并代替窗过梁。连系梁的作用是加强结构的纵向刚度、传递风力和承受其上面一部分墙体的质量。当墙体高度超过 15 m 时，则应设置连系梁，以承受上部墙体质量并将荷载传递给柱子。

连系梁有承重和非承重两种。非承重连系梁的主要作用是增强厂房的纵向刚度、传递风荷载，而不起将墙体重量传给柱子的作用，因此它与柱的连接一般只需要用螺栓或钢筋与柱拉结即可，而不必将它搁置在柱的牛腿上。承重的连系梁除了可以起非承重连系梁的作用外，还要承受上部墙体重量，并传给柱子，因此它应搁置在柱的牛腿上，并用焊接或螺栓使之与柱牢固地连接。连系梁的截面形式有矩形和L形，分别用于240 mm和370 mm的砖墙中。连系梁与柱的连接如图14.21所示。

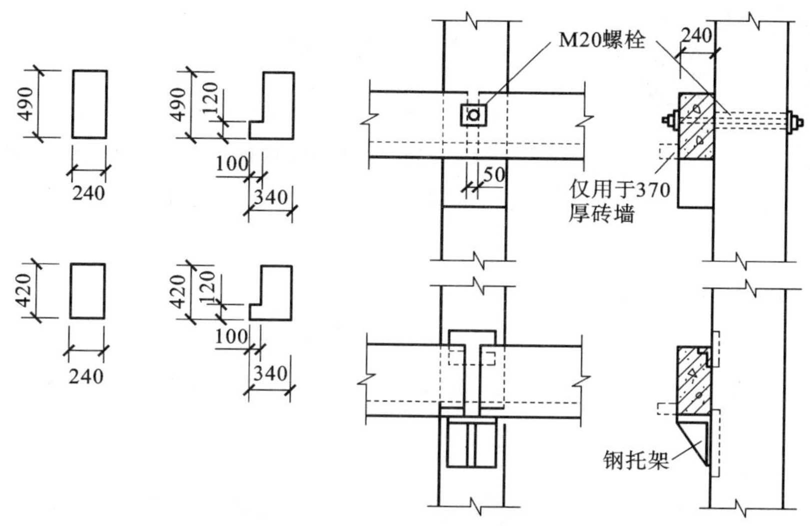

图 14.21 连系梁与柱的连接

(3) 圈梁

圈梁的作用是将墙体同厂房的排架柱、抗风柱连在一起，以加强整体刚度和稳定性。圈梁与柱的连接见图14.22。可设置一道或几道圈梁，按照上密下疏的原则，每5 m左右

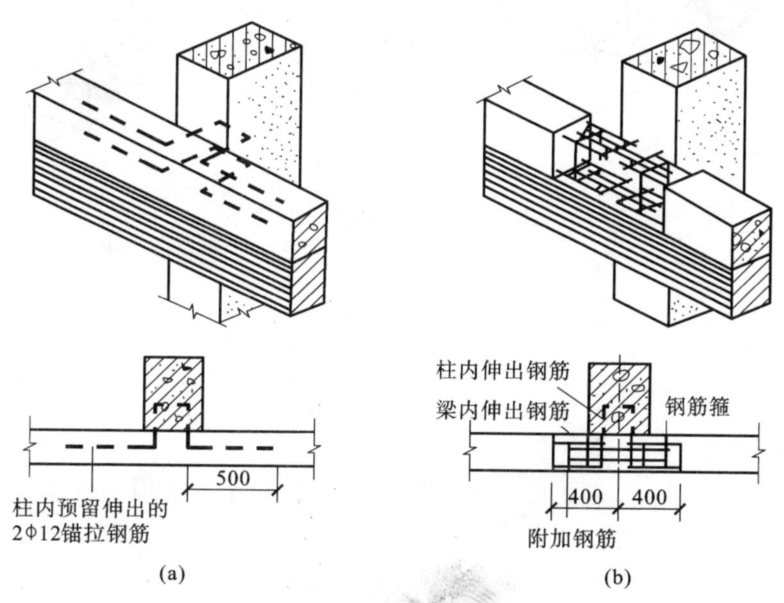

图 14.22 圈梁与柱的连接

(a) 现浇钢筋混凝土圈梁；(b) 预制现浇接头圈梁

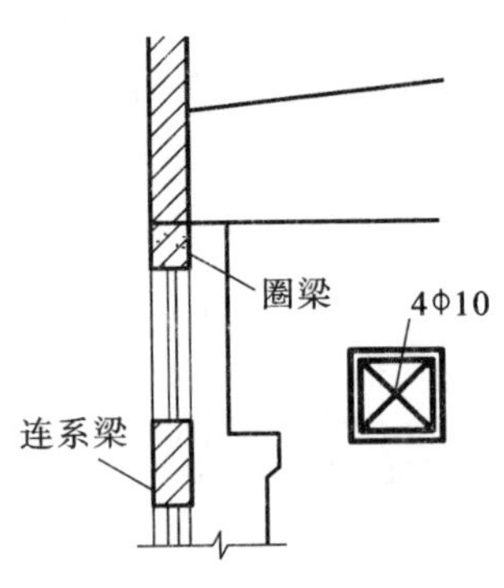

图 14.23　圈梁的位置

加一道，其断面高度应不小于 180 mm，圈梁的位置通常设在柱顶或吊车梁、窗过梁等处，圈梁在墙体内并搁在墙上，如图 14.23 所示。单层工业厂房的连系梁一般为预制的，圈梁一般为现浇。

14.2.3　支撑系统

支撑的主要作用是使厂房形成整体空间骨架，以保证厂房的空间刚度，同时能传递水平荷载，如山墙风荷载及吊车纵向制动力等，此外还保证了结构和构件的稳定。

支撑有屋盖支撑和柱间支撑两大部分。

(1) 屋盖支撑

屋盖支撑主要是为了保证屋架上下弦间杆件受力后的稳定性，并能传递山墙受到的风荷载。

① 水平支撑。

水平支撑布置在两榀屋架上弦和下弦之间，沿柱距横向布置或沿跨度纵向布置。水平支撑分为：上弦横向水平支撑、下弦横向水平支撑、纵向水平支撑、纵向水平系杆等，如图 14.24 所示。

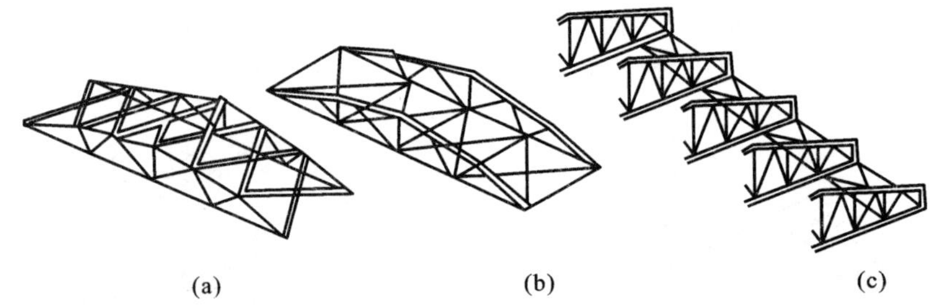

图 14.24　屋盖的水平支撑

(a) 上弦横向水平支撑；(b) 下弦横向水平支撑；(c) 纵向水平支撑

② 垂直支撑。

垂直支撑主要保证屋架在使用和安装阶段的侧向稳定，并能提高厂房整体刚度，如图 14.25 所示。

(2) 柱间支撑

柱间支撑一般设在厂房变形缝的区段中部，其作用是承受山墙抗风柱传来的水平荷载及传递吊车产生的纵向刹车力，以加强纵向列柱的刚度和稳定性，是厂房必须设置的支撑系统。柱间支撑用钢材制作，通常为交叉形式，交叉倾斜角一般为 35°～55°，因此在施工时必须将预埋件正确地设置在柱上，如图 14.26 所示。

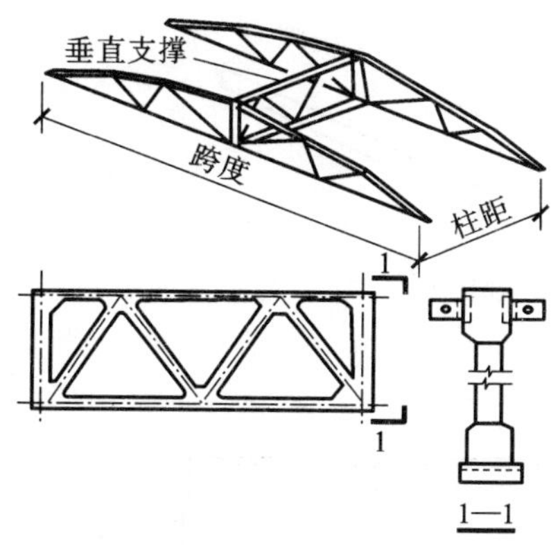

图 14.25 屋盖的垂直支撑

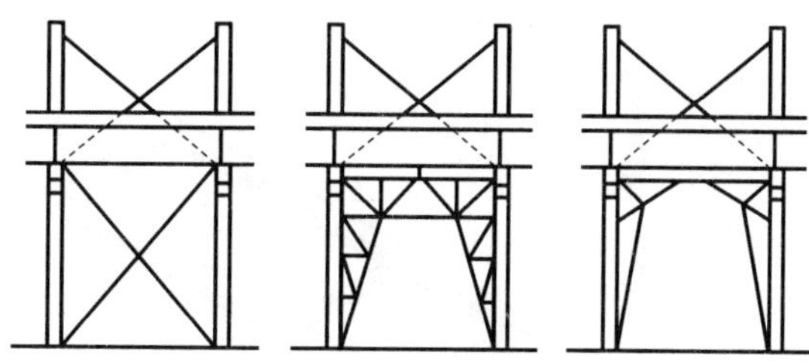

图 14.26 柱间支撑

14.2.4 屋面

(1) 屋面类型及组成

单层厂房屋面是由屋面的面层部分和基层部分组成，而常常也将面层部分叫作屋面，例如，屋面做法主要是指基层以上部分的做法。

厂房屋面的基层分为有檩体系和无檩体系两种，如图 14.27 所示。

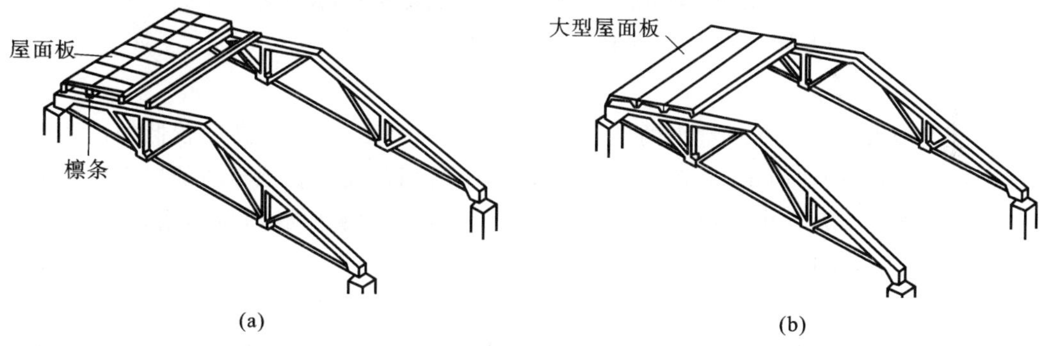

图 14.27 屋面基层结构类型

(a) 有檩体系；(b) 无檩体系

① 有檩体系。

在屋架(或屋面梁)上弦搁置檩条，在檩条上铺小型屋面板(或瓦材)称为有檩体系。其特点是构件小、重量轻、吊装方便，但构件数量多、施工烦琐、工期长，故多用于施工机械起吊能力较小的施工现场。

② 无檩体系。

在屋架(或屋面大梁)上弦直接铺设大型屋面板称为无檩体系。其特点是构件大、类型少、便于工业化施工，但要求有较强的施工吊装能力。无檩体系目前在工程中应用较广。常见的几种钢筋混凝土大型屋面板及檩条见图 14.28。

(2) 屋面排水

厂房屋面排水方式分为有组织排水和无组织排水两种，与民用建筑相似。

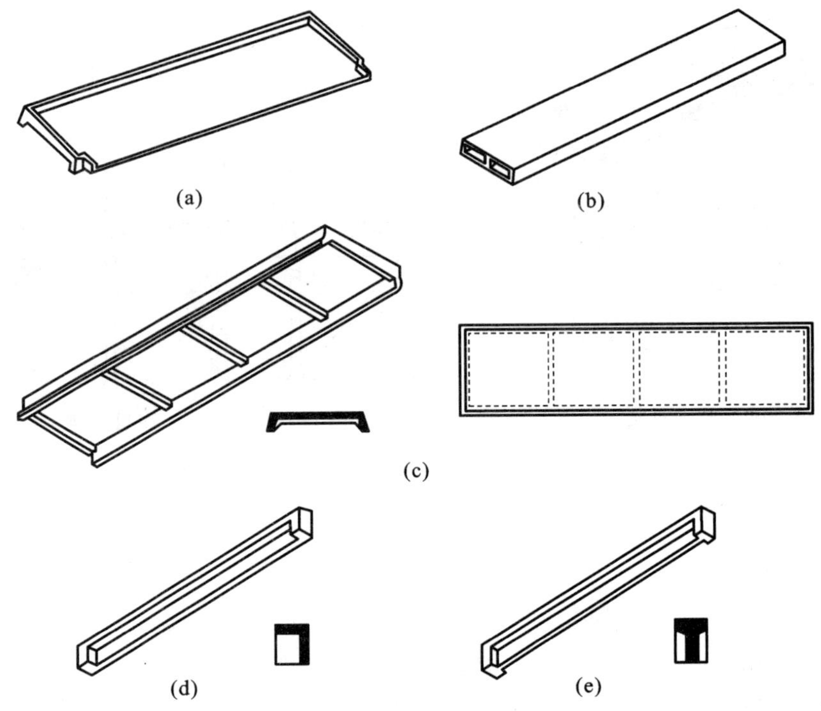

图 14.28　常见的几种钢筋混凝土大型屋面板及檩条

(a) F 形板;(b) 预应力空心板;(c) 肋形板;(d) L 形檩条;(e) T 形檩条

① 无组织排水。

无组织排水常用于降雨量小的地区,且适用于屋面坡长较小、高度较低的厂房。其特点是排水通畅、构造简单、节省投资,尤其适用于易积灰及有腐蚀介质的屋面。但对于寒冷地区采暖厂房及在生产中有热量散出的车间,易在屋檐处结冰,拉坏檐口,有时还会下落伤人,故不宜采用。

② 有组织排水。

当厂房屋面面积较大,尤其是多脊双坡屋面,通常采用有组织排水。有组织排水分为内排和外排两种。

a. 有组织内排水:厂房因某种需要(如立面处理需要)无法向外排水,可做有组织内排水。在寒冷地区采暖厂房及在生产中有热量散发的车间,为防止雨水室外结冰,也宜采用有组织内排水,如图 14.29 所示。如采用有组织外排水,水落管常因冰冻堵塞以致胀裂。内排水屋面雨水斗及室内水落管多,易被屋面绿豆砂、灰尘及杂物堵塞,造成排水不畅。当厂房长度不大(不大于 96 m)时,采用长天沟外排水可克服上述缺点,如图 14.30 所示。

b. 有组织外排水:有组织外排水常用于降雨量大的地区,非寒冷地区也可采用有组织外排水。厂房檐沟有组织排水示例见图 14.31。

有时为减少室内地下排水管(沟)的数量,可采用内排与外排相结合的方式。不管是外排还是内排,水落管排下的水排至散水坡(排水沟),再排至水外地下排水管。这种做

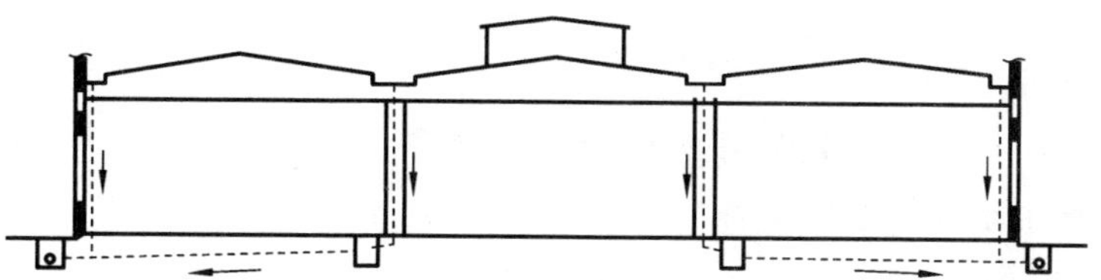

图 14.29 厂房屋面有组织内排水方式

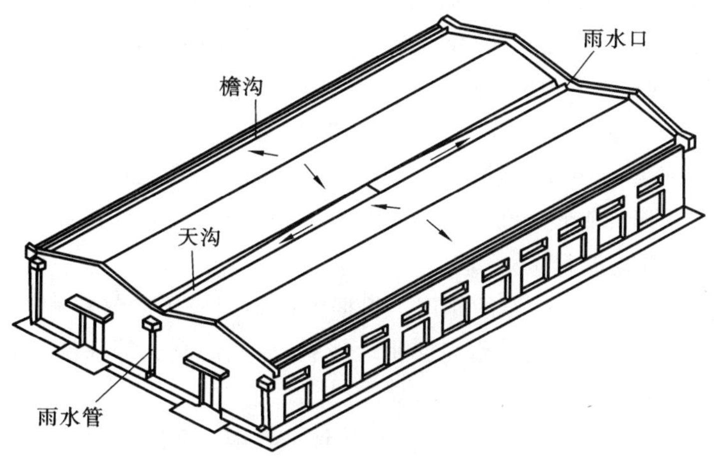

图 14.30 厂房屋面长天沟外排水示例

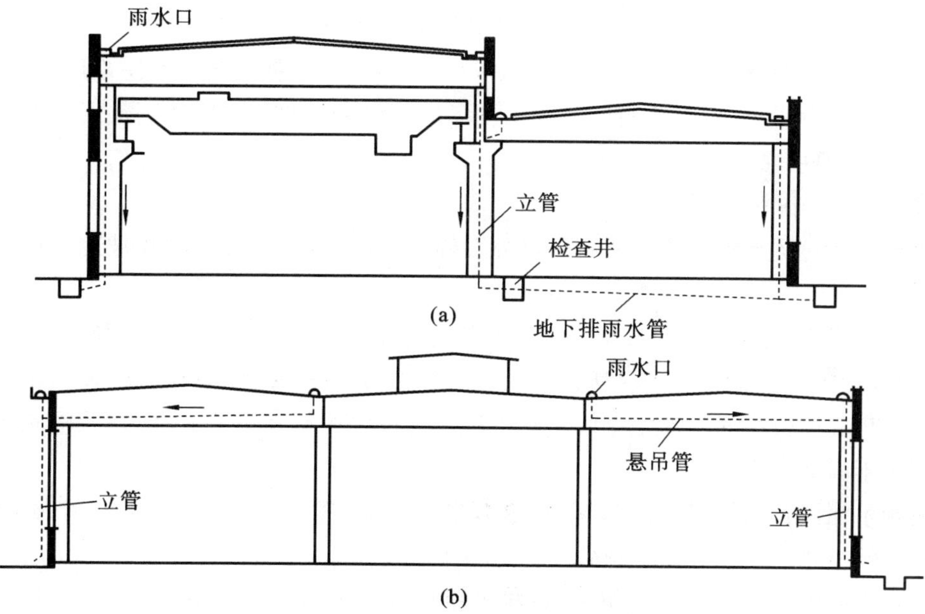

图 14.31 厂房檐沟有组织排水示例

(a) 内落外排;(b) 悬吊管外排水

法多用于南方。

(3) 屋面防水

厂房屋面的防水按照材料和构造形式的不同，分为卷材防水屋面、波形瓦(板)防水屋面及钢筋混凝土构件自防水屋面。

① 卷材防水屋面。

卷材防水屋面构造层次与民用建筑基本相同，下面按由下向上的次序简述如下：

a. 基层。其是屋面的受力层，除应用在民用建筑中介绍的现浇类和预制类屋面板之外，还可以采用预应力"三合一"屋面板。"三合一"屋面板是承重、保温、防水三重作用合一的屋面板，规格为长 1500 mm、宽 600 mm，此板也适用于无檩体系，屋面坡度为 1/12～1/8。

b. 找平层、结合层。一般用 1∶2.5 水泥砂浆 20 mm 厚，其上面应刷乳化沥青 1～2 道。

c. 隔汽层。当屋面上设有保温层，并且室内外温差较大时应设置隔汽层。其做法一般为一毡两油或刷乳化沥青 1～2 道。

d. 保温层。其起保温、防寒的作用。根据地区不同应用的材料和厚度也不同，可采用蛭石混凝土、沥青膨胀珍珠岩、水泥膨胀珍珠岩、加气混凝土等保温材料。如北方地区主要采用 100 mm 左右的珍珠岩板屋面保温层。

e. 找平层。为使保温层表面平整，便于铺放油毡，应抹一层 1∶3 水泥砂浆进行找平。

f. 防水层。一般在雨水较少的地区采用两毡三油，在雨水较多的地区采用三毡四油。目前还可以采用防水效果较好且不宜老化的聚氨酯涂料及橡胶卷材。

g. 保护层。一般采用 3～5 mm 的绿豆砂或小豆石，铺摊均匀贴在防水层上。

以上各层中，若车间内的相对湿度小，水蒸气含量较少时，应取消隔汽层及其下部的找平层(有保温层除外)。

② 波形瓦(板)防水屋面。

波形瓦(板)防水屋面按照材料分可分石棉水泥波瓦屋面、镀锌铁皮波瓦屋面和压型钢板屋面三种。

a. 石棉水泥波瓦屋面。石棉水泥波瓦的优点是厚度薄、质量小、施工简便，缺点是易脆裂，耐久性及保温、隔热性差，所以在高温、高湿、振动较大、屋面穿管较多的车间及炎热地区厂房高度较小的冷加工车间不宜采用。它主要应用在一些仓库，以及对室内温度状况要求不高的厂房中。

石棉水泥波瓦的规格有大波瓦、中波瓦和小波瓦三种。在厂房中常采用大波瓦，其规格为 2800 mm×994mm×8mm。

石棉水泥波瓦直接铺设在檩条上，檩条间距应与石棉瓦的规格相适应，一般是一块瓦跨三根檩条。在四块瓦的搭接处会出现瓦角相叠的现象，这样会产生瓦面翘起，故在相邻四块瓦的搭接处，应随盖瓦方向的不同事先将瓦片进行割角，对角缝隙不宜大于 5 mm 石棉水泥波瓦的铺设也可采用不割角的方法，但应将上下两排瓦的长边搭接缝错开一个波，小波瓦错开两个波。石棉水泥瓦屋面铺钉示意如图 14.32 所示。

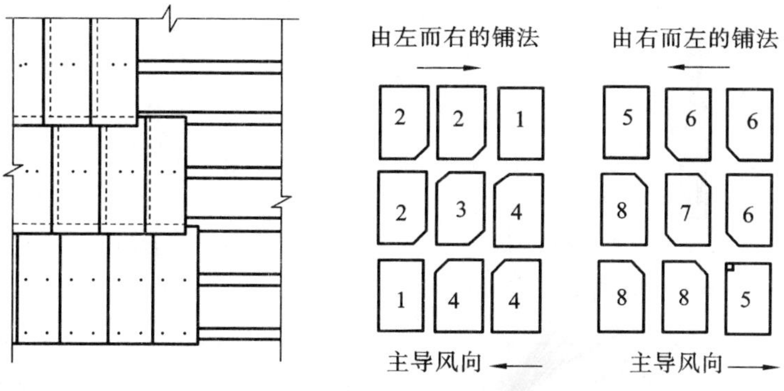

由左而右的铺法

由右而左的铺法

主导风向

主导风向

图 14.32 石棉水泥波瓦屋面铺钉示意

b. 镀锌铁皮波瓦屋面。这种屋面材质轻，抗震性能好，在高烈度震区的应用比大型屋面板优越，适合一般高温工业厂房和仓库。这种材料的造价比石棉水泥瓦高，且维修费用高。以前用量不大，目前用量增加。

镀锌铁皮波瓦的横向搭接一般为一个波，上下搭接用固定铁件，固定方法基本与石棉水泥波瓦相同，但其与檩条连接较石棉水泥波瓦紧密。其屋面坡度比石棉水泥波瓦屋面小，一般为石棉水泥波瓦的 1/7。此外，尚有钢丝网水泥波瓦及可同时采光的玻璃钢波瓦等。

c. 压型钢板屋面。压型钢板分单层板、多层复合板、金属夹芯板等，板的表面带有彩色涂层。20 世纪 30 年代后期，有些国家在瓦垄铁生产的基础上，开始探索提高压型钢板的刚度，增加承载力和耐锈蚀的性能，板型不断更新，品种也不断增多。20 世纪 60 年代以来，各国对压型钢板的轧制工艺和镀锌防腐喷涂工艺进行了不断改进和革新，从单纯镀锌和涂层发展为多涂层的压型钢板及金属夹心板，产品规格也由短板发展为长板。其特点是施工速度快、重量轻，表面带有彩色涂层，防锈、耐腐、美观，根据需要也可设置保温、隔热及防结露层等，适应性较强。压型钢板保温屋面构造如图 14.33 所示，W 形压型钢板瓦构造示意如图 14.34 所示。

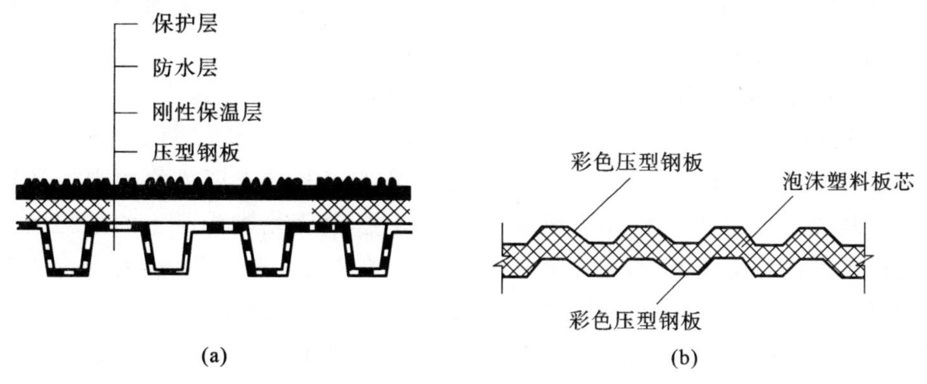

图 14.33 压型钢板保温屋面构造

(a) 屋面构造详图；(b) 压型钢板保温夹芯板

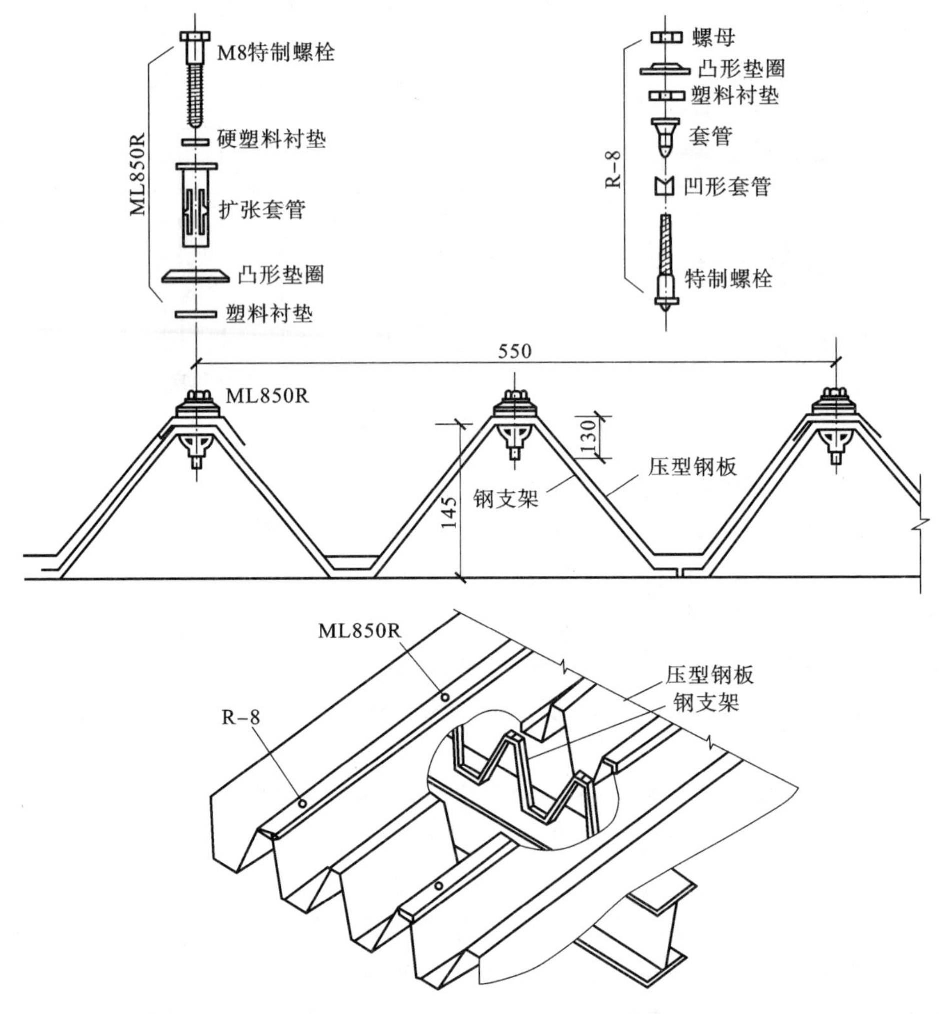

图 14.34 W 形压型钢板瓦构造示意

③ 钢筋混凝土构件自防水屋面。

钢筋混凝土构件自防水屋面是利用钢筋混凝土板本身的密实性,并对板缝进行局部防水处理而形成防水的屋面。

优点:比卷材防水屋面轻,一般每平方可减少 35 kg 静荷载,相应地也减少了各种构件的自重,从而可节省钢材和混凝土的用量,降低屋顶的造价,施工方便,维修也容易。

缺点:板面容易出现后期裂缝而引起渗漏。克服这种缺点所采取的措施是提高施工质量,控制混凝土的水灰比,增强混凝土的密实度,从而增加混凝土的抗震性和抗渗性;同时改善设计与构造处理,使屋面板的厚度除满足强度要求外,还需要有一个适当的构造厚度;在构件表面涂以涂料(如乳化沥青);减少干湿交替的作用,也是减缓混凝土碳化的重要措施。由于构件自防水屋面保温效果不好,所以我国北方地区较少采用。

根据板缝采取防水措施的不同,分为两种形式,即嵌缝、脊带式和搭盖式。

a. 嵌缝、脊带式防水。嵌缝式构件自防水屋面是利用大型屋面板作防水构件，板缝嵌油膏防水，如图 14.35 所示。若在上面粘贴一层卷材（玻璃布较好）防水层，则成为脊带式防水，其防水性能较前者更佳，如图 14.36 所示。

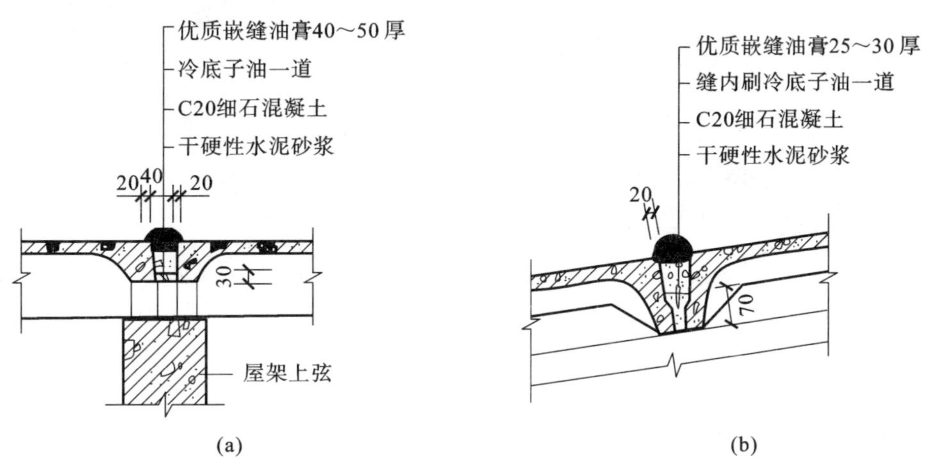

图 14.35　嵌缝式防水构造

(a) 横缝；(b) 纵缝

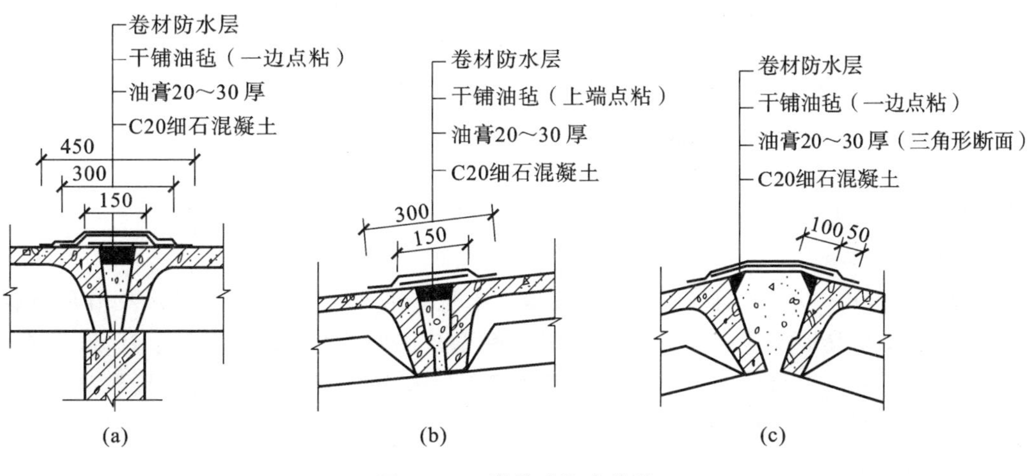

图 14.36　脊带式防水构造

(a) 横缝；(b) 纵缝；(c) 脊缝

板缝有纵缝、横缝、脊缝三种。其中横缝容易变形，故嵌缝时应特别注意。无论哪种缝，嵌缝前必须将板缝清扫干净，排除水分，嵌缝时注意油膏打底粘牢，油膏嵌缝饱满无空隙。另外，嵌缝所用油膏要求质量较高，板面防水质量和耐久性也应较好。

b. 搭盖式防水。搭盖式防水屋面的构造原则和瓦材相似，即用 F 形屋面板做防水构件，板纵缝上下搭接，横缝和脊缝用盖瓦覆盖，如图 14.37 所示。这种屋面安装简便，但板型复杂，不便生产，盖瓦在振动影响下易滑脱，屋面易渗漏。

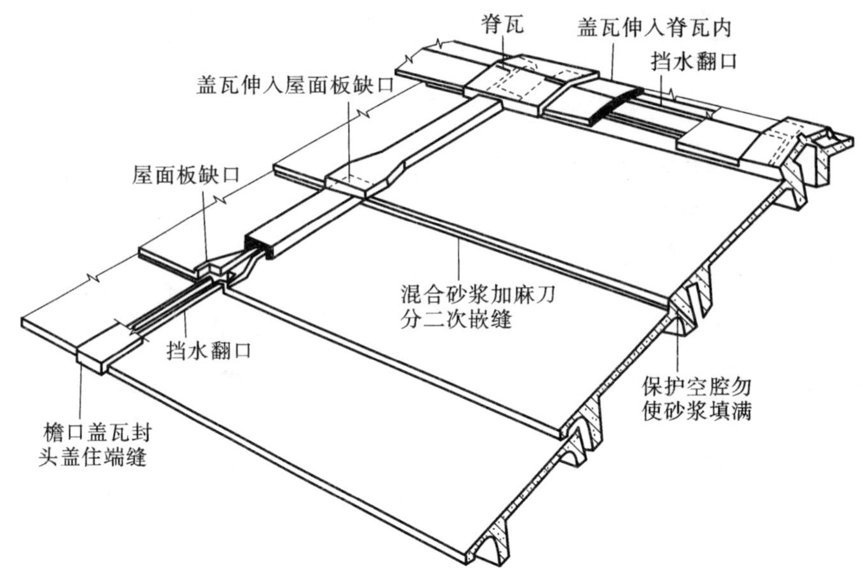

图 14.37　F 形屋面板铺设

14.3　单层工业厂房的墙体构造

14.3.1　厂房的外墙构造

(1) 砖砌外墙

① 承重砖墙。

目前,我国单层厂房用砖砌外墙仍较多。承重砖墙是由墙体承受屋顶及吊车荷载,在地震区还要承受地震荷载。其形式可做成带壁柱的承重墙,墙下设条形基础,并在适当位置设置圈梁。承重砖墙只适用于跨度小于 15 m、吊车吨位不超过 5 t、柱高不大于 9 m 以及柱距不大于 6 m 的厂房。

② 非承重砖墙。

当吊车吨位重、厂房较高大时,若用带壁柱的承重砖墙,墙体结构面积就会增大,使用面积将相应减少,工程量也将增加,而且砖墙对重吊车等引起的振动抵抗能力也会变差。故此时一般采用强度较高的材料(钢筋混凝土或钢)做骨架以承重,从而使承重与围护的功能分开,外墙只起围护作用和承受自身重量及风荷载。单层厂房非承重外墙一般不做带形基础,而是直接支撑在基础梁上,这样可以避免墙、柱基础相遇处构造处理复杂、耗材多,同时可加快施工速度。采用基础梁支撑墙体重量时,当墙体高度(240 mm厚)超过 15m 时,上部墙体由连系梁支撑,经柱牛腿传给柱子再传至基础,下部墙体重量则通过基础梁传至柱基础。砖墙与柱子(包括抗风柱)、屋架端部采用钢筋连接,由柱子、屋架沿高度每隔 500～600 mm 伸出 2ϕ6 钢筋砌入砖墙水平缝内,以达到锚拉的作用。

单层厂房砖外墙表面或为清水墙，或为混水墙，视生产环境要求及经济条件而定，内表面一般应进行饰面处理。

(2) 块材墙

为了克服砖墙存在的缺点，块材墙在国内外均得到一定的发展，与民用建筑一样，厂房多利用轻质材料制成块材或用普通混凝土制空心块砌墙。

块材墙的连接与砖墙基本相同，即块材之间应横平竖直、灰浆饱满、错缝搭接，块材与柱子之间由柱子伸出钢筋砌入水平缝内实现锚拉。块材墙的整体性与抗震性比砖墙好。

(3) 板材墙

在单层工业厂房中，墙体围护结构采用墙板，能减轻墙体自重，改善墙体的抗震性能，有利于墙体改革，促进建筑工业化，简化、净化施工现场，加快施工速度。但板材墙目前还存在造价偏高、连接构件不理想，接缝不易保证质量，有时渗水、透风，保暖、隔声效果较差等缺点。

① 墙板材料。

墙板可以选用单一材料的外墙板，如钢筋混凝土槽形板、空心板，钢筋轻混凝土墙板等，如图 14.38 所示。也可以选用复合墙板、组合板、夹心板，经常采用的是在钢筋混凝土石棉板及塑料板、薄钢板、铝板的外壳内填以保温材料，如矿棉、泡沫塑料等制成的板材。

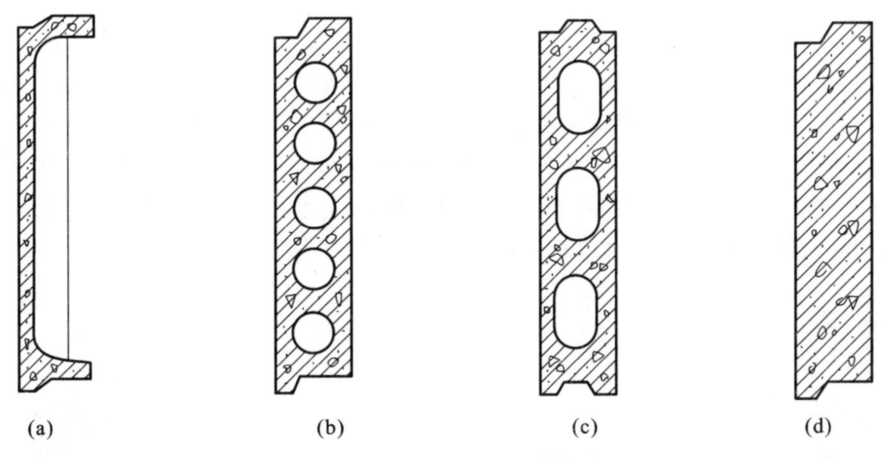

图 14.38 单一材料的墙板

(a) 槽形板；(b) 预应力钢筋混凝土空心板；(c) 钢筋混凝土椭圆孔空心板；(d) 陶粒混凝土板

轻质板材墙仅起围护作用，墙板除传递水平风荷载外，不承受其他荷载，墙板的自重也由厂房的骨架承受。轻质板材墙一般用于不要求保温、隔热的热加工车间、防爆车间或仓库建筑的外墙。

轻质板材墙可采用轻质的石棉水泥板、金属瓦楞板、塑料墙板、铝合金板等材料制作，目前采用较多的是波纹石棉水泥瓦、金属楞瓦等。

② 墙板的规格。

墙板的规格尺寸应符合相关的模数，板材的长度为 6000 mm、9000 mm、12000 mm；高度为 300 mm 的倍数，常用 900 mm、1200 mm、1500 mm、1800 mm，视厂房柱距、高度及洞口条件确定，应使类型尽量减少，便于成批生产及施工。板厚采用 160 mm、180 mm、200 mm、220 mm、240 mm、260 mm 等，以 20 mm 递变，以适于钢模的使用。

墙板有一般板、山墙板、勒脚板、女儿墙板等。

③ 墙板的连接。

大型板材与柱或梁应用金属件连接，一般有两种方案：柔性连接和刚性连接。

a. 柔性连接。柔性连接指的是螺栓连接，是在大型墙板上预留安装孔，同时在板两侧的板距位置预埋铁件，吊装前焊接连接角钢，并安上螺栓钩，吊装后用螺栓钩将上下两块大型板连接起来，也可以在墙板外侧加压条，再用螺栓与柱子压紧、压牢。这种连接方法安装方便、维修容易，对地基下沉不均匀或有较大振动的厂房比较适宜，但用钢量大，金属连接件外露多，在腐蚀环境中需严加防护，此外，厂房的纵向刚度较差。拉紧螺栓钩后，板缝用水泥石棉砂浆嵌缝，或用防水油膏嵌缝。

b. 刚性连接。刚性连接指的是焊接，其具体做法是在柱子侧边及墙板两端预留铁件，然后用型钢进行焊接连接。这种方法工序简单，安装比较灵活，连接用钢量少，连接刚度大，可以增加厂房的纵向刚度，但在地基不良或振动较大的厂房中，墙板容易开裂。因此不宜用于抗震设防烈度为 7 度以上的地震设防区，有可能产生不均匀沉降的厂房也不宜使用。

(4) 压型钢板外墙

从力学原理可知，薄金属板经压制成波形断面后可大大改善力学性能，例如，厚 0.8 mm 的薄钢板压成波高 130 mm 的 W 形屋面板，檩距可达到 5 m。压型钢板一般均由施工单位在建房现场将成卷的薄钢板通过成型冷轧机压制而成，并可切成任意所需长度，从而大大减少接缝处理与雨水渗透途径。压型钢板墙可根据设计要求采用不同的彩色涂层压型钢板，既可增强防腐性能，又有利于建筑艺术处理与总图以着色为标志的区段划分。压型钢板外墙如图 14.39 所示。

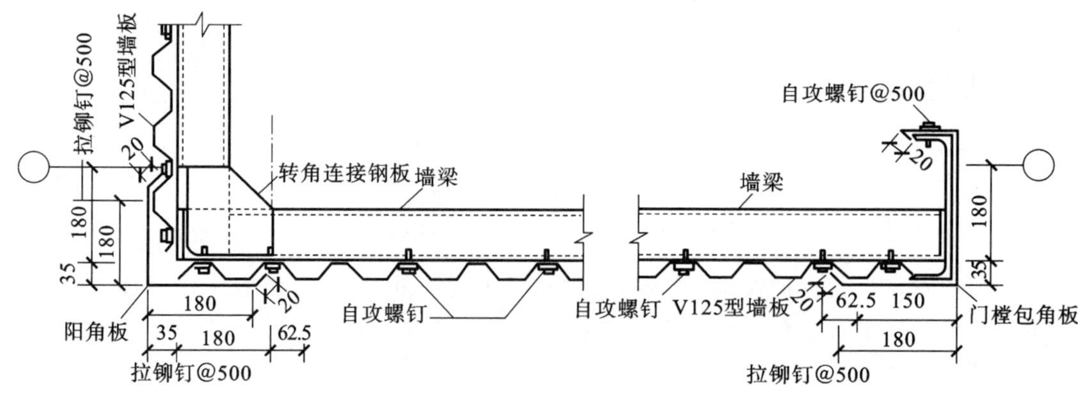

图 14.39　压型钢板外墙

14.3.2 隔断构造

在单层工业厂房中，根据生产状况不同，需要进行分隔，有时因生产和使用的要求，也须在车间分隔出车间办公室、工具库、临时库房等。分隔用的隔断常采用 2100 mm 高的木板、砖砌墙、金属网、钢筋混凝土板、混合隔断等，如图 14.40 所示。

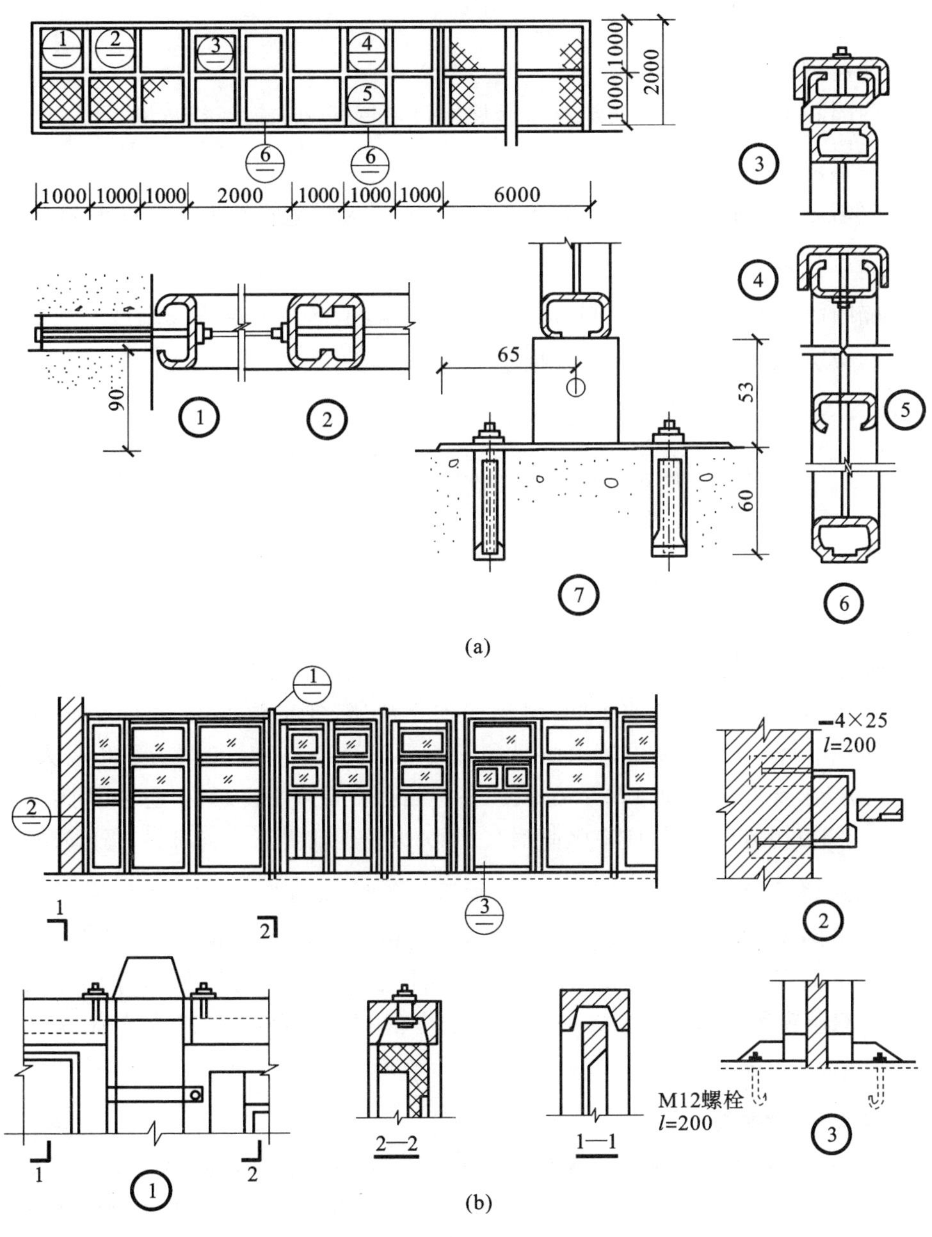

图 14.40 隔断

(a) 金属网隔断；(b) 混合隔断

(1) 木隔断

这种隔断多用于车间内的办公室。由于构造的不同,可分为木隔断和组合木隔断。木隔板、隔扇也可安装玻璃,但造价较高。

(2) 砖隔断

砖隔断常采用 240 mm 厚砖墙或带有壁柱的 120 mm 厚砖墙。这种做法造价较低,防火性能好。

(3) 金属网隔断

金属网隔断由金属网和框架组成。金属网可用钢板网和镀锌铁皮网。

(4) 钢筋混凝土隔断

这种隔断多为预制装配式。其施工方便,适用于火灾危险性大和湿度大的车间。

(5) 混合隔断

混合隔断的下部用 1 m 左右的 120 mm 厚砖墙,上部用玻璃木隔扇或金属网隔扇组成。隔断的稳定性靠砖柱来保证。砖柱距为 3 mm 左右。

14.4 单层工业厂房的其他组成及构造

14.4.1 侧窗

在工业建筑中,侧窗不仅要满足采光和通风的要求,还要满足生产工艺方面的其他特殊要求。例如:有爆炸危险的车间,侧窗应便于泄压;要求恒温的车间,侧窗应有足够的保温隔热性能;洁净车间要求侧窗防尘和密闭等。而且工业建筑侧窗面积较大,如果处理不当,容易产生变形损坏和导致开关不便,不但给生产带来不良影响,还会增加维修费用,因此,在进行侧窗构造设计时,应在坚固耐久、开关方便的前提下节省材料、降低造价。

(1) 侧窗的层数

为节省材料、降低造价,工业建筑侧窗一般情况下采用单层窗,只有在严寒地区,以及在 4 m 以下高度或生产有特殊要求的车间(如恒温、恒湿、洁净车间),才部分或全部采用双层窗。双层窗冬季保温、夏季隔热,而且防尘密闭性能均较好,但造价高、施工复杂。

(2) 侧窗的种类

① 侧窗的材料种类。

按所用材料不同有木侧窗、钢侧窗及塑料窗。木侧窗、塑料窗的构造与民用建筑中的构造基本相同。由于钢侧窗具有坚固耐久、防火、耐湿、关闭相对紧密、遮光少等优点,因此目前工业建筑中大量采用。钢侧窗分为实腹钢侧窗和空腹薄壁钢侧窗两种。

工业厂房钢窗侧窗多采用 32 mm 高的标准钢窗型钢,它适用于中悬窗、固定窗和平开窗。洞口尺寸以 300 mm 为模数。为便于运输和制作,基本钢窗扇的高度为:固定窗及中悬窗带固定窗不大于 2.4 m，平开窗带固定窗不大于 2.1 m，其宽度不大于 1.8 m。一樘较大面积的钢侧窗由数个基本窗拼接而成，并设有中竖梃和中横梃，拼接方法与民用建筑钢侧窗基本相同。考虑侧窗应具有一定的刚度以抵抗风荷载及使用中不易变形等因素，标准组合窗的高度一般不超过 4.8 m，宽度可达 6 m。

空腹薄壁钢侧窗质量轻、刚度大、外形美观，可比实腹钢侧窗省钢材 40%～50%，但不宜用于有酸碱介质侵蚀的车间。

② 侧窗的构造种类。

按侧窗的开启方式分，有中悬窗、平开窗、固定窗和垂直旋转窗。

a. 中悬窗。窗扇沿水平轴转动，开启角度大，有利于泄压，并便于机械开关或绳索手动开关，常用于外墙上部。中悬窗的缺点是构造复杂，开关扇周边的缝隙易漏雨和不利于保温。

b. 平开窗。其构造简单、开关方便、通风效果好，且便于组成双层窗。平开窗多用于外墙下部，作为通风的进气口。

c. 固定窗。其构造简单、节省材料，多设于外墙中部，主要用于采光。对有防尘要求的车间，其侧窗也多做成固定窗。

d. 垂直旋转窗，又称立转窗。其窗扇沿垂直轴转动，并可根据不同的风向调节开启角度，通风效果好，多用于热加工车间的外墙下部，作为通风的进气口。

根据厂房和通风的需要，在厂房外墙的侧窗一般将悬窗、平开窗、固定窗等组合在一起，如图 14.41 所示。

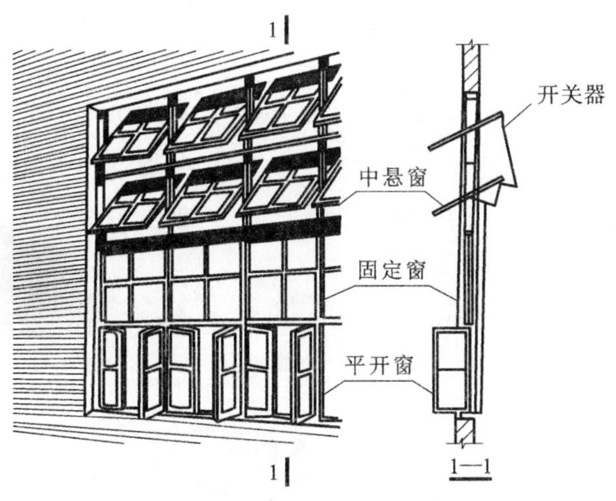

图 14.41 侧窗组合实例

14.4.2 天窗

在大跨度或多跨的单层厂房中，为了满足天然采光和自然通风的要求，常在厂房的屋顶上设置各种类型的天窗。按天窗的作用可分为采光天窗、通风天窗和采光兼通风天窗；按天窗的形式分，常见的天窗有矩形天窗、锯齿形天窗、M 形天窗、平天窗、下沉式天窗等。

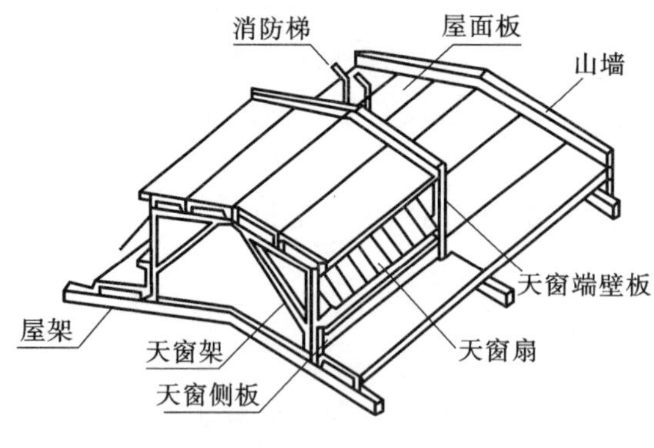

图 14.42　矩形天窗的组成

(1) 矩形天窗

矩形天窗既可采光，又可通风，而且防雨和防太阳辐射均较好，因此在单层工业厂房中被广泛采用。但矩形天窗的天窗架支撑在屋架上弦，增加了房屋的荷载，增加了建筑物的体积和高度。

矩形天窗主要由天窗架、天窗扇、屋面板、天窗侧板及天窗端壁板等组成，如图 14.42 所示。

矩形天窗沿厂房纵向布置，在厂房屋面两端和变形缝两侧的第一柱间常不设天窗，一方面可以简化构造，另一方面还可作为屋面检修和消防的通道。在每一段天窗的端部应设置上天窗屋面的消防检修梯。

① 天窗架。

天窗架是天窗的承重结构，它直接支承在屋架上，天窗架的材料一般与屋架一致，常用的有钢筋混凝土天窗架(简称钢天窗架)。天窗架的宽度根据采光、通风要求一般为厂房跨度的 1/3～1/2。考虑屋面板的尺寸，以及尽可能将天窗架支承在屋架的节点上，目前所采用的天窗架宽度为 3 m 的倍数，即 6 m、9 m、12 m。天窗架的高度根据所需天窗扇的排数和每排窗扇的高度来确定，多为天窗架跨度的 0.3～0.5 倍。

钢筋混凝土天窗架有Ⅱ形、W 形和双 Y 形等，如图 14.43 所示。钢天窗架的形式有多压杆式和桁架式，如图 14.44 所示。

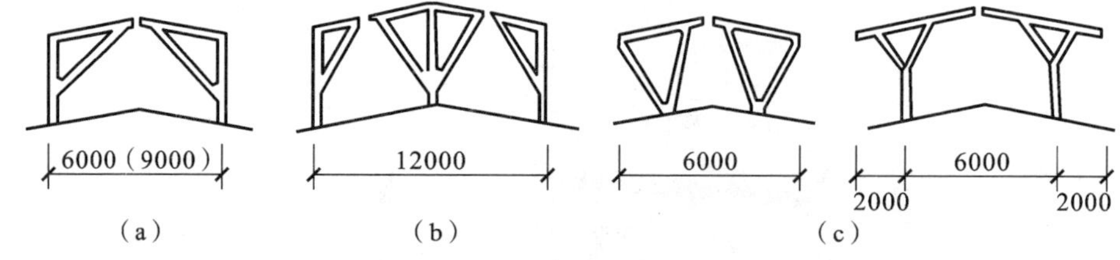

图 14.43　钢筋混凝土天窗架

(a) Ⅱ形天窗架；(b) W 形天窗架；(c) 双 Y 形天窗架

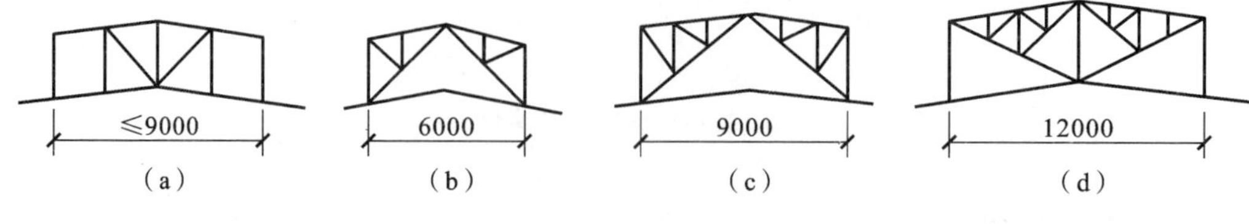

图 14.44　钢天窗架形式

(a) 多压杆式；(b)，(c)，(d) 桁架式

② 天窗端壁板。

矩形天窗两端的承重围护结构构件称为天窗端壁板。通常采用预制钢筋混凝土端壁板或钢天窗架石棉瓦端壁板，如图 14.45、图 14.46 所示。前者用于钢筋混凝土屋架，

后者多用于钢屋架。钢筋混凝土端壁板常做成肋形板，并可代替钢筋混凝土天窗架。当天窗跨度为 6 m 时，端壁板由两块预制板拼接，当天窗跨度为 9 m 时，端壁板由三块预制板拼接而成。端壁板及天窗架与屋架的连接均通过预埋铁件焊接。寒冷地区的车间需要保温时，应在钢筋混凝土端壁板内表面加设保温层。

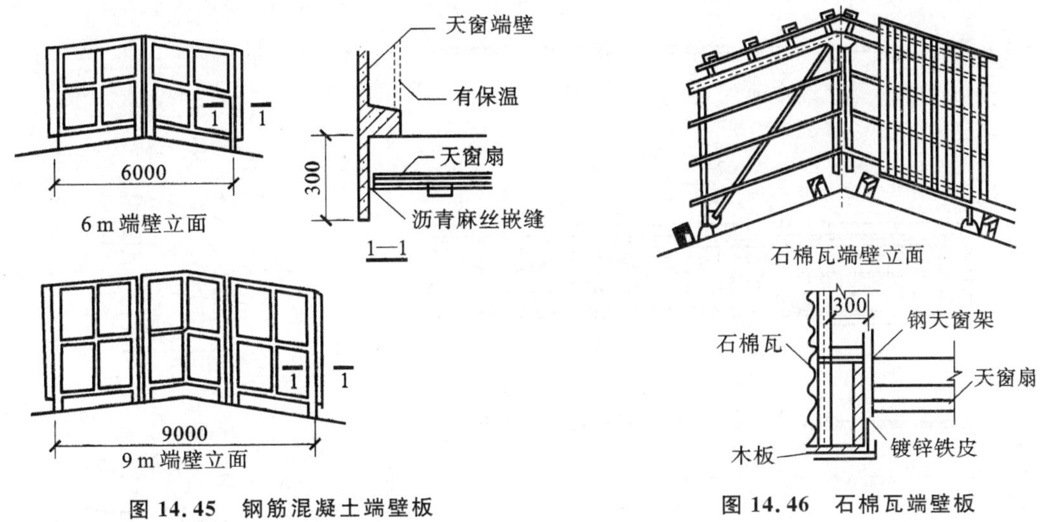

图 14.45 钢筋混凝土端壁板

图 14.46 石棉瓦端壁板

③ 天窗扇。

天窗扇由钢材、木材、塑料等材料制作。钢天窗扇具有耐久、耐高温、质量轻、挡光少、使用过程中不易变形、关闭严密等优点。因此，钢天窗被广泛采用。钢天窗扇的开启方式有上悬式和中悬式两种。上悬式钢天窗最大开启角度为 45°，其通风效果差，但防雨性能较好。中悬式钢天窗扇开启角度可达 60°～80°，其防水性较差。

a. 上悬式钢天窗扇。上悬式钢天窗扇的高度有三种：900 mm，1200 mm，1500 mm（标志尺寸）。根据需要可以组合成不同高度的天窗。上悬式钢天窗扇可布置成通长和分段两种。

(a) 通长天窗扇，见图 14.47(a)。它由两个端部固定窗扇和若干个中间开启窗扇连接组成。

(b) 分段天窗扇，见图 14.47(b)。它是在每一个柱距内设置天窗扇，其特点是开启及关闭灵活，但窗扇用钢量较多。

无论是通长天窗扇还是分段天窗扇，其开启扇与开启扇之间均设固定扇，该固定扇起窗框的作用。防雨要求较高的厂房应在固定扇的后侧设置倾斜的挡雨扇，以防开启扇两侧飘入雨水，见图 14.47 中大样①和大样②。

上悬钢天窗扇的构造见图 14.47 中①～⑦大样图，它是由上、下冒头，垂直楞（即边梃）组成。窗扇上冒头为槽钢，它挂在通长的弯铁上，弯铁用螺栓固定在窗框上，窗框通过一个短角钢与天窗架连接。窗扇的下冒头为异形断面的型钢，窗扇关闭时搭在下档或中档上。边梃为角钢。当设置两排以上的窗扇时，在上、下两排窗扇之间设置角钢中档。

b. 中悬式钢天窗：中悬式钢天窗因受天窗架的阻挡和转轴位置的影响，只能分段设置，在一个柱距内设一樘窗扇。我国定型产品的中悬式钢天窗扇高有三种：900 mm，

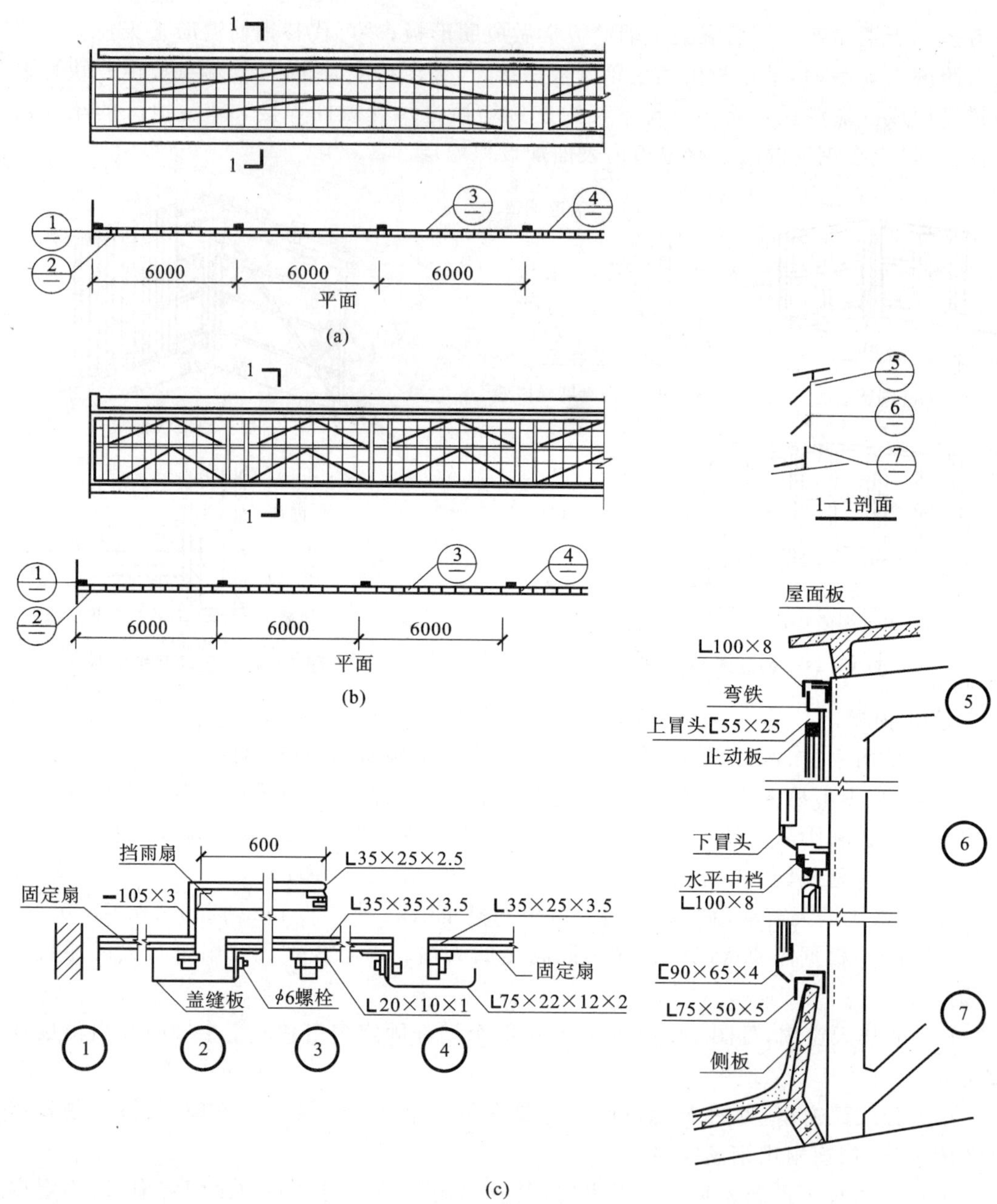

图 14.47　上悬钢天窗扇

(a) 通长天窗扇立面；(b) 分段天窗扇；(c) ①～⑦大样图

1200 mm 和 1500 mm，可以组合成一排、二排、三排等不同高度的中悬式钢天窗，窗扇的上梃、下梃及边梃均为角钢，窗芯为⊥型钢，窗扇转轴固定在两侧的竖框上。中悬式天窗构造如图 14.48 所示。

④ 天窗檐口。

天窗檐口构造有两类：

a. 带挑檐的屋面板无组织排水的挑檐出挑长度一般为 500 mm，若采用上悬式天窗

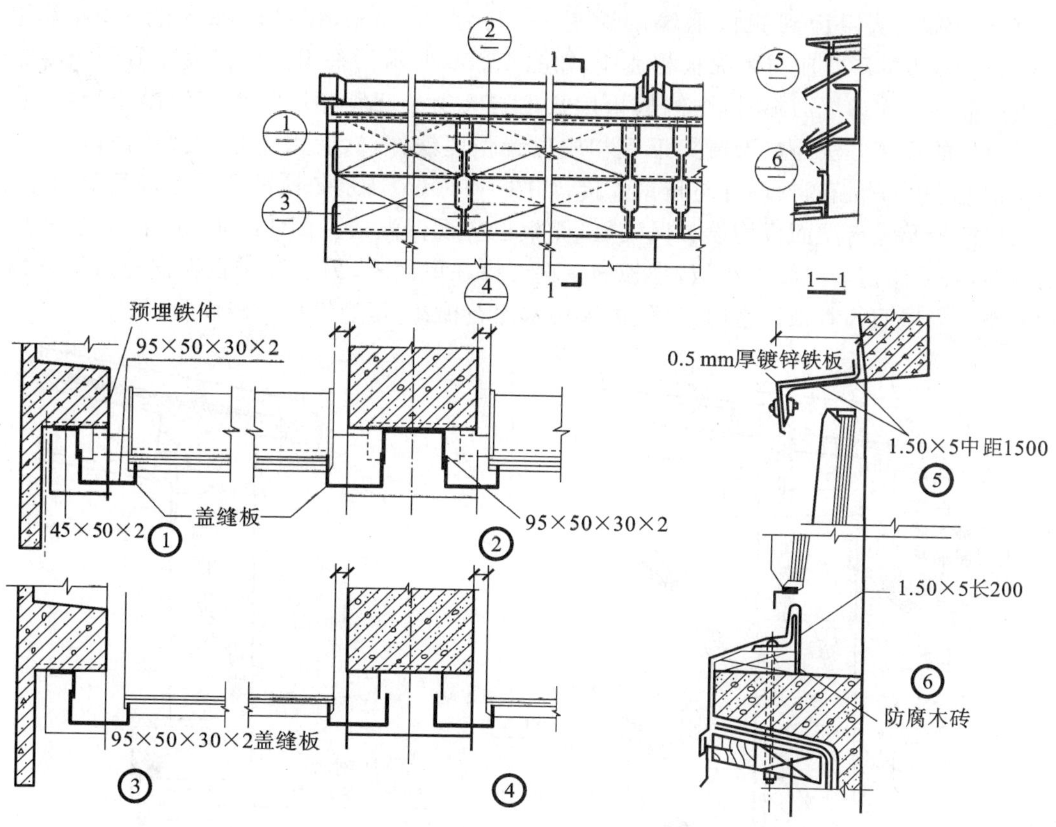

图 14.48 中悬式天窗构造

扇，因防水较好，故出挑长度可小于 500 mm。若采用中悬式天窗，因防雨较差，其出挑长度可大于 500 mm，见图 14.49(a)。

b. 设檐沟板有组织排水可采用带檐沟屋面板，见图 14.49(b)。或者在钢筋混凝土天窗架端部预埋铁件焊接钢牛腿，支撑天沟，见图 14.49(c)。

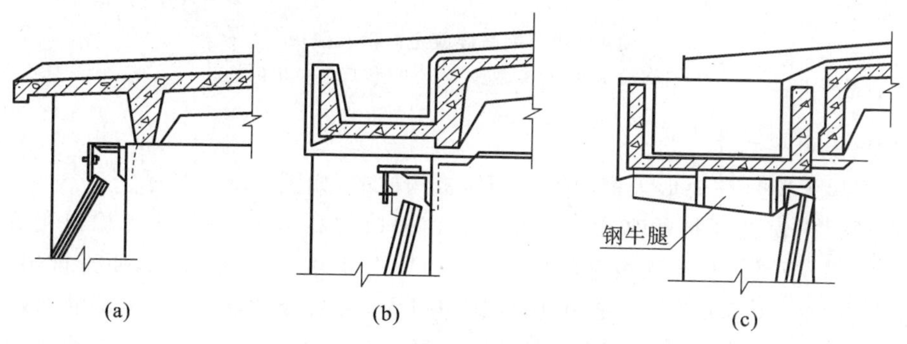

图 14.49 钢筋混凝土檐口构造

(a) 挑檐板；(b) 带檐沟的屋面板；(c) 牛腿支撑檐沟板

⑤ 天窗侧板。

在天窗扇下部需设置天窗侧板，侧板的作用是防止雨水溅入车间及防止因屋面积雪挡住天窗。从屋面到侧板上缘的距离，一般为 300 mm，积雪较深的地区，可采用 500 mm。侧板的形式应与屋面板相适应，如图 14.50 所示。采用钢筋混凝土Ⅱ形天窗架和钢筋混凝土大型屋面板时，则侧板采用长度与天窗架间距相同的钢筋混凝土槽板，它与天窗架的连接方法是在天窗架下端相应位置预埋铁件，然后用短角钢焊接，将槽板置于角钢上，再将槽板的预埋件与角钢焊接，如图 14.50(a)所示。该图所示车间需要保温，所以屋面板及天窗屋面板均设有保温层，侧板也应设保温层。图 14.50(b)所示是 W 形天窗架，其采用钢筋混凝土小板，小板的一端支撑在屋面上，另一端靠在天窗框角钢下档的外侧。当屋面为有檩体系时，侧板可采用水泥石棉瓦、压型钢板等轻质材料。

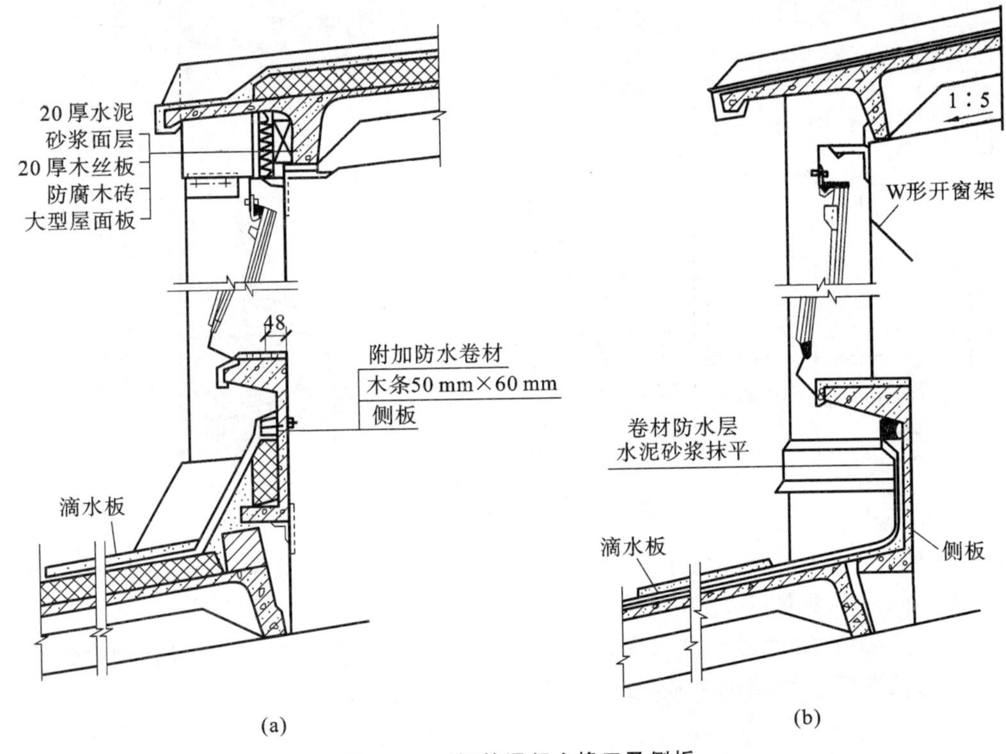

图 14.50　钢筋混凝土檐口及侧板

(a) Ⅱ形天窗架(屋面保温)；(b) W 形天窗架(不保温)

(2) 矩形通风天窗

矩形通风天窗是在矩形天窗两侧加挡风板构成的，如图 14.51 所示。

矩形通风天窗挡风板的高度不宜超过天窗檐口的高度 E，一般应比檐口稍低，其值为0.1～0.5h。挡风板与屋面板之间应留空隙 D，其值为 50～100 mm，便于排出雨雪和积尘，在多雪的地区不大于 200 mm，因为缝隙过大，风从缝隙吹入，产生倒灌风，影响天窗的通风效果。挡风板的端部必须封闭，防止平行或倾斜于天窗纵向吹来的风，影响天窗排气。根据天窗长度、风向和周围环境等因素来决定是否设置中间隔板。在挡风板上还应设置供清灰和检修时通行的小门。

① 挡风板的形式及构造。

挡风板的形式有立柱式(直或斜立柱式)、悬挑式(直或斜悬挑式)，如图 14.52 所示。

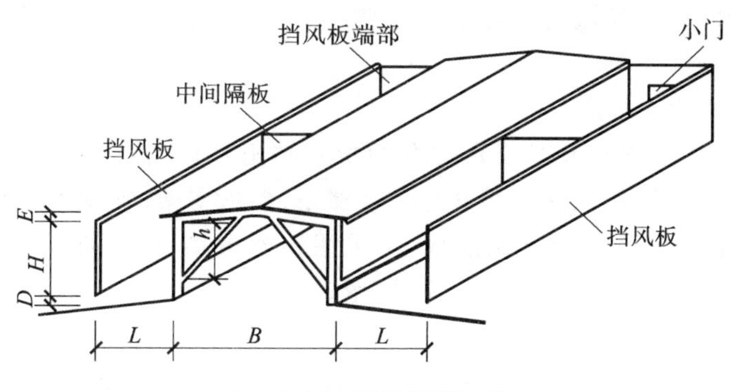

图 14.51 矩形通风天窗

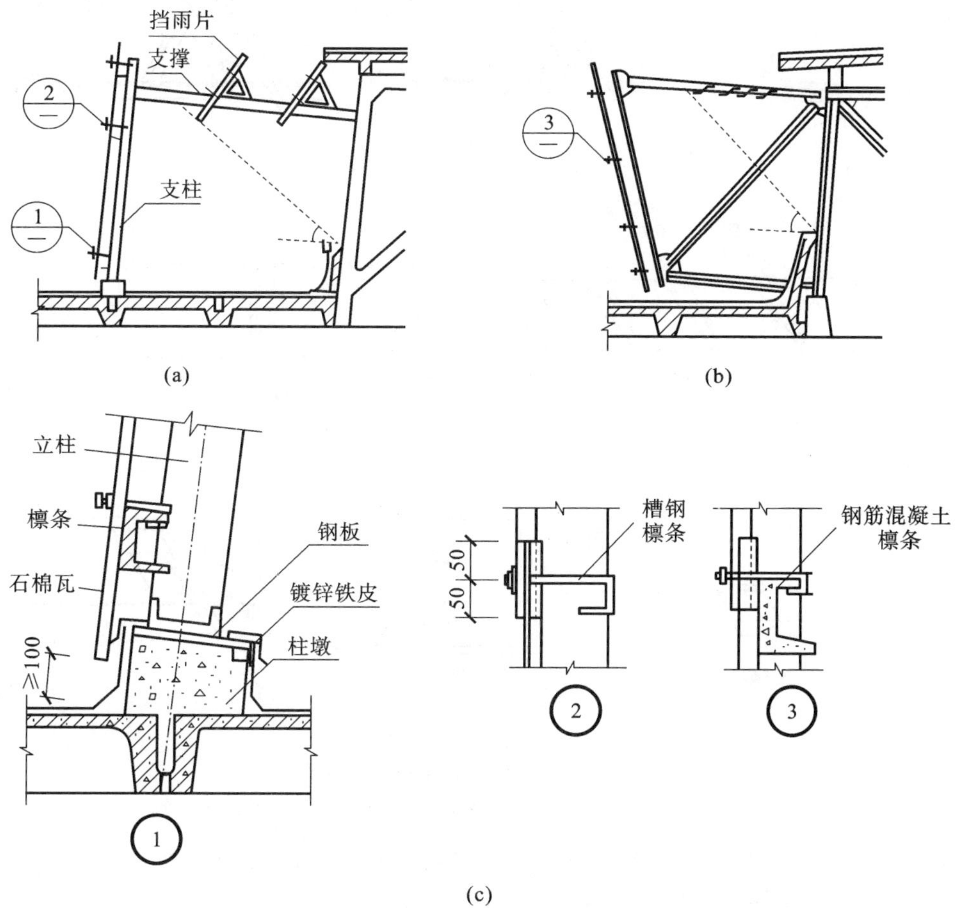

图 14.52 挡风板的形式和构造

(a) 立柱式；(b) 悬挑式；(c) ①～③大样图

挡风板由面板和支架两部分组成。面板材料常为石棉水泥瓦、玻璃钢板、压型钢板等轻质材料。支架的材料主要为型钢及钢筋混凝土。

立柱式是将立柱支撑在屋架上弦的柱墩上，用支撑与天窗加以连接，结构受力合理。但挡风板与天窗之间的距离受屋面板排列的限制，立柱式防水处理比较复杂。悬挑式的支架固定在天窗架上，挡风板与屋面板完全脱开，处理灵活，适用于各种屋面，但增加了天窗架的荷载，对抗震不利。

② 水平口挡雨片的构造。

水平口挡雨片由挡雨片及其支承部分组成。挡雨片可用石棉水泥瓦、钢丝网水泥、钢筋混凝土、薄钢板等制作。支承部分有组合檩条、型钢支架、钢檩条、钢筋混凝土格架、钢格架等。为了增大挡雨片的透光系数，可采用铅丝玻璃、钢化玻璃、玻璃钢等透光材料。矩形通风天窗挡雨片构造如图 14.53 所示。

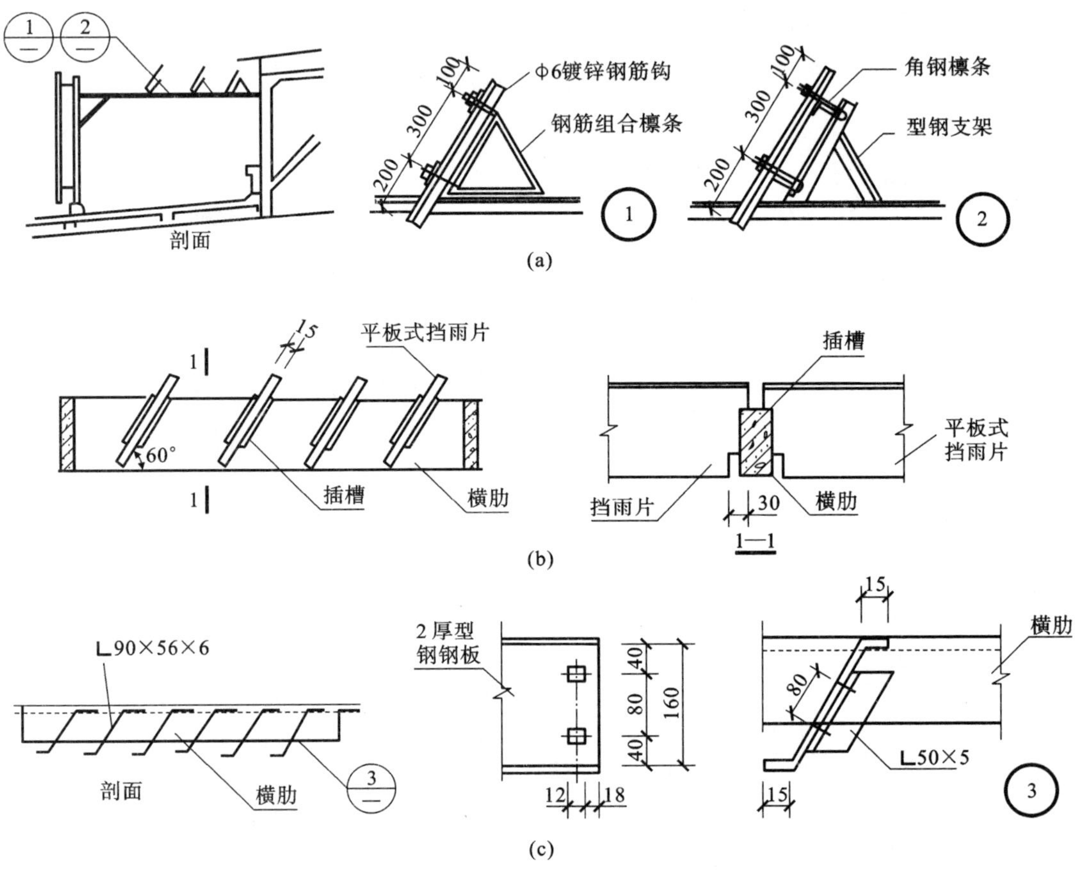

图 14.53 矩形通风天窗挡雨片构造

(a) 石棉水泥瓦挡雨片；(b) 钢丝网水泥瓦挡雨片；(c) 钢板挡雨片

矩形通风天窗挡雨设施除水平口挡雨片外，还可采用加大挑檐、垂直口设挡雨板等措施。垂直口设挡雨板的构造与开敞式外墙构造相同。

(3) 平天窗

平天窗的类型有采光板、采光罩、采光带及三角形天窗 4 种类型。

① 采光板。在屋面板上开孔，然后装设平板透光材料，见图 14.54。

② 采光罩。在屋面板上开孔，然后装上弧形或锥形透光材料构成采光罩，见图 14.55。

③ 采光带。将部分屋面板的位置空出来，铺上透光材料做成较长的(6 m 以上)横向或纵向采光带，见图 14.56。

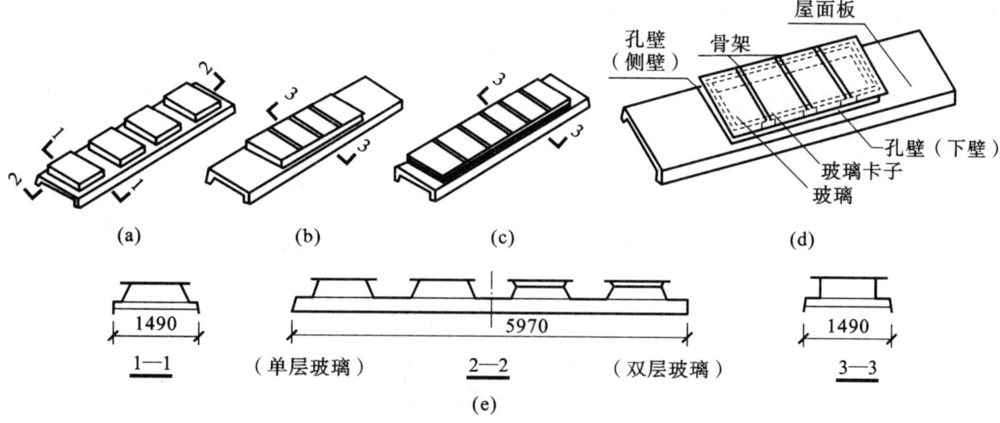

图 14.54　采光板

(a) 小孔采光板；(b) 中孔采光板片；(c) 大孔采光板；(d) 采光板组；(e) 剖面图

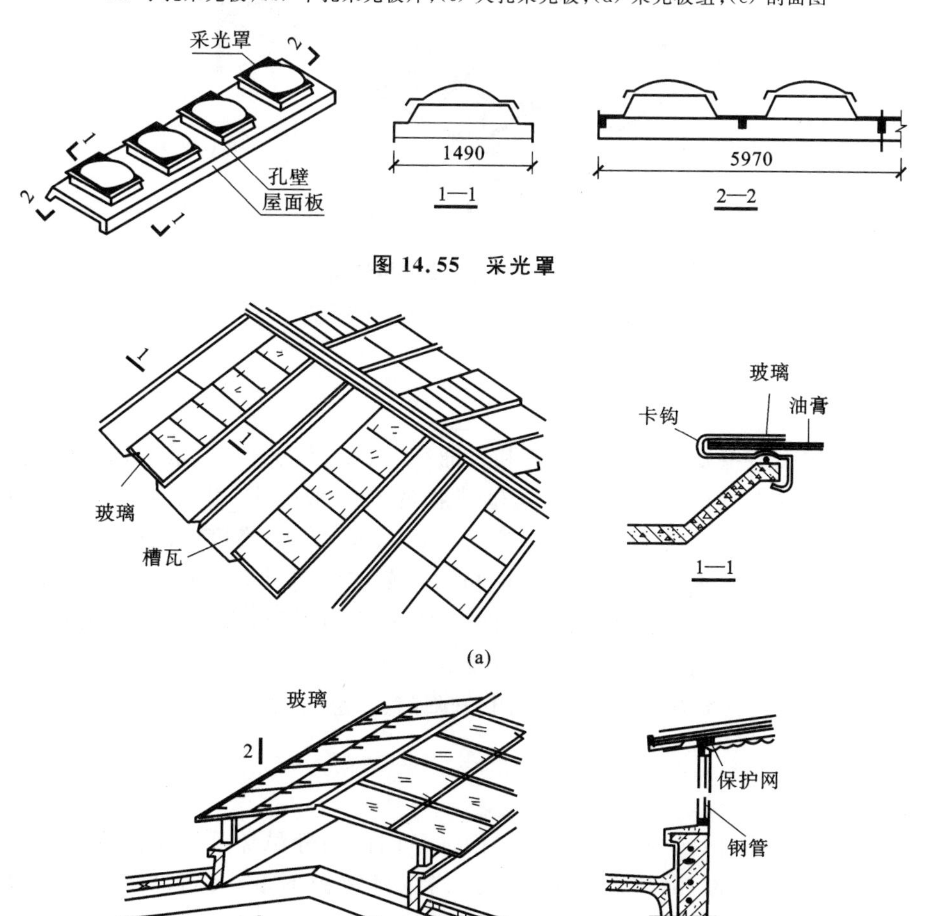

图 14.55　采光罩

图 14.56　采光带

(a) 横向采光带；(b) 纵向采光带

④ 三角形天窗，即在屋脊处纵向孔洞上设置三角形的平板透光材料。

平天窗类型虽然很多，但构造要点基本相同，即井壁、横档、透光材料的选择，防眩光，安全防护、通风措施等。

(4) 井式天窗

井式天窗是下沉式天窗的一种。下沉式天窗是利用屋架上、下弦之间的高差形成的天窗，其形式有横向下沉、纵向下沉及井式。横向、纵向下沉式天窗的构造与井式天窗相似。

井式天窗主要由井底板、空格板、挡风侧墙及挡雨设施四部分组成，如图 14.57 所示。

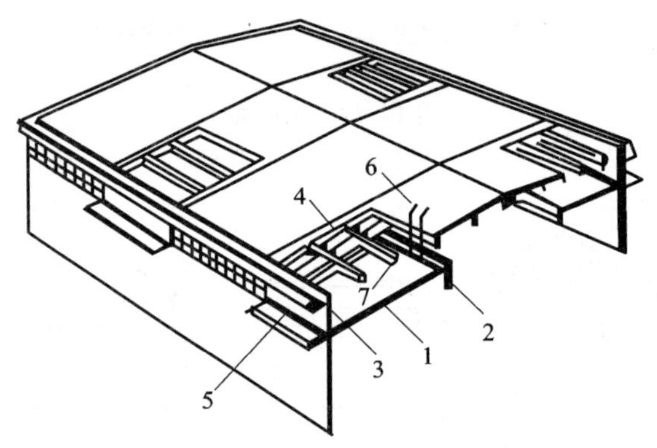

图 14.57 井式天窗的构造组成

1—井底板；2—檩条；3—檐沟；4—挡雨设施；5—挡风侧墙；6—铁梯；7—空格板

14.4.3 大门

工业厂房的大门主要是供日常车辆和人通行，以及紧急情况疏散之用。因此它的尺寸应根据所需运输工具的类型、规格、运输货物的外形来确定，并应考虑通行方便等因素。一般门的宽度应比满载货物时的车辆宽 600～1000 mm，高度应高出 400～600 mm。

一般大门的材料有木、钢木、普通型钢和空腹薄壁钢等几种。门宽 1.8 m 以内时采用木制门，当门洞尺寸较大时，为了防止门扇变形和节约木料，常采用型钢做骨架的钢木大门或钢板门。高大的门洞采用各种钢门或空腹薄壁钢门。

大门按开启方式分类有平开门、推拉门、升降门、上翻门、卷帘门等，如图 14.58 所示。

(1) 一般大门

① 平开门。

平开门构造简单，门向外时，门洞应设雨篷。门向内开虽免受风雨的影响，但占车间面积，也不利于事故疏散，故门扇常向外开。当运输货物不多，大门不需经常开启时，可在大门扇上开设供人通行的小门。平开门受力状态较差，易产生下垂或扭曲变形，故门洞大时不易采用。门洞尺寸一般不宜大于 3.6 m×3.6 m。当门的面积大于 5 m^2 时，宜采用角钢骨架。当门洞宽大于 3 m 时，应设钢筋混凝土门框，在安装铰链处预埋铁件，见图 14.59。洞口较小时，可采用砖砌门框，墙内砌入有预埋件的混凝土块，砌块的数量和位置应与门扇上铰链的位置相适应，一般是每个门扇设两个铰链，见图 14.60。

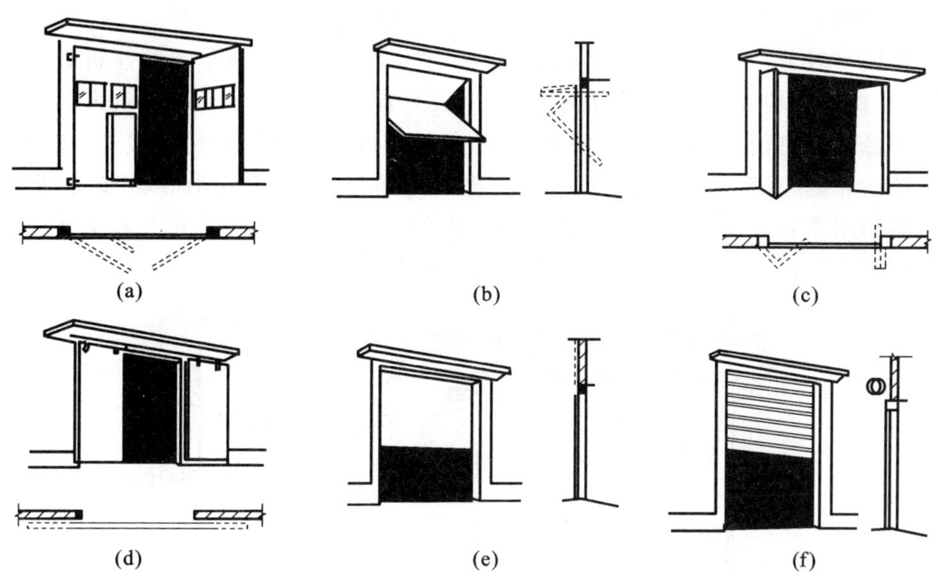

图 14.58 大门按开启方式分类

(a) 平开门；(b) 上翻门；(c) 折叠门；(d) 推拉门；(e) 升降门；(f) 卷帘门

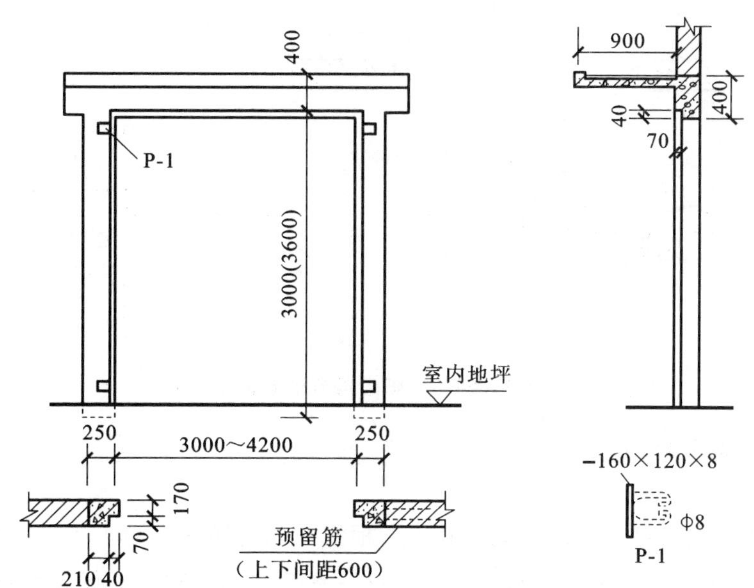

图 14.59 钢筋混凝土门框与过梁构造

② 推拉门。

推拉门的开关是通过滑轮沿着导轨左右推拉，门扇受力状态较好，构造简单，不易变形，常设在墙的外侧。工业厂房中广泛采用推拉门，但其不适用于密闭要求高的车间。

③ 折叠门。

折叠门由几个较窄的门扇相互间以铰链连接组合而成。开启时通过门扇上、下滑轮沿着导轨左右移动。这种形式在开启时可使几个门扇折叠在一起，占用的空间较少，适用于较大门洞。

折叠门一般分为侧挂式、侧悬式、中悬式三种，如图 14.61 所示。侧挂折叠门可用普通铰链，靠框的门扇如为平开门，在它侧面一般只挂一扇门。其不适于较大的洞口。侧悬式和中悬式折叠门，在洞口上方设有导轨，各门扇间除下部用铰链连接外，在门扇顶部还装有带滑轮的铰链，下部装地槽滑轮，折叠门开闭是上、下滑轮沿导轨移动，带动门扇折叠。其适用于较大的门洞。滑轮铰链安装在门扇侧边为侧悬式，开关较灵活。中悬式折叠门的滑轮铰链装在门扇中部，门扇受力较好，但开关比较费力。

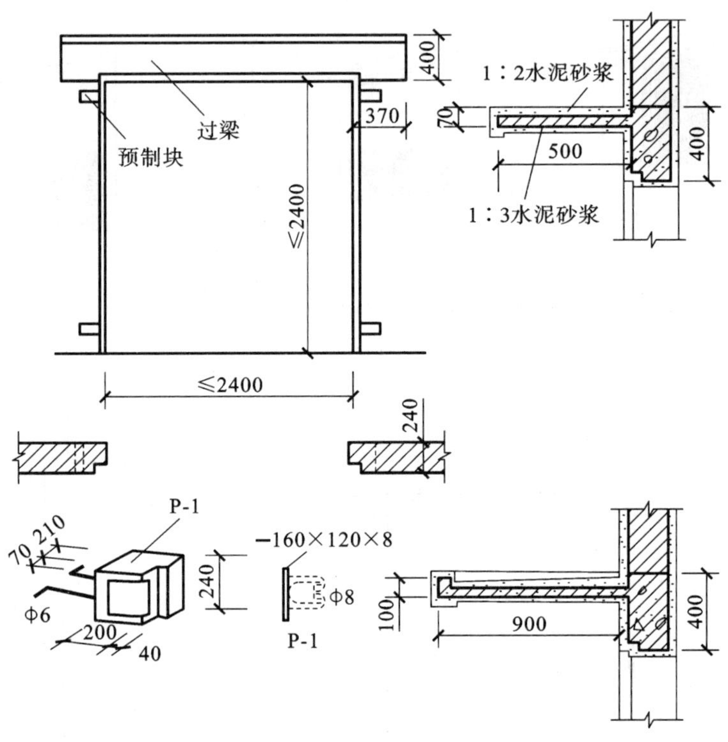

图 14.60 砖砌门框与过梁构造

(2) 特殊要求的门

① 防火门。

防火门用于加工易燃品的车间或仓库。根据车间对防火门耐火等级的要求，门扇可以采用钢板，也可采用木板外贴石棉板再包以镀锌铁皮或木板外直接包镀锌铁皮。当采用后两种方式做防火门时，考虑被烧时木材的炭化会放出大量气体，因此在门扇上应设泄气孔。室内有可燃液体时，为防止液体流淌、火灾蔓延，防火门下宜设门槛，高度以液体不流淌到门外为准。

② 保温门、隔声门。

保温门要求门扇具有一定的热阻值，并对门缝做密闭处理，故常在门扇两层板间填以轻质疏松的材料(如玻璃棉、矿棉、岩棉、软木、聚苯板等)。隔声门的隔声效果与门扇的材料和门缝的密闭有关，虽然门扇越重隔声越好，但门扇过重会导致开关不便，五金也

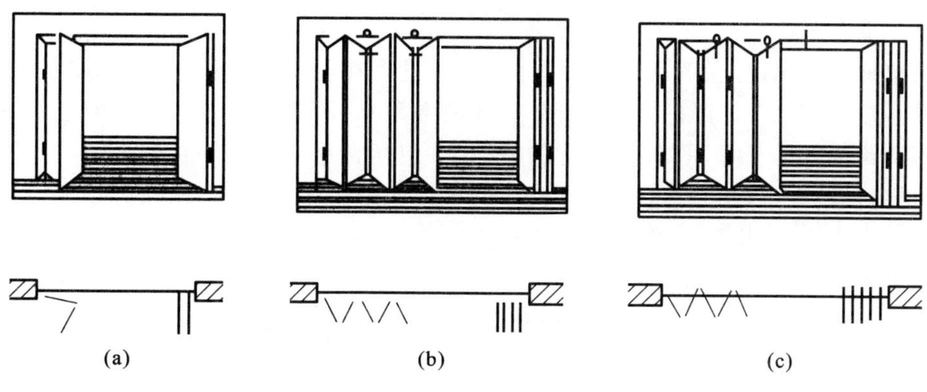

图 14.61 折叠门的种类

(a) 侧挂式;(b) 侧悬式;(c) 中悬式

易损坏,因此隔声门常采用多层复合结构,即在两层面板之间填吸声材料(如矿棉、玻璃棉、玻璃纤维板等)。

14.4.4 金属梯

厂房中,由于生产操作和检修需要,常设置各种钢梯,如到达操作平台的工作梯,到达吊车操作室的吊车梯及消防检修梯等。金属梯一般宽为 600～800 mm,其形式有直梯和斜梯两种。金属梯构件断面尺寸视生产状况不同有所差异,如车间相对湿度较大,或有腐蚀性介质作用时,构件断面尺寸应加一级。除 90°的直梯外,其他扶梯均应设有栏杆扶手。

(1) 作业平台梯

作业平台梯多用钢梯,是供人上、下操作平台或跨越生产设备联动线的交通联系而设置的,坡度有 45°、59°、73°等,宽度有 600 mm 和 800 mm 两种。设计作业平台梯一般选用定型构件,其踏步一般采用网纹钢板焊接在斜梁上,钢梯边梁的下端和预埋板(或预埋螺栓)焊接,边梁的上端固定在作业平台钢梁或钢筋混凝土梁的预埋铁件上。当钢梯段超过 4～5 个时,宜设中间休息平台。作业平台梯如图 14.62 所示。

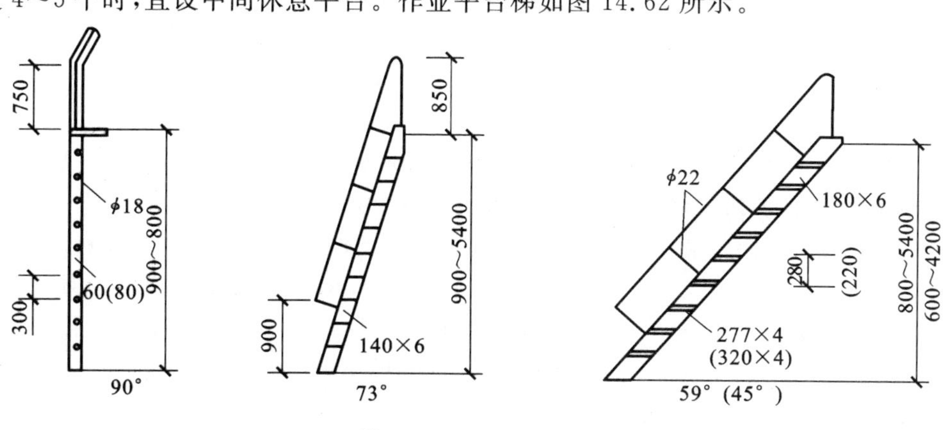

图 14.62 作业平台梯

(2) 吊车梯

吊车梯是供司机上、下吊车而设置的，其应设置在便于上、下吊车操作室的位置，一般多设在端部第二个柱距的柱边，如车间有两台吊车，则应设置两个吊车梯。但多跨车间相邻两跨都有吊车时，吊车梯可设在中柱上，使两台吊车共用一部吊车梯。吊车梯均采用斜梯，梯段有单跑和双跑两种。为避免平台处于吊车梁碰头，吊车梯的平台一般低于吊车操作室，再从梯平台设直梯通吊车操作室。当吊车梯平台高度为 5～6 m 时，须设中间休息平台；当吊车梯平台高度在 7 m 以上时，则应采用双跑梯，其坡度应不大于 60°。吊车梯的位置有三种：靠近边柱；在中柱处，柱的一侧有平台；在中柱处，柱的两侧有平台。吊车梯如图 14.63 所示。

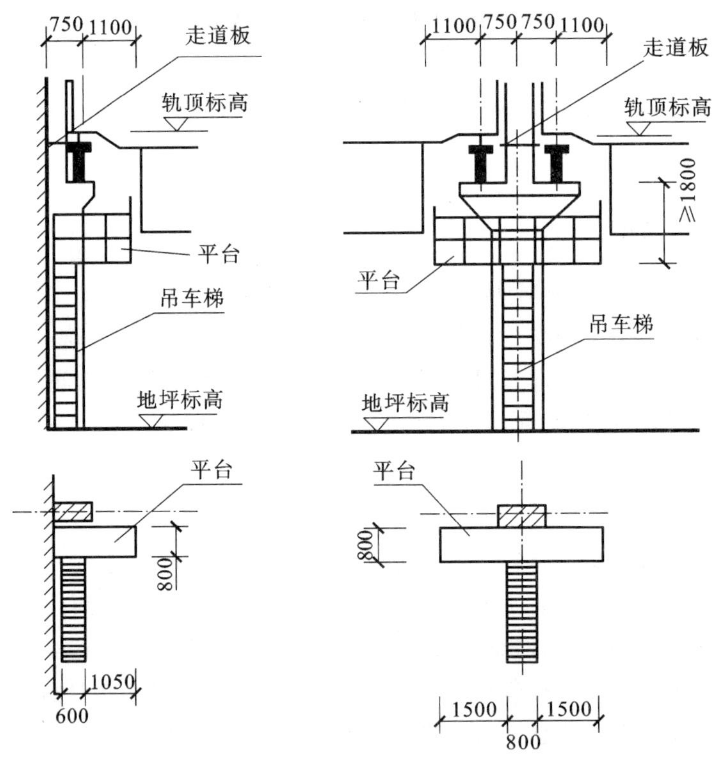

图 14.63 吊车梯

(3) 消防检修梯

单层厂房屋顶高度大于 10 m 时，应有专用梯自室外的地面通至屋顶，以及从厂房屋面通至天窗屋面，以作消防检修之用。相邻厂房高差在 2 m 以上时，也应该设消防检修梯。

消防检修梯一般沿外墙设置，且多设于端部山墙上，其位置应按《建筑设计防火规范》(GB 50016—2014)的规定设置。消防检修梯多为直梯，梯的底端应高出室外地面 1.0～1.5 m，以防止无关人员攀登。钢梯与墙之间相距应不小于 250 mm。梯梁用焊接的角钢埋入墙内，墙内应预留 240 mm×240 mm 的孔洞，深度最小为 240 mm，然后用 C15 混凝土嵌固；也可做成带角钢的预埋块随墙砌筑，再将梯梁焊接在角钢上。消防检修梯如图 14.64 所示。

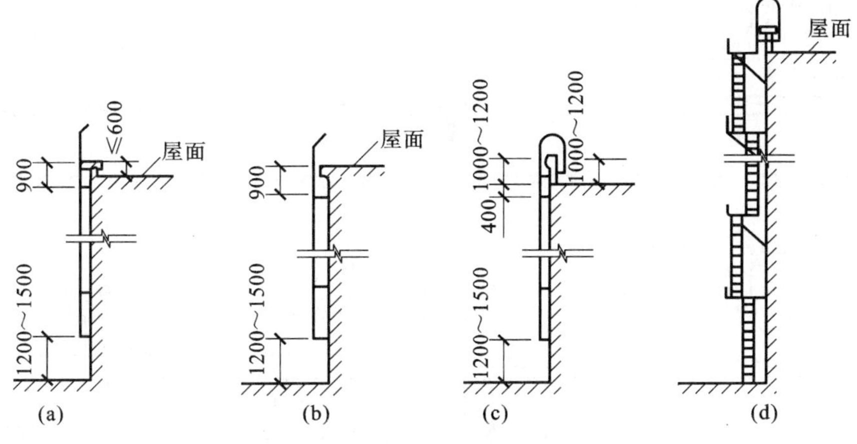

图 14.64 消防检修梯

(a) 山墙设置;(b),(c) 纵墙设置;(d) 厂房很高时消防检修梯形式

(4) 走道板

走道板是为维修吊车轨道及检修吊车而设的。走道板均沿吊车梁顶面铺设。走道板设置在边柱和中柱均可。其构造一般由支架、走道板及栏杆组成。支架和栏杆均采用钢材,走道板所用材料有木板、钢板及钢筋混凝土板等。

14.4.5 地面

单层厂房地面的面积较大,应具有抵抗各种破坏作用的能力,以满足各种生产使用的要求,如防尘、防潮、防水、抗腐蚀、耐冲击、耐磨等。另外,由于车间内各工段生产要求的不同,往往会采用几种不同类型的地面,从而增加了地面构造的复杂性。一般厂房地面占厂房总造价的 10%~30%,所以应合理设计厂房地面,使其既满足使用要求,又经济合理。

厂房地面的组成与民用建筑基本相同,一般由面层、垫层和基层组成。当面层材料为块状材料或地面有特殊使用时,还应增加一些附加层,如结合层、防水层、防潮层、保温层和防腐蚀层等。常见的几种厂房地面做法如图 14.65 所示。

(1) 基层

基层是地面的最下层,是经过处理的地基土,应坚实且具有足够的承载力。最常采用的是素土夯实。当地基土质较软弱或地面承受荷载较大(一般指耐压力在 10 N/cm^2 以下)时,应对地面地基土进行处理,一般做法是先铺灰土层或干铺碎石层,再碾压压实。如夯入厚度不小于 40 mm 的碎石、卵石、碎砖等材料,以提高强度。当地基为淤泥、耕植土或含有大量垃圾时,应将其铲除,另换新土,厚度可达 300~500 mm。

(2) 垫层

垫层是地面的结构层,起承重作用。垫层有刚性和柔性之分。当地面荷载较大且不允许面层变形时,应采用刚性垫层,通常采用 C10 混凝土,平整度要求较高时,可采用一层钢筋混凝土;当地面荷载较大(有时伴以高温),而又无法阻止地面变形或变形后经过

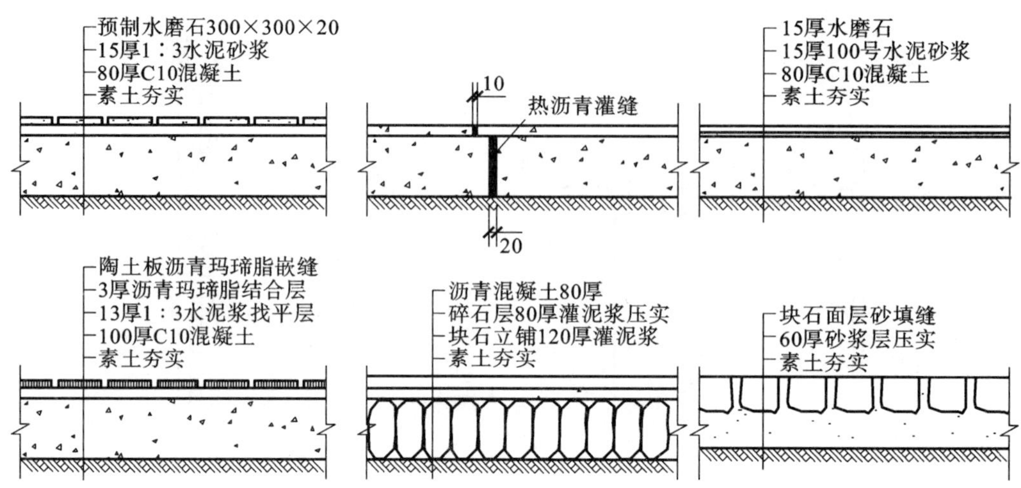

图 14.65 常见的几种厂房地面做法

简单维修又能使用时，可采用柔性垫层，其材料可采用碎石、沙土等。垫层厚度主要取决于垫层的材料及作用在面层上的荷载。混凝土垫层应设变形缝，当混凝土垫层厚度大于150 mm时宜设企口缝。

(3) 面层

面层直接承受作用于地面上的各种外来因素的影响，如碾压、摩擦、冲击、高温、冷冻、酸碱等，面层还必须满足生产工艺上的特殊要求，如防水、防爆、防火等。

14.4.6 地沟、坡道、散水、交接缝

(1) 地沟

在厂房建筑中，地沟是为了容纳各种管道，如电缆、采暖、压缩空气、蒸汽等管道而设置的。地沟由底板、沟壁和盖板组成，常用的材料有砖和混凝土。砖砌沟壁一般为120～140 mm，厚度一般不小于240 mm，应做防潮处理。地沟的沟宽和沟深应根据敷设和检修管线的需要而定。盖板一般采用钢筋混凝土或铸铁，盖板上应装活络拉手，以便开启，其表面应与地面平齐。当有地下水影响时，常将地沟底板与沟壁做成现浇整体混凝土。地沟及盖板如图 14.66 所示。

当地沟穿过外墙时，应注意室内外管沟接头处的构造，处理不好会发生不均匀沉降，故室内外地沟接头处应设置变形缝。

(2) 坡道

厂房的室内外高差一般为150 mm左右，为便于各种车辆通行，一般在厂房门外设混凝土坡道。坡道的坡度一般为8%～15%，大于10%时坡面应做齿槽防滑。坡道左右应宽出大门300～500 mm，比雨篷宽度小150 mm左右。坡道与墙体交接处应留出10 mm的缝隙。

(3) 散水

为排除雨水及保护地基不受雨水侵袭，在厂房四周应做散水，其宽度应比无组织

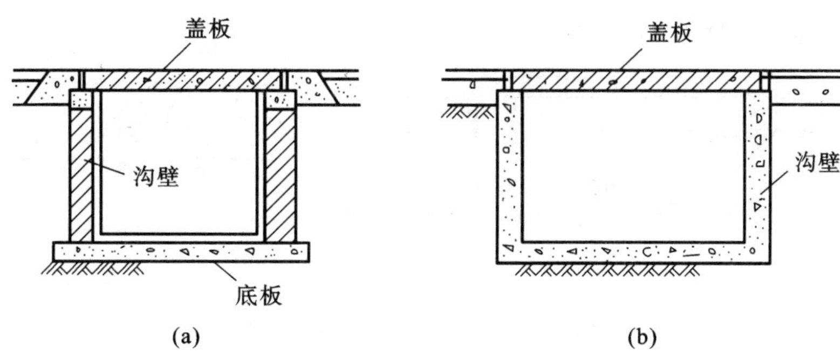

图 14.66 地沟及盖板

(a) 砖砌地沟;(b) 混凝土地沟

排水挑檐宽 300 mm 左右,通常为 600～1000 mm,湿陷性黄土地区宽度应不小于 1200 mm,坡度为 3%～5%。

在雨量较多的地区,为有效地排除雨水和地面水,防止雨水乱流而污染环境,厂房四周应做明沟与地下排水管网接通。当厂房为无组织排水时,明沟位置的中心应与挑檐挑出的宽度一致;当厂房为有组织排水时,明沟内边应距外墙 300 mm。明沟断面尺寸据排水量而定,坡度不小于 1%。

(4) 交接缝

交接缝是指建筑中不同材料的地面交接处。由于缝两边材料的不同,接缝处易遭破坏,故需在构造上采取措施。当面层为水泥砂浆等脆性材料时,常在边缘处预埋角钢做护边处理,如图 14.67(a)所示。当接缝两边均为砂、矿渣等非刚性垫层时,常设置混凝土块进行加固,如图 14.67(b)所示。

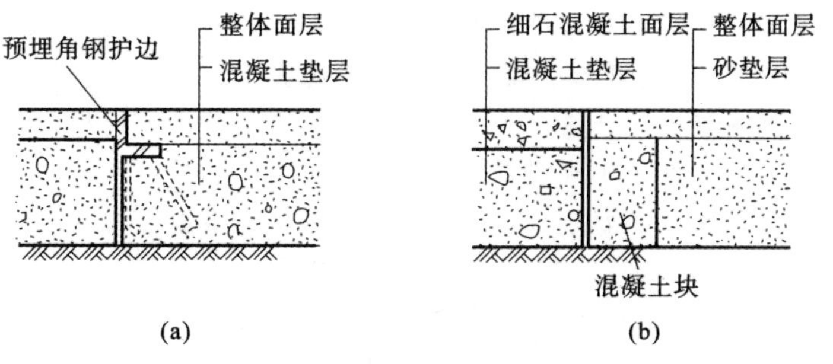

图 14.67 地面及接缝处理

(a) 预埋角钢接缝处理;(b) 混凝土块进行加固

在厂房的运输中,常直接将铁轨铺设在车间内。为了不妨碍其他运输车与行人的通行,铁轨顶面应与地面相平。在有轨道的区域内,宜铺设砖、石或混凝土块等,以便更换轨枕,并在轨道内侧留一道轮缘边槽。为防止轨道两旁的地面被掀动,可在靠近轨道的边缘处设置混凝土块以增强其稳定性。地面与铁轨的接缝处理如图 14.68 所示。

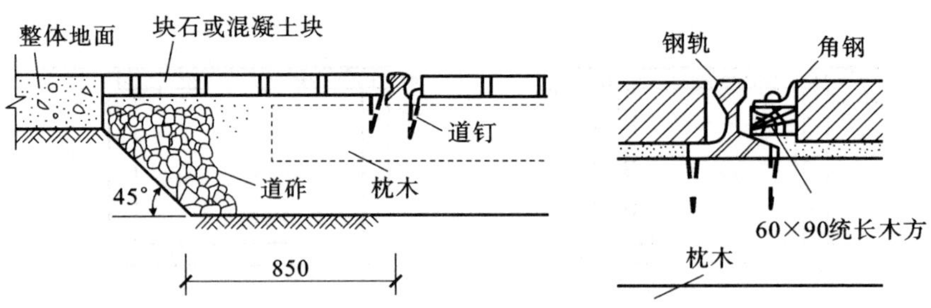

图 14.68 地面与铁轨的接缝处理

本章小结

(1) 工业建筑是为满足工业生产需要而建造的具有各种不同用途的建筑物和构筑物的总称，包括进行各种工业生产活动的生产用房（工业厂房）及必需的辅助用房。工业建筑属于生产性建筑，其特点由生产性质和实用功能所决定。

(2) 工业建筑的分类：主要按用途、生产状况和层数等进行分类。

(3) 单层工业厂房的组成与结构类型：主要有墙体承重结构、排架结构和刚架结构等形式。

(4) 单层厂房内部起重运输设备有单轨悬挂式吊车、梁式吊车、桥式吊车。

(5) 单层工业厂房的重要构件：基础、基础梁、柱、吊车梁、连系梁、圈梁、支撑系统、屋面。

(6) 单层工业厂房的外墙构造：砖砌外墙、块材墙、板材墙。

(7) 单层工业厂房的其他构造如下。

侧窗：主要是满足采光和通风的要求，并根据生产工艺的特点，满足其他特殊要求。

天窗：按天窗的作用可分为采光天窗、通风天窗和采光兼通风的天窗；按天窗的形式分，常见的天窗有矩形天窗、M型天窗、平天窗、下沉式天窗等。

金属梯：在厂房中根据生产操作和检修的需要，常设置各种钢梯，如到达操作平台的工作梯，到达吊车操作室的吊车梯以及消防检修梯等。

地面：单层厂房地面的面积较大，应具有抵抗各种破坏作用的能力，以满足各种生产使用要求，如防尘、防潮、防水、抗腐蚀、耐冲击、耐磨等。

(8) 地沟、坡道、散水交接缝：在厂房建筑中，地沟是为了容纳各种管道而设置的，如电缆、采暖、压缩空气、蒸汽等管道。厂房的室内外高差一般为 150 mm 左右，为便于各种车辆通行，一般在厂房门外设混凝土坡道。为排除雨水及保护地基不受雨水侵袭，在厂房四周应做散水。交接缝是指建筑中不同材料的地面交接处。

思考题

14-1　什么是工业建筑？工业建筑有何特点？如何分类？

14-2　单层工业厂房的结构组成有哪几部分？各部分组成构件又有哪些？其主要作用如何？

14-3 厂房内部的起重吊车有哪几种？

14-4 基础梁搁置在基础上的方式有哪几种？各有什么要求？

14-5 柱子在构造上有哪些要求？一般柱子上有哪些预埋件？其作用是什么？

14-6 吊车梁的作用是什么？它与柱是怎样连接的？

14-7 单层工业厂房支撑系统包括哪两大部分？各有什么作用？怎样布置的？

14-8 厂房屋面排水方式有哪几种？排水系统包括哪些？

14-9 天窗的作用及类型如何？

14-10 厂房的地面一般有哪些构造层次？各有什么作用？

附　　录

附录 1　学生公寓施工图

附录 2　教学楼施工图

参考文献

[1] 中华人民共和国住房和城乡建设部. GB/T 50001—2017 房屋建筑制图统一标准. 北京:中国建筑工业出版社,2017.

[2] 中华人民共和国住房和城乡建设部,中华人民共和国国家质量监督检验检疫总局. GB/T 50103—2010 总图制图标准. 北京:中国建筑工业出版社,2011.

[3] 中华人民共和国住房和城乡建设部,中华人民共和国国家质量监督检验检疫总局. GB/T 50104—2010 建筑制图标准. 北京:中国计划出版社,2011.

[4] 中华人民共和国住房和城乡建设部,中华人民共和国国家质量监督检验检疫总局. GB/T 50002—2013 建筑模数协调标准. 北京:中国建筑工业出版社,2013.

[5] 中华人民共和国住房和城乡建设部,中华人民共和国国家质量监督检验检疫总局. GB/T 50010—2010 混凝土结构设计规范. 北京:中国建筑工业出版社,2011.

[6] 中国建筑设计标准研究院. 16G101-1 混凝土结构施工图平面整体表示方法制图规则和构造详图(现浇混凝土框架、剪力墙、梁、板). 北京:中国计划出版社,2016.

[7] 中国建筑设计标准研究院. 16G101-2 混凝土结构施工图平面整体表示方法制图规则和构造详图(现浇混凝土板式楼梯). 北京:中国计划出版社,2016.

[8] 中国建筑设计标准研究院. 16G101-3 混凝土结构施工图平面整体表示方法制图规则和构造详图(独立基础、条形基础、筏形基础及桩基承台). 北京:中国计划出版社,2016.

[9] 张小平. 建筑识图与房屋构造. 武汉:武汉理工大学出版社,2005.

[10] 张天俊,刘天林. 建筑识图与房屋构造. 北京:中国水利水电出版社,2007.

[11] 闫培明. 建筑识图与建筑构造. 大连:大连理工大学出版社,2011.

[12] 吴学清. 建筑识图与构造. 2版. 北京:化学工业出版社,2015.

[13] 段丽萍. 建筑结构平面表示法识读与实训. 北京:化学工业出版社,2012.

[14] 郑贵超,赵庆双. 建筑构造与识图. 北京:北京大学出版社,2009.